非常网管

IPv6网络部署实战

崔北亮　罗国富　饶德胜　著

人民邮电出版社

北京

图书在版编目（CIP）数据

非常网管．IPv6网络部署实战 / 崔北亮，罗国富，饶德胜著．-- 北京：人民邮电出版社，2019.12
　ISBN 978-7-115-49827-4

　Ⅰ．①非… Ⅱ．①崔… ②罗… ③饶… Ⅲ．①计算机网络－通信协议 Ⅳ．①TP393.07②TN915.04

中国版本图书馆CIP数据核字(2019)第268486号

内 容 提 要

本书作为市面上为数不多的强调 IPv6 实用性的图书，借助于 EVE-NG 网络模拟工具对 IPv6 的基本知识以及应用部署进行了详细介绍。

本书共分为 8 章，其内容涵盖了 IPv6 的发展历程、现状以及特性，EVE-NG 的安装和部署，IPv6 的基础知识，IPv6 地址的配置方法，DNS 知识，IPv6 路由协议，IPv6 安全机制，IPv6 网络过渡技术和协议转换技术，以及 IPv6 应用的过渡技术等。本书中涉及的理论知识可服务于书中介绍的 IPv6 部署实验（即实验为主，理论为辅），旨在让读者以 EVE-NG 模拟器为工具，通过动手实验的方式彻底掌握 IPv6 的具体应用。

本书适合大中型企业、ISP 运营商的网络架构、设计、运维、管理人员阅读，也适合高校网络专业的师生阅读。

- ◆ 著　　崔北亮　　罗国富　　饶德胜
　　责任编辑　傅道坤
　　责任印制　焦志炜
- ◆ 人民邮电出版社出版发行　北京市丰台区成寿寺路 11 号
　　邮编　100164　　电子邮件　315@ptpress.com.cn
　　网址　http://www.ptpress.com.cn
　　北京鑫正大印刷有限公司印刷
- ◆ 开本：800×1000　1/16
　　印张：27
　　字数：606 千字　　　　　　　2019 年 12 月第 1 版
　　印数：1－3 000 册　　　　　　2019 年 12 月北京第 1 次印刷

定价：99.00 元

读者服务热线：(010)81055410　印装质量热线：(010)81055316
反盗版热线：(010)81055315
广告经营许可证：京东工商广登字 20170147 号

前 言

Preface

2019年7月，中国推进IPv6规模部署专家委员会发布《中国IPv6发展状况》白皮书（以下简称《白皮书》）。该《白皮书》指出，2017年11月，中共中央办公厅、国务院办公厅印发了《推进互联网协议第六版（IPv6）规模部署行动计划》（以下简称《行动计划》）。该《行动计划》明确提出未来5~10年我国基于IPv6的下一代互联网发展的总体目标、路线图、时间表和重点任务等。自《行动计划》发布以来，我国IPv6规模部署工作呈现加速发展态势，取得了积极进展。该《白皮书》指出，截至2019年6月，我国IPv6活跃用户数已达1.30亿；我国基础电信企业已分配IPv6地址的用户数达12.07亿，而这一数字在2018年5月是1亿；全国91家省部级政府门户网站中主页可通过IPv6访问的网站共有83家，占比为91.2%；全国96家中央企业门户网站中主页可通过IPv6访问的网站有77家，占比为80.2%；13家中央重点新闻网站中主页可通过IPv6访问的网站共有2家，占比为15.4%；商业网站及应用改造明显加速。

为什么写作本书

结合IPv6山雨欲来的现状，作者打算深入学习IPv6相关的知识，但在查阅了大量已出版的IPv6图书后发现，很多图书的知识都过于陈旧，且往往只是理论方面的阐述，缺少实操内容，很难解决实际工作中出现的问题。

当前，IPv6部署风暴即将来临，社会上迫切需要既懂得IPv6工作原理，又能部署实施，还能快速排除网络故障的实用型人才。本书理论与实践相结合，借助于一个综合的网络实验环境，可让读者身临其境，通过实验来验证并加深对理论的理解，进而完成 IPv6 的部署和管理。

作为下一代互联网基础协议，IPv6 与 IPv4 有许多不同之处，比如 IPv6 地址的获取方式、邻居的学习方式等，理解它们工作原理对我们解决实际网络问题、排除网络故障大有裨益。

本书特色

本书在介绍 IPv6 技术时，融入了作者 20 多年的工作心得和体会。此外，本书不仅是一本教材，还介绍了一个综合的网络实验环境（实验环境和实验配置所占的存储空间近 20GB，可从作者主页上下载），便于读者通过"做中学"的方式深入领会网络管理技术的精髓。

读者仅通过一台计算机便可虚拟出多台计算机、路由器、交换机和防火墙等设备，并能将它们完美地结合在一起，完成本书涉及的几乎所有服务器、路由器、交换机和防火墙的实验配置及测试。

本书中的 67 个实验针对的都是 IPv6 网络中的焦点问题和热门应用，其中包括 IPv6 相关的地址配置、DNS 配置、VLAN 和路由配置、过渡技术、网络安全、网络管理和故障排除等。

主要内容

全书共分为 9 章，提供了 67 个实验，主要内容如下。

- 第 1 章，"绪论"，主要介绍 IPv4 的局限性、IPv6 发展历程及现状和 IPv6 的特性。
- 第 2 章，"EVE-NG"，主要介绍 EVE-NG 这一综合仿真实验平台。作者对 EVE-NG 进行了定制，并预置了 37 个实验拓扑。借助该虚拟仿真环境，读者可以完成本书涉及的防火墙、路由器、交换机、Windows 10、Windows Server 2016、Linux 等所有 67 个实验。
- 第 3 章，"IPv6 基础"，主要介绍 IPv6 地址的分类、表示；介绍 ICMPv6 协议和 NDP 协议；介绍数据包捕获工具的使用；通过捕获数据包了解 NS、NA、RS 和 RA 报文格式；介绍常用的 IPv6 诊断工具和 PMTU 工作原理；介绍 IPv6 地址层次化规划。
- 第 4 章，"IPv6 地址配置方法"，主要介绍 IPv6 地址的手动配置、无状态自动配置和 DHCPv6 配置，并介绍各种地址的优先性，以及如何禁用自动配置等。
- 第 5 章，"DNS"，主要介绍 DNS 基础、IPv6 域名服务、BIND 软件和 Windows Server 中的 DNS 服务；演示 DNS 域名服务的使用、DNS 转发配置、DNS 委派等；调整双栈计算机中 IPv4 和 IPv6 访问的优先顺序等。
- 第 6 章，"IPv6 路由技术"，主要介绍路由原理、路由协议、直连路由、静态路由、默认路由和动态路由等；演示静态、默认、RIPng 和 OSPFv3 等路由协议的配置；讲解路由选路的原则。
- 第 7 章，"IPv6 安全"，主要介绍 IPv6 的主机安全，演示 Windows 防火墙的配置；介绍 IPv6 局域网安全，演示非法 RA 报文的检测及防范；介绍 IPv6 网络安全，演示 IPv6

- 第 8 章，"IPv6 网络过渡技术"，介绍 IPv6 的网络过渡技术，通过实验讲解双栈、各种隧道技术（GRE、IPv6 in IPv4、IPv4 in IPv6、6to4、ISATAP、Teredo 等）和协议转换技术（NAT-PT、NAT64 和 DNS64 等）。
- 第 9 章，"IPv6 应用过渡"，介绍应用过渡技术，比如远程登录服务，常用的有 Telnet 和 SSH 服务；Web 应用过渡技术，配置 Apache、Tomcat、Nginx、Windows IIS 等，使其支持 IPv6；配置支持 IPv6 的 FTP 数据库服务；配置反向代理技术，使纯 IPv4 应用无感知地支持 IPv6 访问；配置支持 IPv6 的网管软件等。

由于水平和时间有限，本书有些内容尚不完善，在后续版本中会增加第 10 章，来介绍 IPv6 多出口的解决方案。比如，在一个单位有多运营商接入的情况下，如何按需选择所需的互联网出口（这个问题对国内高校来讲很有意义，因为它们一般都有教育网和其他运营商网络的接入，可以根据需要择优选择互联网出口）。

后续版本还会增加第 11 章，介绍 IPv6 的实名上网认证服务，以及记录访问日志等内容。目前作者正在与一家认证设备厂商沟通，希望它能提供支持 EVE-NG 的虚拟设备，这样读者就可在实验环境中动手配置 IPv6 认证并记录访问日志等。

本书应用范围

本书既可作为网络管理和维护人员用来管理和部署 IPv6 的自学和参考用书，也可作为高等院校计算机网络相关专业的教材和参考书，还可作为社会培训机构 IPv6 领域的培训用书。

资源获取

读者可通过链接 http://blcui.njtech.edu.cn/eve-ng.rar 下载专门为本书定制的综合实验环境，通过链接 http://blcui.njtech.edu.cn/ipv6config.rar 下载本书相关软件及源代码。

作者简介

崔北亮，现任职于南京工业大学信息中心，副主任，高级工程师，从事网络方面的教学和研究工作 20 多年。2000 年取得微软 MCSE 认证，2006 年取得思科 R&S CCIE 认证，2007 年取得锐捷 RCSI 讲师认证，2008 年通过思科 Security CCIE 笔试，2016 年取得 VMware VCP 认证。

先后受聘于江苏省电教馆，负责全省中小学网管课程的讲授（2003 年至今培养了近 2000 人）；受聘于多家培训机构，负责 CCNA、CCNP 课程的讲授；受聘江苏省信息中心，负责网络和虚拟化课程的讲授。受邀为江苏省电信、南京市移动、江苏省农信社、宁波银行等多家单位进行行业培训。

2008 年，专著《网络管理从入门到精通》(第一版)；2009 年，专著《CCNA 认证应试指南》；2009 年，专著《网络管理从入门到精通》繁体字版在中国台湾地区发行；2010 年，编著《RouterOS 全攻略》、《CCNA 学习与实验指南 640-802》、《网络管理从入门到精通》(第二版)；2012 年，专著《CCNA 学习与实验指南 640-802》(修订版)；2014 年，专著《CCNA 学习与实验指南 200-120》；2017 年，专著《网络管理从入门到精通》(第 3 版)。

罗国富，现任职于南京农业大学图书与信息中心，校园网主管，副研究员，长期从事校园网建设管理和信息化项目建设工作，主要研究方向为网络管理、信息安全、系统维护和应用开发等。精通各种网络技术、网络设备配置与管理、DNS、Linux 系统配置维护以及网络信息安全管理等，在校园网精细化管理、多出口线路流量优化和 IPv6 下一代互联网建设方面有丰富的经验。主持和参与多个国家课题子项目、省级和校级科研项目研究，公开发表相关研究论文 10 余篇。

饶德胜，现任职于河海大学网络与信息管理中心网络部，负责校园网及数据中心网络的规划、设计与实施。主要研究方向为网络技术架构、网络安全、VPN 等，独立完成国家 CNGI 高校落地子项目的部署，并公开发表多篇网络技术相关的论文。

致谢

本书主要由崔北亮、罗国富、饶德胜写作。在本书写作过程中，感谢中国教育和科研计算机网专家、东南大学曹争教授给予的宝贵建议；感谢山石网科通信技术有限公司提供的防火墙；感谢人民邮电出版社傅道坤编辑的辛勤付出和给予的鼓励。

本书还获得江苏省高等教育技术研究会 2019 年"高校教育信息化研究课题"的立项和教育部科技司 2019 年"赛尔网络下一代互联网技术创新项目"的立项，并给予了各种支持，在此向各主办方表示感谢。

资源与支持

本书由异步社区出品，社区（https://www.epubit.com/）为您提供相关资源和后续服务。

提交勘误

作者和编辑尽最大努力来确保书中内容的准确性，但难免会存在疏漏。欢迎您将发现的问题反馈给我们，帮助我们提升图书的质量。

当您发现错误时，请登录异步社区，按书名搜索，进入本书页面，点击"提交勘误"，输入勘误信息，单击"提交"按钮即可。本书的作者和编辑会对您提交的勘误进行审核，确认并接受后，您将获赠异步社区的 100 积分。积分可用于在异步社区兑换优惠券、样书或奖品。

扫码关注本书

扫描下方二维码，您将会在异步社区微信服务号中看到本书信息及相关的服务提示。

与我们联系

我们的联系邮箱是 contact@epubit.com.cn。

如果您对本书有任何疑问或建议，请您发邮件给我们，并请在邮件标题中注明本书书名，以便我们更高效地做出反馈。

如果您有兴趣出版图书、录制教学视频，或者参与图书翻译、技术审校等工作，可以发邮件给我们；有意出版图书的作者也可以到异步社区在线提交投稿（直接访问 www.epubit.com/selfpublish/submission 即可）。

如果您所在的学校、培训机构或企业，想批量购买本书或异步社区出版的其他图书，也可以发邮件给我们。

如果您在网上发现有针对异步社区出品图书的各种形式的盗版行为，包括对图书全部或部分内容的非授权传播，请您将怀疑有侵权行为的链接发邮件给我们。您的这一举动是对作者权益的保护，也是我们持续为您提供有价值的内容的动力之源。

关于异步社区和异步图书

"异步社区"是人民邮电出版社旗下 IT 专业图书社区，致力于出版精品 IT 技术图书和相关学习产品，为作译者提供优质出版服务。异步社区创办于 2015 年 8 月，提供大量精品 IT 技术图书和电子书，以及高品质技术文章和视频课程。更多详情请访问异步社区官网 https://www.epubit.com。

"异步图书"是由异步社区编辑团队策划出版的精品 IT 专业图书的品牌，依托于人民邮电出版社近 30 年的计算机图书出版积累和专业编辑团队，相关图书在封面上印有异步图书的 LOGO。异步图书的出版领域包括软件开发、大数据、AI、测试、前端、网络技术等。

异步社区

微信服务号

目 录

第 1 章 绪论 ·········· 1
1.1 IPv4 局限性 ·········· 2
1.1.1 地址枯竭 ·········· 2
1.1.2 地址分配不均 ·········· 3
1.1.3 骨干路由表巨大 ·········· 3
1.1.4 NAT 破坏了端到端通信模型 ·········· 3
1.1.5 QoS 问题和安全性问题 ·········· 4
1.2 IPv6 发展历程及现状 ·········· 5
1.3 IPv6 的特性 ·········· 7
1.4 总结 ·········· 9

第 2 章 EVE-NG ·········· 10
2.1 EVE-NG 简介 ·········· 10
2.1.1 EVE-NG 的版本 ·········· 10
2.1.2 EVE-NG 的安装方式 ·········· 11
2.1.3 计算机的硬件要求 ·········· 11
2.1.4 安装 VMware Workstation ·········· 11
2.2 EVE-NG 部署 ·········· 12
2.2.1 导入 EVE-NG 虚拟机 ·········· 13
2.2.2 VMware Workstation 中的网络类型 ·········· 16
2.2.3 EVE-NG 登录方式 ·········· 19
2.3 EVE-NG 管理 ·········· 21
2.3.1 EVE-NG 调优 ·········· 21
2.3.2 性能测试 ·········· 23
2.3.3 EVE-NG 主界面 ·········· 28
2.3.4 实验主界面 ·········· 30
实验 2-1 IPv4 路由和交换综合实验 ·········· 39
实验 2-2 防火墙配置 ·········· 45
实验 2-3 EVE-NG 磁盘清理 ·········· 49

第 3 章 IPv6 基础 ·········· 51
3.1 IPv6 地址表示方法 ·········· 51
3.1.1 首选格式 ·········· 51
3.1.2 压缩格式 ·········· 52
实验 3-1 验证 IPv6 地址的合法性 ·········· 52
3.1.3 内嵌 IPv4 地址的 IPv6 地址格式 ·········· 55

实验 3-2　配置内嵌 IPv4 地址格式的
　　　　　 IPv6 地址 ································· 55
　　　3.1.4　子网前缀和接口 ID ················ 57
实验 3-3　设置不同的前缀长度生成
　　　　　 不同的路由表 ························· 57
实验 3-4　验证基于 EUI-64 格式的
　　　　　 接口 ID ································· 59
3.2　IPv6 地址分类 ································· 62
　　　3.2.1　单播地址 ································· 62
实验 3-5　增加和修改链路本地单播地址 ··· 63
实验 3-6　数据包捕获演示 ······················· 64
　　　3.2.2　任播地址 ································· 69
实验 3-7　一个简单的任播地址实验 ········· 69
　　　3.2.3　组播地址 ································· 72
实验 3-8　路由器上常用的 IPv6 地址 ······· 74
实验 3-9　抓包分析组播报文 ··················· 75
　　　3.2.4　未指定地址和本地环回地址 ··· 76
3.3　ICMPv6 ·· 76
　　　3.3.1　ICMPv6 差错报文 ·················· 77
　　　3.3.2　ICMPv6 消息报文 ·················· 78
实验 3-10　常用的 IPv6 诊断工具 ············ 78
　　　3.3.3　PMTU（路径 MTU） ············ 82
实验 3-11　演示 PMTU 的使用和
　　　　　　IPv6 分段扩展报头 ··············· 83
3.4　NDP ·· 85
　　　3.4.1　NDP 简介 ······························· 85
　　　3.4.2　NDP 常用报文格式 ················ 86
　　　3.4.3　默认路由自动发现 ·················· 89
实验 3-12　网关欺骗防范 ························· 90
　　　3.4.4　地址解析过程及邻居表 ··········· 96
实验 3-13　查看邻居表 ···························· 96
　　　3.4.5　路由重定向 ···························· 98
3.5　IPv6 层次化地址规划 ······················ 98

第 4 章　IPv6 地址配置方法 ···················· 100
4.1　节点及路由器常用的 IPv6
　　　地址 ·· 100
　　　4.1.1　节点常用的 IPv6 地址 ·········· 100
　　　4.1.2　路由器常用的 IPv6 地址 ······ 101
4.2　DAD ·· 101
实验 4-1　IPv6 地址冲突的解决 ············· 102
4.3　手动配置 IPv6 地址 ························· 105
实验 4-2　禁止系统地址自动配置功能 ··· 105
4.4　地址自动配置机制及过程 ················ 108
4.5　SLAAC ·· 109
实验 4-3　SLAAC 实验配置 ···················· 112
4.6　有状态 DHCPv6 ······························ 114
　　　4.6.1　DUID 和 IAID ························ 116
　　　4.6.2　DHCPv6 常见报文类型 ········ 118
　　　4.6.3　DHCPv6 地址分配流程 ········ 118
实验 4-4　路由器做 DHCPv6 服务器
　　　　　 分配 ···································· 119
实验 4-5　用 Windows 做 DHCPv6
　　　　　 服务器 ································ 125
4.7　无状态 DHCPv6 ······························ 133
4.8　DHCPv6-PD ···································· 134
实验 4-6　DHCPv6-PD 实验 ·················· 136

第 5 章　DNS ·· 142
5.1　DNS 基础 ·· 142
　　　5.1.1　域名的层次结构 ···················· 143
　　　5.1.2　域名空间 ······························· 143
　　　5.1.3　域名服务器 ··························· 144
　　　5.1.4　域名解析过程 ······················· 145
　　　5.1.5　常见资源记录 ······················· 147
5.2　IPv6 域名服务 ································· 148
　　　5.2.1　DNS 系统过渡 ······················ 148

5.2.2	正向 IPv6 域名解析	149
5.2.3	反向 IPv6 域名解析	149
5.2.4	IPv6 域名软件	150
5.2.5	IPv6 公共 DNS	151

5.3 BIND 软件 ··················· 152
    5.3.1 BIND 与 IPv6 ··············· 152

实验 5-1 在 CentOS 7 下安装配置 BIND 双栈解析服务 ············ 153
    5.3.2 BIND 中的 IPv6 资源记录 ······ 160
    5.3.3 BIND 的 IPv6 反向资源记录 PTR ················ 160

实验 5-2 配置 BIND IPv6 本地域解析服务 ··············· 161
    5.3.4 ACL 与 IPv6 动态域名 ········ 166

实验 5-3 配置 BIND IPv6 动态域名和智能解析 ············· 167
    5.3.5 IPv6 域名转发与子域委派 ····· 171

5.4 Windows Server DNS 域名服务 ··· 174

实验 5-4 Windows Server 2016 IPv6 DNS 配置 ··················· 174

实验 5-5 配置 DNS 转发 ············· 183

实验 5-6 巧用 DNS 实验域名封杀 ···· 183

实验 5-7 DNS 委派 ················ 184

5.5 IPv4/IPv6 网络访问优先配置 ····· 188

实验 5-8 调整双栈计算机 IPv4 和 IPv6 的优先 ············· 190

第 6 章 IPv6 路由技术 ··············· 193

6.1 路由基础 ···················· 193
    6.1.1 路由原理 ·············· 193
    6.1.2 路由协议 ·············· 194

6.2 直连路由 ···················· 195

6.3 静态路由 ···················· 197
    6.3.1 常规静态路由 ··········· 197

实验 6-1 配置静态路由 ·············· 199
    6.3.2 浮动静态路由 ··········· 202

实验 6-2 配置浮动静态路由 ············ 202
    6.3.3 静态路由优缺点 ·········· 208

6.4 默认路由 ···················· 209

实验 6-3 配置默认路由 ·············· 209

6.5 动态路由协议 ················· 211
    6.5.1 静态路由与动态路由的比较 ··· 211
    6.5.2 距离矢量和链路状态路由协议 ············· 212
    6.5.3 常见的动态路由协议 ······· 216

6.6 RIPng ······················ 217

实验 6-4 配置 IPv6 RIPng ············ 218

6.7 OSPFv3 ····················· 221

实验 6-5 配置 OSPFv3 ·············· 222

6.8 路由选路 ···················· 225
    6.8.1 管理距离 ·············· 225
    6.8.2 路由选路原则 ··········· 226

第 7 章 IPv6 安全 ·················· 229

7.1 IPv6 安全综述 ················· 229

7.2 IPv6 主机安全 ················· 231
    7.2.1 IPv6 主机服务端口查询 ····· 231
    7.2.2 关闭 IPv6 主机的数据包转发 ··· 232
    7.2.3 主机 ICMPv6 安全策略 ····· 233
    7.2.4 关闭不必要的隧道 ········ 234
    7.2.5 主机设置防火墙 ·········· 235

实验 7-1 Windows 防火墙策略设置 ····· 236

实验 7-2 CentOS 7.3 防火墙策略设置 ··· 245

7.3 IPv6 局域网安全 ··············· 247
    7.3.1 组播问题 ·············· 247
    7.3.2 局域网扫描问题 ·········· 248

7.3.3 NDP 相关攻击及防护 ………… 249
实验 7-3 非法 RA 报文的检测及防范 …… 252
7.3.4 IPv6 地址欺骗及防范 ………… 257
实验 7-4 应用 URPF 防止 IPv6 源
　　　　 地址欺骗 ………………… 258
7.3.5 DHCPv6 安全威胁及防范 …… 260
7.4 IPv6 网络互联安全 ……………… 262
7.4.1 IPv6 路由协议安全 ………… 263
实验 7-5 OSPFv3 的加密和认证 …… 264
7.4.2 IPv6 路由过滤 ……………… 267
实验 7-6 IPv6 路由过滤 …………… 269
7.4.3 IPv6 访问控制列表 ………… 274
实验 7-7 应用 IPv6 ACL 限制网络访问 … 276
7.5 网络设备安全 …………………… 281
实验 7-8 对路由器的远程访问进行
　　　　 安全加固 ………………… 282

第 8 章 IPv6 网络过渡技术 ……………… 286

8.1 IPv6 网络过渡技术简介 ………… 286
8.1.1 IPv6 过渡的障碍 …………… 286
8.1.2 IPv6 发展的各个阶段 ……… 287
8.1.3 IPv4 和 IPv6 互通问题 …… 287
8.1.4 IPv6 过渡技术概述 ………… 288
8.2 双栈技术 ………………………… 289
实验 8-1 配置 IPv6 双栈 …………… 289
8.3 隧道技术 ………………………… 299
8.3.1 GRE 隧道 …………………… 299
实验 8-2 GRE 隧道互连 IPv6 孤岛 … 299
实验 8-3 GRE 隧道互连 IPv4 孤岛 … 303
实验 8-4 IPv4 客户端使用 PPTP VPN
　　　　 隧道访问 IPv6 网络 ……… 306
实验 8-5 IPv6 客户端使用 L2TP VPN
　　　　 访问 IPv4 网络 …………… 319

8.3.2 IPv6 in IPv4 手动隧道 …… 322
8.3.3 6to4 隧道 …………………… 323
实验 8-6 6to4 隧道配置 ……………… 325
8.3.4 ISATAP 隧道 ………………… 327
实验 8-7 ISATAP 隧道配置 ………… 328
8.3.5 Teredo 隧道 ………………… 331
实验 8-8 Teredo 隧道配置 …………… 332
8.3.6 其他隧道技术 ……………… 338
8.3.7 隧道技术对比 ……………… 338
8.4 协议转换技术 …………………… 339
8.4.1 NAT-PT 转换技术 ………… 339
实验 8-9 静态 NAT-PT 配置 ………… 340
实验 8-10 动态 NAT/NAPT-PT 配置 … 341
实验 8-11 防火墙上的 NAPT-PT 配置 … 343
8.4.2 NAT64 转换技术 …………… 346
实验 8-12 NAT64 配置 ……………… 346
实验 8-13 DNS64 配置 ……………… 348
8.4.3 其他转换技术 ……………… 350
8.5 过渡技术选择 …………………… 351

第 9 章 IPv6 应用过渡 ……………… 352

9.1 远程登录服务 …………………… 352
9.1.1 远程登录的主要方式 ……… 352
9.1.2 IPv6 网络中的 Telnet 服务 … 354
实验 9-1 在 CentOS 7 系统上配置 Telnet
　　　　 双栈管理登录 …………… 354
9.1.3 IPv6 网络中的 SSH 服务 … 358
实验 9-2 在 CentOS 7 系统上配置 SSH
　　　　 双栈管理登录 …………… 358
9.1.4 IPv6 网络下的远程桌面服务 … 362
实验 9-3 在 Windows Server 2016 上配置
　　　　 双栈远程桌面登录 ………… 362
9.2 Web 应用服务 …………………… 368

9.2.1 常用的 Web 服务器 ……………… 368
9.2.2 IPv6 环境下的 Web 服务
配置 ………………………………… 368
实验 9-4 在 CentOS 7 下配置 Apache IPv6/
IPv4 双栈虚拟主机 …………… 369
实验 9-5 在 CentOS 7 下配置 Tomcat IPv6/
IPv4 双栈虚拟主机 …………… 374
实验 9-6 在 CentOS 7 下配置 Nginx IPv6/
IPv4 双栈虚拟主机 …………… 378
实验 9-7 在 Windows Server 2016 下配置
IPv6/IPv4 双栈虚拟主机 ……… 381
9.3 FTP 应用服务 ……………………… 384

实验 9-8 在 CentOS 7 下安装配置
vsftpd FTP 双栈服务 ………… 385
实验 9-9 在 Windows Server 2016 下配置
IPv6 FTP 双栈服务 …………… 390
9.4 数据库应用服务 …………………… 394
实验 9-10 在 CentOS 7 下安装配置
MySQL 数据库双栈服务 ……… 395
9.5 反向代理技术 ……………………… 399
实验 9-11 基于 Nginx 的 IPv6 反向代理 …… 400
9.6 网络管理系统 ……………………… 406
实验 9-12 开源网管软件 NetXMS 的
部署应用 ……………………… 407

第1章
绪　　论

Chapter 1

　　单独的计算机即使功能再强大，也是信息孤岛，只有将计算机组建成互联网才能充分发挥更大的效能。20 世纪 70 年代，计算机网络开始兴起，比较著名的有美国国防部的 ARPANET（Advanced Research Projects Agency Network）和美国 DEC 公司的 DNA（Digital Network Architecture）等。在那时，计算机网络还没有统一完善的协议，因此各个网络之间互不兼容，无法方便地实现互联。直到 20 世纪 80 年代，ARPANET 重新采用 TCP/IP 协议框架，凡是想接入 ARPANET 网络的主机和网络都必须运行 TCP/IP 协议，TCP/IP 协议框架自此也成为当前互联网的标准协议。

　　TCP/IP 协议主要分为传输控制协议（Transmission Control Protocol，TCP）和网际协议（Internet Protocol，IP）。IP 主要负责网络数据包的路由选择，而 TCP 则负责提供 IP 层之上的如分段重装、差错检测等高层功能。在 TCP/IP 协议框架下的互联网中，每一个网络终端都需要有一个逻辑上唯一的标识，这个标识就是常说的 IP 地址。

　　IP 地址有多个版本，现在常用的版本是 IPv4（版本 4 的 IP）地址，它使用 32 位作为每个网络终端的标识，根据理论值，可以为全球近 43 亿终端各分配一个 IPv4 地址。但是由于 IPv4 本身在设计和管理等方面的缺陷，导致 IPv4 地址分配不均，有些国家和地区握着大量利用率不足的 IPv4 地址，而一些国家和地区却面临无 IPv4 地址可用的境地。加之当前访问互联网的终端类型也越来越丰富，包括手机、PDA、智能家电、汽车，甚至物联网的传感器、读卡器等都需要使用 IP 地址，IPv4 地址实际早已分配完毕。

　　为解决 IPv4 地址枯竭的问题，Internet 工程任务组（Internet Engineering Task Force，IETF）组织设计了 IPv6 协议，其主要目的是采用 128 位（理论 IP 地址数能达到 2^{128} 个）来解决 IP 地址不够用的问题，并在 IPv4 的基础上做了改进，以更好地支持互联网的发展。

1.1 IPv4 局限性

实际上，当前互联网的核心协议 IPv4 也算是一个非常成功的协议，它经受住了互联网几亿台计算机互联的考验。但事后来看，几十年前 IPv4 的设计者对未来互联网的发展显然估计不足。随着物联网、"互联网+"时代的到来，新的网络应用层出不穷，IPv4 的缺陷表现得也越来越突出。比较明显的有地址枯竭、地址分配不均、骨干路由表巨大、NAT 破坏了端到端模型以及 QoS（Quality of Service，服务质量）和安全性得不到保障等。

1.1.1 地址枯竭

IPv4 地址为 32 位，理论上可供近 43 亿（2^{32}）个网络终端使用，但在实际使用时还需要剔除一些保留地址块，如表 1-1 所示。

表 1-1　　　　　　　　　　IPv4 保留地址块

CIDR 地址块	描述	参考 RFC
0.0.0.0/8	本网络（仅作为源地址）	RFC 5735
10.0.0.0/8	私网地址	RFC 1918
100.64.0.0/10	共享地址	RFC 6598
127.0.0.0/8	本地环回地址	RFC 5735
169.254.0.0/16	链路本地地址	RFC 3927
172.16.0.0/12	私网地址	RFC 1918
192.0.0.0/24	IANA 保留	RFC 5735
192.0.2.0/24	TEST-NET-1，文档和实例	RFC 5735
192.88.99.0/24	6to4 中继	RFC 3068
192.168.0.0/16	私网地址	RFC 1918
198.18.0.0/15	网络基准测试	RFC 2544
198.51.100.0/24	TEST-NET-2，文档和实例	RFC 5737
203.0.113.0/24	TEST-NET-3，文档和实例	RFC 5737
224.0.0.0/4	D 类多播地址，仅做目的地址	RFC 3171
240.0.0.0/4	E 类地址，保留	RFC 1700
255.255.255.255	受限广播	RFC 919

IPv4 地址枯竭是个不争的事实,这一方面是因为需要接入互联网的网络终端越来越多,另一方面也是因为 IPv4 地址长度不足,导致不能有效地层次化分配 IPv4 地址。外加实际应用中子网划分和保留地址的存在,导致实际可用的 IPv4 地址进一步减少。未来需要接入互联网的终端设备越来越多,包括手机、汽车、家电等智能设备,这些都需要有 IP 地址进行标识。现有的 32 位地址空间显然已经不能满足未来互联网发展规模的要求。在 2011 年 2 月 3 日,互联网数字分配机构(Internet Assigned Numbers Authority,IANA)正式宣布所有的 IPv4 地址资源分配结束,这也意味着必须用新的 IP 地址方案来解决地址枯竭的问题。

1.1.2 地址分配不均

"二八原则"在 IPv4 分配领域同样存在,这也进一步加剧了 IP 地址紧缺的矛盾。在互联网的发源地美国,特别是在 20 世纪 80 年代,几乎所有的大公司和大学能得到至少一个 A 类或一个 B 类地址,尽管它们只有很少的计算机等网络终端,甚至到目前很多机构还有未被使用的闲置 IPv4 地址。与此形成对比的是,在欧洲和亚太地区,在 IPv4 地址分配完以前,很多组织机构很难申请到 IPv4 地址。它们需要提供完整可靠的网络建设证明,包括网络设备购置合同等,才有可能申请到 IPv4 地址。IPv4 地址枯竭问题其实对各国(地区)的影响还不尽相同。对于美国这种人均 6 个 IP 地址的国家,其影响并不算严重。但对于中国这种人均只有 0.6 个 IP 地址,且互联网普及率还有较大提升空间的国家,推进新的 IP 编址技术就刻不容缓,势在必行。

1.1.3 骨干路由表巨大

互联网络的基础在于路由表,网络终端之间之所以能够通信,完全是由网络中的网络设备选路转发完成的,而选路的依据就是路由表。路由表主要是由各个自治系统(Autonomous System,AS)网络设备通告并生成的。由于各个 AS 难以做到提前规划,因此子网划分不尽合理,IP 地址的层次化分配结构也遭到破坏,而且随着 AS 的不断增长,这会不断产生新的不连续的不可聚合的多条路由,从而使路由表条目越来越巨大。目前互联网已经有超过 3.7 万个 AS,会产生 35 万条以上的聚合路由。路由条目的增多,增加了网络路由设备的寻址压力,降低了路由设备的转发效率。

IPv4 地址不足导致无法提供有效的层次化规划,从而进一步导致路由表条目的数量越来越巨大。从精简路由条目,提高网络设备转发效率的角度出发,寻找替代 IPv4 的新协议也是发展的必然要求。

1.1.4 NAT 破坏了端到端通信模型

由于 IP 地址的短缺,网络地址转换(Network Address Translation,NAT)技术在目前的

IPv4 网络中得到了广泛的应用，这在一定程度上缓解了 IP 地址短缺造成的影响。然而，NAT 的存在也破坏了端到端通信模型，它仅仅是用来延长 IPv4 使用寿命的临时手段，而不是 IPv4 地址空间问题的终极解决方案。

在端到端通信模型中，通信的双方既用作客户端，也用作服务器，它们之间的通信是直接将原始数据报发送给对方来完成，期间并不需要其他设备来干预，这也是 IP 设计的初衷。然而 NAT 却破坏了这种端到端通信模型。

在 NAT 环境中，如果通信中的一方处于 NAT 后方，则需要使用额外的转换设备及资源来保证通信双方之间的连接。此转换设备必须记录下转换前的地址和端口，这势必会影响网络的转发性能。而且一旦通信发生故障，则无法第一时间确认到底是转换设备还是 NAT 后方设备所引起的。此外，对出于网络安全和上网行为管理的需要而记录最终用户行为的组织机构来说，记录并保存 NAT 状态表还需耗费更多的资源。

NAT 至少还有两个固有缺陷，即地址冲突不能完全避免和对一些应用的支持不足。一旦通信双方都在 NAT 后方且存在地址冲突，NAT 对此束手无策。而对于一些非常规 IP+端口转换的应用，比如文件传输协议（File Transfer Protocol，FTP）、会话初始协议（Session Initiation Protocol，SIP）、点对点隧道协议（Point to Point Tunneling Protocol，PPTP）等，NAT 设备还需要追踪整个会话过程，即便如此，某些应用如站点内自动隧道寻址协议（Intra-Site Automatic Tunnel Addressing Protocol，ISATAP，详见第 8 章）仍然无法在 NAT 中实现。更重要的是，为了通过一些加密手段来保护 IP 报头的完整性，报头在源到目的的传输过程中不允许被篡改，即在源头保护报头的完整性，在目的端检查数据报的完整性。但是 NAT 会在通信中途改变报头，这也就破坏了完整性的检查，从而出现预期之外的未知错误。

1.1.5　QoS 问题和安全性问题

互联网中总会存在一些特殊的应用，如音视频等实时性高的通信应用，它们对网络的延时、抖动、丢包率和带宽等都有较高的要求，这就要求 IP 协议对这些特殊应用做出服务质量保证，即 QoS。虽然在 IPv4 中，针对此问题有区分服务（Differentiated Service，DiffServ）等 QoS 解决方案，但由于实际部署复杂、管理难度高等原因，当前的 IPv4 互联网实际上并不能提供全面的 QoS 服务。

在 IPv4 网络中，某些链路的 MTU 限制会导致一些网络设备会对原始数据报进行拆分和重新封装。在这个过程中，难免存在数据丢失或被修改的安全隐患。虽然在 IPv4 中能通过互联网安全协议（Internet Protocol Security，IPSec）等技术手段来实现信息的完整性和保密性传输，但单一的技术手段并不能完全解决 IPv4 设计上的安全缺陷，特别是在 NAT 泛滥的环境中。

综上，IPv4 的诸多缺陷促使大家达成了一个共识：需要一个全新的协议来从根本上解决 IPv4 面临的问题。

1.2 IPv6 发展历程及现状

正是因为 IPv4 地址空间耗尽等局限性，IETF 在 1993 年组织成立了下一代互联网 IPng 工作组，当时提出了 3 个研究方案，分别是 CATNIP（参见 RFC 1707）、SIPP（参见 RFC 1752）、TUBA（参见 RFC 1347）。但最终于 1994 年，IPNG 工作组提出将 IPv6 作为下一代 IP 网络协议推荐版本，并于 1995 年完成了 IPv6 的协议规范。1996 年，IETF 发起成立了全球 IPv6 试验床：6BONE 网络（3ffe::/16）。在 1999 年，完成了 IPv6 协议审定和测试，并成立 IPv6 论坛，开始正式分配 IPv6 地址。自此，各大主流操作系统和主流厂家均正式推出支持 IPv6 的产品，并不断改进和完善。

我国也积极参与 IPv6 的研究和实验，CERNET（中国教育和科研计算机网）于 1998 年 6 月加入了 6BONE 试验床，于 2003 年正式启动国家下一代互联网络示范工程 CNGI。2004 年，CNGI-CERNET2 教育网主干网正式开通，它也是迄今为止世界上规模最大的纯 IPv6 大型互联网主干网。它全面支持 IPv6 协议，连接了我国 20 个城市的 25 个核心节点。2005 年，建成了北京国内/国际互联中心 CNGI-6IX，分别实现了和其他 CNGI 示范核心网、美国 Internet2、欧洲 GEANT2 和亚太地区 APAN 的高速互联。

表 1-2 罗列了 IPv6 自出生以来所经历的重大事件。

表 1-2   IPv6 大事记

时间	事件
1993 年	IETF IPng 启动
1994 年	IPng 推荐将 IPv6 作为下一代 IP 协议推荐版本
1995 年	IPng 完成 IPv6 协议文本
1996 年	全球 6BONE 试验床建立
1998 年	中国加入 6BONE
1999 年	成立 IPv6 论坛，正式分配 IPv6 地址
2000 年	各大主流厂商、操作系统开始支持 IPv6，并不断完善
2003 年	中国成立 CNGI
2004 年	中国创建 CNGI-CERNERT2 纯 IPv6 网络
2005 年	中国与其他 CNGI 示范网实现互联

IPv6 协议规范标准涉及的 RFC 文档超过 600 篇。从 1994 年开始，先后有 19 个工作组来对 IPv6 协议规范进行完善，目前仍有 7 个工作组在继续工作。与 IPv6 相关的核心工作组以及

贡献如表 1-3 所示。

表 1-3　　　　　　　　　　　IPv6 核心工作组简介

工作组	年限	主要贡献
IPng	1994—2001 年	IPv6 体系奠基者；IPv6 报头制定（RFC1883/RFC2460）、ICMPv6、ND 等基础协议
IPv6	2000—2007 年	基于 IPng，对 IPv6 基础协议进行修订扩充；45 篇 RFC
6MAN	2007 年至今	持续改善 IPv6 基础协议；46 篇 RFC
v6ops	2002 年至今	IPv6 运维规范、经验以及部分过渡技术；76 篇 RFC
Softwire	2005 年至今	6rd、DS-Lite、MAP-E/T、隧道等过渡技术；27 篇 RFC
SEND	2002—2004 年	针对 ND 协议的安全加固；3 篇 RFC
CSI	2008—2013 年	针对 SEND 的完善与维护；清华大学提出的 SAVA 解决方案实现了 IPv6
MIP6	2003—2007 年	移动 IPv6；20 篇 RFC
Homenet	2011 年至今	Homenet 网；5 篇 RFC

世界和我国的 IPv6 发展现状

　　IPv6 正式分配地址是从 1999 年开始的。目前，全球共有超过 220 个国家和地区组织申请了 IPv6 地址，申请量已经达到 IPv4 地址的 18 万倍，其中 25.4%的地址块已通告使用。全球 13 个根域名服务器中已有 11 个支持 IPv6；1346 个顶级域名服务器中已有 1318 个支持 IPv6，占比达 97.9%。全球活跃的 IPv6 路由条目超过 2.9 万条，支持 IPv6 的 AS 超过 1.18 万个，已有超过 248 个运营商永久提供 IPv6 的接入服务。目前全球已注册 1.95 亿多个网站域名，其中约有 763 万多个域名支持 IPv6 "AAAA 记录"，占比达 3.90%。Alex 排名前 1000 的网站中，有约 18.1%的网站支持 IPv6 永久访问；Alex 排名前 100 万的网站中，支持 IPv6 的网站数量达到 23.3 万多个。

　　自 2016 年起，移动应用也开始支持纯 IPv6 网络。其中最重要的一个推动就是苹果公司宣布自 2016 年 6 月 1 日起，所有提交至苹果 App Store 的应用必须支持纯 IPv6。这一举措大大提高了 App 支持 IPv6 网络的比率。当前，IPv6 已被广泛部署和应用，且其份额仍在不断稳步增长。国际互联网协会亚太区主任拉杰内什·辛格在某次采访中提到，IPv6 已成为一些主要网络运营商的网络主体，全球主要内容提供商流量的 20%是通过 IPv6 传输的。根据数据显示，截至 2017 年 8 月，比利时的 IPv6 流量渗透率最高，已超过 46%；而中国仅为 0.6%，排名世界 67 位。

　　IPv6 从 1998 年由 CERNET 首次引进中国，现在 CERNET 的 IPv6 网络覆盖了 800 多所高校，拥有 600 万 IPv6 网络用户。在电信、联通、移动的 IPv6 试点城市里面，合计有超过 1500 万的 IPv6 用户。粗略一算，国内 IPv6 的用户数量大约有 2000 万。不过，中国目前与美国、欧洲国家，乃至于印度之间的差距，不仅没有缩小，反而显著加大。中国在 IPv6 的发展上严重落后。

在 2016 年 12 月 7 日举行的"2016 全球网络技术大会（GNTC）"上，中国工程院院士、清华大学教授吴建平在演讲中表示，我国的 IPv6 发展"起了个大早，赶了个晚集。"吴建平认为，国家在 2003 年就将 IPv6 的发展提上了日程，这是非常正确非常及时的战略决策。当时经过 5 年的发展，第一期取得了预定的战略目标。但从 2008 年以后，我国 IPv6 的发展速度开始放缓，开始落后于国际水平。在吴建平看来，造成今天局面的主要原因有 3 个：NAT 技术大量使用、互联网缺乏应有的国际竞争和推广迁移的代价巨大。

2017 年 11 月，中共中央办公厅、国务院办公厅印发了《推进互联网协议第六版（IPv6）规模部署行动计划》，并发出通知，要求各地区各部门结合实际认真贯彻落实。该行动计划的主要目标为：到 2018 年末，市场驱动的良性发展环境基本形成，IPv6 活跃用户数达到 2 亿，在互联网用户中的占比不低于 20%；到 2020 年年末，市场驱动的良性发展环境日臻完善，IPv6 活跃用户数超过 5 亿，在互联网用户中的占比超过 50%，新增网络地址不再使用私有 IPv4 地址；到 2025 年末，我国 IPv6 网络规模、用户规模、流量规模位居世界第一位，网络、应用、终端全面支持 IPv6，全面完成向下一代互联网的平滑演进升级，形成全球领先的下一代互联网技术产业体系。

IPv6 这个扮演核心技术的角色在互联网世界中越来越受到重视，它的新技术、新能力、新品质必将在未来的互联网世界中发挥举足轻重的作用。我国虽然"起步早，发展慢"，但最近越来越重视 IPv6 技术，并为此投入大量的人力、物力和财力支持。未来，IPv6 定将在大数据、物联网、云计算、智能家居等新兴领域中大放光彩。

1.3　IPv6 的特性

相较于 IPv4，IPv6 凭借其具备的如下特性获得了业界认可。

巨大的地址空间

相较于 IPv4，IPv6 的地址位数增长了 4 倍，达到了 128 位。128 位长度的地址理论上可以有 2^{128} 个地址，但实际上由于前缀划分、地址段保留等原因，实际可用的地址为 3.4×10^{38} 个，世界上每个人平均可以拥有 5.7×10^{28} 个 IPv6 地址。虽然根据特定的地址方案，实际可用的地址可能会少一些，但 IPv6 的地址空间依然很大。

全新的数据报头部格式

IPv6 报头并不是在原有 IPv4 报头的基础上进行更改，而是拥有全新的报头格式，这也意味着 IPv6 报头和 IPv4 报头并不兼容。为了比较 IPv6 与 IPv4 报头的不同，我们先看 IPv4 的报头结构，如图 1-1 所示。

<table>
<tr><td>版本（4位）</td><td>头部长度（4位）</td><td>业务类型（8位）</td><td colspan="2">总长度（16位）</td></tr>
<tr><td colspan="3">标识（16位）</td><td>标志（3位）</td><td>分段偏移（13位）</td></tr>
<tr><td colspan="2">生存期（8位）</td><td>协议号（8位）</td><td colspan="2">报头校验和（16位）</td></tr>
<tr><td colspan="5">源IPv4地址（32位）</td></tr>
<tr><td colspan="5">目的IPv4地址（32位）</td></tr>
<tr><td colspan="4">选项</td><td>填充</td></tr>
</table>

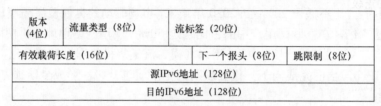

图 1-1　IPv4 报头结构

在 IPv4 报头中，IPv4 报头长度不固定，如果没有选项字段，则 IPv4 报头至少为 20 字节，而选项字段最多支持 40 字节。再来看 IPv6 基本报头格式，如图 1-2 所示。

<table>
<tr><td>版本（4位）</td><td>流量类型（8位）</td><td colspan="2">流标签（20位）</td></tr>
<tr><td colspan="2">有效载荷长度（16位）</td><td>下一个报头（8位）</td><td>跳限制（8位）</td></tr>
<tr><td colspan="4">源IPv6地址（128位）</td></tr>
<tr><td colspan="4">目的IPv6地址（128位）</td></tr>
</table>

图 1-2　IPv6 报头格式

通过比较发现，IPv4 中的报头长度、标识、标志、分段偏移量、报头校验和、选项和填充在 IPv6 中都去掉了，其原因如下。

- 报头长度：IPv6 中的报头长度固定为 40 字节，所以不再需要。
- 标识、标志和分段偏移量：IPv6 网络中，中间路由器不再处理分片。分片处理都是由交由源节点处理，与是否分片则由路径最大传输单元（Path Maximum Transmission Unit，PMTU，详见第 3 章）来决定。
- 报头校验和：在 IPv6 中，二层和四层都有校验和，所以三层的校验和并非必需的。
- 选项和填充：在 IPv6 中，这两个字段由扩展报头来代替。是否有扩展报头则由下一个字段来指明，即把扩展报头与上层协议（TCP、UDP 等）做同等处理。

报头长度固定、不需要分片处理、不需要校验和，IPv6 的这些特性使得中间路由器不用再耗费大量的 CPU 资源，从而提高了转发效率。

可扩展报头

IPv6 基本报头后面可以跟可选的 IPv6 扩展报头，可扩展报头字段中又包括一个下一报头字段以指明上层协议单元类型。可扩展报头可以有多个，它只受 IPv6 数据报长度的限制。常用的扩展报头包括逐跳选项报头（唯一一个每台中间路由器都必须处理的扩展报头）、目标选项报头（指定路由器处理）、路由报头（强制经过指定路由器）、分段报头（需要分段时由源节点构造）、认证报头（类似 IPSec）、封装安全有效载荷报头（类似认证报头）等。其中因为路由报头和目标选项报头等扩展报头的存在，移动 IPv6 也更容易实现。

全新的地址配置方式

IPv6 的地址长度有 128 位，因此记住并配置 IPv6 地址是很困难的，所以自动配置是 IPv6 地址配置的主要方式。在大多数情况下，需要接入 IPv6 网络中的主机只需要获取自己的 64 位 IPv6 前缀，此前缀通过本地网关发送路由器通告（Router Advertisment，RA）报文来完成，然后再结合自己的扩展唯一标识符（Extended Unique Identifier，EUI-64 位）格式作为主机号生成完整的 IPv6 地址，就能实现"即插即用"。当然实际配置 IPv6 时，还分无状态自动配置和有状态自动配置。再者，考虑到安全性，其主机位也可以不使用 EUI-64 格式（具体参见第 3 章和第 4 章）。

对于按照优先级传输的支持更加完善

在 IPv6 的基本报头中，有 8 位流量类型标签和 20 位流标签，这样在无须打开内层数据的情况下就能为视频会议、IP 语音等实时性较高的业务提供更好的 QoS 保障。

全新的邻居节点交互协议

在 IPv4 网络中，邻居发现主要靠广播的地址解析协议（Address Resolution Protocol，ARP）来完成，这很容易发生广播风暴。而 IPv6 网络不再使用 ARP 协议，而是使用邻居发现协议（Neighbor Discovery Protocol，NDP）来找到邻居。NDP 协议使用多播传输机制，因此减少了网络流量，提高了网络性能。有关 NDP 协议的详细介绍，请参见第 3 章。

1.4　总结

IPv4 网络的地址短缺等局限性决定了必须寻找并使用一种全新的 IP 协议来替代它。而 IPv6 在设计之初针对的就是 IPv4 的不足，旨在以一种全新的 IP 架构来支撑互联网。从前面的分析来看，IPv6 和 IPv4 的一些主要区别包括地址空间的扩展、报头格式的改变、QoS 更好的支持、多播代替广播、增强的可扩展报头、内置安全性和移动性等。

当前，各国政府都在加紧推广 IPv6 的大规模部署，IPv6 已势不可挡。学习和掌握 IPv6 技术并在实际生产环境中部署 IPv6 也刻不容缓。

第 2 章
EVE-NG

Chapter 2

俗话说，巧妇难为无米之炊。很多网络爱好者就是因为缺少设备，而不能深入学习并动手实践网络技术，学习效果大打折扣。本章将介绍一款功能强大的模拟器——下一代仿真虚拟环境（Emulated Virtual Environment-Next Generation，EVE-NG），这里暂且把它称为"仿真实验室"。通过 EVE-NG，读者可如身临其境般亲自动手完成所有实验。本章介绍了这款模拟器的搭建和使用，从而为读者完成本书学习打下硬件基础。同时，尽管本书很多章节涉及的实验提供了搭建好的实验环境，但读者也可以通过本章的学习自行搭建所需的实验环境。

2.1 EVE-NG 简介

EVE-NG 是一款运行在 Ubuntu 上的虚拟仿真环境，由 Andrea Dainese 等国外技术专家开发。它不仅可以模拟各种网络设备（比如 Cisco、Juniper、华为、H3C、山石等），还可以模拟 Windows、Linux 等虚拟机。从理论上说，只要能将虚拟机的虚拟磁盘格式转换为 qcow2，就可以在 EVE-NG 上运行。借助于 EVE-NG，用户只需一台计算机，即可快速搭建网络拓扑，验证解决方案。用户还可以在虚拟场景中重现和改进真实的物理架构，灵活选择多供应商设备，进行互连互通的测试和部署。

2.1.1 EVE-NG 的版本

EVE-NG 有社区版（Community）和专业版（Professional）两个版本。"社区版"是免费版，功能稍有受限，比如不支持同时运行多个实验，每个实验中最多只可以有 63 个节点，设备开机的情况下不能改变网络连接等。"专业版"的功能有所增强，比如可以同时运行多个实验，每个实验中最多可以有 1024 个节点，设备在开机状态下也可改变网络连接。这两个版本都可以满足大家的学习需要。

2.1.2 EVE-NG 的安装方式

EVE-NG 的安装方式有两种：ISO 镜像安装和利用 OVA 模板导入虚拟机的方式。大家可以从 EVE-NG 官网下载所需的安装文件。本书推荐选用 OVA 模板导入作者定制的 OVA 文件。该 OVA 文件可从作者主页 http://blcui.njtech.edu.cn/eve-ng.rar 下载。

1. ISO 镜像安装

在从 EVE-NG 官网下载 ISO 文件后，可以将其安装在虚拟机或真实机中。若将 EVE-NG 安装在真实机中，则会因为少了一层虚拟化嵌套，而性能会更优越，但这会涉及硬盘、网卡、显卡等驱动程序的安装。

2. OVA 虚拟机导入

可以将 OVA 模板文件导入到 VMware Workstation、Hyper-V 或 vSphere ESXi 等虚拟机中，方便快捷地完成 EVE-NG 的安装。本书以 VMware Workstation 为例来演示 EVE-NG 的安装和部署。

2.1.3 计算机的硬件要求

读者可以在个人计算机上安装 Windows 7、Windows 10、Windows Server 2012、Windows Server 2016 等多种操作系统，然后再安装 VMware Workstation，最后在 VMware Workstation 中导入 EVE-NG 虚拟机。EVE-NG 对真实计算机的硬件要求如下。
- CPU：支持 Intel VT-x/EPT 或者 AMD-V/RVI 的处理器。
- 内存：2GB 以上。

在 EVE-NG 中运行一些路由器和交换机不会占用太多的硬件资源，但是本书中的一些实验会涉及同时运行多台路由器、交换机、Windows 7、Windows 10、Windows Server 2016、山石防火墙等设备的情况，建议读者的计算机配置为：CPU 8 核以上、内存 16GB 以上、硬盘最好是 500GB 以上的固态硬盘。更好的 CPU、更大的内存可以保障完成本书中的相关实验。作者所用的台式计算机的配置为：单颗 CPU i5-3470、内存 32GB、固态硬盘 500GB。

2.1.4 安装 VMware Workstation

Vmware Workstation 是一款功能强大的桌面虚拟计算机软件。由于运行 EVE-NG 的 Ubuntu 系统与低版本的 Vmware Workstation 存在兼容性问题，因此需要安装 V15 以上的 Vmware Workstation 版本。用户可通过链接 http://blcui.njtech.edu.cn/ipv6config.rar 下载配置包，然后双

击配置"02\vmware-pro15"中的"VMware-workstation-full-15.0.0-10134415.exe"文件开始安装。由于安装比较简单，这里不再赘述。软件安装完成后，真实机的网络连接如图 2-1 所示，其中新增加了两块网卡，分别为 VMnet1 和 VMnet8。

图 2-1　VMware 安装完成后的网络连接

2.2　EVE-NG 部署

部署 EVE-NG 之前，需确保真实计算机的 BIOS 中开启了虚拟化支持。这里以作者的 DELL 台式计算机为例，开机后按 F2 键，进入 BIOS 配置界面，左侧选择 Virtualization（虚拟化），右侧选中"Enable Intel Virtualization Technology"（启用 Intel 虚拟化技术）复选框，开启虚拟化支持，如图 2-2 所示。

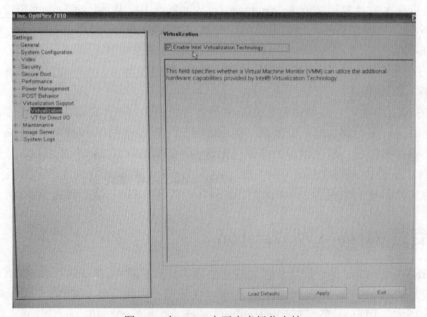

图 2-2　在 BIOS 中开启虚拟化支持

2.2.1　导入 EVE-NG 虚拟机

可通过链接 http://blcui.njtech.edu.cn/eve-ng.rar 下载 EVE-NG 的 OVA 文件压缩包，其名字为 EVE-ng-172.18.1.18-2.0.4-20.ova。该文件最初的名字是 EVE-ng-2.0.4-20.ova，出自 EmulatedLab 网站。该网站为国内比较权威的 EVE-NG 网站，并拥有论坛和 QQ 交流群。作者对 EVE-ng-2.0.4-20.ova 文件进行了改装，集成了 Cisco 路由器和交换机、Windows 7、Windows 10、Windows Server 2016、山石 SG6000 防火墙和 CentOS 等所有完成本书实验所需的虚拟机和网络设备。

双击 EVE-ng-172.18.1.18-2.0.4-20.ova 文件，打开"导入虚拟机"向导，如图 2-3 所示。"新虚拟机名称"字段中可以随意输入一个名字，在"新虚拟机的存储路径"字段中选择一个空闲空间大于 200GB 的磁盘，原因是随着实验的进行，会产生大量的临时文件，尤其是涉及 Windows 虚拟机的实验。当 EVE-NG 磁盘空间满了后，实验平台的工作会发生异常，但系统并不会提示。后面会介绍如何清理产生的临时文件。如果读者能记得经常清理临时文件，磁盘的空闲空间大于 80GB 也可以。

图 2-3　导入虚拟机

单击"导入"按钮，开始导入虚拟机。大约 20 分钟后，虚拟机导入完成，如图 2-4 所示。可以看到虚拟机的默认配置：16GB 内存、4 核 CPU、NAT 模式的网络适配器。

图 2-4　EVE-NG 导入完成

单击图 2-4 中的"编辑虚拟机设置",根据真实计算机的配置调整虚拟机的内存大小和 CPU 数量(建议至少分配 4GB 内存,若涉及复杂的实验,则需相应地增加内存。CPU 的数量影响不大)。因为要在 EVE-NG 中运行虚拟机,所以 CPU 要开启虚拟化。在图 2-5 中选中"虚拟化 Intel VT-x/EPT 或 AMD-V/RVI(V)"和"虚拟化 CPU 性能计数器"复选框。

图 2-5　CPU 开启虚拟化

接下来选择网络适配器类型。在图 2-6 的"网络连接"区域中选择"NAT 模式"单选按钮。这里选择"NAT 模式"的原因是为了不影响真实网络。下一节会对 VMware Workstation 中的网络类型进行介绍。

最后单击"确定"按钮,完成虚拟机的编辑。返回图 2-4 并单击"开启此虚拟机"按钮,若出现如图 2-7 所示的报错信息,则是 BIOS 没有成功开启虚拟化支持,需确保图 2-2 中的配置正确无误。

大约 1 分钟后,EVE-NG 启动成功,提示登录的 IP 地址是 172.18.1.18,如图 2-8 所示(该地址是预先设定的静态 IP 地址,可以通过编辑/etc/network/interfaces 文件来修改该 IP 地址)。这里用来登录 EVE-NG 的用户名和密码分别是 root 和 eve。

第 2 章　EVE-NG

图 2-6　选择网络适配器类型

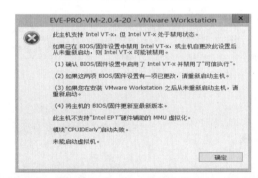

图 2-7　因 BIOS 中没有开启虚拟化支持而报错

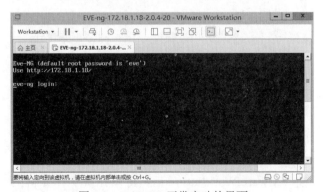

图 2-8　EVE-NG 正常启动的界面

2.2.2 VMware Workstation 中的网络类型

在图 2-6 中的"网络连接"区域中有多个选项,这里逐一介绍。

- **桥接模式**:这种模式最简单,它直接将虚拟网卡桥接到真实机的物理网卡上,相当于在真实机的前面连接了一台交换机,虚拟出来的计算机和真实的计算机都接在交换机上。在这种模式下,由于虚拟机的网卡直接连到了真实机物理网卡所在的网络上,因此可以想象为虚拟机与真实机处于同等的地位,即两者在网络关系上是平等的。这种模式简单易用,前提是需要有 1 个以上的 IP 地址。在这种模式下,网卡类型可以随时改变,即使虚拟机启动后也可以实时改动并立即生效。

假如真实机既配置了有线网卡,也配置了无线网卡,或者配置了多块有线网卡,并且这些网卡都在使用,那么虚拟机最终是桥接到哪块网卡上的呢?答案是:不确定。要将虚拟机桥接到某块指定的物理网卡上,可执行如下操作。

单击 VMware Workstation 的菜单"编辑"→"虚拟网络编辑器",打开"虚拟网络编辑器"对话框。在有些环境下,可能会出现如图 2-9 所示的情况,即图中的很多选项都不可以编辑,也没有出现"桥接"的选项。可单击图中右下角的"更改设置"按钮(有的系统中可能是"还原默认设置"按钮),稍后图中的很多选项就可以编辑了,如图 2-10 所示。

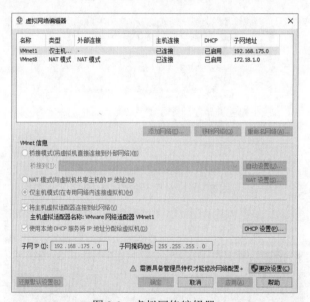

图 2-9 虚拟网络编辑器

在图 2-10 中,"桥接到"下拉列表的默认选项是"自动",可从该下拉列表框中选择虚拟机要桥接到的网卡。

- **NAT 模式**:安装 VMware Workstation 后,可以在真实计算机的"服务"窗口中找到 VMware DHCP Service 服务(见图 2-11)。该服务自动为配置成"NAT 模式"和"仅主机模式"类型的虚拟机网卡分配 IP 地址信息。该服务的启动类型为"自动"。若不需要自动分配 IP 地址，可以禁用该服务。

图 2-10　桥接模式

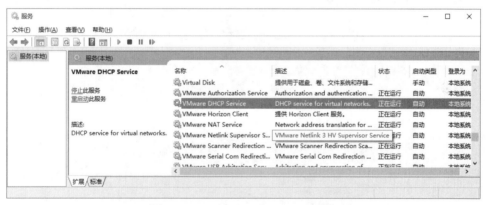

图 2-11　VMware DHCP Service 服务

配置为 NAT 模式的虚拟机可以借助真实计算机的合法 IP 访问外部网络，NAT 提供了从虚拟机私有 IP 到真实计算机合法 IP 之间的地址转换。这种情况相当于有一个 NAT 服务器在运行，只不过这个 NAT 配置集成到 VMware Workstation 中了，不需要用户配置。很显然，如果只有一个外网 IP 地址，这种方式很合适。

在图 2-10 中选中 VMnet8 条目，如图 2-12 所示，可以看到"NAT 模式（与虚拟机共享主机的 IP 地址）"单选按钮被选中，也就是说虚拟机可使用真实计算机的 IP 地址共享上网。在图 2-12 中可以看到，"子网 IP"和"子网掩码"字段分别输入的是 172.18.1.0 和 255.255.255.0。

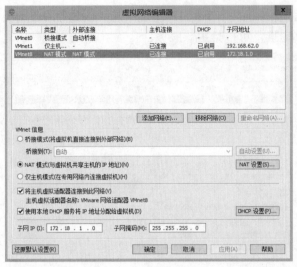

图 2-12　NAT 模式

单击图 2-12 中的"NAT 设置"按钮，打开"NAT 设置"对话框，如图 2-13 所示。把"网关 IP"改成 172.18.1.1，使其与 EVE-NG 虚拟机中的配置网关一致，这样 EVE-NG 也可以访问互联网了。还可以在"端口转发"区域添加端口映射，比如把对真实计算机某个端口的访问映射到某台虚拟机某个端口的访问。

图 2-13　NAT 模式网关设置

安装 VMware Workstation 后，真实计算机中会多出两块虚拟网卡，分别是 VMnet1 和 VMnet8。从图 2-12 中可以看到，真实计算机的 VMnet8 网卡和 NAT 模式的虚拟机网卡连接在同一个网络中，只要为它们配置同一网段的 IP 地址，它们之间就可以相互访问了。单击图 2-12

中的"DHCP 设置"按钮，打开"DHCP 设置"窗口，配置起始 IP 地址和结束 IP 地址，如图 2-14 所示。在后面的实验中，一些虚拟机可以通过这里配置的 DHCP 服务，自动分配 172.18.1.0/24 网段的 IP 地址，并可借助真实计算机的 IP 地址访问互联网。

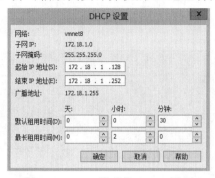

图 2-14　NAT 模式的 DHCP 设置

这里将真实计算机 VMnet8 网卡的 IP 地址配置为 172.18.1.2，子网掩码配置为 255.255.255.0，网关为空。真实计算机此时可通过 IP 地址 172.18.1.18 访问 EVE-NG。

> **注　意**
>
> 虽然 NAT 是借助于 VMnet8 虚拟网卡实现外网访问的，但与真实计算机上的 VMnet8 网卡无关，可随意配置真实计算机 VMnet8 网卡的 IP 地址，或者禁用 VMnet8 网卡，这对虚拟机访问外部网络没有任何影响。

- **仅主机模式**：与 NAT 模式不同的是，该模式没有地址转换服务。默认情况下，虚拟机只能访问真实机，这也是"仅主机"名字的意义。VMware DHCP 服务默认为仅主机模式的网卡提供了 DHCP 支持，以方便系统的配置。
- **自定义**：除了 VMnet0（桥接）、VMnet1（仅主机）和 VMnet8（NAT）外，还可以使用其他网卡类型，比如 VMnet2、VMnet3 等。可以把两台虚拟机的网卡类型都设置成 VMnet2，这两台虚拟机就组建了一个私有的局域网。

每种网络类型都有自己的优势和特点，读者可以根据实际需要进行选择。在虚拟机运行后也可改变网卡的类型，并立即生效。

2.2.3　EVE-NG 登录方式

EVE-NG 成功启动后，在真实机的 Firefox 浏览器（推荐使用该款浏览器）的地址栏中输入 http://172.18.1.18，可以看到 EVE-NG 的登录页面，如图 2-15 所示。这里的登录用户名和登录密码分别为 admin 和 eve。管理方式有如下 3 种选项。

- Native console：这种管理方式需要安装集成客户端软件包（稍后介绍如何安装）。
- Html5 console：这种管理方式不需要安装集成客户端软件包，是基于 Web 的管理方式。

当管理其他设备时，会弹出一个新的 Web 页面（前提是将浏览器设置成允许弹出新页面）。
- Html5 Desktop：这种管理方式只在专业版中提供，而且有很多 Bug，因此不推荐使用这种方式。

图 2-15　EVE-NG 登录页面

由上文可知，Html5 console 的管理方式比较简单，不需要安装额外的客户端软件。考虑到有些读者不太喜欢基于 Web 的管理方式，而是喜欢通过客户端软件进行管理，外加 EVE-NG 提供了集成客户端软件安装包，因此这里简单介绍一下集成客户端软件包的安装。

在真实计算机上双击配置包文件 02\EVE-NG-Win-Client-Pack.exe 开始安装，出现如图 2-16 所示的安装页面。在这里，除了 Wireshark 和 UltraVNC 为可选安装外，其他都是必选项。

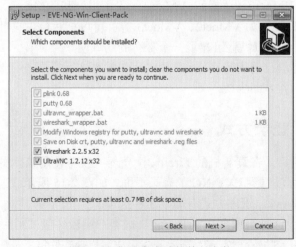

图 2-16　集成客户端软件包安装

- **Putty**：轻量级的远程终端软件，主要通过该工具对 EVE-NG 中的网络设备进行 Telnet 管理。作者感觉 Putty 使用起来不如 SecureCRT 方便，读者若是觉得不习惯，可在安装完集成客户端软件包后，再额外安装 SecureCRT。
- **UltraVNC**：远程控制工具，该工具可对 EVE-NG 中除 Cisco 路由器和交换机以外的所有设备进行管理。
- **Wireshark**：网络数据包分析软件。该软件免费开源，其前身是 Ethereal，是目前比较流行的抓包软件。配置包中的 02\wireshark3.0.0.zip 文件是 Wireshark 的中文汉化版，可单独安装使用。

在图 2-16 中全部保持默认选项，然后单击 Next 按钮继续，直至安装完成。

2.3 EVE-NG 管理

2.3.1 EVE-NG 调优

为了使用本书提供的 EVE-NG，需要修改 EVE-NG 的系统时间，在 EVE-NG 控制台中（使用 SecureCRT 工具登录更方便，如图 2-17 所示）输入下面的命令（其他斜体部分为解释。本书后续章节都采用这种方式，即命令或配置加阴影，解释部分使用斜体）：

timedatectl set-ntp false	*禁用 NTP（Network Time Protocol，网络时间协议）时间同步*
date -s 01/01/2016	*更改系统日期为 2016 年 1 月 1 号*
hwclock -w	*将硬件时钟调整为与当前系统的时钟一致*
timedatectl	*显示当前的时间和时间设置，验证修改时间已经生效*

图 2-17 修改 EVE-NG 的系统时间

 提 醒

本章所有实验中涉及的命令和配置文件的内容，详见配置包"02\操作命令和配置.txt"。

图 2-18 中的"关闭客户机"相当于正常关机，"关机"相当于直接断电，"重新启动客户机"相当于正常重启，"重置"相当于是断电再供电。稳妥的操作应该选择"关闭客户机"或

"重新启动客户机"。

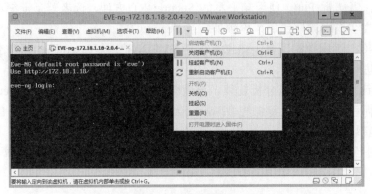

图 2-18 关闭客户机

有时 EVE-NG 在启动、关机或重启时，会卡在如图 2-19 所示的界面。此时按 Alt+F2 组合键切换到命令行界面，发现卡在某个程序上，这时无须长时间等待，只须再次选择图 2-18 的"关闭客户机""关机""重新启动客户机""重置"即可。

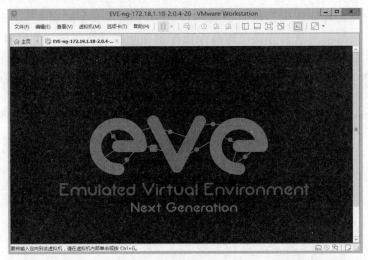

图 2-19 EVE-NG 卡死

EVE-NG 重启后，执行 timedatectl 命令，发现系统时间又变成了当前时间，原因是 EVE-NG 运行在 VMware Workstation 中，虚拟机时间会自动同步真实计算机的时间。可以修改 EVE-NG 虚拟机所在文件夹中的 EVE-ng-172.18.1.18-2.0.4-20.vmx 文件，在文件最后加入下面的内容，禁止虚拟机与真实计算机时间同步（读者下载的实验虚拟机中已经对其进行了修改）。

```
time.synchronize.continue = "FALSE"
time.synchronize.restore = "FALSE"
time.synchronize.resume.disk = "FALSE"
```

第 2 章 EVE-NG

time.synchronize.shrink = "FALSE"
time.synchronize.tools.startup = "FALSE"

修改前先备份 EVE-ng-172.18.1.18-2.0.4-20.vmx 文件，然后用记事本打开该文件，在最后加入上述 5 行，如图 2-20 所示。

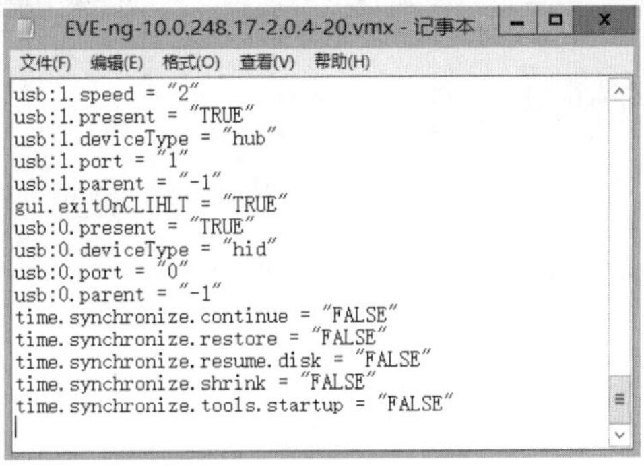

图 2-20 编辑 vmx 文件

再次使用图 2-17 中的"date -s 01/01/2016"和"hwclock –w"命令修改 EVE-NG 的时间。重启 EVE-NG 系统后发现修改生效。

2.3.2 性能测试

安装完成后，在真实计算机上以 Native console 方式登录 EVE-NG，登录后的主界面如图 2-21 所示。

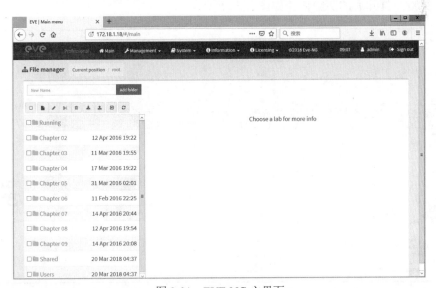

图 2-21 EVE-NG 主界面

单击"Chapter 02"选项，打开第 2 章的实验拓扑，如图 2-22 所示。单击某个拓扑，右侧将显示出该拓扑的示意图。单击下方的 Open 按钮，可打开该拓扑对应的实验。

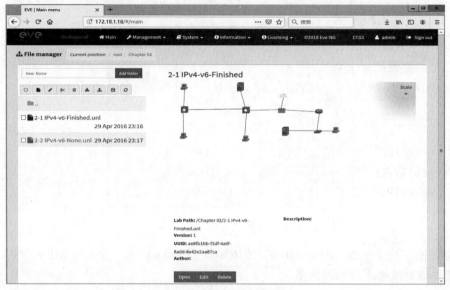

图 2-22　第 2 章的实验拓扑

第 2 章提供了"2-1 IPv4-v6-Finished"和"2-2 IPv4-v6-None"这两个实验拓扑，其中"2-2 IPv4-v6-None"是没有任何配置的实验拓扑，读者可以在这个实验上练习。"2-1 IPv4-v6-Finished"是已经完成的实验拓扑，读者可以打开该实验，测试效果。这里选择"2-1 IPv4-v6-Finished"实验，打开后的实验拓扑如图 2-23 所示。

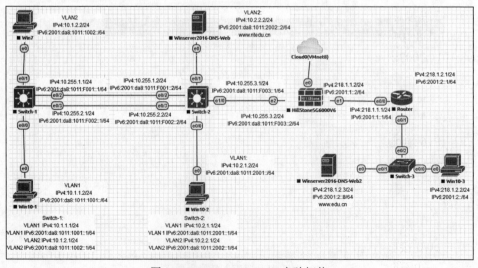

图 2-23　IPv4-v6-Finished 实验拓扑

"2-1 IPv4-v6-Finished"实验中包括 2 台三层交换机（Switch-1 和 Switch-2）、1 台二层交换机（Switch-3）、1 台路由器（Router）、1 台 Windows 7 计算机（Win7）、3 台 Windows 10 计算机（Win10-1、Win10-2、Win10-3）、2 台 Windows Server 2016 服务器（Winserver 2016-DNS-Web 和 Winserver 2016-DNS-Web2）、1 台山石防火墙。山石防火墙的初始账号和密码都是 hillstone，Windows 10 和 Windows Server 2016 中 administrator 对应的密码是 cisco@123。

可以把该实验拓扑想象成一个公司的网络。公司有一个总部和分部，互联网出口在总部。公司原来是 IPv4 网络，分部的 IPv4 地址段是 10.1.0.0/16，总部的 IPv4 地址段是 10.2.0.0/16。内部可以访问互联网，比如 Win10-1 计算机可以访问 http://www.edu.cn（对应的 IPv4 地址是 218.1.2.3）；也可以通过互联网访问公司的网页，比如 Win10-3 计算机可以访问 http://www.ntedu.cn（对应的公网 IP 是 218.1.1.2，该 IP 配置在山石防火墙的外网接口上，通过端口映射把 80 端口映射给内网服务器 10.2.2.2 的 80 端口）。现在公司新开通了 IPv6 网络，申请到 2001:da8:1011::/48 的 IPv6 地址段，并把 2001:da8:1011:1::/52 分配给分部，把 2001:da8:1011:2::/52 分配给总部。

总部和分部之间通过双链路互连，假设 e0/2 的链路是 10Gbit/s 链路，e0/3 的链路是 1Gbit/s 链路。配置静态的 IPv4 和 IPv6 路由，使用两条链路都正常工作时，流量走 10Gbit/s 链路。当 10Gbit/s 链路出现故障时，流量自动切换到 1Gbit/s 链路。当 10Gbit/s 链路恢复时，流量再自动切换回 10Gbit/s 链路。

Switch-1 模拟分部的核心交换机，其中 VLAN 1 的 IPv4 地址是 10.1.1.1/24，VLAN 1 的 IPv6 地址是 2001:da8:1011:1001::1/64；VLAN 2 的 IPv4 地址是 10.1.2.1/24，VLAN 2 的 IPv6 地址是 2001:da8:1011:1002::1/64；Win10-1 在 VLAN 1 中，配置的 IPv4 地址是 10.1.1.2/24，IPv6 地址配置为自动获取；Win7 在 VLAN 2 中，配置的 IPv4 地址是 10.1.2.2/24，IPv6 地址配置为自动获取。

Switch-2 模拟总部的核心交换机，其中 VLAN 1 的 IPv4 地址是 10.2.1.1/24，VLAN 1 的 IPv6 地址是 2001:da8:1011:2001::1/64；VLAN 2 的 IPv4 地址是 10.2.2.1/24，VLAN 2 的 IPv6 地址是 2001:da8:1011:2002::1/64；Win10-2 在 VLAN 1 中，配置的 IPv4 地址是 10.2.1.2/24，IPv6 地址配置为自动获取；Winserver2016-DNS-Web 在 VLAN 2 中，配置的 IPv4 地址是 10.2.2.2/24，IPv6 地址 2001:da8:1011:2002::2/64，该服务器是公司的 DNS 服务器，管理域名 ntedu.cn。它同时也是公司的 WWW 服务器，对应的域名是 www.ntedu.cn，该域名对应的 IPv4 地址是 218.1.1.2，IPv6 地址是 2001:da8:1011:2002::2。

HillstoneSG6000V6（山石防火墙）模拟公司的出口防火墙，负责将公司的私有 IPv4 地址转换为 218.1.1.2，并访问互联网；同时配置端口映射，使互联网可以访问公司内的 Web 服务器和 DNS 服务器。配置 IPv6，使公司内的 IPv6 设备可以访问互联网；配置策略，使互联网可以访问公司内的 IPv6 服务器，可以使用"远程桌面"通过 IPv6 地址连接 Win10-1 计算机。山石防火墙的 e0/0 接口连接到 Cloud0，也就是 EVE-NG 的第一块网卡。由于 EVE-NG 的网卡是"NAT 模式"，山石防火墙的 e0/0 与真实计算机的 VMnet8 网卡接在同一个网络中，被配置了

IP 地址 172.18.1.19，因此可以在真实计算机上通过 Web 浏览器对山石防火墙进行图形化界面的配置。

Router 模拟互联网路由器，提供 IPv4 和 IPv6 路由服务。

Switch-3 模拟一台普通的二层交换机，这里不需要做任何配置。

Winserver2016-DNS-Web2 配置的 IPv4 地址是 218.1.2.3，IPv6 地址是 2001:2::8/64。该服务器是互联网的 DNS 服务器，管理域名 edu.cn。该服务器是也是 WWW 服务器，对应的域名是 www.edu.cn，该域名对应的 IPv4 地址是 218.1.2.3，IPv6 地址是 2001:2::8。

Win10-3 模拟支持 IPv4 和 IPv6 的计算机终端。

把鼠标指针移动到左侧快捷菜单，选择"More actions"→"Start all nodes"，开启所有节点，如图 2-24 所示。大约 5 分钟后，所有节点都正常启动（这里花费的时间与真实计算机的硬件配置有关）。

分别单击 Switch-1、Switch-2、HillstoneSG6000V6、Router 图标，打开这些设备的配置界面，如图 2-25 所示。

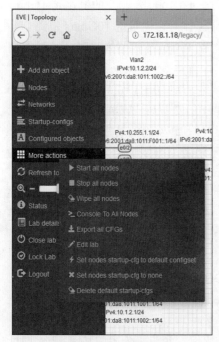

图 2-24 启动所有节点

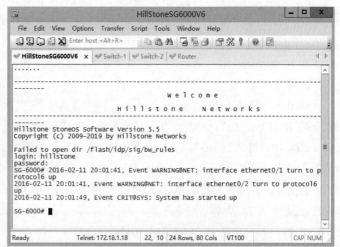

图 2-25 网络设备配置界面

在 Win10-1 计算机上分别输入 ping www.edu.cn 和 ping www.ntedu.cn，结果如图 2-26 所示。

在 Win10-1 计算机的 IE 浏览器中分别输入 http://www.edu.cn 和 http://www.ntedu.cn，都可正常打开网页，如图 2-27 所示。www.ntedu.cn 为作者编写的简单的通讯录登记网页；www.edu.cn 是一个简单的 Web 下载页。

图 2-26　ping 测试页

图 2-27　Web 测试页

在 Win10-3 计算机的 IE 浏览器中分别输入 http://www.ntedu.cn 和 http://218.1.1.2，也可以打开通讯录登记网页。其中 http://www.ntedu.cn 是通过 IPv6 访问的，http://218.1.1.2 是通过 IPv4 访问的。

这里仅是为了展示 EVE-NG 功能的强大之处，同时也可以测试读者的计算机的配置性能能否达到要求。有关网络设备配置和 Windows 服务搭建等内容，本书后面会陆续介绍。读者也可参阅配置包"02\IPv6 实施步骤.docx"，并在"2-2 IPv4-v6-None"实验拓扑中练习配置。

2.3.3　EVE-NG 主界面

EVE-NG 在登录后显示的主界面如图 2-21 所示。这里仅对要用到的部分菜单（System 和 File manager）进行介绍。

1. System

在 System 下有 3 个子菜单，分别是 System status、System logs 和 Stop All Nodes。

- System status：显示当前 CPU、内存、磁盘和交换空间的使用情况，如图 2-28 所示（图中还显示了当前运行的设备情况）。"2-1 IPv4-v6-Finished"实验中的所有设备都开启，IOL 设备有 4 台（IOL 是思科公司内部用来测试 IOS 的工具软件，用来模拟思科的路由器和交换机比较理想，实验中有 3 台交换机和 1 台路由器），Dynamips 设备有 0 台（Dynamips 也是思科设备模拟器，主要用来模拟思科的路由器。本书中对思科路由器和交换机的模拟主要借助于 IOL 工具，Dynamips 基本不使用），QEMU 设备有 7 台（6 台 Windows 设备和 1 台山石防火墙。借助于 QEMU，EVE-NG 可以运行更多厂商、更多种类的操作系统），Docker 设备有 0 台（EVE-NG 集成的 Linux 系统，本书中使用不到），VPCS 设备有 0 台（EVE-NG 集成的虚拟 PC 模拟器［Virtual PC Simulator］并不是一台完整的 PC，可以支持少量的命令，主要用来测试网络，它的最大优势就是占用的 CPU 和内存极少。读者的计算机配置若是不高，可以借助 VPCS 来模拟终端计算机，有关 VPCS 的使用请读者自行查阅相关资料）。

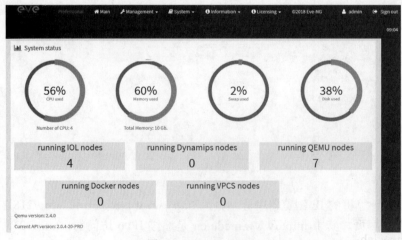

图 2-28　System status

- System logs：显示系统运行的日志信息，有 access、api、error、php_errors、unl_wrapper 和 cpulimit 等几个文本格式的日志文件，如图 2-29 所示。
- Stop All Nodes：停止所有运行的设备。

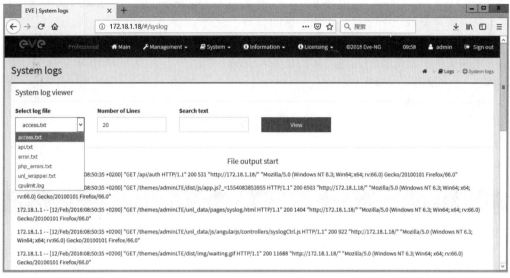

图 2-29　System logs

2．File manager

在 File manager 中有 10 个子项，如图 2-30 所示。

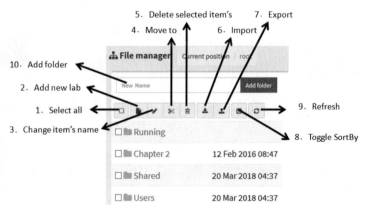

图 2-30　File manager

- Select all：选择所有。
- Add new lab：新建实验，单击该选项后弹出 Add New Lab 对话框，如图 2-31 所示。

- Change item's name：重命名。
- Move to：移动，比如可以把某个实验拓扑移动到其他文件夹。
- Delete selected item's：删除选中项。
- Import：可以导入实验，导入实验的文件格式是.zip 格式。导入的文件只能是包含 Cisco 路由器和交换机的配置，其他厂家的设备不支持。
- Export：可以把选中的实验导出，导出格式是.zip。导出的文件只能是包含 Cisco 路由器和交换机的配置，其他厂家的设备不支持。
- Toggle SortBy：排序。
- Refresh：刷新。
- Add folder：新建文件夹（目前不支持中文文件夹名）。

图 2-30 中的 Running 文件夹是一个特殊的文件夹。若某个实验中开启了设备，该实验的名字会同时出现在 Running 文件夹中。

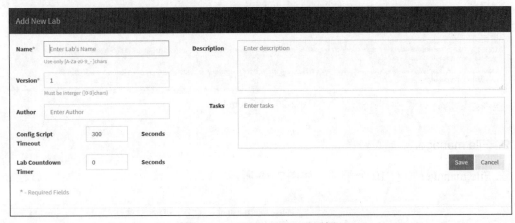

图 2-31　Add New Lab 对话框

2.3.4　实验主界面

为了便于讲解，下面打开"Chapter 02"文件夹中的"2-1 IPv4-v6-Finished"实验。

1. 快捷菜单

把鼠标指针移动到左侧，可弹出实验快捷菜单，其中 Add an object 和 More actions 还有二级子菜单，如图 2-32 所示。

Add an object

该菜单用来添加一个对象，它还包含一个二级子菜单，可以添加 Node、Network、Picture、Custom Shape、Text 等，其功能解释如下。

Node：添加设备节点，也就是 EVE-NG 中的虚拟设备。默认情况下，该菜单只支持 Docker 和 Virtual PC，且支持的设备显示为蓝色，不支持的设备显示为灰色。实验平台中已经预先导入了 Cisco IOS 7206VXR（Dynamips）、Cisco IOL（含 L2-ADVENTERPRISEK9-M-15.2-20150703.bin 和 L3-ADVENTERPRISEK9-M-15.4-2T.bin；这里的 L2 指的是具有交换机特性，可以是二层交换机或三层交换机；这里的 L3 指的是具有路由特性，不具有交换机特性）、HuaweiUSG6000v、Windows（Win7 和 Win10）、Windows Server（Winserver2016）、H3CvFW1000、H3CvSR2000、H3CvLB1000、H3CvBras1000、HillStoneSG6000 等设备，如图 2-33 所示。

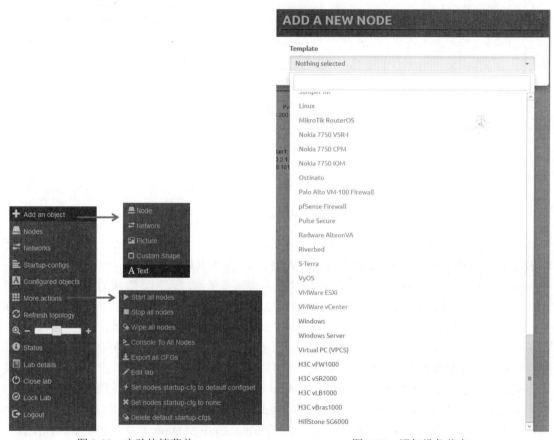

图 2-32　实验快捷菜单　　　　　　　　图 2-33　添加设备节点

这里简单演示如何添加如图 2-33 所示的清单中没有的设备，添加 1 台系统为 CentOS 的 Linux 设备，后面 Linux 部分的实验中会用到该设备。配置包"02\linux-centos7.3"文件夹是 CentOS 的镜像，可利用 SFTP 上传工具，比如 WinSCP（配置包"02\WinSCP5144.zip"是其安装文件），把 linux-centos7.3 文件夹上传到 EVE-NG 的/opt/unetlab/addons/qemu 文件夹下，如图 2-34 所示。再次添加节点，可以发现清单中的 Linux 变成了蓝色，该 Linux 系统的登录用户名是 root，密码是 eve@123。

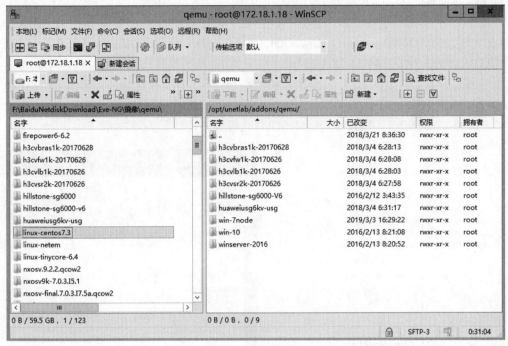

图 2-34　上传镜像

下面介绍如何添加一台 Cisco IOL 的交换机。在图 2-35 中，在 Template 下拉列表中选择 Cisco IOL；Number of nodes to add 字段的默认值是 1，也可以填其他数字，一次创建多台设备；在 Image 下拉列表中选择镜像（这里 IOL 的设备有两个镜像，因为要添加的是交换机，所以选择 L2-ADVENTERPRISEK9-M-15.2-20150703.bin）；在 Name/prefix 中填写设备的名字，如果一次添加多台设备，这里输入的就是前缀，在对设备命名时会在设备前缀的后面加入编号；在 Icon 下拉列表中选择图标，这里选择交换机的图标；NVRAM（KB）字段用来配置文件的保存空间，保持默认大小就可以了；RAM（MB）字段用来设置内存大小，读者可以根据需要调整默认内存的大小；Ethernet portgroups（4 int each）字段用来设置以太网端口组的数量，1 个端口组中有 4 个接口；Serial portgroups（4 int each）字段用来设置串口端口组的数量，1 个端口组中有 4 个串口（交换机上用不到串口）；Startup configuration 下拉列表用来选择配置文件的加载方式，默认为 None（不加载），另一个选项是 Default（加载）。这个选项仅对 Cisco 的路由器和交换机有用；Delay 字段表示延迟多少秒启动；Left 和 Top 字段用来添加设备所在的坐标。单击 SAVE 按钮，新设备添加成功。

Network：设置网络类型。有几种选项可选：bridge，类似傻瓜交换机，可以通过这台傻瓜交换机把多个网络设备连接在一起；NAT，类似于安装 VMware 时的 NAT，EVE-NG 中的 NAT 网络也提供 DHCP 功能，连接在该网络上的设备可以获得 169.254.254.0/24 网段的 IP 地址，并可以访问 EVE-NG 所连的真实网络；Cloud0~Cloud9 分别连接 EVE-NG 的第 1 块～第

10 块网卡（如果有的话），其中 Cloud0 也就是 EVE-NG 的第 1 块网卡，一般配置了管理 IP 地址，所以标注为 Management，如图 2-36 所示。"2-1 IPv4-v6-Finished"实验中山石防火墙的 Eth0/0 接口就是连接到 Management（Cloud0），即连接到真实网络，因此可以在真实计算机上通过浏览器配置山石防火墙。

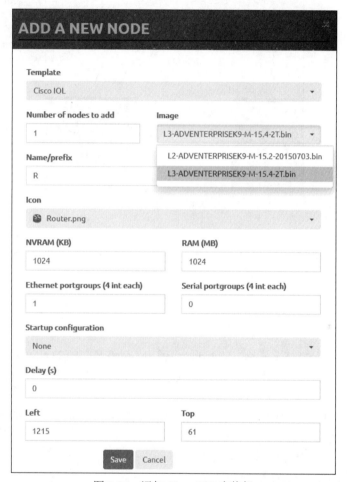

图 2-35 添加 Cisco IOL 交换机

小应用

若实验中的某台设备，比如 Windows 或 Linux 虚拟机，需要连接互联网以更新软件，或者从真实计算机上复制软件，则可以添加一个 Management（Cloud0）网络，然后把需上网设备的网卡连接到此网络，并将 IP 地址配置为自动获取，即可访问互联网或从真实计算机上复制数据（通过真实计算机 VMnet8 上配置的 IP 地址 172.18.1.2）。

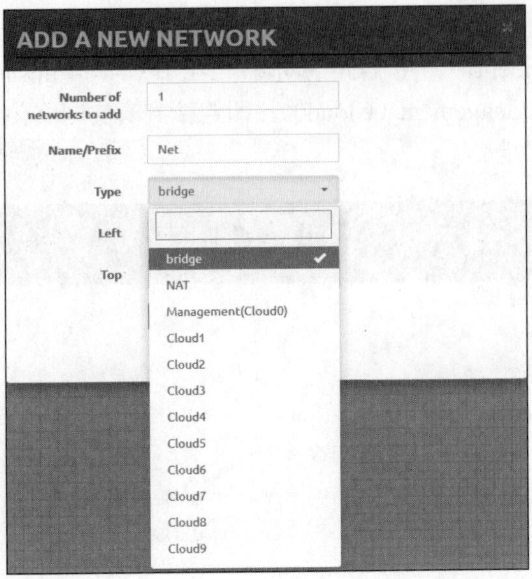

图 2-36 添加网络

Picture：添加图片。

Custom shape：添加自定义形状。

Text：添加文本。

由于上述 3 个选项的重要性不是很大，且与正文无关，这里不再赘述。

Node（节点）

单击如图 2-32 所示的快捷菜单中的 Nodes，弹出 CONFIGURED NODES 对话框，其中列出了实验中的所有设备节点，如图 2-37 所示。通过该对话框可以对列出的所有设备进行编辑。由于该图较大，为便于读者阅读，分成了两个部分。

- ID：设备的 ID 号，具有唯一性。若删除某个设备，其他设备的 ID 号不会改变。
- NAME：设备名称。
- TEMPLATE：设备使用的模板名称。
- BOOTIMAGE：设备使用的镜像文件。
- CPU：设备的 CPU 数量。
- CPU LIMIT：限制 CPU 过载。
- IDLE PC：这个值仅对 Dynamips 模拟的 Cisco 路由器有影响。
- NVRAM：保存配置文件的空间大小，单位为 KB。
- RAM：内存大小，单位为 MB。
- ETH：以太网端口的数量。
- SER：串口的数量。
- CONSOLE：管理方式，存在 VNC 和 Telnet 两种。

- ICON：图标。
- STARTUP-CONFIG：是否加载保存的配置文件；None 为不加载，Default 为加载。
- ACTIONS：具有 Start（开启设备）、Stop（停止设备）、Wipe（清除；该命令会在下文单独介绍）、Export CFG（导出配置；仅针对 Cisco 路由器和交换机有效）、Interfaces（显示设备所有接口）、Edit（编辑设备）、Delete（删除设备）等功能选项。

这里着重介绍一下 ACTIONS 中的 Wipe。实验拓扑图可以导出/导入，但导出/导入的仅是设备描述，不含设备配置（除本实验平台里 IOL 中的 Cisco 路由器和交换机以外，IOL 中的路由器和交换机如果执行了 Export CFG，配置会随之导出/导入）。比如，可以在 Windows 桌面上新建一个文件夹，然后关闭计算机，执行 Wipe 操作。然后再开机，可以发现计算机桌面上的文件夹消失了，计算机恢复到最初的状态。可以这样理解：设备的配置由两部分组成——最初的模板镜像和后来的修改配置，设备重启时，先加载最初的镜像文件，然后再加载后来的修改配置，后来的修改配置位于临时文件中，Wipe 的功能相当于是清除临时文件。

下面是来自 EVE-NG 的输出，也是临时文件存储的路径：

root@eve-ng:/opt/unetlab/tmp/0/ae8fb1bb-f3df-4a0f-8add-8e42e2aa87ca# ls
1 10 11 12 13 14 2 3 4 5 6 7 8 9

其中，/opt/unetlab/tmp 是临时文件的路径，"0" 是 admin 用户对应的编号，"ae8fb1bb-f3df-4a0f- 8add-8e42e2aa87ca" 是实验拓扑的 UUID（通用唯一识别码），/opt/unetlab/tmp/0/ae8fb1bb-f3df-4a0f-8add-8e42e2aa87ca# 目录下是每个设备的 ID 号，如上面显示的 1、10、11、12、…、9 等，每个 ID 号目录下存放的就是每台设备的临时文件。若想把设备拓扑和配置全部导出，需要把整个文件夹一起复制。随着实验的增加，EVE-NG 磁盘空间会变得越来越大。可以通过下面的命令查看磁盘空间的使用情况。

root@eve-ng:~# df -h					
Filesystem	Size	Used	Avail	Use%	Mounted on
udev	7.9G	0	7.9G	0%	/dev
tmpfs	1.6G	18M	1.6G	2%	/run
/dev/mapper/eve--ng--vg-root	**150G**	**29G**	**114G**	**21%**	**/**
tmpfs	7.9G	0	7.9G	0%	/dev/shm
tmpfs	5.0M	0	5.0M	0%	/run/lock
tmpfs	7.9G	0	7.9G	0%	/sys/fs/cgroup
/dev/sda1	472M	83M	365M	19%	/boot

注 意

EVE-NG 中的磁盘空间消耗起来速度很快，尤其是计算机系统的使用，经常某个虚拟设备的临时文件会达到好几 GB。EVE-NG 磁盘空间不足会导致实验没有响应，而且系统也没有任何提示，这就需要定期清理 EVE-NG 的临时文件。清理的方式比较简单，就是在每台虚拟设备上执行 Wipe 操作，自动清除该设备产生的临时文件。如果删除某个拓扑图，随着临时目录下拓扑图文件目录的删除，该拓扑图中所有设备的目录也随之被自动删除。

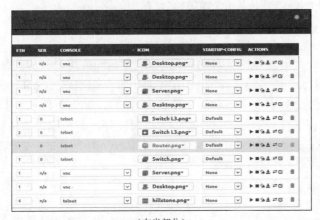

（左半部分）

（右半部分）

图 2-37　CONFIGURED NODES 对话框

注　意

设备的 ID 号虽然唯一，但是可在不同时间关联不同设备。比如在当前实验中添加两台 Windows 计算机，两台计算机的 ID 号分别是 1 和 2，现在删除 ID 号是 1 的计算机，再添加一台路由器，此时路由器的 ID 号将是 1。有时添加了某台设备，但该设备却无法开机或开机会出现异常（比如明明添加的是 Windows 计算机，开机后却发现是路由器），则很可能是该 ID 号之前被别的设备使用，而且产生了临时文件，导致临时文件与新添加的设备产生的临时文件冲突，从而无法启动设备。可以通过重启 EVE-NG 或执行 Wipe 操作来清除临时文件。

Networks（网络）

显示实验中添加的所有网络。

Startup-configs（配置）

单击如图 2-32 所示的快捷菜单中的 Startup-configs，弹出 STARTUP-CONFIGS 对话框，其中列出了实验中所有 Cisco 路由器和交换机的配置情况，如图 2-38 所示。一台设备首先要保存配置，然后才可以导出配置。没有导出配置的设备图标是灰色，已导出配置的设备图标是蓝色。导出配置后，启动时加载配置的设备后面的图标显示为 ON，启动时不加载配置的设备后面的图标显示为 OFF。选中某台导出过配置的设备，右边窗口中会显示该设备的配置文件，可以直接对其进行编辑和保存。

图 2-38　STARTUP-CONFIGS 对话框

Cisco 路由器和交换机配置的加载顺序是这样的：首先加载临时文件中的配置，若执行了 Wipe 操作，则临时文件夹中没有配置可加载；此时需检查启动配置项，将其配置成在 Default 时加载配置（前提是之前导出过配置），在 None 时不加载配置。

Configured objects（配置对象）

用来编辑添加的文件标签。

More actions（更多动作）

可以在拓扑图中选中某台或某几台设备，执行开启或关闭等操作。若是想对拓扑中的所有设备进行操作，可以通过 More actions 来完成，具体如下。

- Start all nodes：开启所有设备。
- Stop all nodes：关闭所有设备。
- Wipe all nodes：删除所有临时文件。
- Console To All Nodes：打开所有设备的配置窗口。
- Export all CFGs：导出 Cisco 路由器和交换机的配置文件。
- Edit lab：编辑实验文件。
- Set nodes startup-config to default configset：设备启动时加载导出的配置。
- Set nodes startup-config to none：设备启动时不加载导出的配置。

- Delete default startup-cfgs：删除导出的配置文件。

Refresh topology（刷新拓扑）

滚动条（调整拓扑图的显示比例）

Status（状态）

显示实验对资源的占用情况。

Lab details（实验细节）

显示实验拓扑的 UUID 号。

Close lab（关闭实验）

已关闭的实验中若仍有设备在运行，该实验会继续显示在 Running 文件夹中。

Lock lab（锁定实验）

锁定后，实验拓扑不能编辑。

Logout（退出）

退出实验。

2. 设备间的连线

把鼠标指针移动到节点设备上，会出现类似于电源插头的图标。拖动该图标到要连接的设备上，弹出如图 2-39 所示的对话框，可在其中分别选择 2 台设备对应的端口。若要删除设备间的连线，可将鼠标移动到线上然后右键单击，选择 Delete 来删除连线。

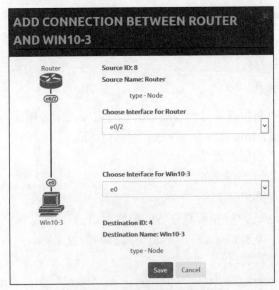

图 2-39　设备间的连线选择

实验 2-1　IPv4 路由和交换综合实验

打开"Chapter02"文件夹中的"2-2 IPv4-v6-None"实验，按图中所示配置所有计算机的 IP 地址，配置 Switch-1、Switch-2、Router、HillStoneSG6000V6，使其实现下述功能。

1．Switch-1 和 Switch-2 上的 4 台内网计算机都可以访问外网（Winserver2016-DNS-Web2 和 Win10-3）。

2．Switch-1 和 Switch-2 之间的流量优先走 e0/2 链路，当该链路出现故障时，流量自动切换到 e0/3 链路；当 e0/2 链路修复时，流量自动切换回 e0/2 链路。

3．Win10-3 可以访问内网 Winserver2016-DNS-Web 服务器上的通讯录登记网页。

通过本实验的配置，可检验读者在 IPv4 中对配置 VLAN、浮动静态路由、防火墙、IIS 的掌握情况。

STEP 1　从图 2-12 所示的实验快捷菜单中选择 Start all nodes，开启所有设备。

STEP 2　按图中所示配置所有计算机的 IPv4 地址。

STEP 3　单击 Switch-1 图标，打开 SecureCRT，在其中输入下面的命令（斜体部分为解释）。该配置命令可在配置包"02\IPv4 综合实验.txt"中找到。可以在每台设备的配置窗口中直接粘贴该设备的配置，比如在 Switch-1 中粘贴配置，如图 2-40 所示。

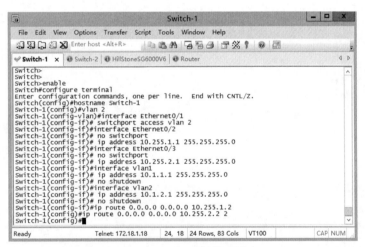

图 2-40　Switch-1 的配置

```
enable
configure terminal
hostname Switch-1
vlan 2                          创建 VLAN 2
interface Ethernet0/1
  switchport access vlan 2      把端口加入 VLAN2
interface Ethernet0/2
```

```
            no switchport           三层交换机的端口默认是二层端口，通过该命令把端口改成三端口，三层端口可
                                    以配置IP 地址
            ip address 10.255.1.1 255.255.255.0
            interface Ethernet0/3
            no switchport
            ip address 10.255.2.1 255.255.255.0
            interface Vlan1          配置三层VLAN 接口；VLAN 中的计算机需要把网关配成对应VLAN 的IP 地址
            ip address 10.1.1.1 255.255.255.0
            no shutdown
            interface Vlan2
            ip address 10.1.2.1 255.255.255.0
            no shutdown
            ip route 0.0.0.0 0.0.0.0 10.255.1.2         配置静态路由，默认的管理距离是1
            ip route 0.0.0.0 0.0.0.0 10.255.2.2 2       配置静态路由，指定管理距离是2，当两条链路都有效时，管
理距离大的路由不起作用。当管理距离小的路由无效时，管理距离大的路由起作用。
```

STEP 4 Switch-2 的配置如下：

```
            enable
            configure terminal
            hostname Switch-2
            interface Ethernet0/1
            switchport access vlan 2
            interface Ethernet0/2
            no switchport
            ip address 10.255.1.2 255.255.255.0
            interface Ethernet0/3
            no switchport
            ip address 10.255.2.2 255.255.255.0
            interface Ethernet1/0
            no switchport
            ip address 10.255.3.1 255.255.255.0
            interface Ethernet1/1
            switchport access vlan 2
            interface Vlan1
            ip address 10.2.1.1 255.255.255.0
            no shutdown
            interface Vlan2
            ip address 10.2.2.1 255.255.255.0
            no shutdown
            ip route 0.0.0.0 0.0.0.0 10.255.3.2
```

ip route 10.1.0.0 255.255.0.0 10.255.1.1
ip route 10.1.0.0 255.255.0.0 10.255.2.1 2

STEP 5 Router 的配置如下：

enable
configure terminal
interface Ethernet0/0
ip address 218.1.1.1 255.255.255.0
no shutdown
interface Ethernet0/1
ip address 218.1.2.1 255.255.255.0
no shutdown

STEP 6 防火墙的配置如下（斜体部分为解释）。若读者对防火墙配置命令不熟悉，可以参照实验 2.2 来了解防火墙的图形化界面配置。

Hillstone	登录的默认用户名
Hillstone	登录的默认用户名对应的密码
Configure	进入配置模式
service "remote-desktop"	自定义服务 remote-desktop，对应 TCP 的目标端口 3389，本实验中没要求配置远程桌面服务，此行开始的 3 行可以省略
tcp dst-port 3389	
exit	
interface ethernet0/1	进入外网接口
zone "untrust"	指定接口所在的域是 untrust（不信任域）
ip address 218.1.1.2 255.255.255.0	配置 IP 地址和子网掩码
exit	
interface ethernet0/2	进入内网接口
zone "trust"	指定接口所在的域是 trust（信任域）
ip address 10.255.3.2 255.255.255.0	
exit	
ip vrouter "trust-vr"	配置默认的虚拟路由器
snatrule id 1 from "Any" to "Any" service "Any" trans-to eif-ip mode dynamicport	源 NAT，允许内网所有设备、所有服务通过外网接口的 IP 上网
dnatrule id 1 from "Any" to "218.1.1.2" service "HTTP" trans-to "10.2.2.2" port 80	目的 NAT，配置外网的 80 端口，使其映射到内网 10.2.2.2 服务器的 80 端口
dnatrule id 2 from "Any" to "218.1.1.2" service "DNS" trans-to "10.2.2.2" port 53	目的 NAT，配置 DNS 服务（含 TCP 53 和 UDP 53）使其映射到内网服务器 10.2.2.2 的 53 号端口，这台服务器是单位的 DNS 服务器，也对外提供服务。本实验中没要求配置 DNS 服务，该条目可以省略
ip route 10.0.0.0/8 10.255.3.1	所有去往 10.0.0.0/8 的路由发往内网的 Switch-2 交换机
ip route 0.0.0.0/0 218.1.1.1	所有未知的路由发往运营商路由器
exit	

rule id 3   这条策略允许信任网络访问信任网络，主要是让内网计算机也可以通过映射后的公网IP地址218.1.1.2访问内部服务器，这样内外网是统一的。若无此策略，则内网计算机需要访问10.2.2.2，外网计算机需要访问218.1.1.2。这样内外网不统一，不便于用户访问

  action permit
  src-zone "trust"
  dst-zone "trust"
  src-addr "Any"
  dst-addr "Any"
  service "Any"
  name "trust-to-trust ipv4"
  exit
  rule id 1   这条策略允许信任网络访问所有不信任网络
  action permit
  src-zone "trust"
  dst-zone "untrust"
  src-addr "Any"
  dst-addr "Any"
  service "Any"
  name "trust-to-untrust ipv4"
  exit
  rule id 2   这条策略允许不信任网络访问信任网络。这里允许所有的服务，真实环境中一般是允许一些特定的端口。因没有静态的端口映射，外界能访问内网的其实只有TCP 80和DNS服务
  action permit
  src-zone "untrust"
  dst-zone "trust"
  src-addr "Any"
  dst-addr "Any"
  service "Any"
  name "untrust-to-trust ipv4"
  exit

STEP (7) 配置Web服务器。配置Web服务器的第一步是安装IIS。默认情况下，IIS服务并没有随Windows Server 2016操作系统一起安装，因此需要安装。单击Winserver2016-DNS-Web图标，打开服务器配置页面，在"服务器管理器"中，单击"添加角色和功能"，弹出"添加角色和功能向导"。单击3次"下一步"按钮，直至出现"服务器角色"对话框，如图2-41所示。选中"Web服务器（IIS）"，弹出"添加Web服务器所需功能"对话框，单击"添加功能"，返回"服务器角色"对话框。单击3次"下一步"按钮，直至出现"角色服务"对话框。在其中展开"应用程序开发项"，选中"ASP"，如图2-42所示。之所以选中"ASP"，原因是后面要部署的一个"通讯录"登记程序是使用ASP开发的。单击"下一步"按钮，对要安装的服务进行确认，单击"安装"按钮，开始安装。稍后提示安装成功。

STEP 8 测试。在内网任一台计算机上 ping 外网（Winserver2016-DNS-Web2 或 Win10-3），发现都可 ping 通。在内网任一台计算机的浏览器中输入 http://10.2.2.2 或 http://218.1.1.2，都可以打开 Web 网页，如图 2-43 所示。在外网 Win10-3 计算机的浏览器中输入 http://218.1.1.2，也可打开同样的 Web 页面。

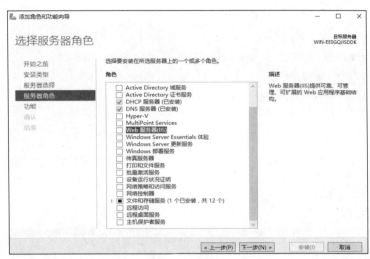

图 2-41　添加 IIS

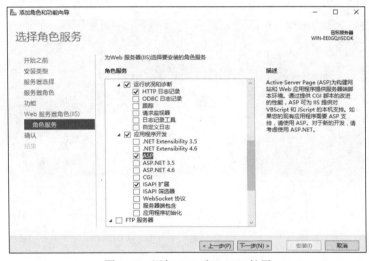

图 2-42　添加 ASP 和 ISAPI 扩展

交换机 Switch-1 和 Switch-2 之间有两条链路，可使用下面的命令查看数据包经过的是哪一条链路。

Switch-1#show ip route | include 0.0.0.0
Gateway of last resort is 10.255.1.2 to network 0.0.0.0

```
S*      0.0.0.0/0 [1/0] via 10.255.1.2
        10.0.0.0/8 is variably subnetted, 8 subnets, 2 masks
Switch-1#conf t
Switch-1(config)#int e0/2
Switch-1(config-if)#shutdown 关闭e0/2接口
Switch-1(config-if)#end
Switch-1#sho ip route | include 0.0.0.0
Gateway of last resort is 10.255.2.2 to network 0.0.0.0 此时默认路由走的是e0/3
S*      0.0.0.0/0 [2/0] via 10.255.2.2
        10.0.0.0/8 is variably subnetted, 6 subnets, 2 masks
```

从上面的输出中可以看到，默认路由的下一跳是10.255.1.2，出口是e0/2；关闭e0/2接口，再次查看默认路由，可以看到下一跳变成了10.255.2.2，出口是e0/3。

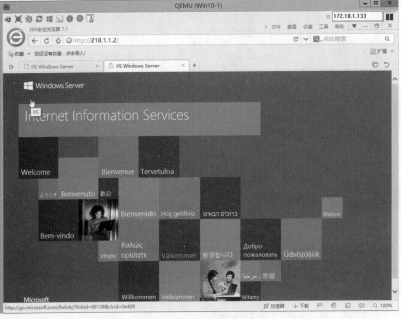

图2-43　IIS测试页面

> **注　意**
>
>
> EVE-NG有一个特殊设置，使其交换机即使没有连线，端口也是up的。可以使用命令show ip interface brief进行验证。可以将其理解成EVE-NG把每一台设备的每一接口都接到了不同的傻瓜交换机上，所以接口总是up的，除非手动关闭。所谓两台设备之间的连线，其实就是用线把两台傻瓜交换机连接起来。在本实验中如果对接口的up状态进行测试，需要关闭Switch-2的et0/2接口。否则，关闭Switch-1的e0/2接口，Switch-2的接口依然是up，Switch-2返回的数据包将不能正确到达Switch-1。

实验 2-2　防火墙配置

考虑到有些读者对防火墙的配置命令不是很熟悉，本实验向这部分读者演示如何通过图形化界面对防火墙进行配置。

STEP 1　清除防火墙的已有配置。可通过下面的命令清除防火墙之前的配置，并重启防火墙。

```
SG-6000# delete configuration startup     删除配置文件
There will be no start configuration file to load when shutdown, are you sure? y/[n]: y     确认删除
SG-6000# reboot     重启设备
System reboot, are you sure? [y]/n: y     确认重启
```

STEP 2　登录防火墙。通过下面的命令查看 e0/0 接口获取的 IP 地址，或者通过命令行为接口配置一个 IP 地址，在真实计算机上的浏览器中输入该 IP 地址。山石厂商推荐使用 Google 浏览器对其防火墙进行配置。

```
SG-6000# sho interface ethernet0/0
-----------------------------------------------------------------------------
Interface ethernet0/0 local
        Description:
        Physical up                    Admin up
        Link up                        Protocol up
        Interface ID:30
        IP address:172.18.1.130 255.255.255.0     可以看到该接口获取的 IP 是 172.18.1.130
```

STEP 3　配置接口参数。在真实计算机的浏览器中输入 https://172.18.1.130，打开配置页面，输入账号和密码进行登录。然后选择"网络"选项卡，单击左侧列表栏的"接口"，右侧显示出所有接口，如图 2-44 所示。

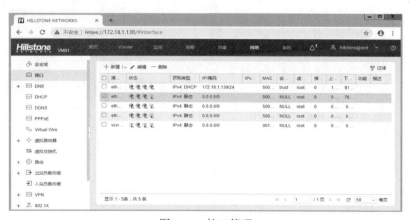

图 2-44　接口管理

选中某个接口，比如 eth0/1，然后单击"编辑"按钮，配置接口。如图 2-45 所示，在"绑定安全域"中选择"三层安全域"，"安全域"选择 untrust，IP 配置的"类型"选择"静态 IP"，

并输入 IP 地址和子网掩码,"管理方式"可以选择 SSH 和 HTTPS(出于安全考虑,一般为外网接口选择这 2 个选项;若是内网接口,管理方式可以更多样化)。单击"确定"按钮完成 eth0/1 接口的配置。然后用类似的方法完成 eth0/2 接口的配置,其中,eth0/2 接口的"安全域"要选择 trust。

取消选中 eth0/0 接口 IP 的 DHCP 分配方式,直接配成静态的 IP 地址,在"绑定安全域"中选择"三层安全域","安全域"选择 trust。

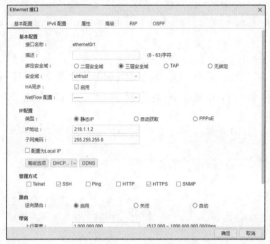

图 2-45　配置接口

STEP 4 配置路由。选择"网络"选项卡,在左侧列表栏展开"路由",选择"目的路由",在右侧窗口中单击"新建"按钮,新建一条静态路由,如图 2-46 所示。在"目的地"中输入 10.0.0.0,在"子网掩码"中填入 255.0.0.0,在"网关"中输入 10.255.3.1,然后单击"确定"

图 2-46　添加静态路由

按钮。这样就添加了去往内网的静态路由。以同样的方法再新建一条静态路由，在"目的地"中输入 0.0.0.0，在"子网掩码"中输入 0.0.0.0，在"网关"中输入 218.1.1.1，以此添加去往 Internet 的默认路由。

STEP 5 配置 NAT。选择"策略"选项卡，在左侧列表栏展开"NAT"，选择"源 NAT"，在右侧窗口中单击"新建"按钮，新建一条源 NAT 条目，如图 2-47 所示，在"源地址"和"目的地址"中都选择"地址条目"，地址条目的内容是"Any"，其他都保持默认，单击"确定"按钮完成添加。这样内网所有网络设备在访问互联网时，都将转化为外网接口的 IP。

图 2-47 配置 NAT

"源 NAT"配置使得内网中的所有设备都可以访问互联网。如果内网需要对互联网提供服务，就需要配置"目的 NAT"。在图 2-47 的左侧列表栏中选择"目的 NAT"，在右侧窗口中单击"新建"，出现 3 个子菜单：IP 映射、端口映射、高级配置。IP 映射实现的是内网 IP 和公网 IP 一对一的转换；端口映射实现的是把公网 IP 的某个端口映射给内网的某个 IP；高级配置可实现负载均衡等高级功能。这里选择新建"端口映射"，按照图 2-48 所示进行填写。以类似的方法再添加一条 DNS 服务的端口映射配置，把图 2-48 中的 HTTP 替换成 DNS，把"端口映射"中的 80 替换成 53，其他不变，即可完成 DNS 服务的端口映射配置。

STEP 6 配置策略。防火墙不同于路由器，还需配置策略以放行数据包。在图 2-47 中选择"策略"选项卡，在左侧列表栏中选中"安全策略"，在右侧窗口中单击"新建""按钮"，如图 2-49 所示，在"名称"中输入一个直观的名称 trust-to-untrust，源信息的"安全域"选择 trust，"目的安全域"选择 untrust，其他保持默认，然后单击"确定"按钮，完成这条策略的添加。配置完这条策略后，内网中的所有网络设备都可以访问互联网的所有服务了。

以类似的方法再添加一条 trust 到 trust 的策略。这条策略实现的功能就是内网中的计算机可以通过输入 http://218.1.1.2 来访问内网中 10.2.2.2 上的 Web 服务。若不添加该策略，则内网计算机仅能通过 http://10.2.2.2 访问。

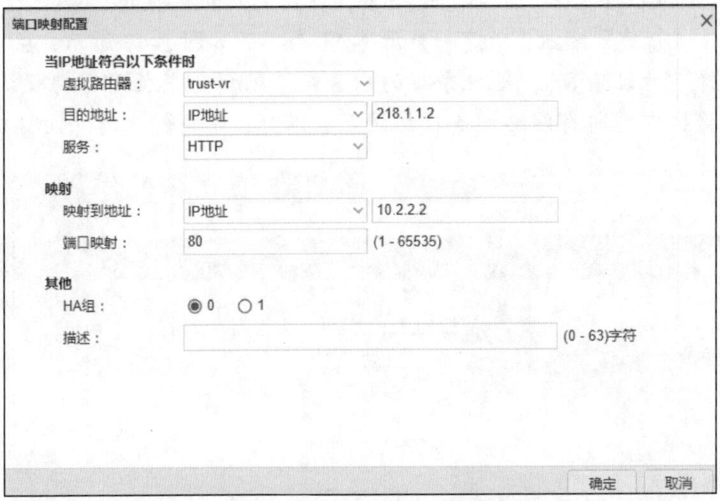

图 2-48　配置端口映射

图 2-49　配置策略

以类似的方法再添加一条 untrust 到 trust 的策略，按图 2-50 所示填写。在"名称"中输入一个直观的名称 untrust-to-trust，在源信息的"安全域"选择 untrust，目的"安全域"选择 trust，目的"地址"填入 218.1.1.2/32，目的"服务"选择"HTTP,DNS"，其他保持默认，单击"确定"按钮完成配置。这条策略实现的功能就是外网中的计算机可以访问 218.1.1.2 上的 Web 和 DNS 服务。

第 2 章　EVE-NG

图 2-50　配置 untrust-to-trust 策略

至此，山石防火墙的图形化界面配置完毕。

本书仅是借助 EVE-NG 工具讲解 IPv6 技术，读者若需详细了解 EVE-NG，可登录国内比较权威的 EVE-NG 网站 EmulatedLab 了解更多内容，也可购买专门介绍 EVE-NG 的图书《玩转 EVE-NG——带您潜入 IT 虚拟世界》。

实验 2-3　EVE-NG 磁盘清理

在 EVE-NG 中可以使用"df –h"命令查看磁盘空间的使用情况，建议经常清理临时文件夹，以释放 EVE-NG 的磁盘空间。但事实上，EVE-NG 虚拟机占用的物理磁盘的空间并没有被释放出来，也就是说，在 EVE-NG 中事实上并不存在的文件却占用着物理的磁盘空间，读者可以查看 EVE-NG 安装目录下的 EVE-ng-172.18.1.18-2.0.4-20-disk1.vmdk 文件大小。该文件是 EVE-NG 虚拟机的磁盘文件，类似于真实计算机的物理磁盘，只不过 EVE-NG 的磁盘类型是动态磁盘，所以这个 vmdk 的文件大小会发生改变。

大家可通过下述步骤释放物理磁盘空间。

STEP 1　登录 EVE-NG 系统，执行下面的命令，如图 2-51 所示。

root@eve-ng:~# cat /dev/zero > zero.fill;sync;sleep 1;sync;rm -f zero.fill　　对未使用空间清零，需要较大的空闲空间，可以理解成 Winodws 磁盘的碎片整理，该命令执行需要等待一段时间

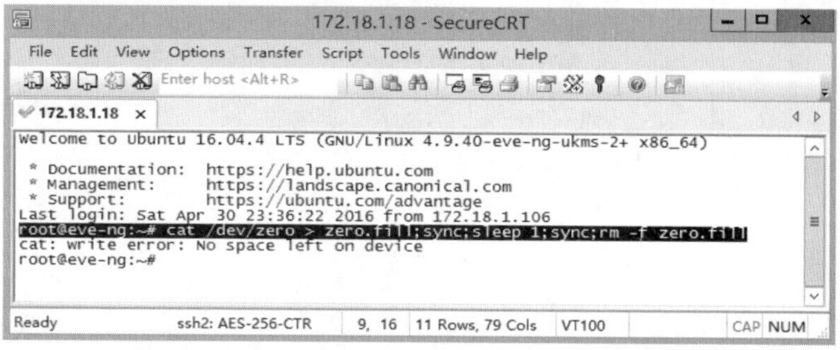

图 2-51　EVE-NG 清零未使用空间

STEP 2 关闭 EVE-NG 系统，在 Windows 的管理员命令窗口中执行下面的命令：

C:\Program Files (x86)\VMware\VMware Workstation>vmware-vdiskmanager.exe -k "c:\EVE-NG-2\EVE-ng-172.18.1.18-2.0.4-20-disk1.vmdk"　　　缩小虚拟机磁盘空间大小，"C:\Program Files (x86)\VMware\VMware Workstation>"是 WMworkstation 的安装路径，"C:\EVE-NG-2\EVE-ng-172.18.1.18-2.0.4-20-disk1.vmdk"是 EVE-NG 虚拟机的磁盘文件

该操作完成后，再次查看 EVE-ng-172.18.1.18-2.0.4-20-disk1.vmdk 文件（见图 2-52），可发现占用的物理磁盘空间有明显减小，有时甚至可以从 100 多 GB 减小到 30 多 GB。

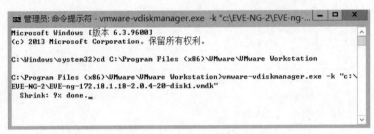

图 2-52　缩小 EVE-NG 占用的物理磁盘容间大小

第 3 章 IPv6 基础

Chapter 3

从本章开始,我们将正式进入 IPv6 的世界。万丈高楼平地起,磨刀不误砍柴工,具有打下坚实的基础,在学习后面的 IPv6 高级应用知识时才能得心应手。

本章结合 EVE-NG 来重点介绍 IPv6 的基础知识,主要包括 IPv6 地址格式、IPv6 地址分类及应用场景、如何在主机/路由器上手动配置 IPv6 地址、IPv6 中重要的 ICMPv6(Internet Control Message Protocol version 6,网络控制消息协议版本 6)、NDP(Neighbor Discovery Protocol,邻居发现协议)、DAD(Duplicated Address Detection,重复地址检测)等内容。

通过对本章的学习,读者能加深对 IPv6 基础知识的理解,并可以将实验内容迁移至生产环境中,以完成最基本的 IPv6 网络地址的配置。

3.1 IPv6 地址表示方法

众所周知,IPv4 地址共计 32 位,由 4 个八位组(即 8 位)组成,每 8 位为一个十进制整数,中间由"."隔开,这即通常所说的点分十进制表示法。而 IPv6 地址多达 128 位,不再适合以十进制表示,而是改用十六进制。在 IPv6 的具体表示方法上,目前 RFC 4291 描述的 3 种表示方法最为流行,即首选格式、压缩格式和内嵌 IPv4 地址的 IPv6 地址格式。

3.1.1 首选格式

Ipv6 地址的首选格式是最严谨的表示方法,它将 IPv6 地址的 128 位用":"分成 8 段,每段 16 位,每连续的 4 位转换成十六进制。比如,一个完整的 128 位地址可能是(0010 0000

0000 0001）:（0000 1101 1010 1000）:（0001 0000 0000 0100）:（0000 0000 0000 0001）:（0000 0000 0000 0000）:（1111 0000 0101 1111）:（0000 0001 1100 0000）:（1010 1011 1100 1101）。

为了便于识别，每 16 位用括号及冒号来隔开，再每 4 位一组转换成十六进制数。很显然，上述地址转换后就是 2001:0DA8:1004:0001:0000:F09F:01C0:ABCD。

以首选格式来表示 IPv6 地址时，需要特别注意两点：

- 与十进制表示的 IPv4 地址一样，每段中 4 个十六进制数前面的 0 可以省略，但后面的 0 不能省略；
- 如果一个段中 4 个十六进制数全是 0，则必须要写一个 0。

所以上例中的地址还可以简化为 2001:DA8:1004:1:0:F09F:1C0:ABCD。该地址常见的错误如下（斜体字为注释）：

2001:DA8:1004:1:F09F:1C0:ABCD	*省掉全 0 导致只有 7 个段的十六进制数*
2001:DA8:1004:1:0:F09F:1C:ABCD	*"01C0" 前面的 0 能省掉，后面的 0 不能省掉*

3.1.2　压缩格式

从 IPv6 地址首选格式表示法可看出，IPv6 地址实在太长，书写和记忆都很困难。在实际应用中，特别是服务器、网关等用到的 IPv6 地址，都会出现连续多位的 0，此时采用压缩格式来表示会更合理。假设一个首选格式的 IPv6 地址为 2001:DA8:1004:0:0:0:0:1，这里连续的多个 0 就可以用 "::" 来代替，该地址就可以写成 2001:DA8:1004::1。可见，这样一来地址书写起来更有效率，也更便于记忆。

以压缩格式来表示 IPv6 地址时，也需要注意两点：

- 前面提到连续的多个 0 是首选格式中每一段都为 0，而不包括前面一段末尾的 0 和后面一段首位的 0；
- 压缩格式中的 "::" 只能出现一次。

上述地址的一种常见错误如下所示：

2001:DA8:1004::1::234	*出现了两个 "::"，使得难以搞清楚 "::" 究竟代表多少个 0*

实验 3-1　验证 IPv6 地址的合法性

在 EVE-NG 中打开 "Chapter 03" 文件夹中的 "3-1 Basic" 网络拓扑，读者也可以在自己的 Windows 7 或 Windows 10 上完成。通过本实验，读者不仅能知道如何在 Windows 计算机（此后若无特别说明，计算机泛指默认支持 IPv6 协议的 Windows 计算机）上手动设置 IPv6 地址，还能知道设置的 IPv6 地址是否合法，从而加深对 IPv6 地址首选格式和压缩格式的理解。本实验主要完成以下功能。

- 设置合法的首选格式和压缩格式的 IPv6 地址。
- 设置首选格式少于 7 段和压缩格式出现两个 "::" 的非法格式地址，让系统判定是否合法。

● 省去前面的 0 和省去后面的 0，与真实地址进行比较。

STEP 1 右键单击拓扑图中的 Win10-1 计算机，从快捷菜单中选择 Start，开启计算机。双击 Win10-1 计算机图标，通过 VNC 打开计算机配置窗口。右键单击任务栏上的网络图标，从快捷菜单中选择"网络和共享中心"，打开"网络和共享中心"窗口，如图 3-1 所示。单击"以太网"链接，打开"以太网 状态"对话框，单击对话框中的"属性"，打开"以太网 属性"对话框，如图 3-2 所示。

图 3-1　网络和共享中心

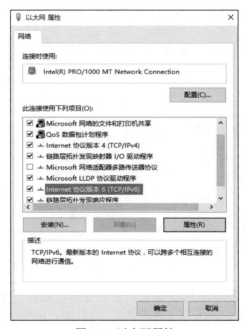

图 3-2　以太网属性

STEP 2 配置 IPv6 地址。在图 3-2 中，选择"Internet 协议版本 6（TCP/IPv6）"，再单击"属性"按钮，打开"Internet 协议版本 6（TCP/IPv6）属性"对话框，手动输入首选格式的 IPv6 地址 2001:0da8:1001:aabb:0001:0000:abcd:bbc0，子网前缀长度保持默认的 64（本章后面会详细介绍子网前缀），其他保持空白，如图 3-3 所示。单击"确定"按钮，完成 IPv6 地址的配置。

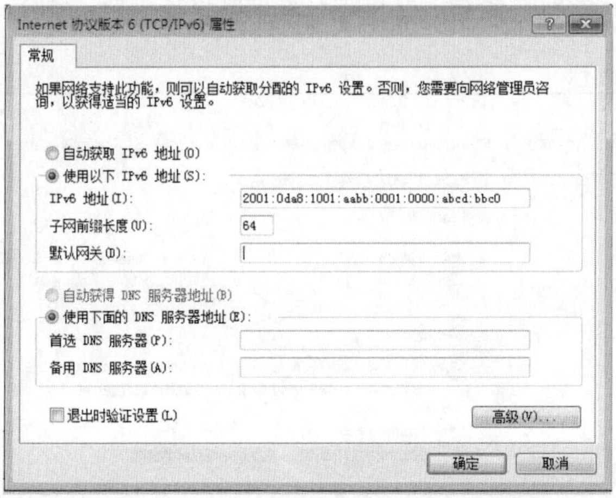

图 3-3　手动设置首选格式的 IPv6 地址

右键单击"开始"→"运行"，在"运行"栏中输入 cmd，打开命令提示符窗口。在命令提示符窗口中输入 ipconfig 命令，查看设置的 IPv6 地址，如图 3-4 所示。从中可以发现 IPv6 地址中的哪些 0 能省略，哪些 0 不能省略，以加深对 IPv6 地址的理解。

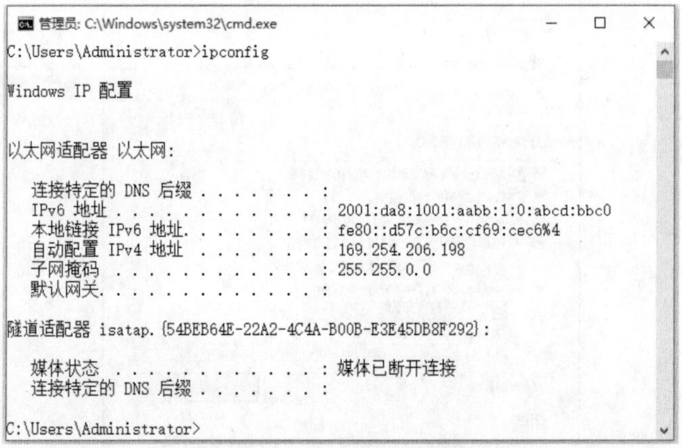

图 3-4　查看 IPv6 地址

从图 3-4 中可以看出：第二段 0da8 前面的 0 可省略，变成了 da8；第三段 1001 中间的 0 不能省略；第五段的 0001 前面的 0 可省略，变成了 1；第六段的 0000 变成了 0，保留了 1 位，不能全省略；第八段 bbc0 最后的 0 不能省略，仍为 bbc0。

STEP 3 设置 IPv6 地址为 2001:da8:1001:aabb:0:0:abcd:bbc0,再用 ipconfig 命令验证。这次 IPv6 地址显示为 2001:da8:1001:aabb::abcd:bbc0,第五段和第六段的连续两个 0 被转成了压缩格式的"::"。再设置 IPv6 地址为 2001:0:0:1:1:0:0:1,继续用 ipconfig 命令验证。IPv6 地址第二段和第三段的 0 被压缩成"::",第六段和第七段不再被压缩成"::",也就说压缩格式地址最多只允许出现一次"::",如图 3-5 所示。需要说明的一点是,压缩格式优先考虑长度(长度越短越好),在长度相同的情况下优先考虑高位。比如,2001:0:0:1:0:0:0:1 将显示成 2001:0:0:1::1,因 2001::1:0:0:0:1 的"::"只能表示两段,2001:0:0:1::1 的"::"可以表示 3 段,故优先考虑长度。再比如 2001:0:0:1:1:0:0:1 既可以写成 2001::1:1:0:0:1,也可以写成 2001:0:0:1:1::1,在长度相同的情况下,优先考虑高位。

STEP 4 继续设置以下错误地址:2001::1::1,该地址中的"::"超过 1 个;20010da810041000001000100010001,该地址没有":";2001:1:1:1:1:1,该地址少于 8 个段;2001:1:1:1:1:1:1:g,该地址含有非十六进制字符。Windows 系统会判定上述 IPv6 地址无效,如图 3-6 所示。

图 3-5 压缩格式最多只允许出现一个"::"　　　　图 3-6 IPv6 地址无效

3.1.3 内嵌 IPv4 地址的 IPv6 地址格式

虽然在大多数情况下都是用十六进制数来表示 IPv6 地址,但在实际应用中也允许十六进制数和十进制数并存,这就是内嵌 IPv4 地址的 IPv6 地址格式。其书写格式一般是前面 96 位地址用首选格式或压缩格式的十六进制数表示,后面追加以十进制数表示的 32 位 IPv4 地址。比如,一个 IPv6 地址可以是 2001:da8:1004::192.168.1.1。其实这种格式只是便于书写,系统会自动将末尾的 IPv4 地址转换成十六进制数,后面会有相应实验进行验证。

实验 3-2 配置内嵌 IPv4 地址格式的 IPv6 地址

本实验只是验证系统会自动将这种内嵌 IPv4 地址格式的地址中的 IPv4 地址转成十六进

制,即将点分十进制格式转成以冒号分隔的十六进制格式。在 EVE-NG 中打开 "Chapter 03" 文件夹中的 "3-1 Basic" 拓扑。

STEP 1 配置 IPv6 地址。在 Win10-1 计算机上配置 IPv6 地址 2001:da8:1004::192.168.1.1,并确定,如图 3-7 所示。

STEP 2 验证。使用 ipconfig 命令验证设置的 IPv6 地址,如图 3-8 所示。可见,192.168.1.1 被自动转成了 c0a8:101。

图 3-7 配置内嵌 IPv4 地址格式的 IPv6 地址

图 3-8 验证 IP 地址从十进制到十六进制的转换

> **小窍门**
>
>
> 大家经常会遇到需要把十进制转换成二进制或十六进制的情况，比如把 218.94.124.26 转换成十六进制或二进制。转换方法一般是用除以 2 取余法先转换成二进制，进而再转换成十六进制。这里有一个转换小窍门，请看图 3-8 的下半部分。计算机自动把 218.94.124.26 转换成了十六进制 da5e:7c1a，然后把每一位十六进数再换成 4 位二进制数，就完成了十进制到十六进制再到二进制的转换。很简单吧！

3.1.4 子网前缀和接口 ID

1. 子网前缀

在 IPv4 网络中，一个地址往往还配有子网掩码，用来指明网络号和主机号。如 192.168.1.1/24（这是 CIDR［Classless Inter-Domain Routing，无类别域间路由］写法，与 192.168.1.1/255.255.255.0 相同），网络号就是 192.168.1.0/24，主机号是 1。在 IPv6 中也存在类似情况，只不过网络号改名为网络前缀，主机号改名为接口 ID（标识符）了。一个完整的 IPv6 地址类似于 IPv4 的 CIDR 写法，需要带一个表示前缀长度的数字，此数字标明地址前缀所占的位数，剩余的位数就是接口标识符所占的位数了。通常情况下，地址前缀长度为 64，即地址前缀和接口标识符各占 64 位。比如，2001:1::1/64 的前缀就是 2001:1::/64，接口标识符就是剩余的::1。需要说明的是，虽然 RFC 4291 规定，除了 "000" 开头的 IPv6 地址以外，地址前缀和接口标识符必须各占 64 位，且接口标识符必须是修正的 EUI-64（64-bit Extended Unique Identifier，64 位扩展唯一标识符，由网卡的 MAC 地址转换而来）格式。但实际应用中并不总是这样。这是因为限制地址前缀长度会使得应用的灵活性降低，而规定 EUI-64 格式的接口标识符则存在隐私泄露的风险。

那设定这个地址前缀长度的作用是什么呢？其实 IPv6 与 IPv4 一样都是在 IP 层中使用，这也就涉及路由选路的问题，而网络设备选路的依据就是路由表。在 IPv4 网络中，由子网掩码与目的 IP 地址做 "与" 运算来得出网络号，再查路由表中对应网络号的下一跳，就可以选择出口转发数据了。在 IPv6 网络中也是一样，只不过直接用地址前缀长度来替代了子网掩码的计算功能，这类似于 IPv4 中的 CIDR。

实验 3-3 设置不同的前缀长度生成不同的路由表

在 EVE-NG 中打开 "Chapter 03" 文件夹中的 "3-1 Basic" 拓扑，开启 Win10-1 计算机进行配置。

STEP 1 设置 IPv6 地址为 2001:250:5005:1111::1/64，在命令提示符下执行 route print -6 命令，观察主机路由表，结果如图 3-9 所示。

route print 命令可同时显示 IPv4 和 IPv6 的路由表，"-4" 或 "-6" 参数用来设定只显示 IPv4 或 IPv6 的路由表。

"接口列表"显示当前计算机有几个接口（也称网络适配器）。图3-9中显示有3个接口，编号为4的接口是计算机的物理网卡，另外两个是虚拟网络适配器。

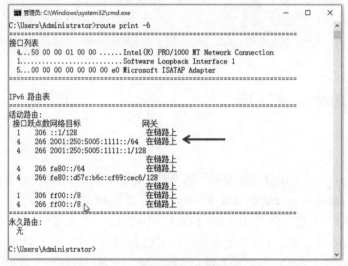

图3-9　查看64位前缀时的路由表

"IPv6路由表"显示当前计算机的路由表，图3-9中路由表的第2行显示"4   266 2001:250:5005:1111::/64   在链路上"，其中是"4"是接口编号；"266"是跃点数，跃点数越小，路由越优先；"2001:250:5005:1111::/64"是具体的路由条目；"在链路上"相当于是直连路由，若是非直连路由，这里显示的则是下一跳的地址。有关路由的更多知识，请参阅第6章。

STEP 2　设置IPv6地址为2001:250:5005:1111::1/52，观察路由表。

STEP 3　设置IPv6地址为2001:250:5005:1111::1/56，观察路由表。

2. 接口ID

不知大家是否注意到，一旦在主机或路由器等网络接口启用了IPv6协议，就会在该接口下自动生成一个"FE80::"开头的"链路本地地址"（link-local），这也是IPv6的"即插即用"特性，即规定好固定前缀，再快速生成接口标识符以拥有一个完整的IPv6地址。链路本地地址会在3.2节进行详细介绍，这里重点介绍一下接口标识符是如何自动生成的。其实这个接口标识符（也叫接口ID）都是基于EUI-64格式的接口标识符。RFC 4291的附录A中定义了不同链路类型的网络自动生成接口标识符的方法，这里只介绍比较常用的与以太网MAC地址相关的EUI-64格式接口ID的生成方法。

以太网的MAC地址是48位，而基于EUI-64格式的接口ID是64位，在中间插入特定的FFFE（16位），并将标识全球/本地范围的第7位设置为1。如果第7位本身是1，则转成0。这样即可生成EUI-64格式的接口ID。这里假定以太网接口（如网卡）的MAC地址是全球唯一的，所以自动生成的EUI-64格式的接口标识符也是唯一的。但实际应用中还有一些特殊情况（比如存在隧道等逻辑接口，以及故意修改网卡 MAC 地址），此时就不能保证自动生成的接口标识符是唯一的了。对于特殊情况，首先选择其他接口的标识符，如果没有，则需要自身随机生成一个接口 ID，只要保证在此接口所在的子网中没有冲突即可。

实验 3-4　验证基于 EUI-64 格式的接口 ID

本实验主要验证计算机和路由器接口 ID 是否符合 EUI-64 格式，以及如何在计算机和路由器接口启用和禁用 EUI-64 格式的接口 ID。

STEP 1　配置计算机。在 EVE-NG 中打开"Chapter 03"文件夹中的"3-1 Basic"拓扑，开启 Win10-1 计算机，在命令提示符中输入 ipconfig /all 命令，查看接口 MAC 地址和以 FE80 开头的地址的接口标识符部分这两者之间的对应关系，验证是否符合 EUI-64 格式，结果如图 3-10 所示。

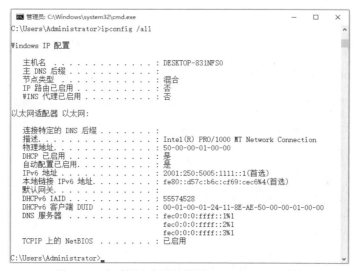

图 3-10　查看链路本地地址接口 ID 和 MAC 地址

从图 3-10 中可以看到，MAC 地址是 50:00:00:01:00:00，链路本地地址的接口 ID 是 d57c:b7c:cf69:cec6，说明接口标识符与基于 MAC 地址转换生成的 EUI-64 格式的标识符之间没有关系。

STEP 2　配置路由器。开启拓扑图中的路由器 R1，双击该路由器，在 SecureCRT 或 PuTTY 中打开路由器的配置界面，执行下面的配置（斜体为注释）：

```
Router>enable
Router#conf t
Router(config)#int e0/0
Router(config-if)#ipv6 enable        接口开启 IPv6 协议
Router(config-if)#no shut
Router(config-if)#end
```

配置完成后，使用 show ipv6 interface e0/0 命令查看以 FE80 开头的链路本地地址的接口，如图 3-11 所示。

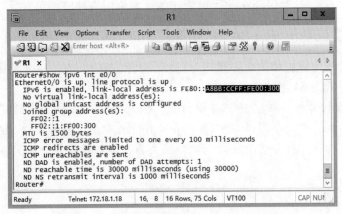

图 3-11　查看路由器链路本地地址接口 ID

使用 show interface e0/0 命令查看接口的 MAC 地址，如图 3-12 所示。

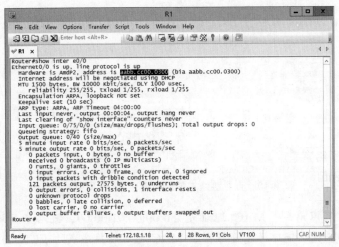

图 3-12　查看路由器接口的 MAC 地址

可见，路由器接口的 MAC 地址为 aabb.cc80.0300。根据 EUI-64 变换规则，接口 ID 是 A8BB:CCFF:FE80:0300，与图 3-11 中显示的链路本地地址下的接口 ID 相同。

STEP 3　修改 Windows 的默认设置，使其不再使用基于 EUI-64 格式的接口 ID。这样也实现了 RFC 3041 中定义的私密性扩展，即无法再根据 MAC 地址来推导出接口 ID，安全性也得以提升。

打开命令提示符，执行 netsh interface ipv6 show global 命令，查看接口标识符是否已经随机化了，如图 3-13 所示。

第 3 章　IPv6 基础

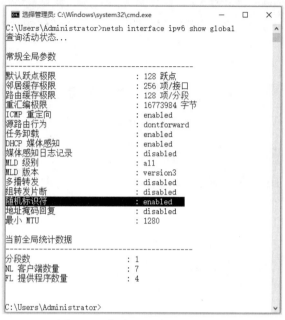

图 3-13　查看 IPv6 全局配置参数

从结果中可以看出，查看到的接口 ID 之所以不是基于 EUI-64 格式，是因为系统默认已经对接口 ID 随机化了。如果要使用 EUI-64 格式的接口 ID，关闭随机标识符选项即可。单击"开始"→"所有应用"→"Windows Powershell"→"Windows Powershell"，打开 Windows Powershell 窗口，输入 netsh interface ipv6 set global randomizeidentifiers=disable store=persistent，如图 3-14 所示（在 Windows 7 系统中要以管理员的身份执行这条命令）。再次查看接口 ID，发现已经是 EUI-64 格式了，有些系统可能需要重新启动后才会生效。做完实验后，记得输入 netsh interface ipv6 set global randomizeidentifiers=enable store=persistent 命令，恢复为默认的随机生成接口 ID。

图 3-14　启用 EUI-64 格式的接口 ID

STEP 4　配置 EUI-64 格式的 IPv6 地址。为交换机或路由器设置基于 EUI-64 格式的 IPv6 地址，只需在接口下执行下述命令：

Router(config-if)#ipv6 address 2001:1::/64 eui-64　　　设置接口的 IPv6 地址，接口 ID 采用 EUI-64 格式自动生成

61

Router(config-if)#ipv6 address 2001:2::1/64

> 一个接口可以设置多个 IPv6 地址，此地址的接口 ID 指定为 0:0:0:0:0:1，和前面子网前缀一起缩写为::

在路由器上使用 show ipv6 interface e0/0 命令查看接口的 IPv6 配置，结果如图 3-15 所示。

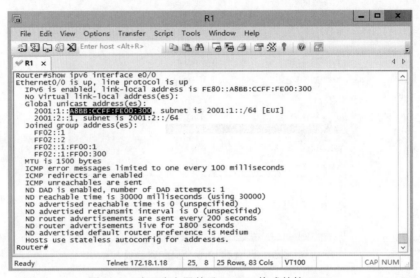

图 3-15　验证路由器基于 EUI-64 格式的接口 ID

在图 3-15 中可以看到该接口还有一个 2001:2::1 的 IPv6 地址。

3.2　IPv6 地址分类

相较于 IPv4 地址的分类情况，IPv6 地址有以下 3 个重要区别。
- IPv6 地址不再有网络地址和广播地址，前者变成了任播（anycast）地址，即接口 ID 部分全为 0，主要用于寻找最近的满足条件的节点；后者则用多播地址来替代，减少了广播风暴对网络性能的影响。
- 不再有 A、B、C、D、E 类地址，而是固定特定的地址段用于特殊的网络或环境。
- 一个接口一般会有多个 IPv6 地址，每个地址有不同的用途。

根据 RFC 4291 的定义，IPv6 地址分为 3 类：单播、任播和多播。IPv6 中还有特殊的未指定地址和环回地址。

3.2.1　单播地址

单播地址用于标识一定范围内唯一的网络接口，发送给单播地址的数据包将最终发送到由该地址标识的网络接口。单播地址具有两个特点：在一定范围内唯一存在；一个地址只能配置在一个接口上。一个单播地址包括 N 位网络标识符和 $128-N$ 位接口标识符，且通常情况下前缀长度（即网络标识符位数）和接口标识符都是 64 位。

单播地址又可继续分为 4 类：可聚合全球单播地址、链路本地单播地址、站点本地单播地址、内嵌 IPv4 地址的兼容地址。

1．可聚合全球单播地址

顾名思义，即可用在全球 IPv6 互联网中且可聚合、可路由的地址，这类似于 IPv4 的公网地址，在 IPv6 网络中可相互直接通信。当然，这样的地址也是需要向专门的地址分配机构 IANA（Internet Assigned Numbers Authority，互联网数字分配机构）去申请才能获得。虽然 IPv6 的地址很多，但目前可聚合的全球单播地址仅限于前 3 位是"001"的地址，即 2000::/3，其范围为 2000::~3FFF:FFFF:FFFF:FFFF:FFFF:FFFF:FFFF:FFFF。尽管可聚合全球单播地址数量众多，但 IANA 将来仍有可能会把其他未分配的地址段重新定义为全球单播地址。当前，IANA 已经对部分可聚合全球单播地址进行了专门使用，比如，将 2001::/16 用于 IPv6 互联网，将 2002::/16 用于 6to4 网络，将 3FFE::/16 用于 6BONE 试验床网络。

2．链路本地单播地址

链路本地单播地址是以 fe80::/64 打头的地址，它在 IPv6 通信中是受限制的，其作用范围仅限于连接到同一本地链路的节点之间，即以路由器为界的单一链路范围内，路由器网关并不会将来自本地链路的数据转发到别的出口。也可以简单地认为链路本地地址只用来在不跨网段的局域网内通信。链路本地单播地址在局域网通信中有着重要的作用，自动配置机制、邻居发现机制等都会用到链路本地单播地址。通常情况下，链路本地单播地址都是自动配置的，即只要接口启用了 IPv6 协议，就会自动生成 fe80::/64+64 位接口 ID（可为 EUI-64 格式，也可遵循私密性扩展，对接口 ID 进行随机化处理）形式的 IPv6 地址。该地址也可进行手动修改。

实验 3-5　增加和修改链路本地单播地址

可以对路由器上的链路本地单播地址进行修改，也可以在计算机上增加链路本地单播地址。在 EVE-NG 中打开"Chapter 03"文件夹中的"3-1 Basic"拓扑，进行如下操作。

STEP 1　配置路由器。路由器 R1 的配置如下：

```
Router#conf t
Router(config)#int e0/0
Router(config-if)#ipv6 ena
Router(config-if)#ipv6 enable
Router(config-if)#ipv6 add fe80::abcd link-local        强制修改接口的链路本地地址
Router(config-if)#no shut
```

在路由器上执行 show ipv6 interface ethernet0/0 命令，确认链路本地地址已被修改。

STEP 2 配置 Win10。打开 Win10-1，在命令提示符下执行 ipconfig 命令，结果如图 3-16 所示。

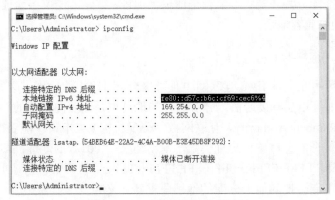

图 3-16 查看链路本地单播地址

从结果中可以看出，链路本地单播地址为 fe80::d57c:b6c:cf69:cec6，后面的%4 表示接口编号。主机可以有很多接口，每个接口都有一个编号，可以用命令 netsh interface ipv6 show interface 来查看每个接口对应的编号。执行命令 netsh interface ipv6 set address "4" fe80::abcd，给该接口增加一个链路本地单播地址，其中 "4" 是接口编号。执行 ipconfig 命令查看增加的链路本地单播地址，如图 3-17 所示。要想删除某个地址，将命令中的 set 改为 delete 即可。

图 3-17 为 Win10 增加一个链路本地地址

实验 3-6 数据包捕获演示

数据包捕获也就是通常所称的抓包。数据包捕获是网管人员的一项必备技能。网管人员经常通过捕获数据包并分析其内容的方式排查网络问题。比如，有一个单位在召开视频会议时经常会出现卡顿，他们找不到原因，因此请我们帮忙排查。在使用抓包软件抓包后发现，每隔几分钟会产生大量的视频数据包，经询问单位的网管人员，得知单位会周期性地调用分部的

第 3 章 IPv6 基础

多个监控摄像头,正是这些大量的视频导致了视频会议受阻。找到原因后事情就好办了,接下来要么增加带宽,要么就在视频会议期间暂停监控调用。

EVE-NG 提供的集成客户端软件安装包中包含了抓包软件 Wireshark,该软件是目前比较流行的抓包软件。本实验主要演示 Wireshark 的使用。

在 EVE-NG 中打开"Chapter 03"文件夹中的"3-1 Basic"拓扑。

STEP 1 开启 Win10-1 和路由器 R1。

STEP 2 配置路由器。R1 的配置如下:

```
Router>enable
Router#conf t
Router(config)#ipv6 unicast-routing      开启 IPv6 单播路由功能,目的是让 Win10 客户机能自动获取到网
                                         关的链路本地单播地址
Router(config)#int e0/0
Router(config-if)#ipv6 enable
Router(config-if)#no ipv6 nd ra suppress  关闭 IPv6 邻居发现协议中的路由通告抑制功能
Router(config-if)#no shut
```

STEP 3 测试。在 Win10-1 上启用 IPv6 协议,并设置为自动获取地址。用 ipconfig 命令查看本机的链路本地单播地址和网关的链路本地单播地址,并 ping 网关的链路本地单播地址,如图 3-18 所示。

图 3-18 测试链路本地单播地址之间的通信

STEP 4 数据包捕获。右键单击 R1,在快捷菜单中选择"Capture"→"e0/0",弹出捕获数据包对话框,如图 3-19 所示。由于在 EVE-NG 实验环境中,所有虚拟设备都是运行在一

台虚拟机上,也就是172.18.1.18,因此每台虚拟设备的网口都对应到172.18.1.18的某个TCP端口,来通过远程连接172.18.1.18的某个端口进行抓包。这里只需单击"确定"按钮,打开数据包捕获窗口。

图3-19　准备捕获数据包

STEP 5 分析数据包。在Win10-1上继续ping路由器R1的链路本地单播地址,数据包捕获窗口的显示如图 3-20 所示。在捕获窗口中,有菜单栏、工具栏、数据包概要(显示捕获的数据包编号、时间、源地址、目的地址、协议、长度、简要信息等)、数据包分层窗口(数据包分成了哪几层,可以展开每层进一步查看内容)、数据包具体内容窗口(显示数据包的具体内容,只能显示一些明文的内容)。在图 3-18 中执行 ping 操作时,默认发送 32 个字节给对方,对方收到后再返回这 32 个字节,这 32 个字节的内容显示在数据包具体内容窗口中,即"abcdefghijkl mnopqrstuvwabcdefghi"。

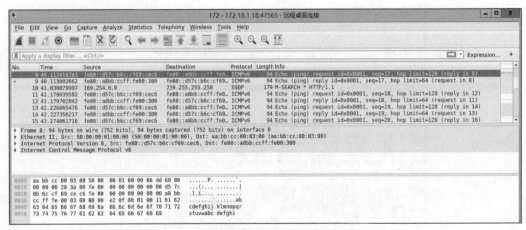

图3-20　从路由器ping主机的抓包结果

在图 3-20 中,Wireshark 捕获了整个 ping 的往返数据包,除 ping 包外,还捕获到了其他数据包。

当然，也可以从路由器上 ping 计算机的链路本地单播地址，命令如下：

> Router#ping fe80::d57c:b6c:cf69:cec6
> Output Interface: ethernet0/0　　　　由于 ping 的是链路本地单播地址，需要在路由器上明确指出从哪个接口发出 ping 数据包，这里的接口要准确描述，不能简写，甚至 ethernet 和 0/0 之间多个空格都将无法识别。在计算机上执行 ping 操作时不用指出哪块网卡，计算机默认是从每块网卡发出 ping 数据包，没有路由器严谨
> Type escape sequence to abort.
> Sending 5, 100-byte ICMP Echos to FE80::D57C:B6C:CF69:CEC6, timeout is 2 seconds:
> Packet sent with a source address of FE80::A8BB:CCFF:FE00:300%Ethernet0/0
> !!!!!
> Success rate is 100 percent (5/5), round-trip min/avg/max = 2/2/4 ms.

STEP 6 在物理计算机上抓包。可以把 Wireshark 单独安装在物理计算机上。在物理计算机上打开 Wireshark 时，首先选择在哪块网卡上启用数据包捕获，如图 3-21 所示，若双击"以太网"，即可在这块网卡上启用数据包捕获，接下来的操作与在虚拟机中的一样，这里不再演示。Wireshark 既可以对要捕获的数据包进行过滤，也可以对捕获的数据包进行统计分析。

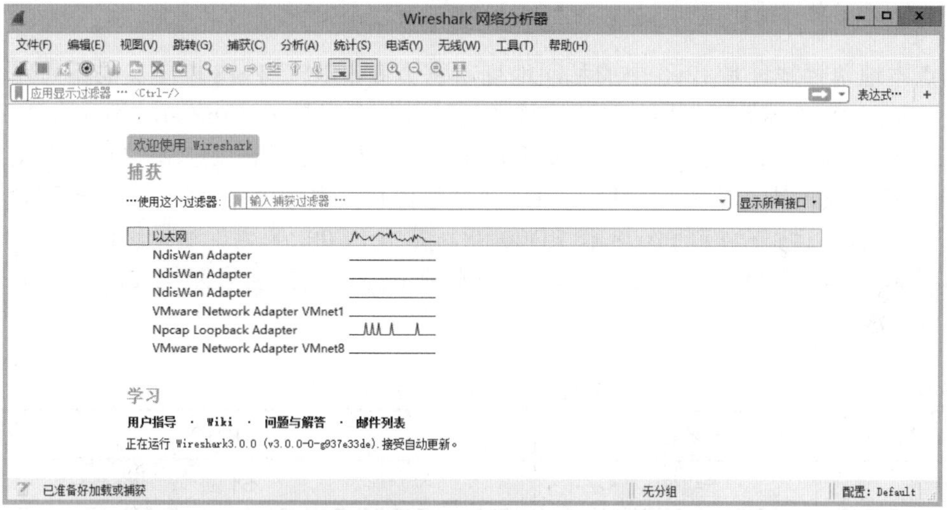

图 3-21　选择要启用数据包捕获的网卡

STEP 7 交换机端口镜像。在如图 3-22 所示的是真实环境中，有用户反映网速很慢，网管人员想通过抓包来分析网络健康情况。由于交换机是基于 MAC 地址转发数据的，用户计算机访问互联网的数据都被转发给了防火墙，并不会发往 Wireshark 计算机。如果需要分析整个网络发往互联网的数据包，那么就需要分析交换机 ethetnet0/1 接口的数据包。可在网管交换机上配置交换机端口镜像，把 ethernet0/1 接口的数据包复制一份发给 ethernet0/2，这样 Wireshark 计算机就可以分析整个网络发往互联网的数据包了。以下的命令来自真实的交换机：

> Switch>enable
> Switch#conf t

Switch(config)#monitor session 1 source interface ethernet 0/1 both   session 1 中的 1 指的是交换机镜像端口组，源和目的端口要在镜像组中，交换机型号不同，支持的镜像组数也不同。source 指的是源端口，both 是双向（这也是默认值），即把该端口的进出流量都进行镜像，还可以指定只镜像进方向或出方向的流量

Switch(config)#monitor session 1 destination interface ethernet 0/2   配置镜像的目的端口

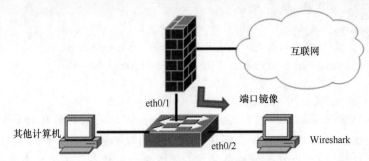

图 3-22　真实环境中的数据包捕获

3．站点本地单播地址

站点本地单播地址是 IPv6 中的私网地址，它类似于 RFC 1918 中定义的不可路由到互联网上的私网 IPv4 地址。早期的站点本地单播地址的前缀是 FEC0::/10，其后的 54 位用于子网 ID，最后 64 位用于主机 ID，如表 3-1 所示。后来该地址被 IANA 收回，并重新采用 RFC 4193 中定义的唯一本地地址段 FC00::/7 来替代站点本地单播地址。按照子网划分的原则，FC00::/7 可以划分为 FC00::/8 和 FD00::/8，其中 FC00::/8 为保留地址段，FD00::/8 为站点本地范围内的单播地址。换言之，站点本地单播地址已由早期的 FEC0::/10 更换成 FD00::/8 了。

表 3-1　　　　　　　　　　　　早期的站点本地单播地址格式

1111111011	子网 ID	接口 ID
10 位	54 位	64 位

4．内嵌 IPv4 的兼容地址

在 IPv6 过渡技术中，经常会使用到内嵌了 IPv4 地址的兼容地址。兼容地址一般用于在 IPv4 网络中建立 IPv6 自动隧道，从而将各个 IPv6 孤岛连接起来。IPv6 过渡技术的工作原理是部署双协议栈节点（路由器网关或主机本身），在 IPv6 侧使用兼容地址，在 IPv4 侧提取兼容地址中的 IPv4 地址信息，构建 IPv4 报头，然后对 IPv6 进行封装，从而在 IPv4 网络中通过这种自动隧道实现 IPv6 孤岛的互联。常见的 IPv6 兼容地址有::FFFF/96+32 位 IPv4 地址；6to4 使用的兼容地址为 2002（16 位）+IPv4 地址（32 位）+子网 ID（16 位）+接口 ID（64 位）；ISATAP 隧道使用的兼容地址为固定前缀（64 位）+0000:5EFE（32 位）+IPv4 地址（32 位）。

3.2.2 任播地址

任播地址在地址格式上与单播地址别无二致,但用途不同。单播地址用于一个源地址到一个目的地址的通信,即一个单播地址只能用于一个接口,而任播地址是同一个地址用在网络中多个节点、多个接口之上。换句话说,任播地址用于表示一组不同节点的接口。若某个数据包的目标地址是任播地址,该数据包将被发送到路由意义上最近的一个网络接口。为了与单播地址区分,任播地址一般约定 64 位接口 ID 全是 0。这有点类似于 IPv4 的主机位为 0 的网络地址,只不过 IPv4 主机位全是 0 的网络地址和主机位全是 1 的广播地址是不能分配给设备使用的,而 IPv6 中主机位全是 0 的任播地址和主机位全是 1 的地址都能供设备使用。

注意,在使用任播地址时一定要谨慎,一定要事先约定哪些地址作为任播地址,并作为特殊用途,不然网络中就会出现地址冲突。比如,移动 IPv6 就需要任播地址,使得客户主机不管在什么位置,都能就近访问由任播地址标识的接入点。

实验 3-7 一个简单的任播地址实验

这个实验是模拟任播地址的应用。在 EVE-NG 中打开"Chapter 03"文件夹中的"3-1 Anycast_lab"拓扑(见图 3-23),其中 R1 和 R4 模拟客户机,R2 和 R3 是骨干路由器。

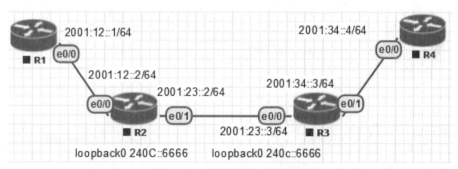

图 3-23 任播地址实验拓扑图

本实验用 R2 和 R3 上的 loopback0 来模拟具有相同任播地址 240c::6666 的服务器。R1 和 R4 都访问 240c::6666,下面验证 R1 和 R4 是否能就近访问此任播地址。

STEP 1 基本配置。开启 R1、R2、R3、R4,它们的具体配置可见配置包"03/Anycase_lab.txt"。R1 配置如下:

```
Router>enable
Router#config terminal
Router(config)#host R1
R1(config)#ipv6 unicast-routing
```

R1(config)#interface eth0/0

R1(config-if)#ipv6 enable

R1(config-if)#ipv6 address 2001:12::1/64

R1(config-if)#no shutdown

R1(config-if)#ipv6 route ::/0 2001:12::2 　　配置默认路由

读者可以自行输入上述命令，也可以打开配置包中的"03/Anycase_lab.txt"文件，复制并粘贴R1的配置。虽然现在很多网络设备都支持图形化的界面配置，但很多工程师仍然喜欢用命令行的方式配置，原因就是在命令行中可以进行粘贴，而且只要写好标准的模板，并在不同的场景下稍做改动，就可以使用了。图3-24就是直接粘贴R1的配置文件的结果。

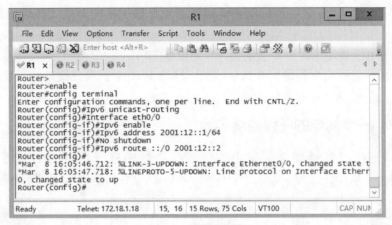

图3-24　粘贴配置

R2配置如下：

config terminal

Router>enable

Router#config terminal

Router(config)#host R2

R2(config)#ipv6 unicast-routing

R2(config)#interface eth0/0

R2(config-if)#ipv6 enable

R2(config-if)#ipv6 address 2001:12::2/64

R2(config-if)#no shutdown

R2(config-if)#interface eth0/1

R2(config-if)#ipv6 enable

R2(config-if)#ipv6 address 2001:23::2/64

R2(config-if)#no shutdown

R2(config-if)#interface loopback0　　配置环回接口，用来模拟服务器。环回接口默认一直有效，且不需要接线，在实验中一般用来模拟路由或节点，以节省资源和设备

R2(config-if)#ipv6 enable
R2(config-if)#ipv6 address 240c::6666/128 anycast   配置任播 IPv6 地址
R2(config-if)#exit
R2(config)#ipv6 route ::/0 2001:23::3   配置默认路由，R2 把所有不明确的路由都发往 R3
R2(config)#line vty 0 4
R2(config-line)#password cisco   配置路由器的远程登录密码
R2(config-line)#login   远程访问要求登录，如果配置成 no login 则无须登录
R2(config-line)#transport input all   允许多种协议远程连接路由器，比如 Telnet、SSH

R3 配置如下：

Router>enable
Router#config terminal
Router(config)#host R3
R3(config)#ipv6 unicast-routing
R3(config)#interface eth0/0
R3(config-if)#ipv6 enable
R3(config-if)#ipv6 address 2001:23::3/64
R3(config-if)#no shutdown
R3(config-if)#interface eth0/1
R3(config-if)#ipv6 enable
R3(config-if)#ipv6 address 2001:34::3/64
R3(config-if)#no shutdown
R3(config-if)#interface loopback0
R3(config-if)#ipv6 enable
R3(config-if)#ipv6 address 240c::6666/128 anycast
R3(config-if)#exit
R3(config)#ipv6 route ::/0 2001:23::2   配置默认路由，R3 把所有不明确的路由都发往 R2
R3(config)#line vty 0 4
R3(config-line)#password cisco
R3(config-line)#login
R3(config-line)#transport input all

R4 配置如下：

Router>enable
Router#config terminal
Router(config)#host R4
R4(config)#ipv6 unicast-routing
R4(config)#interface eth0/0
R4(config-if)#ipv6 enable
R4(config-if)#ipv6 address 2001:34::4/64

R4(config-if)#no shutdown

R4(config-if)#ipv6 route ::/0   2001:34::3

STEP 2 测试。在 R1 上 Telnet 任播地址 240C::6666：

R1#telnet 240c::6666

Trying 240C::6666 ... Open

User Access Verification

Password: *输入密码 cisco*

R2>   *注意到登录的是 R2*

在 R4 上 Telnet 任播地址 240C::6666：

R4#telnet 240c::6666

Trying 240C::6666 ... Open

User Access Verification

Password:

R3>   *注意到登录的是 R3*

从结果可以看出，R1 和 R4 同样都是访问 240c::6666，但由于 R2 离 R1 更近，所以由 R2 响应 R1 的访问。同理，R3 离 R4 更近，所以就由 R3 响应 R4 的访问。

任播地址一般只能用作目的地址，不能用作源地址。在路由器 R2 上 ping 路由器 R4 的 IPv6 地址 2001:34::4，显示可以 ping 通。使用带有源地址 240c::6666 的 ping 命令时，系统将提示源地址非法，如图 3-25 所示。

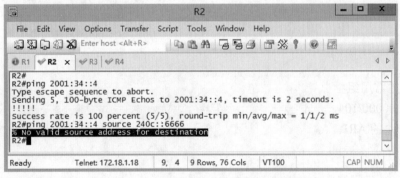

图 3-25 任播地址不能用作源地址

3.2.3 组播地址

IPv6 中的组播地址用来标识多个接口，对应于一组接口的地址，且这些接口通常分属于不同的节点。由源节点发送到组播地址的数据包会被由该地址标识的每个接口所接收。由此可见，组播地址只能用作目的地址。组播地址的前 8 位必须全是 1，具体格式如表 3-2 所示。

表 3-2　　　　　　　　　　　　　　组播地址格式

11111111	标志	范围	组 ID
8 位	4 位	4 位	112 位

标志位目前只定义了十六进制的 0 和 1，其中 0 经常使用，表示永久；1 较少使用，表示临时。IPv6 不像 IPv4 那样使用 TTL 来限制范围，而是使用组播地址中的范围字段来定义和限制。目前，范围字段定义的十六进制数包括："1"表示本地接口范围；"2"表示本地链路范围；"3"表示本地子网范围；"4"表示本地管理范围；"5"表示本地站点范围；"8"表示组织机构范围；"E"表示全球范围。其中"2"表示的本地链路范围较为常用。

在 IPv6 中，由于组播替代了广播，所以即便网络中没有组播应用，也常常见到一些组播地址。这些常见的组播地址及含义如表 3-3 所示。

表 3-3　　　　　　　　　　　　　常见组播地址及含义

组播地址	描述
FF01::1	本地接口范围的所有节点
FF01::2	本地接口范围的所有路由器
FF02::1	本地链路范围的所有节点
FF02::2	本地链路范围的所有路由器
FF05::2	在一个站点范围内的所有路由器

1．被请求节点组播地址

除上面的常用组播地址以外，还有一种被请求节点组播地址，它的前 104 位是固定的，即 FF02::1:FF00:0000/104，后面的 24 位是单播或任播地址的低 24 位。被请求节点组播地址主要用于替代 IPv4 的 ARP（Address Resolution Protocol，地址解析协议）来获取邻居的 MAC 地址以生成邻居表，并用在局域网中进行地址冲突检测。本章稍后会介绍被请求节点组播地址的使用。

2．组播地址到 MAC 地址的映射

组播地址毕竟是在网络层使用，在以太网这样的局域网中，还需要底层链路层来封装传输数据帧，所以就需要将组播地址映射成 MAC 地址。在 IPv4 中，其映射关系是前 24 位固定为 01-00-5E，第 25 位为 0，然后再加上组播地址的低 23 位，从而构成 MAC 地址。而在 IPv6 中，映射关系是前 16 位为固定的十六进制 3333，然后再加上组播地址的低 32 位，构成了 48 位 MAC 地址。比如，假如组播地址是 FF02::1111:AAAA:BBBB，则对应的 MAC 地址就是 33-33-AA-AA-BB-BB。

实验 3-8 路由器上常用的 IPv6 地址

本实验主要是为了让读者熟悉路由器至少应具有哪些 IPv6 地址，并能知道每个 IPv6 地址的类型和用途。在 EVE-NG 中打开"Chapter 03"文件夹中的"3-1 Basic"拓扑。

STEP 1 路由器配置。开启路由器 R1，并进行如下配置：

```
Router>en
Router#conf t
Router(config)#ipv6 unicast-routing
Router(config)#int e0/0
Router(config-if)#ipv6 enable
Router(config-if)#ipv6 address 2001::1/64
Router(config-if)#no shut
```

STEP 2 查看路由器接口的 IPv6 地址。在路由器 R1 上执行 show ipv6 interface ethernet 0/0 命令，结果如图 3-26 所示。

```
Router#show ipv6 interface ethernet 0/0
Ethernet0/0 is up, line protocol is up
  IPv6 is enabled, link-local address is FE80::A8BB:CCFF:FE00:300
  No Virtual link-local address(es):
  Global unicast address(es):
    2001::1, subnet is 2001::/64
  Joined group address(es):
    FF02::1
    FF02::2
    FF02::1:FF00:1
    FF02::1:FF00:300
  MTU is 1500 bytes
  ICMP error messages limited to one every 100 milliseconds
  ICMP redirects are enabled
  ICMP unreachables are sent
  ND DAD is enabled, number of DAD attempts: 1
  ND reachable time is 30000 milliseconds (using 30000)
  ND advertised reachable time is 0 (unspecified)
  ND advertised retransmit interval is 0 (unspecified)
  ND router advertisements are sent every 200 seconds
  ND router advertisements live for 1800 seconds
  ND advertised default router preference is Medium
  Hosts use stateless autoconfig for addresses.
Router#
```

图 3-26 查看路由器接口的 IPv6 地址

可以看到，路由器接口具有多个 IPv6 地址，其地址和含义如表 3-4 所示。

表 3-4 路由器接口具有的 IPv6 地址

IPv6 地址	含义
FE80::A8BB:CCFF:FE00:300	接口只要启用了 IPv6，就会有一个链路本地单播地址
2001::1	为接口手动配置的全球单播地址
FF02::1	加入的本地链路所有节点组播地址
FF02::2	加入的本地链路所有路由器组播地址
FF02::1:FF00:1	全球单播地址对应的被请求节点组播地址
FF02::1:FF00:300	本地链路单播地址对应的被请求节点组播地址

通过本实验可以发现，即使路由器没有运行组播路由协议，其接口默认也会加入到一些组播组中，接收目标地址是这些组播地址的数据包。

实验 3-9 抓包分析组播报文

通过本实验可以简单地了解组播的通信，并通过抓包查看组播报文的详细信息。在 EVE-NG 中打开 "Chapter 03" 文件夹中的 "3-2 Anycast_lab" 拓扑。

STEP 1 基本配置。R1 配置如下：

Router>enable
Router#config terminal
Router(config)#host R1
R1(config)#ipv6 unicast-routing
R1(config)#interface eth0/0
R1(config-if)#ipv6 enable
R1(config-if)#no shutdown

R2 配置如下：

Router>enable
Router#config terminal
Router(config)#host R2
R2(config)#ipv6 unicast-routing
R2(config)#interface eth0/0
R2(config-if)#ipv6 enable
R2(config-if)#no shutdown

STEP 2 在 R1 上 ping 本地链路所有路由器组播地址 FF02::2，结果如图 3-27 所示。

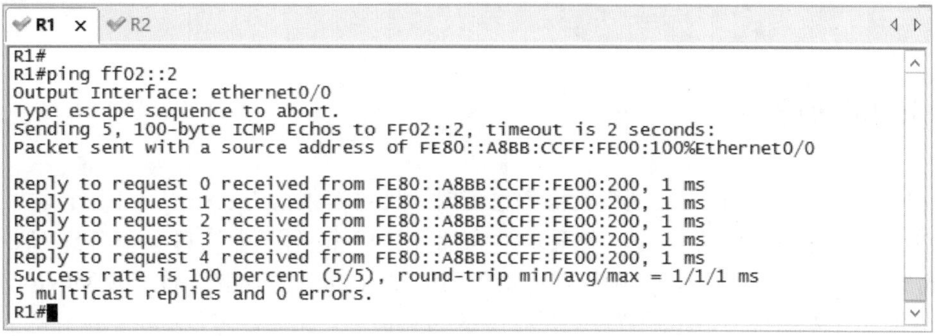

```
R1#
R1#ping ff02::2
Output Interface: ethernet0/0
Type escape sequence to abort.
Sending 5, 100-byte ICMP Echos to FF02::2, timeout is 2 seconds:
Packet sent with a source address of FE80::A8BB:CCFF:FE00:100%Ethernet0/0

Reply to request 0 received from FE80::A8BB:CCFF:FE00:200, 1 ms
Reply to request 1 received from FE80::A8BB:CCFF:FE00:200, 1 ms
Reply to request 2 received from FE80::A8BB:CCFF:FE00:200, 1 ms
Reply to request 3 received from FE80::A8BB:CCFF:FE00:200, 1 ms
Reply to request 4 received from FE80::A8BB:CCFF:FE00:200, 1 ms
Success rate is 100 percent (5/5), round-trip min/avg/max = 1/1/1 ms
5 multicast replies and 0 errors.
R1#
```

图 3-27 ping 本地链路所有路由器组播地址

可见，R2 的链路本地地址 FE80::A8BB:CCFF:FE00:200 对 FF02::2 进行了回应。

STEP 3 抓包分析。右键单击 R2，从快捷菜单中选择 "Capture" → "e0/0"，对接口 ethernet0/0 进行抓包分析，结果如图 3-28 所示。

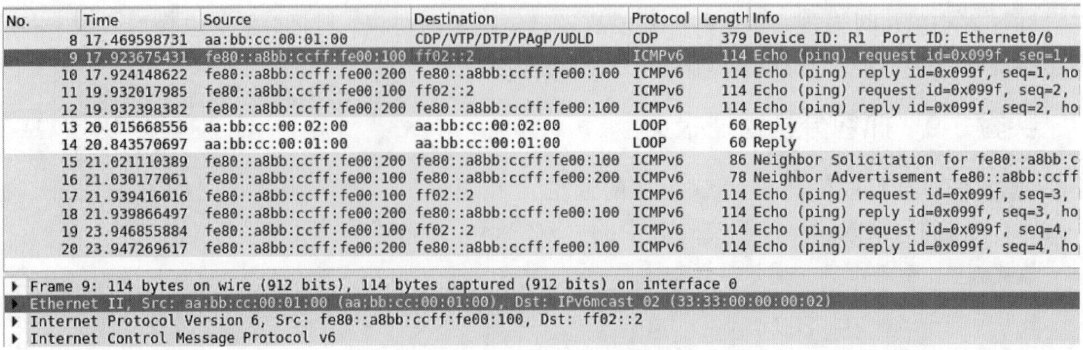

```
No.  Time           Source                Destination            Protocol  Length Info
  8  17.469598731   aa:bb:cc:00:01:00     CDP/VTP/DTP/PAgP/UDLD  CDP       379    Device ID: R1  Port ID: Ethernet0/0
  9  17.923675431   fe80::a8bb:ccff:fe00:100  ff02::2            ICMPv6    114    Echo (ping) request id=0x099f, seq=1,
 10  17.924148622   fe80::a8bb:ccff:fe00:200  fe80::a8bb:ccff:fe00:100  ICMPv6  114  Echo (ping) reply id=0x099f, seq=1, 
 11  19.932017985   fe80::a8bb:ccff:fe00:100  ff02::2            ICMPv6    114    Echo (ping) request id=0x099f, seq=2,
 12  19.932398382   fe80::a8bb:ccff:fe00:200  fe80::a8bb:ccff:fe00:100  ICMPv6  114  Echo (ping) reply id=0x099f, seq=2, ho
 13  20.015668556   aa:bb:cc:00:02:00     aa:bb:cc:00:02:00      LOOP       60    Reply
 14  20.843570697   aa:bb:cc:00:01:00     aa:bb:cc:00:01:00      LOOP       60    Reply
 15  21.021110389   fe80::a8bb:ccff:fe00:100  fe80::a8bb:ccff:fe00:200  ICMPv6   86  Neighbor Solicitation for fe80::a8bb:c
 16  21.030177061   fe80::a8bb:ccff:fe00:100  fe80::a8bb:ccff:fe00:200  ICMPv6   78  Neighbor Advertisement fe80::a8bb:ccff
 17  21.939416016   fe80::a8bb:ccff:fe00:100  ff02::2            ICMPv6    114    Echo (ping) request id=0x099f, seq=3,
 18  21.939866497   fe80::a8bb:ccff:fe00:200  fe80::a8bb:ccff:fe00:100  ICMPv6  114  Echo (ping) reply id=0x099f, seq=3, ho
 19  23.946855884   fe80::a8bb:ccff:fe00:100  ff02::2            ICMPv6    114    Echo (ping) request id=0x099f, seq=4,
 20  23.947269617   fe80::a8bb:ccff:fe00:200  fe80::a8bb:ccff:fe00:100  ICMPv6  114  Echo (ping) reply id=0x099f, seq=4, ho

▶ Frame 9: 114 bytes on wire (912 bits), 114 bytes captured (912 bits) on interface 0
▶ Ethernet II, Src: aa:bb:cc:00:01:00 (aa:bb:cc:00:01:00), Dst: IPv6mcast_02 (33:33:00:00:00:02)
▶ Internet Protocol Version 6, Src: fe80::a8bb:ccff:fe00:100, Dst: ff02::2
▶ Internet Control Message Protocol v6
```

图 3-28　抓包分析组播报文

从结果来看，R2 在收到目标地址是 FF02::2（本地链路所有路由器组播地址）的报文请求后，由于它也是此组播组的成员，因此使用本地链路单播地址进行回应。同时可以发现，收到的组播报文的目标 MAC 地址就是 33:33:00:00:00:02，即 FF02::2 对应的 MAC 地址。

3.2.4　未指定地址和本地环回地址

未指定地址就是 128 位全是 0 的地址，可以表示为 "::/128"，其用途与 IPv4 的全 0 地址一样，可在接口还未自动获取到 IPv6 地址时，用作源地址。环回地址则是除了最后一位是 1 外，其余位全是 0，可以表示为 "::1/128"。本地环回地址跟 IPv4 的本地环回地址一样，用于测试网络协议是否正常。发送给本地环回地址的数据包并不会从本机网络接口发送出去，而是由本机自己响应。Windows 等主机默认设有本地环回地址，可以在命令提示符下执行 netsh interface ipv6 show interface 查看环回地址，也可以在主机上自行 ping 本地环回地址。

3.3　ICMPv6

与 IPv4 一样，IPv6 报文在网络传输中也需要一种协议来报告它在网络中的传输状态，这就是 ICMPv6，是 IPv6 协议的一个重要组成部分。IPv6 网络中的每一个节点都必须实现 ICMPv6，当任何一个节点无法正确处理所接收到的 IPv6 报文时，就会通过 ICMPv6 向源节点发送消息报文或差错报文，让源节点知道报文的传输情况。比如，前面实验中用到的 ping，就是通过发送 ICMPv6 请求报文和回应报文来确定目标节点的可达性。再比如，假如一个 IPv6 报文太大，路由器不能将其转发到下一跳，路由器就会发送 ICMPv6 报文向源节点报告报文太大，源节点就可以适当调整报文大小，重新发送。需要说明的是，ICMPv6 只能用于网络诊断、管理等，而不能用来解决存在的问题。

相较于 ICMPv4，ICMPv6 实现的功能更多，IPv4 网络中使用的 ICMP、ARP、IGMP、RARP

等功能，在 IPv6 网络中均由 ICMPv6 替代实现。除此之外，ICMPv6 报文还用于 IPv6 的无状态自动配置、重复地址检测、前缀重新编址、路径 MTU（Maximum Transmission Unit，最大传输单元）发现等。总体来说，ICMPv6 实现了 5 种网络功能：错误报告、网络诊断、邻居发现、多播实现和路由重定向。这些功能主要是依靠 ICMPv6 的差错报文和消息报文实现的。差错报文主要包括目的不可达、报文分组过大、超时、参数错误等。消息报文主要包括请求报文、回应报文、邻居请求、邻居通告、路由器请求、路由器通告等。

3.3.1 ICMPv6 差错报文

ICMPv6 报文的格式如表 3-5 所示，类型占 8 位，其最高位是 0 时，即类型值范围为 0~127 时，为差错报文；最高位是 1 时，即类型值范围为 128~255 时，为消息报文。代码字段占 8 位，表示类型的详细信息。比如尽管类型为 1 时若都表示目的不可达，但代码为 3 时表示地址不可达，代码为 4 时则是端口不可达。校验和字段占 16 位，用于为报文的正确传输提供校验。整个 ICMPv6 报文封装在 IPv6 报头中，其 IPv6 报头中下一报头值是 58。ICMPv6 报文的总大小不能超过 IPv6 的 MTU 值 1280 字节。

表 3-5　　　　　　　　　　　ICMPv6 报文格式

IPv6 报头，下一报头=58	类型（8 位）	代码（8 位）	校验和（16 位）	ICMPv6 报文主体

ICMPv6 常见的差错报文类型和代码如表 3-6 所示。

表 3-6　　　　　　　　　　ICMPv6 常见差错报文和类型

类型	含义	代码	含义
1	目的不可达	0	没有去往目的的路由
		1	与目的的通信被管理策略禁止
		2	超出源地址的范围（草案）
		3	目的地址不可达
		4	目的端口不可达
2	分组过大	0	发送方将代码字段置 0，接收方忽略代码字段
3	超时	0	跳数超出限制
		1	分段重组超时
4	参数问题	0	错误的首部字段
		1	不可识别的下一报头类型
		2	不可识别的 IPv6 选项

ICMPv6 差错报文主要是用于网络中的错误诊断,其类型字段的范围为 0~127,代码字段是对类型字段更详细的说明。需要明确的是,ICMPv6 本身并不能解决网络中的故障,只是为网络排障提供线索。

3.3.2　ICMPv6 消息报文

ICMPv6 消息报文的报头类型字段的范围为 128~255,比较常见的报文是类型为 128 的回声请求报文和类型为 129 的回声应答报文。我们在执行 ping 操作时,就是发送 128 类型的回声请求报文,并期待收到 129 类型的回声应答报文,从而检查网络的可达性,这一点与 ICMPv4 的功能类似。但与 ICMPv4 相比,ICMPv6 报文中的类型编号、代码字段的值以及含义都大不相同,即两者是完全不同且不兼容的协议,这主要表现在 ICMPv6 消息报文类型更为丰富,每种类型的消息报文都有其特殊的用途。一些常见的 ICMPv6 消息报文如表 3-7 所示。

表 3-7　　　　　　　　　　　常见的 ICMPv6 消息报文

报文类型	报文名称	使用场景
128	回声请求	ping 请求
129	回声应答	ping 应答
130	组播侦听查询	组播应用,类似于 IPv4 的 IGMP
131	组播侦听报告	组播应用
132	组播侦听完成	组播应用
133	路由器请求	用于网关发现和 IPv6 地址自动配置
134	路由器通告	用于网关发现和 IPv6 地址自动配置
135	邻居请求	用于邻居发现及重复地址检测(类似于 IPv4 的 ARP)
136	邻居通告	用于邻居发现及重复地址检测(类似于 IPv4 的 ARP)
137	重定向报文	与 IPv4 的重定向类似

实验 3-10　常用的 IPv6 诊断工具

本实验介绍两个常用的 IPv6 诊断工具:ping 和 traceroute(这是路由器上的命令,计算机中对应的命令是 tracert)。这两个命令主要用于测试网络的连通性。本实验将演示它们的使用方法,并介绍相关的工作原理。在 EVE-NG 中打开"Chapter 03"文件夹中的"3-3 IPv6 Command"拓扑,如图 3-29 所示。

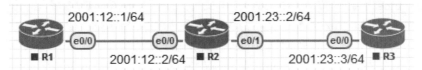

图 3-29 IPv6 命令实验拓扑

STEP 1 基本配置。该部分的配置可见配置包 "03/IPv6 Command.txt"。R1 的配置如下：

Router>enable
Router#config terminal
Router(config)#host R1
R1(config)#ipv6 unicast-routing
R1(config)#interface eth0/0
R1(config-if)#ipv6 enable
R1(config-if)#ipv6 address 2001:12::1/64
R1(config-if)#no shutdown
R1(config-if)#ipv6 route ::/0 2001:12::2

R2 的配置如下：

Router>enable
Router#config terminal
Router(config)#host R2
R2(config)#ipv6 unicast-routing
R2(config)#interface eth0/0
R2(config-if)#ipv6 enable
R2(config-if)#ipv6 address 2001:12::2/64
R2(config-if)#no shutdown
R2(config-if)#interface eth0/1
R2(config-if)#ipv6 enable
R2(config-if)#ipv6 address 2001:23::2/64
R2(config-if)#no shutdown

R3 的配置如下：

Router>enable
Router#config terminal
Router(config)#host R3
R3(config)#ipv6 unicast-routing
R3(config)#interface eth0/0
R3(config-if)#ipv6 enable
R3(config-if)#ipv6 address 2001:23::3/64
R3(config-if)#no shutdown
R3(config-if)#ipv6 route ::/0 2001:23::2

STEP 2 ping 命令测试。在 R1 上，可以使用"ping ip ipv4 地址/名字"去 ping 一个 IPv4 的地址；使用"ping ipv6 ipv6 地址/名字"去 ping 一个 IPv6 的地址；使用"ping 地址/名字"让路由器根据输入的目标地址是 IPv4 或 IPv6 自动选择发送 ICMPv4 回声报文或 ICMPv6 回声报文。Windows 计算机下对应的 ping 命令则是 ping -4、ping -6、ping。

在路由器 R2 的 e0/0 接口开始抓包，然后在路由器 R1 上执行命令 ping 2001:12::2，抓包窗口如图 3-30 所示。选中编号是 15 的报文，展开中间栏中的"Internet Control Message Protocol v6"层，可以看到 Type（类型）是"Echo（ping）request（128）"，说明这是一个回声请求报文，报文类型是 128。

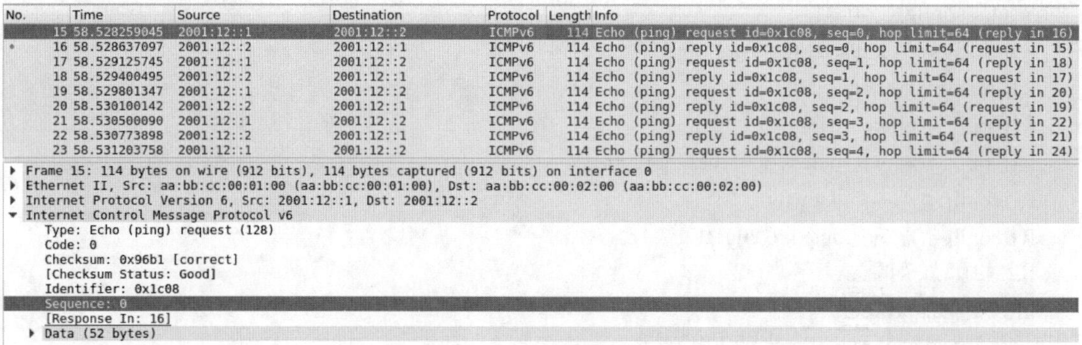

图 3-30　IPv6 回声请求报文

在抓包窗口中选中编号是 16 的报文，展开中间栏中的"Internet Control Message Protocol v6"层，可以看到 Type（类型）是"Echo（ping）reply（129）"，说明这是一个回声应答报文，报文类型是 129，如图 3-31 所示。

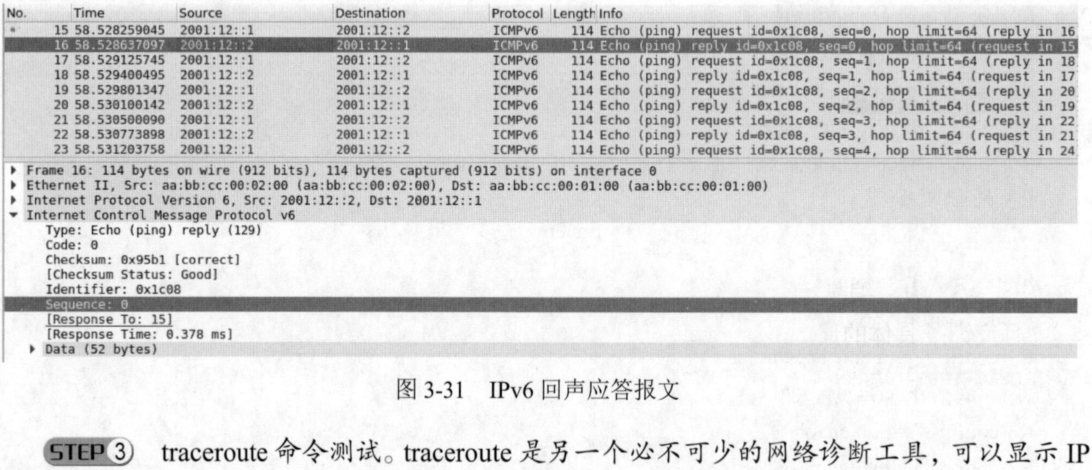

图 3-31　IPv6 回声应答报文

STEP 3 traceroute 命令测试。traceroute 是另一个必不可少的网络诊断工具，可以显示 IP 数据报文从一个节点传到另一个节点所经过的路径。traceroute 命令和 ping 命令一样，也可以后跟 ip、ipv6 或不带参数。在 R1 上执行如下命令：

```
R1#traceroute 2001:23::3
Type escape sequence to abort.
Tracing the route to 2001:23::3

  1 2001:12::2 1 msec 1 msec 0 msec     traceroute 的同样报文会发 3 次，所以这里有 3 个时间
  2 2001:23::3 2 msec 2 msec 1 msec
R1#
```

由上可知，R1 可以到达 2001:23::3，且中间经过了一台路由器 2001:12::2。traceroute 是如何知道中间经过哪些设备的呢？图 3-32 是执行 traceroute 命令时捕获的报文，编号为 3 的报文是 R1 traceroute R3 时发出的第一个报文，在中间栏中可以看到 "Hop limit: 1"，表示这个报文的跳数限制是 1。当路由器 R2 收到这个报文后，Hop limit=0，这个报文将被丢弃，同时 R2 向报文的源发送方（也就是 2001:12::1）反馈一个报文，告诉它报文被丢弃了，这个反馈报文也就是编号为 4 的报文。从这个捕获的报文中，也可以看出 traceroute 使用的是 UDP 协议。展开图 3-32 中编号为 16 的报文，可以看到 "Hop limit: 2"，因为编号为 17 的报文是 R3（2001:23::3）返回的报文。

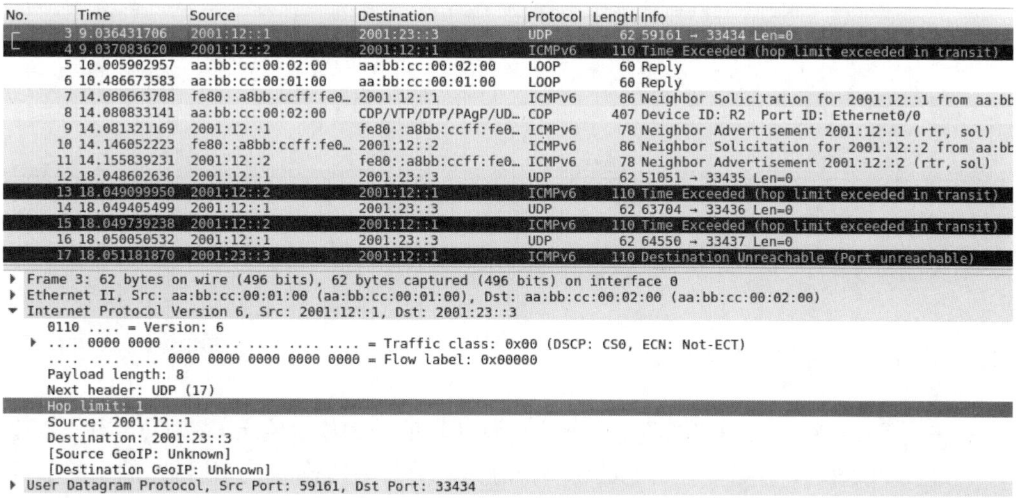

```
No.     Time            Source              Destination         Protocol Length Info
      3 9.036431706     2001:12::1          2001:23::3          UDP         62 59161 → 33434 Len=0
      4 9.037083620     2001:12::2          2001:12::1          ICMPv6     110 Time Exceeded (hop limit exceeded in transit)
      5 10.005902957    aa:bb:cc:00:02:00   aa:bb:cc:00:02:00   LOOP        60 Reply
      6 10.486673583    aa:bb:cc:00:01:00   aa:bb:cc:00:01:00   LOOP        60 Reply
      7 14.080663708    fe80::a8bb:ccff:fe0… 2001:12::1         ICMPv6      86 Neighbor Solicitation for 2001:12::1 from aa:bb
      8 14.080833141    aa:bb:cc:00:02:00   CDP/VTP/DTP/PAgP/UD… CDP        407 Device ID: R2  Port ID: Ethernet0/0
      9 14.081321169    2001:12::1          fe80::a8bb:ccff:fe0… ICMPv6      78 Neighbor Advertisement 2001:12::1 (rtr, sol)
     10 14.146052223    fe80::a8bb:ccff:fe0… 2001:12::2         ICMPv6      86 Neighbor Solicitation for 2001:12::2 from aa:bb
     11 14.155839231    2001:12::2          fe80::a8bb:ccff:fe0… ICMPv6      78 Neighbor Advertisement 2001:12::2 (rtr, sol)
     12 18.048602636    2001:12::1          2001:23::3          UDP         62 51051 → 33435 Len=0
     13 18.049099950    2001:12::2          2001:12::1          ICMPv6     110 Time Exceeded (hop limit exceeded in transit)
     14 18.049405499    2001:12::1          2001:23::3          UDP         62 63704 → 33436 Len=0
     15 18.049739238    2001:12::2          2001:12::1          ICMPv6     110 Time Exceeded (hop limit exceeded in transit)
     16 18.050050532    2001:12::1          2001:23::3          UDP         62 64550 → 33437 Len=0
     17 18.051181870    2001:23::3          2001:12::1          ICMPv6     110 Destination Unreachable (Port unreachable)

▶ Frame 3: 62 bytes on wire (496 bits), 62 bytes captured (496 bits) on interface 0
▶ Ethernet II, Src: aa:bb:cc:00:01:00 (aa:bb:cc:00:01:00), Dst: aa:bb:cc:00:02:00 (aa:bb:cc:00:02:00)
▼ Internet Protocol Version 6, Src: 2001:12::1, Dst: 2001:23::3
    0110 .... = Version: 6
  ▶ .... 0000 0000 .... .... .... .... .... = Traffic class: 0x00 (DSCP: CS0, ECN: Not-ECT)
    .... .... .... 0000 0000 0000 0000 0000 = Flow label: 0x00000
    Payload length: 8
    Next header: UDP (17)
    Hop limit: 1
    Source: 2001:12::1
    Destination: 2001:23::3
    [Source GeoIP: Unknown]
    [Destination GeoIP: Unknown]
▶ User Datagram Protocol, Src Port: 59161, Dst Port: 33434
```

图 3-32　traceroute 发送报文

在图 3-32 中，编号为 4 的报文是 R2 返回给 R1 的 ICMPv6 报文，用来告诉 R1 目的不可达，并且反馈了具体的原因是 "Type:Time Exceeded (3)"，更具体的原因则是下一行 "Code: 0 (hop limit exceeded in transit)"，即传输过程中跳数超限，如图 3-33 所示。当 R1 收到 R2 返回的报文时，R1 就知道了去往目的 IPv6 地址时所经过的第一跳路由器的 IPv6 地址。当 R1 收到 R3 返回的报文时（也就是图 3-32 中编号为 17 的报文），R1 就知道了去往目的 IPv6 地址时所经过的第二跳路由器的 IPv6 地址。接下来源会发送 Hop limit=3、4、5、…的报文，直至最终到达目的地，这样源就会知道中间经过的每一台路由器的 IPv6 地址。

在实际使用 tracerout 工具时，有时会探测不到中间某台路由器的 IPv6 地址，这通常是中间路由器上做了数据包过滤或网络安全防护，以阻止接收 traceroute 的 UDP 报文或者在接收报文后拒绝反馈报文，这样潜在的攻击者就探测不到中间路由器的 IPv6 地址，也就无从对其发动攻击。但互联网上大部分路由器都允许使用 traceroute 进行路径探测。

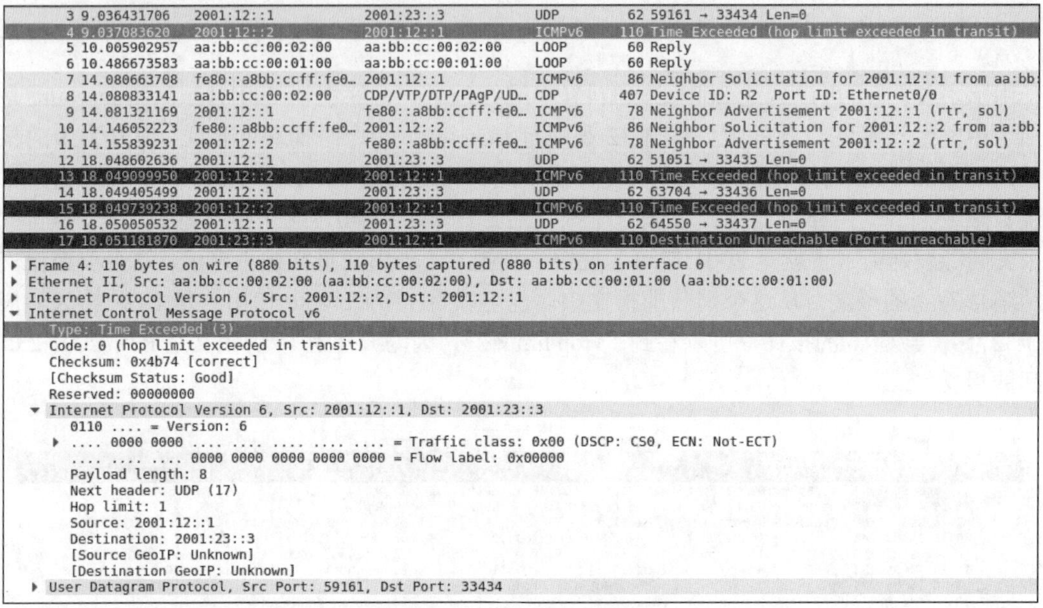

```
  3 9.036431706    2001:12::1        2001:23::3        UDP       62 59161 → 33434 Len=0
  4 9.037083620    2001:12::1        2001:12::1        ICMPv6   110 Time Exceeded (hop limit exceeded in transit)
  5 10.005902957   aa:bb:cc:00:02:00 aa:bb:cc:00:02:00 LOOP      60 Reply
  6 10.486673583   aa:bb:cc:00:01:00 aa:bb:cc:00:01:00 LOOP      60 Reply
  7 14.080663788   fe80::a8bb:ccff:fe0. 2001:12::1     ICMPv6    86 Neighbor Solicitation for 2001:12::1 from aa:bb:
  8 14.080833141   aa:bb:cc:00:02:00  CDP/VTP/DTP/PAgP/UD. CDP  407 Device ID: R2  Port ID: Ethernet0/0
  9 14.081321169   2001:12::1         fe80::a8bb:ccff:fe0. ICMPv6 78 Neighbor Advertisement 2001:12::1 (rtr, sol)
 10 14.146052223   fe80::a8bb:ccff:fe0. 2001:12::2     ICMPv6    86 Neighbor Solicitation for 2001:12::2 from aa:bb:
 11 14.155839231   2001:12::2         fe80::a8bb:ccff:fe0. ICMPv6 78 Neighbor Advertisement 2001:12::2 (rtr, sol)
 12 18.048602636   2001:12::1         2001:23::3        UDP       62 51051 → 33435 Len=0
 13 18.049099950   2001:12::2         2001:12::1        ICMPv6   110 Time Exceeded (hop limit exceeded in transit)
 14 18.049405499   2001:12::1         2001:23::3        UDP       62 63704 → 33436 Len=0
 15 18.049739238   2001:12::2         2001:12::1        ICMPv6   110 Time Exceeded (hop limit exceeded in transit)
 16 18.050050532   2001:12::1         2001:23::3        UDP       62 64550 → 33437 Len=0
 17 18.051181870   2001:23::3         2001:12::1        ICMPv6   110 Destination Unreachable (Port unreachable)

▶ Frame 4: 110 bytes on wire (880 bits), 110 bytes captured (880 bits) on interface 0
▶ Ethernet II, Src: aa:bb:cc:00:02:00 (aa:bb:cc:00:02:00), Dst: aa:bb:cc:00:01:00 (aa:bb:cc:00:01:00)
▶ Internet Protocol Version 6, Src: 2001:12::2, Dst: 2001:12::1
▼ Internet Control Message Protocol v6
    Type: Time Exceeded (3)
    Code: 0 (hop limit exceeded in transit)
    Checksum: 0x4b74 [correct]
    [Checksum Status: Good]
    Reserved: 00000000
  ▼ Internet Protocol Version 6, Src: 2001:12::1, Dst: 2001:23::3
      0110 .... = Version: 6
    ▶ .... 0000 0000 .... .... .... .... = Traffic class: 0x00 (DSCP: CS0, ECN: Not-ECT)
      .... .... .... 0000 0000 0000 0000 0000 = Flow label: 0x00000
      Payload length: 8
      Next header: UDP (17)
      Hop limit: 1
      Source: 2001:12::1
      Destination: 2001:23::3
      [Source GeoIP: Unknown]
      [Destination GeoIP: Unknown]
  ▶ User Datagram Protocol, Src Port: 59161, Dst Port: 33434
```

图 3-33　traceroute 反馈报文

不要关闭本实验，下一实验在此基础上继续。

3.3.3　PMTU（路径 MTU）

在网络通信中，每一条通信链路都有一个允许传输的最大传输单元（MTU），当一个数据报文长度超过 MTU 值时，就必须在链路的源节点处进行分片后传输，在到达链路的目的节点后再按一定的规则将分片的数据报文重新组装。在 IPv4 网络中，如果从通信源到通信目的传输的报文过大，则经过的每一台中间路由器都要对报文进行分片和重组，通信效率大大降低。在 IPv6 网络中，不再允许中间路由器对数据报文进行分片和重组，只能在源节点和目的节点上进行。那么，为了避免中间路由器进行分片和重组，从源发送出来的数据报文的大小，就不能超过在到达目的节点之前所经过的每一条链路的 MTU 值。即数据报文在从源到目的的路径上所经过的每一条链路中，谁的 MTU 值最小，谁就是源到目的路径上的路径 MTU（PMTU）。这样，只要从源发出来的数据报文的长度不超过 PMTU，中间路由器就不会进行分片和重组。PMTU 的值是这样找到的：向路径中的每一个节点发送长 ICMPv6 报文，直到收到类型为 2 "分组过大"的 ICMPv6 差错报文，然后再逐渐调小 ICMPv6 报文，最终找到 PMTU 值。

实验 3-11　演示 PMTU 的使用和 IPv6 分段扩展报头

本实验用来演示在发送较大报文时，网络设备如何进行分片处理。同时，通过本实验也能看到 IPv6 使用类型为 44 的扩展报头来分片。本实验是实验 3-10 的延续，需要在其基础上进行。

STEP 1　正常 ping 测试。在路由器 R2 的 e0/0 接口开启数据包捕获，在 R1 上 ping 2001:23::3，R2 上捕获的数据报文显示如图 3-34 所示。注意，Cisco 路由器默认的 ping 包大小是 52 字节，字符是从 00 开始的十六制编码字符，而 Windows 默认的 ping 包大小是 32 字节，字符是以 abcd 开始的 23 个字母（没有 xyz）的重复组合。

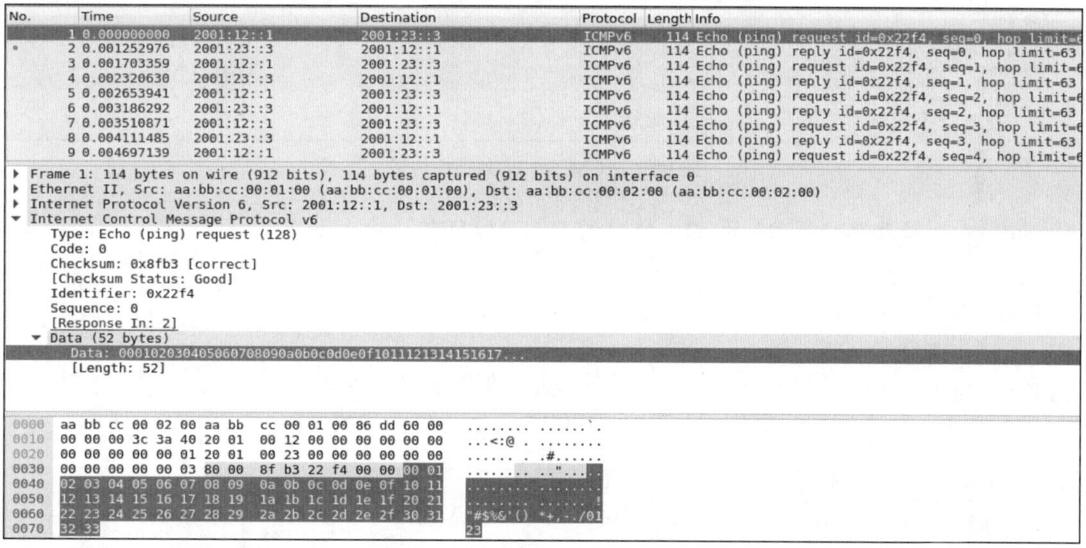

图 3-34　捕获路由器上的 ping 包

STEP 2　扩展 ping 测试。在 R1 上使用扩展 ping 进行测试，改变默认的 ping 包大小。首先查看 ping 包的大小范围，在 R1 上执行下如下命令：

> R1#ping 2001:23::3 size ?　　　　*带 size 参数*
> <48-18024>　　Datagram size　　　*数据包的大小是 48～18024 字节，这是因为 IPv6 数据包的封装默认占用了 48 个字节，所以不能比 48 再小。比如 size 为 80，则真正发送的字符只有 80-48=32 字节*

在 R1 上执行 ping 2001:23::3 size 10000 命令，ping 包的大小是 10000 字节。R2 上捕获的数据报文显示如图 3-35 所示。

从中可以看出，发送的 ICMPv6 回声报文被分成了 7 段（编号 1~7），前 6 段的长度为固定的 1510 字节，最后一段是 1334 字节，小于 1510 字节。路由器回应的报文一样也被分成 7 段（编号 8~14，没有在图中完全显示出来）。

STEP 3　观察被分片报文的详细信息。从图 3-35 中看出，分片报文使用了 IPv6 扩展报头，即下一报头为 44（图中画圈的部分）的分片扩展报头。再在分段报头中指明下一报头为 58（图中画圈的部分），即 ICMPv6。

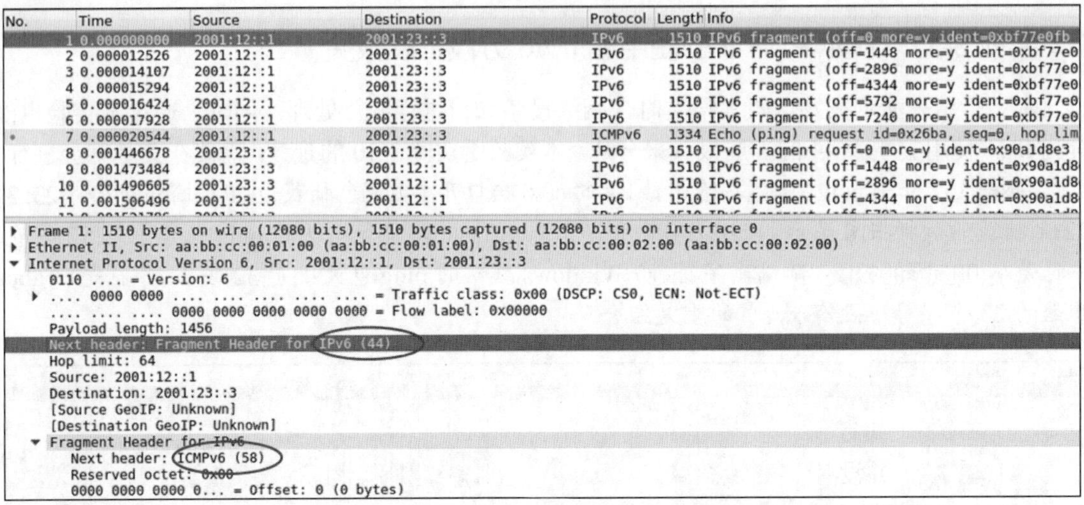

No.	Time	Source	Destination	Protocol	Length Info
1	0.000000000	2001:12::1	2001:23::3	IPv6	1510 IPv6 fragment (off=0 more=y ident=0xbf77e0fb
2	0.000012526	2001:12::1	2001:23::3	IPv6	1510 IPv6 fragment (off=1448 more=y ident=0xbf77e0
3	0.000014107	2001:12::1	2001:23::3	IPv6	1510 IPv6 fragment (off=2896 more=y ident=0xbf77e0
4	0.000015294	2001:12::1	2001:23::3	IPv6	1510 IPv6 fragment (off=4344 more=y ident=0xbf77e0
5	0.000016424	2001:12::1	2001:23::3	IPv6	1510 IPv6 fragment (off=5792 more=y ident=0xbf77e0
6	0.000017928	2001:12::1	2001:23::3	IPv6	1510 IPv6 fragment (off=7240 more=y ident=0xbf77e0
7	0.000020544	2001:12::1	2001:23::3	ICMPv6	1334 Echo (ping) request id=0x26ba, seq=0, hop lim
8	0.001446678	2001:23::3	2001:12::1	IPv6	1510 IPv6 fragment (off=0 more=y ident=0x90a1d8e3
9	0.001473648	2001:23::3	2001:12::1	IPv6	1510 IPv6 fragment (off=1448 more=y ident=0x90a1d8
10	0.001490605	2001:23::3	2001:12::1	IPv6	1510 IPv6 fragment (off=2896 more=y ident=0x90a1d8
11	0.001506496	2001:23::3	2001:12::1	IPv6	1510 IPv6 fragment (off=4344 more=y ident=0x90a1d8

```
▶ Frame 1: 1510 bytes on wire (12080 bits), 1510 bytes captured (12080 bits) on interface 0
▶ Ethernet II, Src: aa:bb:cc:00:01:00 (aa:bb:cc:00:01:00), Dst: aa:bb:cc:00:02:00 (aa:bb:cc:00:02:00)
▼ Internet Protocol Version 6, Src: 2001:12::1, Dst: 2001:23::3
    0110 .... = Version: 6
  ▶ .... 0000 0000 ....................... = Traffic class: 0x00 (DSCP: CS0, ECN: Not-ECT)
    .... .... .... 0000 0000 0000 0000 0000 = Flow label: 0x00000
    Payload length: 1456
    Next header: Fragment Header for IPv6 (44)
    Hop limit: 64
    Source: 2001:12::1
    Destination: 2001:23::3
    [Source GeoIP: Unknown]
    [Destination GeoIP: Unknown]
  ▼ Fragment Header for IPv6
    Next header: ICMPv6 (58)
    Reserved octet: 0x00
    0000 0000 0000 0... = Offset: 0 (0 bytes)
```

图 3-35　ICMPv6 报文分片传输

STEP 4 修改路由器 R2 的 e0/1 接口的 IPv6 MTU 值，命令如下：

```
R2(config)#int e0/1
R2(config-if)#ipv6 mtu ?              查看 MTU 的大小取值范围
  <1280-1500>  MTU (bytes)
R2(config-if)#ipv6 mtu 1400           将 MTU 改为 1400 字节
```

继续在 R1 上执行 ping 2001:23::3 size 10000 命令，捕获的数据报文如图 3-36 所示。

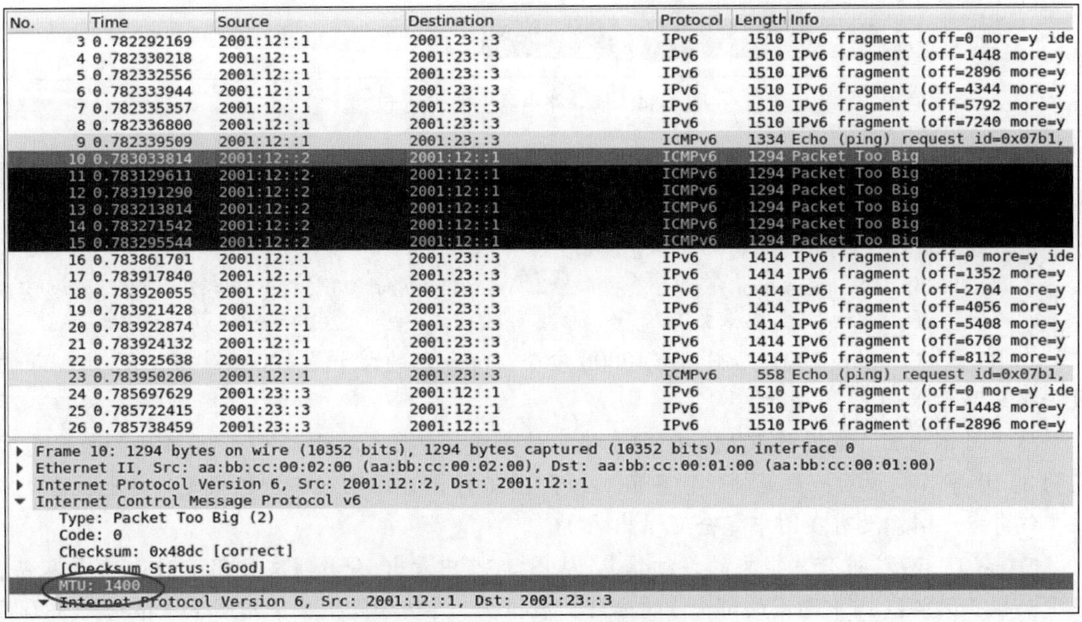

No.	Time	Source	Destination	Protocol	Length Info
3	0.782292169	2001:12::1	2001:23::3	IPv6	1510 IPv6 fragment (off=0 more=y ide
4	0.782330218	2001:12::1	2001:23::3	IPv6	1510 IPv6 fragment (off=1448 more=y
5	0.782332556	2001:12::1	2001:23::3	IPv6	1510 IPv6 fragment (off=2896 more=y
6	0.782333944	2001:12::1	2001:23::3	IPv6	1510 IPv6 fragment (off=4344 more=y
7	0.782335357	2001:12::1	2001:23::3	IPv6	1510 IPv6 fragment (off=5792 more=y
8	0.782336800	2001:12::1	2001:23::3	IPv6	1510 IPv6 fragment (off=7240 more=y
9	0.782339509	2001:12::1	2001:23::3	ICMPv6	1334 Echo (ping) request id=0x07b1,
10	0.783033814	2001:12::2	2001:12::1	ICMPv6	1294 Packet Too Big
11	0.783129611	2001:12::2	2001:12::1	ICMPv6	1294 Packet Too Big
12	0.783191290	2001:12::2	2001:12::1	ICMPv6	1294 Packet Too Big
13	0.783213814	2001:12::2	2001:12::1	ICMPv6	1294 Packet Too Big
14	0.783271542	2001:12::2	2001:12::1	ICMPv6	1294 Packet Too Big
15	0.783295544	2001:12::2	2001:12::1	ICMPv6	1294 Packet Too Big
16	0.783861701	2001:12::1	2001:23::3	IPv6	1414 IPv6 fragment (off=0 more=y ide
17	0.783917840	2001:12::1	2001:23::3	IPv6	1414 IPv6 fragment (off=1352 more=y
18	0.783920055	2001:12::1	2001:23::3	IPv6	1414 IPv6 fragment (off=2704 more=y
19	0.783921428	2001:12::1	2001:23::3	IPv6	1414 IPv6 fragment (off=4056 more=y
20	0.783922874	2001:12::1	2001:23::3	IPv6	1414 IPv6 fragment (off=5408 more=y
21	0.783924132	2001:12::1	2001:23::3	IPv6	1414 IPv6 fragment (off=6760 more=y
22	0.783925638	2001:12::1	2001:23::3	IPv6	1414 IPv6 fragment (off=8112 more=y
23	0.783950206	2001:12::1	2001:23::3	ICMPv6	558 Echo (ping) request id=0x07b1,
24	0.785697629	2001:23::3	2001:12::1	IPv6	1510 IPv6 fragment (off=0 more=y ide
25	0.785722415	2001:23::3	2001:12::1	IPv6	1510 IPv6 fragment (off=1448 more=y
26	0.785738459	2001:23::3	2001:12::1	IPv6	1510 IPv6 fragment (off=2896 more=y

```
▶ Frame 10: 1294 bytes on wire (10352 bits), 1294 bytes captured (10352 bits) on interface 0
▶ Ethernet II, Src: aa:bb:cc:00:02:00 (aa:bb:cc:00:02:00), Dst: aa:bb:cc:00:01:00 (aa:bb:cc:00:01:00)
▶ Internet Protocol Version 6, Src: 2001:12::2, Dst: 2001:12::1
▼ Internet Control Message Protocol v6
    Type: Packet Too Big (2)
    Code: 0
    Checksum: 0x48dc [correct]
    [Checksum Status: Good]
    MTU: 1400
  ▶ Internet Protocol Version 6, Src: 2001:12::1, Dst: 2001:23::3
```

图 3-36　修改 MTU 后的分片传输情况

从图 3-36 中（编号 3~9）可以看出，从 R1 发出来的数据报文分片大小没有变化，仍然是 1510 字节。但当分片报文从路由器 R2 e0/1 接口发出时，因大于 MTU 值而被丢弃，R2 向 R1 返回了"Packet Too Big"的报错信息（编号 10~15），并告诉 R1 它能接受的 MTU 值是 1400 字节（图中画圈的部分）。R1 再次发出 ping 报文（编号 16~23），每个 ping 报文的大小是 1400−48=1352 字节，10000 字节大小的数据包被分成了 8 段。R3 返回 R1 的报文（编号 24~30）大小仍然是 1510 字节，这也说明 MTU 的修改只影响从本地接口发送出去的数据报文的分片大小，接收的报文不受影响。

使用如下命令还原 R2 的 e0/1 接口的默认 MTU 大小：

```
R2(config)#int e0/1
R2(config-if)#no ipv6 mtu
```

继续在 R1 上执行 ping 2001:23::3 size 10000 命令，捕获的数据报文显示发出的 ping 包仍然是 1414 字节，并没有还原到 1510 字节，这是因为存在 MTU 缓存的缘故。在路由器 R1 上执行如下命令，清除 MTU 缓存：

```
R1#clear ipv6 mtu
```

继续在 R1 上执行 ping 2001:23::3 size 10000 命令，此时捕获的数据报文被还原到 1510 字节。

3.4 NDP

3.4.1 NDP 简介

NDP（Neighbor Discovery Protocol，邻居发现协议）是 IPv6 协议体系中最重要的基础协议，很多 IPv6 功能都依赖 NDP 来实现，读者必须要熟悉此协议。一般说来，NDP 需要实现的功能包括：替代 IPv4 的 ARP 来形成邻居表；默认网关的自动获取；无状态地址自动配置；路由重定向等。

与 IPv4 一样，IPv6 报文在局域网中传输时，仍需要将其封装在数据链路层的数据帧中。以常见的局域网为例，即需要将 IPv6 报文封装在以太网报文中。以太网报头中有源 MAC 地址和目的 MAC 地址，二层交换机就是根据 MAC 地址与端口的对应表进行转发。那么，以太网中如何获知目标节点的 MAC 地址呢？在 IPv4 网络中，是通过广播 ARP 报文来获取的，一旦获知到目的节点的 MAC 地址，就将 IP 和 MAC 的对应关系写入自身的 ARP 表中。而在 IPv6 中，ARP 换成了 NDP，ARP 表也换成了邻居表。邻居表中记录着同一局域网内邻居的 IPv6 地址与 MAC 地址的对应关系。当需要与局域网内的邻居通信时，首先查看邻居表中是否有邻居的 MAC 地址；如果有，则将自己的 MAC 作为源 MAC，邻居 MAC 作为目的 MAC，最终将 IPv6 报文封装起来发送到目的地址；如果邻居表中没有目的地址的 MAC 地址，则使用 NDP 来发现并形成邻居表。当然，NDP 并不仅仅有邻居表，它所包含的其他表项的详细内容及用途将在后文继续介绍。

除了解析同一局域网中 IPv6 邻居的链路层地址外，NDP 还增加了路由器网关发现功能。在局域网中，自动配置地址的主机会主动寻找默认网关，而路由器默认也会通告自己是默认网关。路由器在通告自己是默认网关的同时，会携带自身的链路层地址，因此主机无须再次运行 NDP 来解析默认网关的链路层地址。路由器在通告自己是默认网关的同时，可以携带前缀信息，使得主机可以根据获得的前缀信息自动生成 IPv6 地址。关于路由器通告及主机的自动配置的详细内容，将在下一章介绍。

路由重定向也属于 NDP 的作用范围。IPv6 中的路由重定向的含义跟 IPv4 中的一样，即首选的默认网关发现到达目的地有更好的路由器网关时，会向其转发数据报文，并同时向源节点发送路由重定向报文，告知源节点有更好的下一跳到达目标节点，同时会在重定向报文中携带新的网关的链路层地址。

3.4.2 NDP 常用报文格式

NDP 之所以能实现邻居链路层地址解析、网关发现、地址自动配置和路由重定向功能，是因为定义了用于 NDP 的 5 类 ICMPv6 新报文，即 RS（Router Solicitor，路由器请求）报文、RA（Router Advertisement，路由器通告）报文、NS（Neighbor Solicitor，邻居请求）报文、NA（Neighbor Advertisement，邻居通告）报文和路由重定向报文。这 5 种类型的 ICMPv6 报文都是消息类型的报文。

1. RS 报文

RS 报文供 IPv6 主机用以寻求本地链路上存在的路由器，主机发送 RS 报文后会触发同网段的路由器立即回复 RA 报文，以获取前缀信息、MTU 信息等，而不用等待路由器周期性地发送 RA 报文。RS 报文格式如表 3-8 所示。

表 3-8　　　　　　　　　　　　　RS 报文格式

类型（133）	代码（0）	校验和
保留		
选项		

IPv6 主机发送 RS 报文时，目的地址为预定义的本地链路所有路由器的组播地址 FF02::2，源地址是自身接口以 FE80 打头的链路本地地址。当源地址以 FE80 地址打头时，源接口可以把自己的链路层地址放在 RS 报文的选项字段中通告给路由器，使得路由器创建 IPv6 地址到链路层本地地址映射关系的邻居表。

2. RA 报文

路由器会周期性地发送 RA 报文，向邻居节点通告自己的存在。RA 报文可以携带一些路由前缀、自身链路层等参数信息。RA 报文格式如表 3-9 所示。

表 3-9　　　　　　　　　　　　　RA 报文格式

类型（134）	代码（0）		校验和
跳数限制	M 位	O 位　　保留	路由器生存期
可达时间			
重传时间			
选项			

RA 报文若是由路由器周期性发送，则目标地址就是组播地址 FF02::1。如果是因为收到 RS 报文而发送 RA 报文，则目标地址是 RS 报文中的单播源地址。跳数限制字段用来告知 IPv6 主机以后发送的单播报文将使用的默认跳数值。M 位和 O 位（大写字母 O，不是数字 0）是 DHCPv6 相关的选项。当 M 位是 1 时，告知 IPv6 主机将使用 DHCPv6 来获取 IPv6 地址；当 O 位是 1 时，则是告知 IPv6 主机将使用 DHCPv6 获取其他参数信息，如 DNS 地址信息等。路由器生存期字段占 16 位，用来告知 IPv6 主机本路由器作为默认网关时的有效期，单位是秒。当该字段值为 0 时，表示本路由器不能作为默认路由器。可达时间选项用来告知 IPv6 主机邻居表中关于自己的可达信息。重传时间字段为周期性发送 RA 报文的时间间隔。选项字段可以包括路由器接口的链路层地址、MTU、单播前缀信息等。

3．NS 报文

NS 报文用于解析除了路由器之外的其他邻居节点的链路层地址。NS 报文格式如表 3-10 所示。

表 3-10　　　　　　　　　　　　NS 报文格式

类型（135）	代码（0）	校验和
保留		
目标地址		
选项		

NS 报文中的目标地址字段存放的是想要解析成链路层地址的 IPv6 单播地址。选项字段可以携带自身的链路层地址。当 NS 报文用于邻居可达性检测时，目标地址是单播地址；当用于邻居解析时，目标地址是被请求节点的组播地址 FF02::1:FF00:0/104 加目标单播地址的最后 24 位。IPv6 节点在检测 IPv6 地址冲突时，也会发送邻居请求报文，此时目的 IPv6 地址是被请求节点的组播地址 FF02::1:FF00:0/104 加自己 IPv6 地址的最后 24 位，若收不到回复则表示 IPv6 地址没有冲突，IPv6 地址配置生效。在实际配置中发现，在为 Windows 计算机配置 IPv6 地址时若存在地址冲突，不会弹出提示信息。这一点与 IPv4 地址的配置不同（在地址冲突时会弹

出提示信息）。因此只有在命令行模式下执行 ipconfig 命令来查看 IPv6 地址是否生效。若没有生效，则可能是地址配置存在冲突。在路由器上配置 IPv6 地址时，若存在地址冲突，则会出现下面的提示信息：

*Mar 9 12:25:02.462: %IPV6_ND-4-DUPLICATE: **Duplicate address** 2001::1 on Ethernet0/0

4．NA 报文

IPv6 节点通过使用 NA 报文来通告自己的存在，或者告诉邻居需要更新自己的链路层地址信息。NA 报文格式如表 3-11 所示。

表 3-11　　　　　　　　　　　　　　NA 报文格式

类型（136）	代码（0）	校验和
R 位 　　S 位 　　O 位		保留
目标地址		
选项		

当节点发送 NA 报文来回应 NS 报文时，目标地址使用单播地址，如果是告诉邻居需要更新自己的链路层地址信息，则使用组播地址 FF02::1 作为目标地址。需要注意的是，路由器除了发送 RA 报文外，也会发送 NA 报文。NA 报文中有 3 个标志位：当 R 位为 1 时表示此报文是由路由器发送的；当 S 位为 1 时表示是 NS 报文的回复；当 O 位为 1 时则表示需要更改原先的邻居表条目。在 S 位为 1 的情况下，NA 报文的源地址字段是对应的 NS 报文中的目标地址字段，如果 S 位为 0，则 NA 报文的源地址就是自身需要更新链路层地址信息的接口 IPv6 地址。选项字段在 NA 报文中只有一种，存在的是目的地址字段对应的链路层地址。

图 3-37 所示为一个捕获的 NA 报文，注意其中的 R、S、O 位。

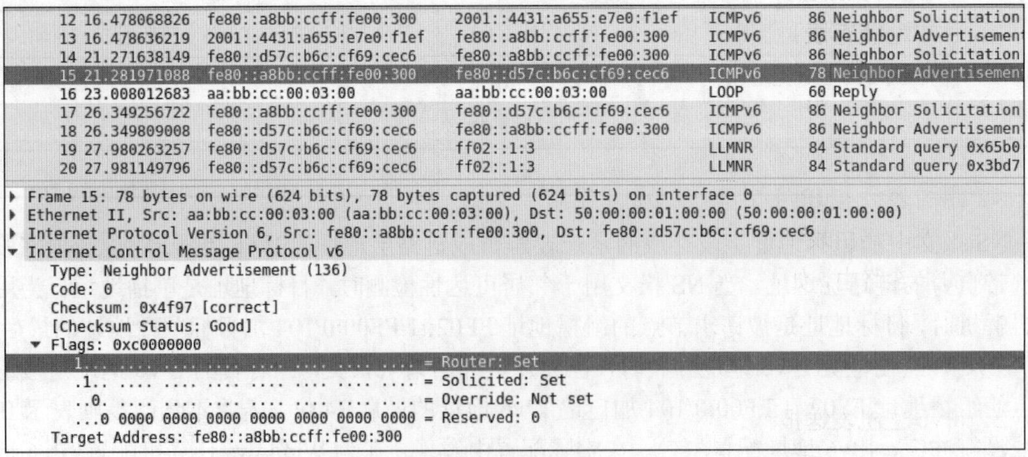

```
12 16.478068826   fe80::a8bb:ccff:fe00:300    2001::4431:a655:e7e0:f1ef   ICMPv6   86 Neighbor Solicitation
13 16.478636319   2001::4431:a655:e7e0:f1ef   fe80::a8bb:ccff:fe00:300    ICMPv6   86 Neighbor Advertisement
14 21.271638149   fe80::d57c:b6c:cf69:cec6    fe80::a8bb:ccff:fe00:300    ICMPv6   86 Neighbor Solicitation
15 21.281971088   fe80::a8bb:ccff:fe00:300    fe80::d57c:b6c:cf69:cec6    ICMPv6   78 Neighbor Advertisement
16 23.008012683   aa:bb:cc:00:03:00           aa:bb:cc:00:03:00           LOOP     60 Reply
17 26.349256722   fe80::a8bb:ccff:fe00:300    fe80::d57c:b6c:cf69:cec6    ICMPv6   86 Neighbor Solicitation
18 26.349809008   fe80::d57c:b6c:cf69:cec6    fe80::a8bb:ccff:fe00:300    ICMPv6   86 Neighbor Advertisement
19 27.980263257   fe80::d57c:b6c:cf69:cec6    ff02::1:3                   LLMNR    84 Standard query 0x65b0
14 27.981149796   fe80::d57c:b6c:cf69:cec6    ff02::1:3                   LLMNR    84 Standard query 0x3bd7

▶ Frame 15: 78 bytes on wire (624 bits), 78 bytes captured (624 bits) on interface 0
▶ Ethernet II, Src: aa:bb:cc:00:03:00 (aa:bb:cc:00:03:00), Dst: 50:00:00:01:00:00 (50:00:00:01:00:00)
▶ Internet Protocol Version 6, Src: fe80::a8bb:ccff:fe00:300, Dst: fe80::d57c:b6c:cf69:cec6
▼ Internet Control Message Protocol v6
    Type: Neighbor Advertisement (136)
    Code: 0
    Checksum: 0x4f97 [correct]
    [Checksum Status: Good]
  ▼ Flags: 0xc0000000
    1... .... .... .... .... .... = Router: Set
    .1.. .... .... .... .... .... = Solicited: Set
    ..0. .... .... .... .... .... = Override: Not set
    ...0 0000 0000 0000 0000 0000 = Reserved: 0
    Target Address: fe80::a8bb:ccff:fe00:300
```

图 3-37　NA 报文

5. 重定向报文

当 IPv6 主机设置的默认网关不是最优的下一跳时，作为默认网关的路由器会发送重定向报文告诉 IPv6 主机，到达某目的地址的最优网关是另外一台路由器。重定向报文格式如表 3-12 所示。

表 3-12　　　　　　　　　　　　　重定向报文格式

类型（137）	代码（0）	校验和
保留		
目标地址（更优的路由器网关地址）		
目的地址（需要到达的目标地址）		
选项		

3.4.3　默认路由自动发现

1. IPv6 主机维护的表项

在 NDP 中，每一个 IPv6 节点都需要跟踪和维护至少包括邻居表在内的多张表，每种表都有自己的用途。

- **邻居表**：记录着同一局域网中相邻 IPv6 节点的 MAC 地址等信息。与 ARP 表一样，表项内容既可以手动绑定，也可以通过 NDP 自动获取，且超过一定时间过期后需再通过 NDP 获取。邻居表不同于 ARP 的地方是，因为 IPv6 节点可能会有除了必须的链路本地地址之外的其他单播地址，因此邻居表会有两个以上的 IPv6 地址与同一个 MAC 地址对应，而且会标明邻居是路由器网关还是普通主机。在计算机上查看邻居表的命令是 netsh interface ipv6 show neighbors。
- **目的地缓存表**：记录的是最近发送的目的地址，可实现快速转发功能。可以将目的地缓存表理解为缓存下来的路由表，类似于 Cisco 的快速转发表，有了它，无须每次都查路由表即可实现快速转发。在计算机上查看缓存表的命令是 netsh interface ipv6 show Destinationcache。
- **路由表**：与 IPv4 类似，就是主机在发送报文前，为了决定该如何到达目的地址而查询的表。路由表中至少包括自身接口所在的前缀列表（网段地址），可以将其理解为主机的直连路由，如 FE80::/64 和自身 IPv6 单播地址的前缀（前面已有介绍）。对于不在本网段的目的地址，路由表中可以有明确的下一跳或者能匹配到默认路由。在计算机上查看路由表的命令是 route print。

2. IPv6 主机发送报文过程

一台主机如果要向某目的地发送报文，需要经历以下过程。

STEP 1 查找目的地缓存表，看目的地址是否与表中的表项有匹配，如果有匹配，直接跳到第三步查找邻居表，否则到第二步查找路由表。

STEP 2 查找路由表，看目的地址是否有匹配项。一般情况下，主机如果有默认路由，则最差也能匹配到默认路由。如果有匹配，则转下一步；如果没匹配，会向数据包中的源 IPv6 地址发送 ICMPv6 差错报文。

STEP 3 检查下一跳地址在邻居表中是否有匹配项，如果有，则提取其对应的链路层地址进行封装转发；如果没有，则通过 NDP 来获取下一跳节点的链路层地址，再进行封装转发。

3. 默认路由自动发现过程

对于一般主机节点而言，可以手动在路由表中添加明细路由或默认路由。在 IPv6 中，如果要自动获取默认路由，即默认网关，都是通过 RS 和 RA 报文来完成的。这与 IPv4 通过 DHCP 来下发默认路由的机制不一样，即便是 DHCPv6，默认路由也只能由 RS 和 RA 报文来完成。首先，路由器会周期性地向组播地址 FF02::1 发送 RA 报文，向网段中的主机通告自己是默认路由；其次，主机自动获取网络配置时，也会发送 RS 报文，以查找网段中的默认路由。

在这个过程中，可能会出现多个路由器同时发送 RA 报文的情况，导致主机有多个默认路由。这在某些情况下是不允许的。比如存在非法路由器时，非法路由器通告错误的网关，将导致用户不能正常使用网络。此时就可以在交换机的非信任端口上禁止接受路由器的 RA 报文，以避免用户获取到错误的网关。第 7 章会介绍如何在二层交换机上进行配置，以拒绝非法的 RA 报文进入网络。

还有一种办法是在主机上手动设置默认路由的优先级，但该方法比较专业，一般用户不一定会设置。

实验 3-12　网关欺骗防范

本实验将用路由器向主机通告自己是默认路由，同时也会将自己的链路层地址发送给主机，以便主机更新自己的邻居表。通过本实验，读者可以了解当同网段有多台路由器通告自己是默认路由时，主机如何选择正确的默认路由；路由器如何发送 RA 报文，以及如何修改路由器 RA 报文中的属性；在主机上如何查看邻居表和路由表，如何手动设置路由表以及如何手动选择正确的默认路由等。在 EVE-NG 中打开 "Chapter 03" 文件夹中的 "3-4 IPv6 Protocol" 拓扑，如图 3-38 所示。

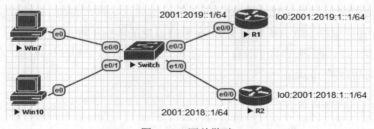

图 3-38　网关欺骗

STEP 1 基本配置。开启 Win10、Switch 和 R1。这里的 Switch 暂不配置。R1 配置如下：

Router>enable
Router#conf t
Router(config)#host R1
R1(config)#ipv6 unicast-routing
R1(config)#int e0/0
R1(config-if)#ipv6 enable
R1(config-if)#ipv6 address 2001:2019::1/64
R1(config-if)#no shutdown
R1(config-if)#int loopback 0
R1(config-if)#ipv6 address 2001:2019:1::1/64

STEP 2 查看地址分配。在 Win10 的命令提示符窗口中使用 ipconfig 命令查看获得的地址及默认网关，如图 3-39 所示。

图 3-39　IPv6 地址分配

默认网关是路由器 R1 的 ethernet0/0 接口的链路本地地址，读者可以在 R1 上执行命令 show ipv6 interface e0/0 进行验证。Win10 自动获得一个 IPv6 地址和一个临时 IPv6 地址，两者的前缀都是 2001:2019::/64，第 4 章会解释临时地址的作用以及如何禁用临时地址。前缀信息也是通过 RA 报文来通告的，第 4 章会对此详细介绍，这里只关注默认路由。

STEP 3 查看邻居表。在 Win10 上使用命令 netsh interface ipv6 show neighbors 查看所有邻居表。也可以只看接口某个接口对应的邻居表，比如要查看接口 4 对应的邻居表，可使用命令 netsh interface ipv6 show neighbors "4"，如图 3-40 所示。由图可知，默认网关的物理地址已经解析到，类型为"停滞（路由器）"，之所以是停滞状态，是因为还没进行可达性检测。

IPv6 网络部署实战

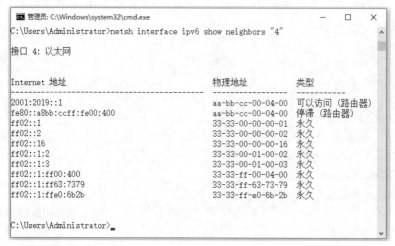

图 3-40 查看邻居表

图 3-40 中,2001:2019::1 是路由器 R1 的 e0/0 接口配置的 IPv6 地址,fe80::a8bb:ccff:fe00:400 是路由器 R1 的 e0/0 接口的链路本地地址,对应的都是路由器 R1 的 e0/0 接口,所以两者的 MAC 地址是一样的。这里能看到 MAC 地址是问题的关键,假如网络中有非法的路由器通告了非法的网关,通过在计算机上查看邻居表,就可以看到非法网关对应的 MAC 地址,然后在交换机上就可以根据 MAC 地址找到对应的交换机端口,最后关闭这个端口即可。交换机上的命令如下:

```
Switch#show mac address-table address    aabb.cc00.0400
              Mac Address Table
-------------------------------------------

Vlan    Mac Address         Type         Ports
----    -----------         --------     -----
  1     aabb.cc00.0400      DYNAMIC      Et0/3
Total Mac Addresses for this criterion: 1
```

show mac address-table 命令用来查看交换机的 MAC 地址表,生产环境中交换机上的 MAC 地址条目众多,可以加上 address   aabb.cc00.0400 进行过滤,只查看某个 MAC 地址。从上面的输出中可以看到,这个 MAC 地址在交换机的 Et0/3 端口。这是一种事后处理方法,第 7 章会介绍如何在二层交换机上配置,以拒绝非法的 RA 报文进入网络。

STEP ④ 更新邻居表。在 Win10 上 ping 路由器的链路本地地址,强制对邻居表中默认网关的物理地址进行可达性检测,再次查看邻居表,默认网关变为了"可以访问"类型。

STEP ⑤ 查看路由表。在计算机上使用 route print 命令查看路由表,可以同时显示 IPv4 和 IPv6 的路由表。若在命令后使用带"-6"的参数,则只显示 IPv6 的路由表。在 Win10 上使用 route print -6 命令查看 IPv6 的路由表,如图 3-41 所示。

第3章 IPv6基础

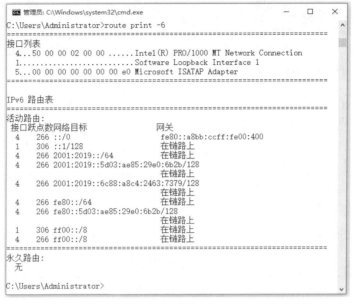

图 3-41　查看路由表

STEP 6 修改 RA 属性。在 R1 上修改 RA 报文的 Lifetime 属性为 0，即执行如下命令：

R1(config-if)#ipv6 nd ra lifetime ?　　　　　　查看 RA 通告时间取值范围
　　<0-9000>　RA Lifetime (seconds)
R1(config-if)#ipv6 nd ra lifetime 0

在 Win10 上使用 ipconig 命令查看网络配置，发现默认网关没有了，这是因为 RA 报文的 Lifetime 一旦为 0，表明路由器不再成为默认网关，但 IPv6 地址仍在，即 RA 报文还是可以携带前缀信息给客户主机。当然读者还可以在路由器 R1 的 ethernet0/0 下对 RA 报文的其他属性，如 hop-limit（跳限制）、interval（周期性发送的间隔时间）等进行修改，其方法都是在 ipv6 nd ra 命令后面跟上相应的参数，这里不再赘述。

STEP 7 加入非法路由器。将上一步 RA 报文的 Lifetime 属性修改成默认值，命令如下：

R1(config)#int e0/0
R1(config-if)#no　ipv6 nd ra lifetime
再打开路由器 R2 进行配置，其配置与 R1 类似，如下所示：

Router>enable
Router#conf t
Router(config)#host R2
R2(config)#ipv6 unicast-routing
R2(config)#int e0/0
R2(config-if)#ipv6 enable
R2(config-if)#ipv6 address 2001:2018::1/64
R2(config-if)#no shutdown

R2(config-if)#int loopback 0
R2(config-if)#ipv6 address 2001:2018:1::1/64

此时网络中的两台路由器同时发送 RA 报文。在 Win10 上使用命令 route print -6（也可以使用 netsh interface ipv6 show route 命令）查看路由表，如图 3-42 所示。

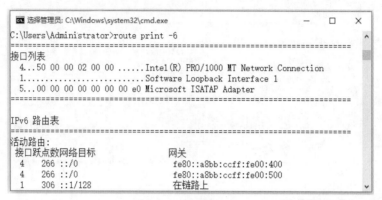

图 3-42　查看路由表

从图 3-42 中可以看出，在 Win10 主机上自动获取到了两条跃点数都是 266 的等价默认路由，分别是 R1 和 R2 的对应接口的链路本地地址。在主机上使用 ipconfig 命令也会看到同时存在两个默认网关。有了两条等价的默认路由，在通信中就会有负载均衡效果，但具体到哪一个数据包走哪一条默认路由却不可控，这还会涉及缓存技术、快速交换技术等。

本次实验中，读者也可以在 Win10 或 Win7 上分别 ping R1 上的环回接口 2001:2019:1::1 和 R2 上的环回接口 2001:2018:1::1，查看网络的连通情况。从理论上来讲，这两个 ping 测试各自所发出去的包应该是一个发送成功一个发送失败。可事实并非如此，去往 2001:2019:1::1 的 ping 包全通，去往 2001:2018:1::1 的 ping 包全不通，这说明两台主机的默认路由都是选择的 R1。经过多次尝试后发现，这居然与链路本地地址的大小有关。可以使用下面的命令改变路由器接口的链路本地地址：

R1(config-if)# ipv6 address FE80::A8BB:CCFF:FE00:600 link-local

改完后，可以发现两台主机的默认路由都选择了 R2。可见，这种结果难以控制，所以大多数实际应用场景中不允许出现这种情况。因为除了一个合法的默认网关外，其他的通告自己默认网关的路由器很可能是冒充的。避免这种情况最理想的办法就是在网络中仅允许合法的路由器发送 RA 报文，禁止其他终端设备发送 RA 报文。这部分内容将在第 7 章继续介绍，这里仅介绍如何在主机上配置优选某条默认路由。

测试完成后，在 R1 的 e0/0 接口下使用命令 no ipv6 address FE80::A8BB:CCFF:FE00:600 link-local 还原链路本地地址。

STEP 8 修改跃点数。在图 3-42 中可以看到，两条默认路由的跃点数（也称为 metric）都为 266。主机在选择默认路由时，总是优先选择跃点数较小的路由。可以通过命令 route change 将优选默认路由的 metric 值设置为小于 256（进入路由表时，这个 metric 会被自动加 10）。这里使用 route change 命令把 metric 值改成 100，如图 3-43 所示。注意图 3-43 中多了"-p"参数，表示永久的意思，不然在主机重启后，修改的跃点数就不存在了。

图 3-43　通过修改合法默认路由的 metric 值来移除非法默认路由

再次使用 router print –6 命令查看路由表，可以发现只有一条默认路由了，其跃点数是 110（100+10=110），如图 3-43 所示。跃点数是 266 的默认路由没有出现在路由表中，使用 ipconfig 命令也会发现默认网关现在只有一个。

> **注　意**
>
> 将合法默认路由的 metric 值改小后，其他的默认路由过会又出现在路由表中，但因为其优先级都低于合法默认路由，所以不会影响通信。估计这是 Windows 中的一个 Bug 吧。

STEP 9　添加明细路由。注意到图 3-41 的最下方提示永久路由为"无"，永久路由是需要管理员使用命令 route add 手动添加的，可以说 route add 命令在路由控制方面非常有用，可以用来添加某条具体路由，且具体路由会优于默认路由。假如在本实验中，R2 上的环回地址也是一条合法的路由，也需要被主机访问，则可以通过命令添加一条明细路由，在 Win10 的命令行窗口中执行 route add 2001:2018:1::/64 fe80::a8bb:ccff:fe00:500 –p 命令（见图 3-44），添加明细路由，其中 fe80::a8bb:ccff:fe00:500 是路由器 R2 的 e0/0 接口的链路本地地址，参数-p 的意思是把这条路由写入注册表，保证其永久有效，即使计算机重启后也仍然有效。

图 3-44　添加明细路由

此时再使用 route print -6 命令查看路由表时，会发现路由表最后多出一条永久路由，如图 3-45 所示。

```
===========================================================================
永久路由:
  接口跃点数网络目标                    网关
  0    1 2001:2018:1::/64             fe80::a8bb:ccff:fe00:500
===========================================================================
```

图 3-45 永久路由

此时在主机上不管是 ping R1 上的环回地址 2001:2019:1::1 还是 R2 上的环回地址 2001:2018:1::1，都可以 ping 通。第 6 章对此会有更深入的介绍。

3.4.4 地址解析过程及邻居表

1. 地址解析过程

地址解析过程即主机或路由器将邻居节点的 IPv6 地址解析成链路层 MAC 地址，然后再保存在邻居表中的过程。这个解析过程是通过 NS 和 NA 报文来完成的，主要步骤如下。

STEP 1 节点发送一个目标地址是被请求者节点组播地址的 NS 报文，此请求报文选项中携带了节点自身的链路层 MAC 地址，以便邻居能快速解析自身的链路层 MAC 地址。被请求节点组播地址是 FF02::1:FF00:0/104 外加单播地址的末 24 位。比如要想解析 FE80::abcd:1234 的链路层 MAC 地址，发送的 NS 报文的目标地址就是 FF02::1:FFcd:1234。

STEP 2 目的节点收到 NS 报文后，首先提取源地址和报文选项中的源链路层 MAC 地址，形成映射关系，添加或更新本地邻居表。然后再向请求者发送目的地址为单播地址的 NA 报文，并在报文中携带上自己的链路层 MAC 地址。

STEP 3 最初的节点收到 NA 报文后，根据其内容更新自己的本地邻居表。

2. 邻居表及邻居状态信息

前面讲到，每个 IPv6 节点都会跟踪和维护邻居表，但前面只讲解了 IPv6 地址和 MAC 地址的映射关系，并没有介绍邻居表中记录的邻居状态信息。邻居表记录邻居状态信息的目的也是为了尽快发现和解决网络中断问题。就像路由表中记录路由是处于停滞状态还是可以访问状态那样，邻居表中也记录着每个邻居的状态。

实验 3-13 查看邻居表

通过本实验可以掌握如何在 Windows 主机和路由器上查看邻居表，以及查看邻居表的状态。

STEP 1 Windows 主机邻居表。前面实验已经介绍了可在 Win10 上通过使用 netsh interface ipv6 show neighbor 命令查看邻居表，这里只介绍如何查看邻居状态。

在图 3-40 中可以看到，有一个 fe80::a8bb:ccff:fe00:400 的选项，类型是"停滞（路由器）"

状态（超时）。前面已经介绍过可以通过 ping 命令强制进行可达性检测，使得地址的类型为"可以访问"。另外邻居表中还有一些组播地址对应的链路层地址，其类型都是"永久"。这些对应的链路层 MAC 地址都是固定的 33-33 加上组播地址的低 32 位地址。

在 IPv4 中，攻击者可以不断发送伪造的 ARP 报文给被攻击者，ARP 报文携带了网关的 IPv4 地址和错误的网关 MAC 地址，从而达到中间人攻击或破坏网络的目的。在 IPv6 中，攻击者除了使用实验 3-12 介绍的非法网关外，还可以发送 RA 或 NA 报文，让主机将默认路由或主机的错误链路层地址更新到邻居表中。如何避免这种情况呢？与 IPv4 一样，也是将正确的链路层地址手动绑定在邻居表中。对于 Windows 主机，手动绑定的命令是"netsh interface ipv6 set neighbor'接口 ID'邻居 IPv6 地址 邻居链路层 MAC 地址"。Win10 主机上绑定后查看邻居表，结果如图 3-46 所示。

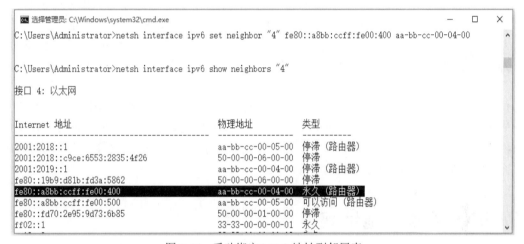

图 3-46 手动绑定 MAC 地址到邻居表

注意图 3-46 中的黑底部分，该条目类型显示为"永久（路由器）"。

STEP 2　路由器邻居表。在路由器 R1 上通过命令 show ipv6 neighbors 查看邻居表，显示如下：

```
R1#show ipv6 neighbors
IPv6 Address                          Age Link-layer Addr State Interface
2001:2019::C01D:6C23:990:570            0 5000.0002.0000    REACH Et0/0
2001:2019::E186:BEAC:7DC6:6F4B          0 5000.0001.0000    REACH Et0/0
FE80::19B9:D81B:FD3A:5862               1 5000.0006.0000    STALE Et0/0
FE80::FD70:2E95:9D73:6B85               0 5000.0001.0000    REACH Et0/0
```

同样，在路由器上也可以手动绑定邻居的链路层 MAC 地址，可在路由器上执行如下命令：

```
R1(config)#ipv6 neighbor 2001:2019::C01D:6C23:990:570 ethernet 0/0 5000.0002.0000    手动绑定
R1(config)#do show ipv6 neighbors    再次查看邻居表；若不想退出到特权模式下执行 show 命令，可
```
以在 show 命令前面加 do，相当于特权调用

IPv6 Address	Age Link-layer Addr State Interface
2001:2019::C01D:6C23:990:570	- 5000.0002.0000 REACH Et0/0
2001:2019::E186:BEAC:7DC6:6F4B	0 5000.0001.0000 STALE Et0/0
FE80::19B9:D81B:FD3A:5862	6 5000.0006.0000 STALE Et0/0
FE80::FD70:2E95:9D73:6B85	0 5000.0001.0000 STALE Et0/0

注意到在手动绑定后，该条目的 Age 栏中显示为"-"，这表示永不过期的意思。保存路由器的配置文件时，这条配置命令也被保存，路由器在重启后绑定仍然有效。

3.4.5 路由重定向

前面在介绍重定向报文格式时已经提过，当路由器收到一个报文时，若发现同网段有更好的下一跳，则向发送方发送重定向报文（这与 IPv4 类似）。路由重定向的具体过程如下。

STEP 1 发送方在向一个目的地址发送 IPv6 单播报文时，根据路由表中的最佳匹配原则，将报文发送给下一跳路由器。

STEP 2 路由器收到报文后查找路由表，发现去往目的地的下一跳地址与报文中的源地址处于同一网段。

STEP 3 路由器继续转发报文给下一跳路由器，同时向发送方发送路由重定向报文，告知源节点去往此目的地有更好的下一跳。这个更好的下一跳地址在重定向报文中的目标地址字段中指定，且该地址与源节点处于同一网段。源节点收到路由重定向报文后，是否采用新的下一跳地址转发后续报文，由源节点的配置决定。

3.5 IPv6 层次化地址规划

第 1 章讲到，IPv4 的一个缺陷就是地址分配混乱。由于缺乏统一的设计和管理，各种子网的存在不仅导致骨干路由表过于庞大、路由设备资源消耗过大、路由转发效率降低，而且还造成了地址的浪费（如子网网络地址和广播地址不能用于网络节点）。IPv6 在设计之初就充分考虑到了这个问题，即 IPv6 地址在分配上采用层次化的路由分配原则，尽可能减少主干路由条目数，从而提高网络转发效率。当我们在进行 IPv6 地址规划时，也要遵循层次化的规化原则，这样才能充分提高 IPv6 网络的转发效率。

什么是层次化规划呢？就是在进行网络规划时，按网络区域从大到小的顺序，对应着 IPv6 前缀长度也由短到长的规律来划分地址。比如一个可能的网络规划如表 3-13 所示。

表 3-13　　　　　　　　　　一个可能的 IPv6 层次化地址规划

2001:1:1::/48（省）			
2001:1:1:0000::/52（A 市）		2001:1:1:1000::/52（B 市）	
2001:1:1:0000::/56（县）	2001:1:1:0100::/56（县）	2001:1:1:1000::/56（县）	2001:1:1:1100::/56（县）

从表 3-13 中可以看出，一个省级单位申请到/48 位的地址，而到市级单位，就可以使用/52 位，也就是到市级单位时，利用了 52-48=4 位来划分子网，即可以划分 16 个子网。如果一个省有 16 个以上的市，就用 5 位。每个市级单位再往下到县级单位，就可以使用/56 位地址，同样，每个市下面可以支持 16 个子网分别用于各个县级单位。每个县还可以进一步把/56 位的地址分到下面的各个乡镇。当然这只是一个大概的例子，在实际应用中，还需要根据具体情况来决定到哪一级使用多少位来划分子网。

当这样做好规划后，网络就可以按区域来汇聚路由，比如在表 3-13 中，对于省级单位的路由器来说，一条 2001:1:1:0000::/52 路由条目就包括了整个 A 市，不用再单独针对某个县来写入具体的/56 位路由。这就在减少路由条目的同时，提高了网络转发效率。其实 IPv4 也可以遵循这样的层次化规划原则，只不过 IPv4 地址位数太短，不可能像 IPv6 这样这么方便地进行层次化地址规划。这里需要说明的是，虽然最新的标准规定主机节点使用的 IPv6 地址前缀长度必须是 64 位，但其实很多网络设备和终端主机都支持更长的前缀长度，也就是说用户主机完全可以使用/80 位这样的前缀长度，从而使得层次化规划的层级数可以更深入、更细致。

我们来看一个实际的例子。假定某高校申请到一个 2001:1:1::/48 地址段，该高校有 3 个校区，未来也不确定是否会有新的校区。每个校区又包括两个教学区域和两个宿舍区域。每个区域又由若干栋楼宇组成。考虑到校区、区域、楼宇等数量的不确定性，要进行足够的冗余设计，IPv6 地址可进行如下规划。

- A 校区：2001:1:1:0000::/50。
- B 校区：2001:1:1:4000::/50。
- C 校区：2001:1:1:8000::/50。
- D 校区：2001:1:1:c000::/50。

以 C 校区为例，继续分 4 个区域，采用"/52"来划分。

- 教学区 1 地址：2001:1:1:8000::/52。
- 教学区 2 地址：2001:1:1:9000::/52。
- 宿舍区 1 地址：2001:1:1:a000::/52。
- 宿舍区 2 地址：2001:1:1:b000::/52。

再以教学区 1 为例，可以再按"/56"给楼宇分配地址，总共支持 $2^{(56-52)}=2^4=16$ 栋楼宇，地址段分别为 2001:1:1:8000::/56、2001:1:1:8100::/56、2001:1:1:8200::/56、…、2001:1:1:8F00::/56。

最后可以再为每栋楼宇划分"/64"地址，每栋楼可以分配 $2^{(64-56)}=2^8=256$ 个子网。

这样的 IPv6 地址就有层次化概念。只要确定 IPv6 地址所在的网段，就能快速定位在哪栋楼哪个网段；同时，由于路由条目层次分明，在主干上也便于进行路由聚合，这样一来条目数也大大减少，转发效率也会提高。

第 4 章
IPv6 地址配置方法

Chapter 4

本章主要介绍 IPv6 地址的配置方法，包括手动静态配置、SLAAC（Stateless Address Auto Configuration，无状态地址自动配置）、有状态 DHCP 配置和无状态 DHCP 配置等。

通过对本章的学习，读者可以掌握 IPv6 地址配置的几种方法，并了解几种方法之间的区别，从而知道在计算机存在多种或多个 IPv6 地址时，优选哪个 IPv6 地址与外界通信。

4.1 节点及路由器常用的 IPv6 地址

第 3 章介绍了各种 IPv6 地址类型，以及各种 IPv6 地址的含义和应用场景。在 IPv6 网络中，节点和路由器的接口在开启 IPv6 协议栈时无须配置也会自动生成 IPv6 的链路本地地址。由于 IPv6 大量使用组播替代广播，因此节点或路由器的接口会自动加入到一些组播地址组中。

4.1.1 节点常用的 IPv6 地址

对于普通主机节点来说，一般具有以下 IPv6 地址。
- **链路本地地址**：以 FE80::/64 打头，每个接口只要启用了 IPv6 协议，就会有链路本地地址，它是诸如自动地址配置、邻居发现等机制的基础。
- **环回地址**：即 ::1 地址，主要用于测试本地主机上的协议是否完整安装以及是否可以正常通信。
- **所有节点组播地址**：FF01::1 和 FF02::1 地址。前者是本地接口范围，后者是本地链路范围。
- **单播地址**：一般是申请后分配到的地址，在 2000::/3 范围内。
- **被请求节点组播地址**：FF02::1:FF00/104 附加上单播地址的末 24 位组成，用于邻居发现和本 DAD 等机制。
- **主动加入的组播地址**：FF00::/8 地址。该地址是可选地址，在特定的组播应用中使用。

4.1.2 路由器常用的 IPv6 地址

在实验 3-8 中，我们接触到了路由器上常用的 IPv6 地址。对于路由器而言，一般具有以下 IPv6 地址。
- **链路本地地址**：与节点的链路本地地址一样，只要接口启用了 IPv6 协议，就会有链路本地地址。若中链路本地地址没有通过 DAD，还需手动配置。
- **所有路由器组播地址**：FF01::2、FF02::2 和 FF05::2 都表示所有路由器组播地址，但表示的范围不同。
- **单播地址**：一般是在 2000::/3 范围内的全球范围单播地址，但在实验环境中可以使用任何合法的 IPv6 地址。
- **任播地址**：与单播地址一样，加上 anycast 以说明是任播地址。
- **被请求节点组播地址**：类似于主机节点的被请求节点组播地址，这里不再赘述。
- **组播应用相关地址**：当路由器运行 PIM 组播路由时代表所有 PIM 路由器的 FF02::D；以及接口运行 MLD（Multicast Listen Discovery，组播监听发现）使用的地址 FF02::16 均是组播应用相关的地址。当 Cisco 路由器运行了 PIM 组播路由协议时，执行命令 ipv6 multicast-routing，然后再执行命令 show ipv6 interface，就可以看到这两个地址。
- **DHCPv6 相关地址**：DHCPv6 服务器或中继器的 FF02::1:2 地址，以及本地站点范围内的所有 DHCPv6 服务器地址 FF05::1:3，均是 DHCPv6 相关地址。

以上都是主机节点和路由器常用的 IPv6 地址，当我们以后见到这些地址时，就可以知道这些地址各是什么用途，而不至于感到迷惑。

4.2 DAD

IPv6 与 IPv4 一样，不管主机节点是手动配置地址还是自动获取地址，在地址正式生效之前，都需要在网络中判断此地址在网络中是否已被使用。在 IPv4 网络中，是通过发送 ARP 报文来检查，在 IPv6 中则通过 DAD（Duplicated Address Detection，重复地址检测）来完成。只有通过了 DAD，地址才会正式生效。如果没通过 DAD，该地址不能被接口使用，此时必须重新手动配置或重新获取一个未被使用的地址。

与邻居可达性检测一样，DAD 使用类型为 135 的 ICMPv6 报文（即 NS 报文）和类型为

136 的 ICMPv6 报文（即 NA 报文）来完成重复地址的检测。过程大致如下。

1．主机节点通过静态配置或自动配置，获得包括链路本地地址和全球可聚合单播地址等在内的地址。这两种地址的 DAD 检测过程类似，这里以全球可聚合单播地址为例来介绍。主机节点虽获得了全球可聚合单播地址，但此地址处于未生效状态。假定未生效地址是 2001::1234:5678。

2．主机节点构造并发送 NS 报文，报文的源地址为未指定地址::，目的地址为未生效地址对应的被请求节点组播地址，即 FF02::1:FF34:5678（固定的 104 位 FF02::1:FF 加被请求节点 IPv6 地址的末 24 位），源 MAC 地址是自身接口的 MAC 地址，目的 MAC 地址是 33:33:FF:34:56:78（前 16 位固定为 33:33，后 32 位是目的地址的末 32 位，即被请求节点组播地址的最后 32 位 FF:34:56:78），NS 报文中的目标地址字段中的值就是 2001::1234:5678。

3．如果在一段时间内，链路中不存在回复 NS 报文的 NA 报文，或者收到同样结构的 NS 报文（说明在之后还有主机节点想使用相同的未生效地址），则认为在本地链路范围内，拟使用的未生效地址还没有别的主机节点占用，未生效地址转变为有效地址，地址配置生效。对于 Windows 系统来说，就是将未生效地址改为首选项地址。这个等待的时间是由 DAD 时间和次数决定的，对于 Cisco 路由器，可以在接口下通过命令 ipv6 nd dad attempts 和 ipv6 nd dad time 来更改。对于 Windows 主机，可以在命令提示符下输入 netsh interface ipv6 set privacy maxdadattempts=3 命令来设置。

4．如果主机节点收到了 NA 报文，则 DAD 失败，该未生效地址转为非法地址，不能被节点使用。此时需要重新配置别的静态地址或者重新获取地址，当然后再次执行 DAD。

从上面的过程可以看出，DAD 就如同 IPv4 网络中的免费 ARP 一样，同样存在欺骗攻击的可能。即攻击者通过伪造 NA 报文对所有用于 DAD 的 NS 报文进行回复，或者主动发送 NA 报文，通告地址已被占用，这样就会导致 DAD 总是失败，地址也就无法生效。当然，由于 IPv6 地址位数较长，即便真的发送 NA 报文进行欺骗攻击，其代价也要比 IPv4 大很多。

实验 4-1　IPv6 地址冲突的解决

本实验主要演示 DAD 过程，并通过抓包讲解 NS 和 NA 报文格式，观察 IPv6 地址冲突现象，解决 IPv6 地址冲突问题。在 EVE-NG 中打开 "Chapter04" 文件夹中的 "4-1 IPv6_address" 拓扑，如图 4-1 所示。

STEP 1 基本配置。开启 R1、Switch 和 Win10 这 3 台设备。先在 Win10 的 e0 接口抓包，然后再如下配置 R1：

```
Router>enable
Router#conf t
Router(config)#ipv6 unicast-routing
Router(config)#int e0/0
Router(config-if)#ipv6 enable
Router(config-if)#ipv6 add 2001::1234:5678/64
Router(config-if)#no shut
```

第 4 章 IPv6 地址配置方法

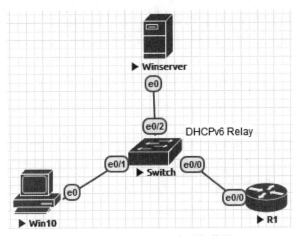

图 4-1 IPv6_address 实验拓扑图

STEP ② 分析 NS 报文。在从 Win10 上捕获的数据包中找到编号是 237 的数据包，如图 4-2 所示。可以通过查找源地址 "::"，或查找 Info 是 "Neighbor Solicitation" 的报文，迅速找到该数据包。这两种格式的报文不会很多。

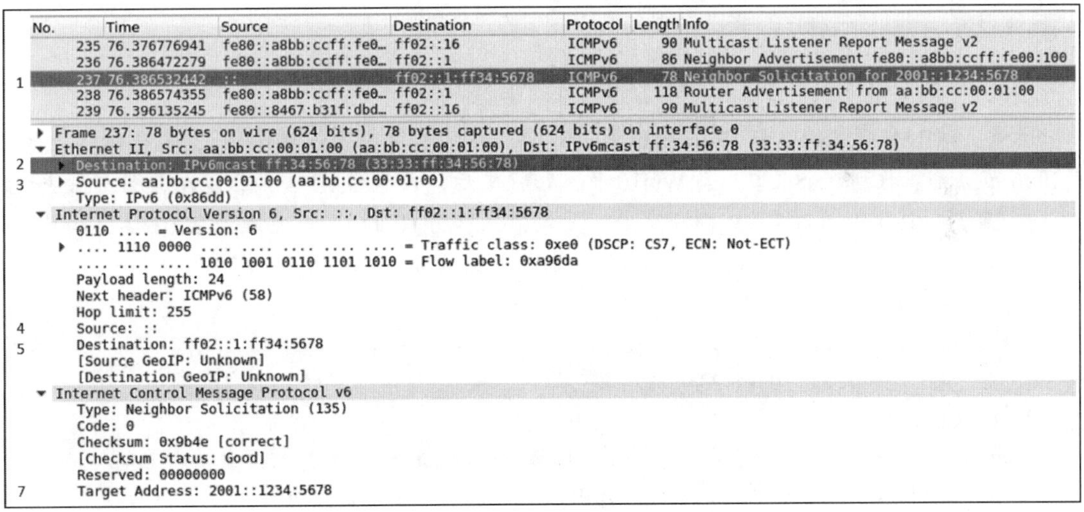

图 4-2 查找 NS 报文

为了便于讲解，图 4-2 的左侧加入了数字行号。行号 1 是捕获的被请求节点组播地址的报文；行号 2 是数据帧的目的 MAC 地址，即 33:33:ff:34:56:78；行号 3 的 MAC 是数据帧的源 MAC 地址 aa:bb:cc:00:01:00，可以在 R1 上使用 show interface e0/0 命令来验证源 MAC 是否为 R1 的 e0/0 接口的 MAC 地址；行号 4 是网络层的源 IPv6 地址 "::"；行号 5 是网络层的目的 IPv6 地址 ff02::1:ff34:5678，是被请求节点的组播 IPv6 地址；行号 7 是目标 IPv6 地址 2001::1234:5678，我们的目的就是查找这个 IPv6 地址是否在网络中存在。

103

STEP 3 配置冲突的 IPv6 地址。配置完 R1 的 IPv6 地址后，R1 发送 DAD 的 NS 报文，没有收到相应的 NA 报文，这说明网络中不存在冲突的 IPv6 地址，地址配置生效。在 Win10 上使用 ipconfig 命令查看当前的 IPv6 地址，然后手动给 Win10 静态配置与路由器一样的 IPv6 地址 2001::1234:5678/64。Win10 的 IPv6 地址配置不像 IPv4 一样会提示地址冲突，配置完成后，可以使用 ipconfig 命令验证配置的 IPv6 地址是否生效。若没有看到这个静态配置的 IPv6 地址，说明 DAD 失败。

STEP 4 查看收到的 NA 报文。在 Win10 上手动配置静态 IPv6 地址时，也会进行 DAD。由于路由器接口已经配置了 IPv6 地址 2001::1234:5678，Win10 发出的 NS 报文会收到相应的 NA 报文。查看 Win10 上捕获的数据包，找到对应的 NA 报文，在图 4-3 中编号为 456。在图 4-3 中也可以看到编号为 454 的 NS 报文，这是由 Win10 发出的。

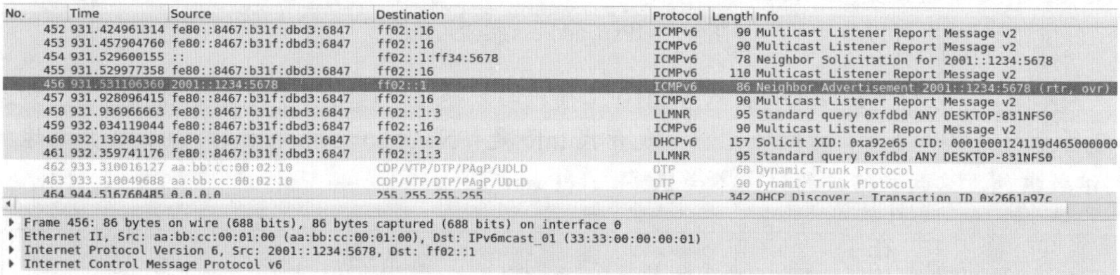

图 4-3　DAD 检测收到的 NA 报文

注意，该 NA 报文的目标 IPv6 地址是 ff02::1（即所有路由器组播地址），本地链路上的所有 IPv6 节点都能收到这个报文。当 Win10 收到该报文后，表示 DAD 失败，IPv6 地址配置失败。

STEP 5 再次配置冲突的 IPv6 地址。手动修改 Win10 的 IPv6 地址为 2001::1234:5679，然后通过下面的配置把 R1 的 e0/0 接口 IPv6 地址也配置成 2001::1234:5679。

Router(config)#int e0/0

Router(config-if)#no ipv add

Router(config-if)#ipv add 2001::1234:5679/64

Router(config-if)#

*Mar 12 11:38:36.533: %IPV6_ND-4-DUPLICATE: **Duplicate address** 2001::1234:5679 on Ethernet0/0

注意，路由器配置界面中会提示 "Duplicate address 2001::1234:5679 on Ethernet0/0"，表示 IPv6 地址冲突。在路由器上使用 show ipv6 int e0/0 命令查看，显示如下。其中的 DUP 表示这个 IPv6 地址是重复的。

Router#show ipv6 int e0/0

Ethernet0/0 is up, line protocol is up

　IPv6 is enabled, link-local address is FE80::A8BB:CCFF:FE00:100

　No Virtual link-local address(es):

　Global unicast address(es):

　　2001::1234:5679, subnet is 2001::/64 [**DUP**]

STEP 6 找出重复 IPv6 地址所在的设备。假设 2001::1234:5679 这个 IPv6 地址应该配置在路由器上，结果却被 Win10 主机盗用。该如何解决这个 IPv6 地址盗用的问题呢？开启 Winserver 设备，执行 ping 2001::1234:5679 操作，发现可以 ping 通。使用 netsh interface ipv6 show neighbor 命令查看 2001::1234:5679 对应的 MAC 地址，然后在交换机上使用 show mac address-table 命令找到这个 MAC 所对应的交换机端口，将其关闭，相当于断开了 Win10 主机的网络。关闭 R1 的 e0/0 接口再打开，IPv6 地址生效，Winserver 可以 ping 通路由器的 2001::1234:5679，至此盗用网关 IPv6 地址的问题解决。

4.3 手动配置 IPv6 地址

由于路由器、交换机和服务器等设备需要使用固定的 IPv6 地址，且其 IPv6 地址不会频繁变动，因此可以采用手动方式为其配置 IPv6 地址。在大多数情况下，路由器和交换机用作网关，它们甚至为网络终端分配前缀或地址，所以需要手动配置 IPv6 地址。同样，考虑到稳定性和易管理性，服务器也不宜频繁变动地址或使用不可知也不好记忆的 IPv6 地址，也有必要为其手动配置地址。前文已经初步介绍了在路由器和主机上手动配置 IPv6 地址，但对于一些细节和注意事项并没有详细说明，本节进一步补充介绍。

实际应用中，在手动配置服务器的 IPv6 地址后，总是希望以固定的地址作为服务监听地址以及外访时的源地址。但在某些情况下，即便手动配置了地址，对应的接口往往还会自动获取到其他的地址，而在外访时，也不是以自己手动设置的地址来通信。这主要是因为主机系统默认开启了自动配置功能，外加强制私密性的要求，自动获取到的地址的优先级要比手动设置的地址的优先级高。为了避免这种情况，就需要关闭系统的地址自动配置功能。

实验 4-2　禁止系统地址自动配置功能

本实验将演示在为 Windows 主机上手动配置地址后，由于没有关闭地址自动配置功能，且网关路由器的自动配置功能也处于打开状态下，所以 Windows 主机会自动获取到不希望的地址。然后我们将在主机上关闭地址自动配置功能，只保留手动配置的地址。在 EVE-NG 中打开"Chapter04"文件夹中的"4-1 IPv6_address"拓扑。

STEP 1 基本配置。开启所有节点，路由器的配置如下：

```
Router#Config terminal
Router（config）#ipv6 unicast-routing
Router（config）#interface ethernet 0/0
Router（config-if）#ipv6 enable
Router（config-if）#ipv6 address 2019::1/64
Router（config-if）#no ipv6 nd ra suppress
Router（config-if）#no shutdown
```

STEP 2 主机配置。验证即便手动为 Win10 主机配置了地址，它在未禁止地址自动配置功能时仍能自动获取地址。路由器通告 2019::/64 前缀，手动给 Win10 主机设置不同的前缀，为其配置 2008::abcd/64 的 IPv6 地址。设置成功后，在命令提示符下使用 ipconfig 命令查看，如图 4-4 所示。

图 4-4　查看 IPv6 地址配置

从图 4-4 中可以看出，除了手动设置的 2008::abcd 地址以外，还有一个 IPv6 地址和一个临时 IPv6 地址。而且随着主机开机时间的增加，临时 IPv6 地址有可能还会增加，主机在与外界通信时也总是使用最近生成的临时地址。当主机是需要固定 IPv6 地址的服务器时，我们显然不希望主机还有非手动设置的地址。

STEP ③　禁止临时地址。要想使手动配置的地址永久有效，且在作为网关的路由器又未禁止发送用于自动地址配置的 RA 报文时，只能在主机上禁止使用临时地址。在 Win10 的命令提示符窗口执行 netsh interface ipv6 show privacy 命令，可以看到"使用临时地址"处于 enable 状态，如图 4-5 所示。

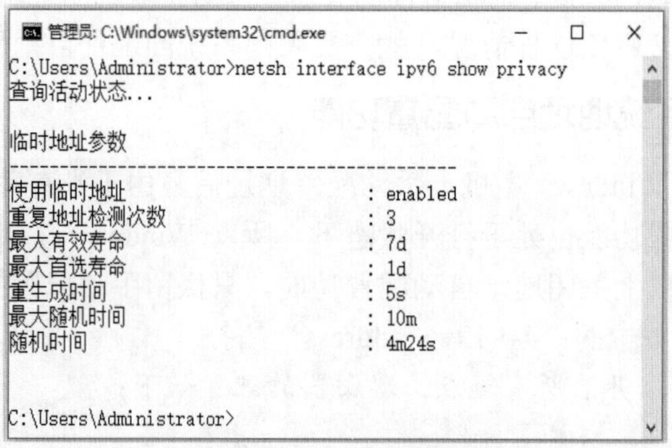

图 4-5　查看 Win10 是否使用临时地址

要禁止 Win10 使用临时 IPv6 地址，有两种方法。一种是在命令行窗口中执行命令 netsh interface ipv6 set privacy state=disable store=persistent，其中，"store=persistent"表示修改永久有效（这是默认参数，可以不用输入），若仅是希望在下次重启前生效，可以使用参数"store=active"，如图 4-6 所示。

另一种方法是使用 PowerShell，即在 PowerShell 下执行 Set-NetIPv6Protocol-UseTemporary Addresses Disabled 命令，如图 4-7 所示。

图 4-6　执行 netsh 命令，禁止使用临时 IPv6 地址

图 4-7　通过 PowerShell 禁止使用临时 IPv6 地址

禁用临时地址后，重启计算机，或禁用网卡然后再启用（相当于网卡的重启），执行 netsh interface ipv6 show interface 命令，发现没有临时地址了。

STEP ④　禁止公用地址。禁用临时地址后，除了手动配置的地址外，还有一个地址类型是公用的 IPv6 地址。此时，主机已经使用手动配置的地址与外界进行通信。可以在 Win10 上执行 ping 2019::1 操作进行验证，发现此时 ping 不通。这个公用 IPv6 既然没有用到，就可以删除，这就需要关闭主机的 IPv6 地址自动配置功能。使用命令 netsh interface ipv6 show address 查看配置的地址和对应的接口 ID 号，如图 4-8 所示。

图 4-8　查看 IPv6 地址和对应的接口

从图 4-8 中可以看出，非手动配置的地址类型是公用，对应的接口编号是 4。下面在接口 4 上关闭路由自动发现功能，即禁止接收 RA 报文，这样自然也就无法获得默认网关和 RA 报文中用于自动配置地址的前缀了，也就达到了只能手动配置地址和默认网关，不能自动获得地址和默认网关的目的。关闭路由发现功能的命令是 netsh interface ipv6 set interface "ID 号" routerdiscovery=disabled。再次查看配置的地址和对应的接口，如图 4-9 所示。可以发现，图 4-8 中的公用 IPv6 地址不见了。若要恢复自动配置地址功能，把参数 disabled 换成 enable 即可。

```
管理员: C:\Windows\system32\cmd.exe

C:\Users\Administrator>netsh interface ipv6 set interface "4" routerdiscovery=disabled
确定。

C:\Users\Administrator>netsh interface ipv6 show address

接口 1: Loopback Pseudo-Interface 1

地址类型  DAD 状态    有效寿命    首选寿命    地址
-------  --------   --------   --------   -------
其他     首选项     infinite   infinite   ::1

接口 4: 以太网

地址类型  DAD 状态    有效寿命    首选寿命    地址
-------  --------   --------   --------   -------
手动     首选项     infinite   infinite   2018::abcd
其他     首选项     infinite   infinite   fe80::8467:b31f:dbd3:6847%4

C:\Users\Administrator>
```

图 4-9　禁止自动获取 IPv6 地址

　　由上可知，对于 Windows 主机，即便我们手动设置了想要的 IPv6 地址和默认网关，但如果本网段中仍有路由器网关发送 RA 报文，主机就仍有可能通过自动获取的方式，生成一个公用地址和多个临时地址，这是我们不想看到的。一种非彻底的解决办法是禁止系统使用临时地址。要想彻底解决，就关闭对应接口的路由自动发现功能。关闭路由自动发现功能后，主机的 IPv6 地址和默认网关，甚至 DNS 地址等就必须手动配置了。

　　STEP 5 Windows 服务器的配置。Windows 服务器与客户端的默认配置不同，服务器默认禁用了临时 IPv6 地址功能。拓扑中的 Winserver 服务器是 Windows Server 2016 服务器，读者可以在其上使用 ipconfig 或 netsh interface ipv6 show privacy 命令进行验证，也可使用 netsh interface ipv6 set interface "ID 号" routerdiscovery=disabled 命令禁用自动配置地址功能。

4.4　地址自动配置机制及过程

　　4.3 节介绍了如何在主机上手动设置 IPv6 地址，但在大多数情况下，主机都是"即插即用"地自动获取 IPv6 地址和其他网络配置信息。主机自动获取 IPv6 地址的工作机制和过程与 IPv4 的自动获取机制不同，IPv6 主机自动配置地址分为无状态自动配置、有状态 DHCPv6 和无状态 DHCPv6，而且还允许路由器通告 IPv6 前缀。对于 IPv6 主机，它的地址自动配置机制及过程大致如下。

　　1. 接口在启用 IPv6 协议后直接使用 fe80::/64 前缀。如果禁止使用随机化接口标识符，则使用基于 EUI-64 格式的标识符，否则随机化生成一个接口标识符。然后使用前缀和接口标识符构建一个临时状态的链路本地地址。

　　2. 通过发送 NS 报文对这个临时的链路本地地址执行 DAD，NS 报文中的目标地址设置为该临时链路本地地址。当接口标识符是随机生成的时候，通过 DAD 的可能性更大。

3. 如果主机收到响应 NS 报文的 NA 报文，则该临时的链路本地地址是重复地址。主机需重新生成另一个链路本地地址，再次执行 DAD。

4. 如果没有收到上述 NA 报文，则说明该临时的链路本地地址是唯一的。然后就可以在接口上把该地址的状态更改为首选合法状态，以正式生效。

5. 发送 RS 报文，以获得网络配置信息。

6. 优先使用 RA 报文中的前缀自动生成地址。如果一直没收到 RA 报文，则使用 DHCPv6 来配置地址，即向代表 DHCPv6 服务器或中继的组播地址 FF02::1:2 和 FF05::1:3 发送 DHCPv6 报文请求，以完成地址配置。

7. 如果收到 RA 报文，则检查 RA 报文中的"路由器生存期"字段，如果值不为 0，则将 RA 发送方设为自己的默认网关。

8. 继续检查 RA 报文中的 M 位，如果是 1，且未收到携带允许自动配置的前缀信息的 RA 报文，则只采用有状态 DHCPv6 获取地址。当收到允许自动配置的前缀信息的 RA 报文时，有状态 DHCPv6 和无状态自动配置将并存，且一般情况下无状态自动配置的地址的首选优先级高于有状态 DHCPv6 配置的地址。

9. 继续检查 RA 报文中的 O 位，如果是 1，则采用 DHCPv6 获取地址外的其他参数信息。

10. 无论 RA 报文中的 M 位和 O 位是什么，只要收到携带有允许自动配置的前缀信息的 RA 报文，主机都将提取 RA 报文中所有的前缀。如果前缀状态为 Off-link，则放弃将该前缀加入前缀列表（即路由表）中，只将状态是 On-link 的前缀加入自己的前缀列表中。

11. 继续检查前缀列表中每一个前缀的"自动配置"字段，如果允许自动配置，则自身生成基于 EUI-64 格式的标识符或以随机方式生成接口标识符，再加上前缀列表中的前缀以构成临时地址。

12. 对临时地址做 DAD，如果通过检测，则将地址状态转成首选状态。

主机的 IPv6 地址有 4 种状态：临时状态、首选状态、超时状态、无效状态。临时状态通过 DAD 后变为首选状态，临时状态和首选状态都存在首选生存期。超过首选生存期后，则变为超时状态，除非在超时前通过重新获取的 RA 报文或 DHCPv6 报文刷新了首选生存期时间。超时状态下，该地址不会作为主机地址与外界通信，但仍有转为首选的可能。当超时一段时间后，地址将转为无效状态，最终从主机系统中删除。

4.5 SLAAC

对于需要固定地址的服务器采用手动配置的方式比较合适，该工作一般由具备一定 IPv6 配置知识的网络或系统管理员来完成。但自动配置 IPv6 地址的方式更为常见。IPv6 地址的自动配置主要分为无状态和有状态。所谓无状态，就是指负责地址分配的网关或服务器并不需要关心和记录客户获得的 IPv6 地址，大多数情况下只是在 RA 报文中携带前缀信息选项并通告给客户端，由客户端提取报文中的前缀信息。如果前缀信息的自动配置标志位为 1，则使用该前缀结合本机接口 ID（EUI-64 格式或随机接口 ID）来生成临时地址，若通过 DAD 则正式成为有效地址。这就是 RFC 2462 中定义的 SLAAC（Stateless Address Auto Configuration，无状态地址自动配置）的工作原理，其工作步骤大致如下。

1. 客户端主机发送 RS 报文，源地址是通过 DAD 的以 FE80 开头的链路本地地址，目的地址是 FF02::2。报文格式如图 4-10 中的编号 481 所示。

```
No.     Time           Source                    Destination           Protocol Length Info
    481 173.388513369 fe80::8467:b31f:dbd3:6847  ff02::2               ICMPv6      62 Router Solicitation
    482 173.388671655 fe80::8467:b31f:dbd3:6847  ff02::16              ICMPv6      90 Multicast Listener Report Message v2
    483 173.389745398 fe80::a8bb:ccff:fe00:100   ff02::1               ICMPv6     118 Router Advertisement from aa:bb:cc:00:01:00
    484 173.397402526 fe80::8467:b31f:dbd3:6847  ff02::16              ICMPv6      90 Multicast Listener Report Message v2
    485 173.886251270 fe80::8467:b31f:dbd3:6847  ff02::1:ff00:100      ICMPv6      86 Neighbor Solicitation for fe80::a8bb:ccff:fe
    486 173.888240236 ::                         ff02::1:ffd3:6847     ICMPv6      78 Neighbor Solicitation for 2019::8467:b31f:db
    487 173.888513263 ::                         ff02::1:ffd6:b4c0     ICMPv6      78 Neighbor Solicitation for 2019::cd14:5ea:c3d
    488 173.888728191 fe80::8467:b31f:dbd3:6847  ff02::16              ICMPv6     110 Multicast Listener Report Message v2

> Frame 481: 62 bytes on wire (496 bits), 62 bytes captured (496 bits) on interface 0
> Ethernet II, Src: 50:00:00:03:00:00 (50:00:00:03:00:00), Dst: IPv6mcast_02 (33:33:00:00:00:02)
    > Destination: IPv6mcast_02 (33:33:00:00:00:02)
    > Source: 50:00:00:03:00:00 (50:00:00:03:00:00)
      Type: IPv6 (0x86dd)
> Internet Protocol Version 6, Src: fe80::8467:b31f:dbd3:6847, Dst: ff02::2
    0110 .... = Version: 6
  > .... 0000 0000 .... .... .... .... .... = Traffic class: 0x00 (DSCP: CS0, ECN: Not-ECT)
    .... .... .... 0000 0000 0000 0000 0000 = Flow label: 0x00000
    Payload length: 8
    Next header: ICMPv6 (58)
    Hop limit: 255
    Source: fe80::8467:b31f:dbd3:6847
    Destination: ff02::2
    [Source GeoIP: Unknown]
    [Destination GeoIP: Unknown]
> Internet Control Message Protocol v6
    Type: Router Solicitation (133)
    Code: 0
    Checksum: 0x0195 [correct]
    [Checksum Status: Good]
    Reserved: 00000000
```

图 4-10　RS 报文

2. 客户端主机收到 RA 报文。报文如图 4-11 中的编号 483 所示。值得注意的是，RA 报文的目标 IPv6 地址并不是发送 RS 时的源地址，而仍然是 ff02::1（所有 IPv6 节点的组播地址）。在图 4-11 中，行号为 2 的目的 MAC 地址是组播 MAC 地址，行号为 3 的目的 IPv6 地址是 ff02::1。这个过程相当于有一台主机发送 RS 报文来询问网关和前缀信息。路由器在收到 RS 报文后，并不是只针对发问的主机进行回答，而是向所有的 IPv6 节点发送了一个 RA 报文。当然，发送 RS 请求的主机也能收到这个 RA 报文。

3. 根据 RA 报文设置跳数限制、MTU 等参数信息。如果路由器生存期字段不为 0，则将 RA 发送方作为默认网关。在图 4-11 中可以看到 hop limit 是 64（行号 4），MTU 是 1500（行号 8），路由器生存期（lifetime）字段是 1800（行号 7）。

4. 提取 RA 报文中的所有前缀信息，将 On-link 标志位为 1 的前缀加入前缀列表（即路由表）中。在图 4-11 中可以看到 On-link 标志位是 1（行号 11）。

5. 在前缀列表中，如果有自动地址配置标志位为 1，则用其前缀结合接口标识符生成临时地址。接口标识符既可以是基于 EUI-64 格式，也可以是随机化接口标识符。在图 4-11 中可以看到 Autonomous address-configuration flag（自动地址配置标志位）是 1（行号 12）。

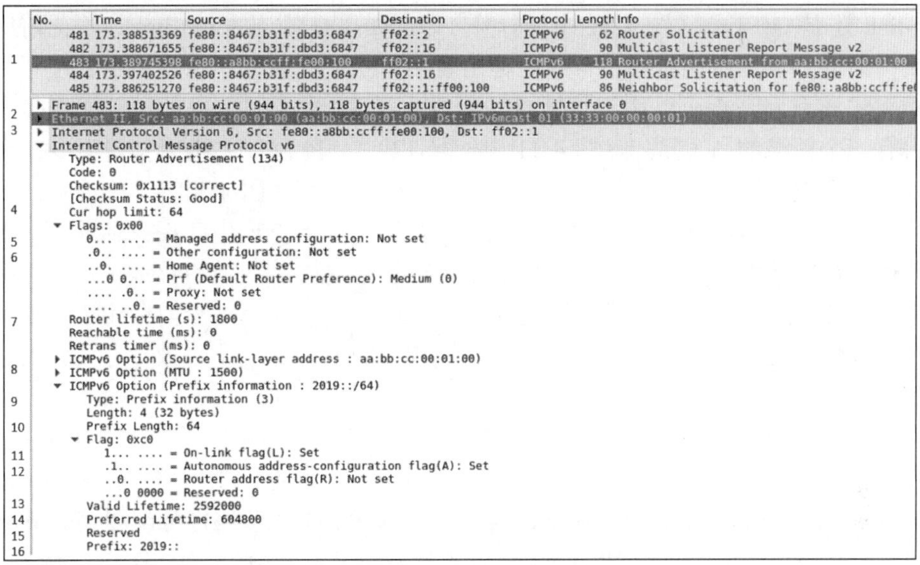

```
No.     Time            Source                    Destination         Protocol  Length Info
481 173.388513369  fe80::8467:b31f:dbd3:6847      ff02::2             ICMPv6    62 Router Solicitation
482 173.388671655  fe80::8467:b31f:dbd3:6847      ff02::16            ICMPv6    90 Multicast Listener Report Message v2
483 173.389745398  fe80::a8bb:ccff:fe00:100       ff02::1             ICMPv6    118 Router Advertisement from aa:bb:cc:00:01:00
484 173.397402526  fe80::8467:b31f:dbd3:6847      ff02::16            ICMPv6    90 Multicast Listener Report Message v2
485 173.886251270  fe80::8467:b31f:dbd3:6847      ff02::1:ff00:100    ICMPv6    86 Neighbor Solicitation for fe80::a8bb:ccff:fe
Frame 483: 118 bytes on wire (944 bits), 118 bytes captured (944 bits) on interface 0
Ethernet II, Src: aa:bb:cc:00:01:00 (aa:bb:cc:00:01:00), Dst: IPv6mcast_01 (33:33:00:00:00:01)
Internet Protocol Version 6, Src: fe80::a8bb:ccff:fe00:100, Dst: ff02::1
Internet Control Message Protocol v6
    Type: Router Advertisement (134)
    Code: 0
    Checksum: 0x1113 [correct]
    [Checksum Status: Good]
    Cur hop limit: 64
  ▼ Flags: 0x00
        0... .... = Managed address configuration: Not set
        .0.. .... = Other configuration: Not set
        ..0. .... = Home Agent: Not set
        ...0 0... = Prf (Default Router Preference): Medium (0)
        .... .0.. = Proxy: Not set
        .... ..0. = Reserved: 0
    Router lifetime (s): 1800
    Reachable time (ms): 0
    Retrans timer (ms): 0
  ▶ ICMPv6 Option (Source link-layer address : aa:bb:cc:00:01:00)
  ▶ ICMPv6 Option (MTU : 1500)
  ▼ ICMPv6 Option (Prefix information : 2019::/64)
        Type: Prefix information (3)
        Length: 4 (32 bytes)
        Prefix Length: 64
      ▼ Flag: 0xc0
            1... .... = On-link flag(L): Set
            .1.. .... = Autonomous address-configuration flag(A): Set
            ..0. .... = Router address flag(R): Not set
            ...0 0000 = Reserved: 0
        Valid Lifetime: 2592000
        Preferred Lifetime: 604800
        Reserved
        Prefix: 2019::
```

图 4-11　RA 报文

6．进行 DAD 检测，直到临时地址成为有效地址。当系统允许使用临时地址时（有关如何禁用临时地址，请见实验 4-2），还会多生成一个通过 DAD 的临时地址，并且在通信时会将该地址为首选地址。

在 IPv6 自动地址配置中，采用 SLAAC 配置的地址是最优先的。只要允许网关发送 RA 报文，且 RA 报文携带了允许用于自动配置地址的前缀，则无论是否启用了 DHCPv6，启用自动配置地址的客户主机就会用收到的前缀自动生成 IPv6 地址，且这个地址首选的优先级高于 DHCPv6 获得的地址。一个 RA 报文携带的前缀选项的格式如表 4-1 所示（图 4-11 从第 9 行起佐证了选项格式）。

表 4-1　RA 报文的前缀选项格式

8 位	8 位	8 位	1 位	1 位	6 位
类型（3）	选项长度	前缀长度	L 位	A 位	保留
有效生存期					
首选生存期					
保留字段					
前缀					

类型值为 3 表示选项为前缀选项（图 4-11 中的行号 9），前缀长度一般是 64（图 4-11 中的行号 10）。需要注意的是，如果主机获取的前缀长度+接口标识符的长度大于 128，那么将不能进行地址自动配置。L 位表示该前缀是否可以用于判断一个地址是否在本链路上，即前

缀是 On-link 还是 Off-link（图 4-11 中的行号 11）。如果是默认的 On-link，则此前缀可以用于判断某个地址是否在本地链路中，即在路由表中有相应的表项，否则路由表中不会有此前缀。A 位表示该前缀是否可以用于地址自动配置。在 SLAAC 中，RA 可以通告多个前缀，但至少得有一个前缀的 A 位是 1（图 4-11 中行号 12），才能保证主机能获得至少一个前缀用于地址的自动配置。前缀有两个生存期：一个是有效生存期（图 4-11 中的行号 13）；另一个是首选生存期（图 4-11 中的行号 14），且有效生存期不小于首选生存期。对于一个在首选生存期内使用前缀构造的地址，主机的任何应用都可以不受限制地使用该地址。如果超过了首选生存期，但还没超过有效生存期，则老的应用还可以继续使用这个前缀构造的地址，但新的应用不允许再使用该前缀构造的地址。若前缀构造的地址超过了有效生存期，则任何应用都不再使用该地址。

SLAAC 是最简单也最常用的 IPv6 地址配置方式，它的优点是配置简单，支持几乎所有的网络终端。尽管 SLAAC 很便利，但它至少有 3 个缺点：路由器网关或服务器并不记录客户主机分配的 IPv6 地址信息，不利于溯源管理等；不能为指定主机或终端分配固定的 IPv6 地址；客户主机只能获得可通信的全局 IPv6 地址，并不能获取到其他诸如 IPv6 DNS 等信息，这只有在客户主机是双栈的情况下依赖 IPv4 的 DNS 来保证与互联网的正常通信。所以，SLAAC 一般在 IPv6 部署早期使用，以确保 IPv6 和 IPv4 的并存。

实验 4-3　SLAAC 实验配置

本实验将演示如何在路由器等三层设备上配置发送 RA 报文，以使得主机进行 SLAAC（无状态地址自动配置）。通过表 4-1 可以看出，只要修改 RA 报文前缀选项中的 L 位和 A 位，就可以确定某些前缀是否可以用于自动配置，以及是否可以将前缀加入主机的前缀列表（即路由表）中。对于主机来说，只要开启地址自动配置即可。在本实验中，路由器接口配置了多个地址，对每个地址对应的前缀进行不同的配置，观察在客户主机上获取 IPv6 地址的情况，以加深对 SLAAC 的理解。在 EVE-NG 中打开"Chapter04"文件夹中的"4-1 IPv6_address"拓扑。

STEP 1 基本配置。开启 Win10、Switch 和 R1。R1 的配置如下：

```
Router#config terminal
Router（config）#ipv6 unicast-routing
Router（config）#interface eth0/0
Router（config-if）#ipv6 enable
Router（config-if）#ipv6 address 2017::1/64
Router（config-if）#ipv6 address 2018::1/64
Router（config-if）#ipv6 address 2019::1/64
Router（config-if）#ipv6 address 2020::1/64
Router（config-if）#ipv6 address 2021::1/64
Router（config-if）#ipv6 nd prefix 2017::/64        no-advertise        不通告前缀
Router（config-if）#ipv6 nd prefix 2018::/64 3600 1800 off-link        前缀处于 off-link 状态
```

第 4 章　IPv6 地址配置方法

Router（config-if）#ipv6 nd prefix 2019::/64 3600 1800 no-onlink	前缀处于 no-onlink 状态
Router（config-if）#ipv6 nd prefix 2020::/64 3600 1800 no-autoconfig	前缀不用于自动配置
Router（config-if）#no shutdown	

为了说明不同的前缀选项所产生的不同效果，这里给同一个接口配置了 5 个 IPv6 地址，同时对 5 个地址对应的前缀进行不同的配置处理，以观察客户主机的情况。配置中的 3600 表示 3600s，是前缀的生存有效期；1800 表示 1800s，是前缀的首选有效期。在默认情况下，需要通告每一个前缀，且 on-link 和 autoconfig 都是 1，以表示此前缀用于地址的本地链路检测和用于地址自动配置，这也是 SLAAC 中最基本的配置要求。本实验默认允许发送 RA 报文，但 RA 中携带不同的前缀选项，具体如下。

- 不通告 2017::/64 前缀。客户主机不能得到这个前缀的相关信息。
- 通告 2018::/64 前缀，但该前缀处于 off-link 状态，autoconfig 为默认值，即允许自动配置。
- 2019::/64 与 2018::/64 一样，也需要通告 no-onlink 和 off-link 实际上都表示该前缀不加入主机前缀列表（即路由表）中。
- 2020::/64 前缀不允许自动配置，但默认处于 on-link 状态，即该前缀会加入到主机的前缀列表（即路由表）中。
- 配置中省略了对前缀 2021::/64 的配置，也就是保持其默认值，即允许默认配置，且允许加入主机的前缀列表即路由表中。

STEP ②　验证。打开 Win10 主机，将网卡设置成自动获取 IPv6 地址，然后使用 ipconfig 命令查看自动获取的 IPv6 地址，如图 4-12 所示。

图 4-12　主机通过 SLAAC 自动获取多个 IPv6 地址

从图 4-12 中可以看到：2017::/64 前缀因为没有通告，所以没有用于 IPv6 地址的前缀；2020::/64 前缀因为指明了 no-autoconfig（不用于自动配置），所以也没有用于 IPv6 地址的前缀；2018::/64、2019::/64 和 2021::/64 的 autoconfig 都是 1，即允许自动配置，所以这 3 个前缀都用于地址的自动配置。至于 on-link 和 off-link 的差别，就要查看主机的路由表了。可使用命令 route print -6 查看，如图 4-13 所示。

```
IPv6 路由表
===========================================================
活动路由:
接口跃点数网络目标              网关
  4   266 ::/0                  fe80::a8bb:ccff:fe00:100
  1   306 ::1/128               在链路上
  4   266 2018::8467:b31f:dbd3:6847/128
                                在链路上
  4   266 2018::ddd9:c725:e238:d428/128
                                在链路上
  4   266 2019::8467:b31f:dbd3:6847/128
                                在链路上
  4   266 2019::ddd9:c725:e238:d428/128
                                在链路上
  4   266 2020::/64             在链路上
  4   266 2021::/64             在链路上
  4   266 2021::8467:b31f:dbd3:6847/128
                                在链路上
  4   266 2021::ddd9:c725:e238:d428/128
                                在链路上
  4   266 fe80::/64             在链路上
  4   266 fe80::8467:b31f:dbd3:6847/128
                                在链路上
  1   306 ff00::/8              在链路上
  4   266 ff00::/8              在链路上
===========================================================
永久路由:
  无
```

图 4-13 前缀选项 onlink 对路由表的影响

从图 4-13 中可以看出，在主机的 IPv6 路由表中，由于 2018::/64 和 2019::/64 都是 off-link 状态，所以路由表中并没有这两个 64 位前缀，只有 128 位的主机路由。有意思的是，2020::/64 前缀虽然不允许自动配置，即主机的 IPv6 地址中没有这个前缀构成的地址，但这个前缀却加入到了主机的路由表中，可以不用理会。2021::/64 是正常的默认值，64 位前缀和 128 位主机路由都存在。

这个实验只是为了说明如何配置前缀选项，以及前缀选项对主机获取地址及前缀列表（路由表）的影响。实际应用中一般只需要配置一个 IPv6 地址，且允许发送 RA 报文即可。配置的 IPv6 地址所对应的前缀默认就会作为 RA 报文的前缀选项发送给同网段内的主机，用于地址自动配置并加入到主机的前缀列表中。

4.6 有状态 DHCPv6

考虑到 SLAAC 的缺点，RFC 3315 提出了 DHCPv6 的地址配置方式。在以下 3 种情况下，采用自动配置的客户主机将使用 DHCPv6 来获取地址。

- 如果客户主机在发送 RS 报文后未收到任何 RA 报文，则客户主机默认使用 DHCPv6 来获取地址和相关参数。
- 即便收到 RA 报文，但 RA 报文并没有携带用于地址自动配置的前缀信息，那么客户主机仍然也会采用 DHCPv6 来获取地址。
- 如果收到的 RA 报文中携带有用于地址自动配置的前缀信息，主机也将采用 DHCPv6 来获取地址。

相对于 SLAAC，DHCPv6 是一种有状态地址配置协议，即 DHCPv6 服务器会像 DHCPv4

那样分配除了默认网关信息之外的完整的 IPv6 地址，并记录 IPv6 地址与主机的对应关系。需要注意的是，DHCPv6 服务器默认情况下记录的是 IPv6 地址与客户主机的 IAID（Identity Association Identifier，身份关联标识符）和 DUID（DHCP Unique Identifier，DHCP 唯一标识符）的对应关系（后文有详解），而不是像 IPv4 网络那样记录 IP 与 MAC 地址的对应关系。大多数情况下，客户主机 DUID 的末 48 位为接口的物理地址，因此可以像 DHCPv4 那样做到溯源追踪。

要想使用有状态 DHCPv6，可以在路由器网关的 RA 中设置 M 位为 1，以通知客户主机使用 DHCPv6 来获取 IPv6 地址，另外，O 标志位设置为 1 时表示将通过 DHCPv6 获取 IPv6 地址外的其他参数信息，比如 IPv6 DNS 地址等。同时必须屏蔽网络中可能导致 SLAAC 的其他 RA 报文，当网络中既有 DHCPv6 服务器（或中继），RA 报文也携带有用于地址自动配置的前缀时，主机可通过 SLAAC 获取地址，也可通过 DHCPv6 获取地址。由于 SLAAC 获取的地址的首选优先级比 DHCPv6 获得的地址首选优先级要高，导致主机无法使用通过 DHCPv6 获得的地址。为了避免这种情况的发生，在确定使用有状态 DHCPv6 时，一定要禁止 SLAAC。

DHCPv6 的通信过程与 DHCPv4 一样，都是服务器和客户主机在不同的 UDP 端口上进行监听。服务器本地监听端口为 547，客户机本地监听端口为 546 端口。图 4-14 所示为捕获的 DHCP 通告报文。图中的行号 1 是 DHCP 客户端发送的地址查询（Solicit）报文，这是一个组播报文，源 IPv6 地址是链路本地地址，目的 IPv6 地址是 ff02::1:2。行号 2 是 DHCP 服务器对 DHCP 客户端请求的通告（Advertise）报文，这是一个单播报文，源 IPv6 地址是 DHCP 服务器的 IPv6 地址，目的 IPv6 地址是 DHCP 客户端的链路本地地址。行号 3 是 DHCP 客户端的请求（Request）报文，这是一个组播报文，源 IPv6 地址是链路本地地址，目的 IPv6 地址是 ff02::1:2。行号 4 是 DHCP 服务器的回答（Reply）报文，这是一个单播报文，源地址是 DHCP 服务器的 IPv6 地址，目的 IPv6 地址是 DHCP 客户端的链路本地地址。

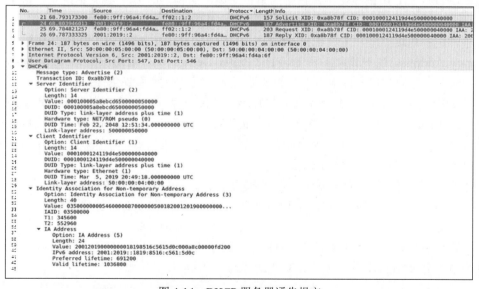

图 4-14　DHCP 服务器通告报文

通过图中第 6 行可以看出，DHCP 报文是 UDP 报文，服务器的端口是 547，客户端的端口是 546。DHCPv6 服务器及中继都会加入本地链路多播地址组 ff02::1:2 中。初次通信时，客户主机会向本地链路多播地址发送 DHCPv6 查询报文，服务器会直接回应 DHCP 查询报文，中继则转发该报文到指定的 DHCPv6 服务器上。

4.6.1　DUID 和 IAID

在 DHCPv6 中，服务器、中继或客户主机有且只有一个 DUID（DHCP Unique Identifier，DHCP 唯一标识符），图 4-14 中的行号 16 是 DHCP 服务器的 DUID，行号 25 是 DHCP 客户端的 DUID。DUID 用于在交换 DHCPv6 报文时彼此验证身份，即服务器使用 DUID 来识别不同的客户端，客户端则使用 DUID 来识别服务器。客户端和服务器 DUID 的内容分别通过 DHCPv6 报文中的 Client Identifier（图 4-14 中的行号 21）和 Server Identifier（图 4-14 中的行号 12）选项来携带。这两个选项的格式是一样的，通过 Option 字段的取值来区分是 Client Identifier（字段值 1）还是 Server Identifier（字段值 2）选项。RFC3315 中规定 DUID 不允许用于其他用途，它的长度是可变的，但不能超过 128 字节，且一旦 DUID 固定，中途不允许更改。DUID 类型主要有 3 种：DUID-LL（Link-Layer address），最常用；DUID-LLT（Link-Layer address plus Time）；硬件厂商自定义的 DUID。通常情况下，DUID 组成部分的末 48 位就是接口的 MAC 地址。

IA（Identity Association，身份关联）是服务器和客户主机都能识别、分组及管理的一个 IPv6 地址结构，这个地址结构包括一个 IA 的标识（即 IAID）和相关联的配置信息。在 DHCPv4 中，客户主机只需要携带自身的 MAC 地址就可以向服务器申请地址，而在 DHCPv6 环境下，客户主机在 DHCPv6 申请报文中，携带的是一个地址结构，即 IA。通常情况下，请求报文的 IA 结构至少包括（DUID, IA-TYPE, IAID）三元组。其中 DUID 是客户主机的标识符，IA-TYPE 是需要申请到的地址类型，主要包括 IA-NA（Non-temporary Address，非临时地址）、IA-TA（Temporary Address，临时地址）和 IA-PD（Prefix Delegation，前缀分配）。其中 IA-NA 最常见，IA-PD 用来标识客户主机申请的不是地址而是前缀（后面章节会有介绍）。

一个 DHCPv6 客户主机必须为每个接口至少分配一个 IA 以向服务器申请地址或前缀，IAID 可唯一地标识一个 IA。同一个客户主机的 IAID 不能重复出现，IAID 也不能因主机重启等原因发生丢失或改变。IA 中的配置信息（分配给客户主机的 IA-NA 地址等）由服务器来分配，一个 IA 也可以包含多个地址信息。

简单的理解就是，DHCPv6 客户主机的接口使用携带 IAID 标识的 IA 去向服务器申请地址或前缀（类型由 IA-TYPE 决定，以 IA-NA 最常见），服务器以 IA 为分配单元，将分配的地址或前缀等信息回复给客户主机，同时在本地记录下分配情况表。

一个客户主机只能有一个 DUID，但每个接口至少有一个 IA。对于 Windows 主机来说，可以使用命令 ipconfig /all 来查看 IAID 和 DUID，如图 4-15 所示。

图 4-15 在 Windows 中查看 IAID 和 DUID

对于支持 IPv6 的路由器/交换机等网络设备来说，可以使用命令 show ipv6 dhcp 来查看 DUID，显示如下：

Router#show ipv6 dhcp
This device's DHCPv6 unique identifier(DUID): 00030001AABBCC000100

可以使用命令 show ipv6 dhcp interface 来查看 DUID 和接口的 IAID，显示如下：

Router#show ipv6 dhcp interface e0/0
Ethernet0/0 is in client mode
 Prefix State is IDLE
 Address State is OPEN
 Renew for address will be sent in 3d23h
 List of known servers:
  Reachable via address: 2001:2019::2
  DUID: **000100005A8EBCD6500000050000**
  Preference: 0
  Configuration parameters:
   IA NA: IA ID **0x00030001**, T1 345600, T2 552960
    Address: 2001:2019::F16C:50E5:A83E:1CEF/128
     preferred lifetime 691200, valid lifetime 1036800
     expires at Mar 26 2016 04:55 PM (1036598 seconds)
   DNS server: 2001:1::1
   Information refresh time: 0
 Prefix Rapid-Commit: disabled
 Address Rapid-Commit: disabled

4.6.2 DHCPv6 常见报文类型

DHCPv6 报文封装在 UDP 中，每种不同类型的报文有着不同的用途。常见的报文类型如下。

- Solicit 报文：类型值为 1，客户主机以组播形式发送该报文，用于寻找 DHCPv6 服务器。图 4-14 中的行号 1 就是 Solicit 报文，可在 Info 栏下看到 Solicit 字样。
- Advertise 报文：类型值为 2，服务器用此报文回复客户主机的 Solicit 报文。图 4-14 中的行号 2 就是 Advertise 报文，在行号 10 中可以看到 "Message Type: Advertise（2）"。
- Request 报文：类型值为 3，客户主机以单播方式发送此报文，用于向服务器申请地址等信息。图 4-14 中的行号 3 就是 Request 报文。
- Reply 报文：类型值为 7，用于回复 Solicit、Request 等报文，携带地址和其他参数信息。图 4-14 中的行号 4 就是 Reply 报文。
- Release 报文：类型值为 8，客户主机用此报文通知服务器释放地址。
- Decline 报文：类型值为 9，客户主机用此报文通知服务器分配的地址已被占用。
- Information-request 报文：类型值为 11，客户主机使用此报文向服务器申请除地址之外的其他参数，DNS 等信息。需要注意的是，在 DHCPv4 中，可以分配默认网关地址和 IP 掩码给客户主机，但在 DHCPv6 中，并不能分配默认网关地址和前缀长度。默认网关地址和前缀长度仍然需要 RA 报文来完成。
- Relay-forward 报文：类型值为 12，当服务器与客户主机不在同一网段时，通信由中继代理完成。中继代理使用该报文封装客户主机的 Request 报文并转发到服务器。
- Relay-reply 报文：类型值为 13，服务器使用此报文封装回复消息并转发到中继代理。中继代理对服务器与客户端之间的通信进行封装和拆封。

DHCPv6 中还有其他报文类型和选项，读者可以参考相关 RFC 文档，这里不做过多介绍。需要注意掌握的是，在 DHCPv6 中，地址请求报文是由类型值为 3 的 Request 报文来完成的，而 DNS 等参数信息则是由类型值为 11 的 Information-request 报文来完成的。Relay-forward 报文和 Relay-reply 报文用于在服务器和中继代理之间通信，与客户主机无关。DHCPv6 不能为客户主机分配默认网关地址，而且客户主机上也无法看到 DHCPv6 的地址，这一点与 DHCPv4 不同。

4.6.3 DHCPv6 地址分配流程

DHCPv6 的地址分配流程与 DHCPv4 类似，大致流程如下。

1. DHCPv6 客户主机向组播地址 FF02::1:2 发送查询（Solicit）报文，寻找 DHCPv6 服务器。客户主机也可以携带 rapid-commit 选项以快速申请地址。
2. DHCPv6 服务器收到 Solicit 报文后，如果 Solicit 报文中，以携带有 rapid-commit 选项，

且服务器自身支持 rapid-commit，则直接为客户主机分配完整的 IPv6 地址，地址分配完成。否则，服务器向客户主机发送单播报文，通告（Advertise）自己可以为客户主机提供地址和其他网络参数。

3．客户主机向服务器发送单播 Request 报文，请求 DHCPv6 服务器为其分配 IPv6 地址。

4．服务器发送 Reply 报文，该报文中包含了分配给客户主机的完整 IPv6 地址和 DNS 地址等。此 IPv6 地址必须未被分配给其他客户主机。如果服务器被配置为针对固定 DUID 客户主机分配固定的 IPv6 地址，则将其固定地址分配给客户主机。

5．客户主机在获得 IPv6 地址后，仍然要进行 DAD，通过检测后地址才能使用。

这里需要注意的是，客户主机必须支持 DHCPv6 客户端才行，目前 Windows 7 以上的系统默认都支持 DHCPv6 客户端服务，所以基本上都能通过 DHCPv6 获取地址。

实验 4-4　路由器做 DHCPv6 服务器分配

在 IPv4 环境下，经常使用路由器和交换机作为 DHCP 服务器来为客户主机分配地址，并且可以通过查看 DHCP 绑定表来追踪具体的分配情况。在 IPv6 环境下，很多主流厂商的网络设备也已经可以作为 DHCPv6 服务器来分配地址或其他信息了。本实验以 Cisco 路由器通过 DHCPv6 为交换机和 Win10 分配 IPv6 地址为例，介绍在 Cisco 路由器上配置 DHCPv6 服务器和查看地址分配情况。另外，在同时开启 DHCPv6 和 SLAAC 的情况下，观察 Win10 主机获得地址的情况。在 EVE-NG 中打开"Chapter04"文件夹中的"4-1 IPv6_address"拓扑。

STEP 1　恢复 Win10 的初始配置。由于前面在 Win10 计算机上做了不少实验，难免会对后面的实验产生影响，可右键单击 Win10，从快捷菜单中选择 Wipe，清除 Win10 的所有配置。后续实验中都可以采取这种方法恢复设备的默认配置。读者可能认为把设备删除，然后再重新添加一台设备，这也算将设备恢复到默认设置。但在实验中发现并不是这样的，某个实验拓扑之前可能添加或删除过一些设备，但新添加的设备 ID 会继续使用以前删除的设备 ID，原设备 ID 关联的临时文件可能仍然存在，这可能会导致添加的是一台路由器，但开机后发现却是一台 Windows 服务器的情况。因此，建议使用 Wipe 恢复默认配置。

STEP 2　基本配置。开启 Win10、Switch 和 R1。R1 的配置如下：

```
Router#config terminal
Router（config）#ipv6 unicast-routing
Router（config）#ipv6 dhcp pool dhcpv6            定义一个 IPV6 DHCP 分配池，名称是 dhcpv6
Router（config-dhcpv6）#address prefix 2019::/96     定义地址分配范围
Router（config-dhcpv6）#dns-server 240c::6666        定义下发给客户主机的 DNS 地址
Router（config-dhcpv6）#exit
Router（config）#service dhcp       启用 DHCP 服务，Cisco 路由器默认启用了配置，因此可以省略。有
些厂家，比如国产的锐捷设备上，DHCP 服务默认是关闭的，需要使用此命令开启 DHCP 服务
```

```
Router（config）#interface eth0/0
Router（config-if）#ipv6 enable
Router（config-if）#ipv6 address 2019::1/64
Router（config-if）#ipv6 nd managed-config-flag          设置 M 位，告诉客户主机使用 DHCPv6 分配地址
Router（config-if）#ipv6 nd other-config-flag            设置 O 位，告诉客户主机使用 DHCPv6 分配其他信息
Router（config-if）#ipv6 nd prefix 2019::/64 3800 1900 no-autoconfig    通告前缀，但禁止分配地址
Router（config-if）#ipv6 dhcp server dhcpv6 rapid-commit    使用 DHCPv6 地址池为主机进行分配
Router（config-if）#no shutdown
```

针对该步骤，需补充以下 6 点说明。

- 本实验所使用的 Cisco 路由器暂不支持定义起始地址到终止地址范围的地址池，但是可以通过设置地址池中的前缀位数来确定范围。这个前缀位数的值一定要大于接口地址本身的前缀位数值。如步骤 2 中的 2019::/96，对于 128 位的 IPv6 地址来说，只有 128-96=32 位可用来分配地址，所以可分配的地址范围就是 2019::0000:0000～2019::FFFF:FFFF，当然在具体分地址时，并不一定是按照从小到大或从大到小的顺序分配。

- DHCPv6 不能像 DHCPv4 那样下发网关地址，所以还是要依靠 RA 报文来通告网关地址信息。不能使用 ipv6 nd ra suppress 命令抑制发送 RA 报文。

- 设置 M 位的目的是告知客户主机使用 DHCPv6 获取地址，设置 O 位的目的是告知客户主机使用 DHCPv6 获取除地址之外的其他参数，如 DNS 等。这里可以省略 M 位和 O 位的设置，客户主机使用 SLAAC 获取地址时，也会使用 DHCPv6。读者可以去掉设置 M 位和 O 位的这两条命令，验证是否影响结果。当然，设置 M 位和 O 位是更严谨的做法，也是为了更快地告知客户主机使用 DHCPv6，虽然这也不能阻止客户主机在具备通过 SLAAC 获取地址条件时使用 SLAAC 来获取地址。

- 为了只使用 DHCPv6 来分配地址，需要禁止路由器接口分配 IPv6 地址。这里不使用 ipv6 nd prefix 2019::/64 no-advertise 命令的原因是，该命令不通告前缀，当然客户端也就无法获取 IPv6 地址。而且由于没有通告前缀，客户主机上就没有 2019::/64 的路由（可以使用 route print-6 命令验证）。这样客户主机访问 2019::/64 同网段的终端时，数据包也会被发往默认路由（即路由器），虽然也能通信，但降低了效率。

- 在接口下引用 DHCPv6 地址池时，使用命令 ipv6 dhcp server 自定义 DHCPv6 地址池，推荐再带上 rapid-commit 选项，这样客户主机若希望通过 rapid-commit 寻找 DHCPv6 服务器来获取地址，可以减少两次通信，从而快速直接地为客户主机分配地址。

- 路由器在作为 DHCPv6 服务器使用时，其用法与作为 DHCPv4 服务器使用时不同。在 IPv4 环境下，在定义好地址池后，地址池中的地址段与哪个接口相匹配，就自动为那个接口的客户端分配接口所在网段的地址，不需要单独在接口下指定使用地址池中的哪个地址段。而在 IPv6 环境下，必须在接口下指定使用哪个地址池，这也意味着地址池中定义的前缀与接口本身的前缀可以不一致，即客户主机获取到的地址的前缀与网关接口地址的前缀不一样。路由器有多个接口、多个地址池时，配置时一定要多加注

意，避免把地址池配错接口，导致虽获取到地址却无法正常通信的情况。

STEP 3 DHCP 终端验证。打开 Win10，将网卡设置成自动获取 IPv6 地址和 DNS 地址，建议禁止 IPv4。然后在命令提示符下使用命令 ipconfig /all 查看主机获取地址的情况，如图 4-16 所示。

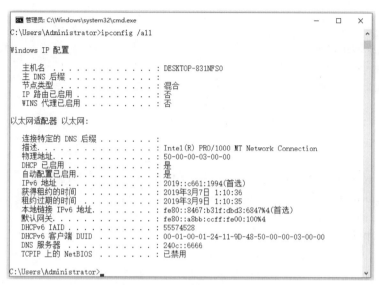

图 4-16 通过 DHCPv6 获取的地址及其他参数

从图 4-16 可以看出，主机获取到了地址 2019::c661:1994，此地址在 2019::/96 范围之内，并有获得租约的时间和租约过期的时间。Win10 主机还自动获取到了 DNS 服务器地址。与 IPv4 不同的是，这里不显示 DHCPv6 服务器的 IPv6 地址。

STEP 4 在路由器上验证。在路由器上使用命令 show ipv6 dhcp binding 查看 IPv6 地址的分配情况，结果如下所示。

```
Router#show ipv6 dhcp binding
Client: FE80::8467:B31F:DBD3:6847
    DUID: 0001000124119D48500000030000
    Username : unassigned
    VRF : default
    IA NA: IA ID 0x03500000, T1 43200, T2 69120
        Address: 2019::C661:1994
                preferred lifetime 86400, valid lifetime 172800
                expires at Mar 16 2016 08:53 PM (172470 seconds)
```

从上面的输出中可以看到，客户端的链路本地地址、DUID、申请类型 IA NA（即非临时地址）、IA ID（路由器上显示的是十六进制 0x03500000，换算成十进制是 55574528）等都与计算机上显示的一致。T1 和 T2 分别是地址更新时间和地址重新绑定时间，一般不用关心。分配的地址就是客户主机上看到的地址 2019::97c0:6fec，此地址也有首选时间和有效时间。

STEP ⑤ 对于 Win10 主机来说，DHCPv6 客户端软件是系统默认自带的，当 Win10 将 IPv6 地址设置成自动获取时，就默认允许以 SLAAC 和 DHCPv6 两种方式获取地址。对于路由器来说，虽然接口也支持自动配置，但需要明确指明是使用 SLAAC 还是 DHCPv6 来获取地址。对交换机进行如下配置：

```
Switch#config terminal
Switch(config)#interface vlan 1
Switch(config-if)#ipv6 enable
Switch(config-if)#ipv6 address ?
  WORD                 General prefix name
  X:X:X:X::X           IPv6 link-local address
  X:X:X:X::X/<0-128>   IPv6 prefix
  autoconfig           Obtain address using autoconfiguration     自动配置
  dhcp                 Obtain a ipv6 address using dhcp           使用 DHCP 配置
Switch(config-if)#ipv6 address dhcp rapid-commit                  在 VLAN 1 接口调用 DHCP 地址池
Switch(config-if)#no shutdown
```

命令中的 rapid-commit 是可选的，当客户主机使用了该选项，但服务器并不支持该选项时，仍然需要 4 次报文交互来完成地址的自动配置，这并不影响 DHCPv6 的地址分配。再通过命令 show ipv6 interface brief vlan 1 查看获取到的地址，如下所示：

```
Switch#show ipv6 interface brief vlan 1
Vlan1                       [up/up]
    FE80::A8BB:CCFF:FE80:200
    2019::428F:F14E
```

STEP ⑥ 配置 DHCP 中继。当 DHCPv6 客户端与服务器不在同一网段时，需要利用 DHCPv6 中继进行转发。这里仍把路由器作为 DHCPv6 服务器，并利用交换机的三层功能将网络划分 VLAN 1 和 VLAN 2，路由器在 VLAN 1 中，Win10 在 VLAN 2 中，拓扑如图 4-17 所示。

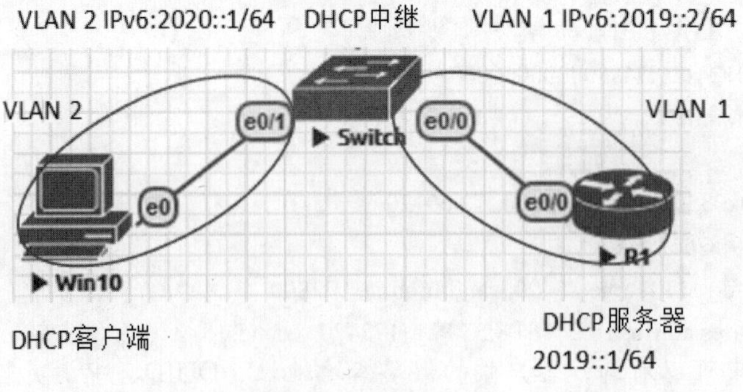

图 4-17 DHCP 中继

路由器重新配置如下：

```
Router#config terminal
Router（config）#ipv6 unicast-routing
Router（config）#service dhcp
Router（config）#ipv6 dhcp pool dhcpv6
Router（config-dhcpv6）#address prefix 2020::/80
Router（config-dhcpv6）#dns-server 2001::8888
Router（config-dhcpv6）#domain-name abc.com          增加DNS域名后缀
Router（config-dhcpv6）#interface ethernet0/0
Router（config-if）#ipv6 enable
Router（config-if）#ipv6 address 2019::1/64
Router（config-if）#ipv6 nd ra suppress           本实验中R1充当DHCP服务器，三层交换机充当网关，路由
                                                 器不需要再通告RA报文，抑制RA发送
Router(config-if)#ipv6 dhcp server dhcpv6        在接口下调用地址池，也就是说如果从这个接口收到DHCP
                                                 请求，就从DHCP地址池中分配地址。从这里可以看出地
                                                 址池定义的前缀（2020::/80）可以与接口地址前缀
（2019::/64）不一致
Router（config-if）#no shutdown
Router（config-if）#exit
Router（config）#ipv6 route ::/0 2019::2           配置默认路由发往三层交换机的VLAN接口，相当于是给服
                                                 务器配置网关
```

在这一步中，我们直接禁止路由器的接口发送 RA 报文，原因是路由器的接口不需要为直连的主机分配地址或下发网关。同时因为客户主机 Win10 与路由器不在同一网段，所以引用的地址池定义的前缀与自身接口的地址前缀不一致。

接下来对交换机进行配置，划分 VLAN，把端口加入相应的 VLAN，给三层的 VLAN 接口配置 IPv6 地址，并配置 DHCP 中继功能等。交换机的配置如下：

```
Switch#config terminal
Switch（config）#vlan 2                          创建VLAN 2
Switch（config-vlan）#exit
Switch（config）#interface ethernet0/1
Switch（config-if）#switch access vlan 2         将直连Win10的接口划分到VLAN 2中
Switch（config-if）#exit
Switch(config)#ipv6 unicast-routing              开启IPv6路由协议
Switch（config）#service dhcp                     默认配置，可省略
Switch（config）#interface vlan 1                 配置三层VLAN接口
Switch（config-if）#ipv6 enable
Switch（config-if）#ipv6 address 2019::2/64
Switch（config-if）#ipv6 nd ra suppress           该VLAN中不存在其他客户端，可以不用发送RA报文，本实
                                                 验中是否抑制RA报文的发送并不影响结果
Switch（config-if）#no shutdown
Switch（config-if）#interface vlan 2
```

```
Switch（config-if）#ipv6 enable
Switch（config-if）#ipv6 address 2020::1/64        配置 VLAN 接口的 IPv6 地址，这里的前缀长度同样要
                                                   短于 DHCP 地址池中的前缀长度
Switch（config-if）#ipv6 nd prefix 2020::/64 no-advertise   不通告前缀，避免 SLAAC 自动配置
Switch（config-if）#ipv6 dhcp relay destination 2019::1    配置 DHCPv6 中继，在此接口收到的 DHCP
                                                           请求将以单播方式转发到2019::1 的DHCP
                                                           服务器
Switch（config-if）#no shutdown
```

打开 Win10，使用命令 ipconfig /all 查看通过 DHCPv6 获取到地址其他信息的情况，如图 4-18 所示。

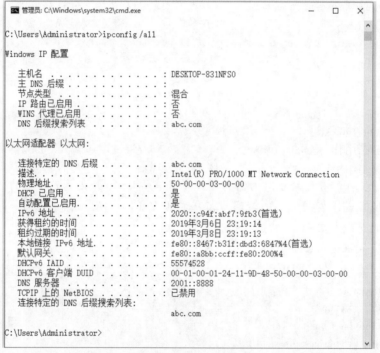

图 4-18　在 Win10 上查看通过 DHCPv6 中继获取地址等情况

从图 4-18 可以看出，Win10 成功获取到路由器上定义的地址池中的地址、DNS 服务器地址以及 DNS 后缀。如果读者看到的信息不正确，则可以关闭 Win10，进行 Wipe 操作后开机再试。

在路由器上通过命令 show ipv6 dhcp binding 查看地址分配情况，显示如下：

```
Router#sho ipv6 dhcp binding
Client: FE80::8467:B31F:DBD3:6847
  DUID: 0001000124119D48500000030000
  Username : unassigned
  VRF : default
  IA NA: IA ID 0x03500000, T1 43200, T2 69120
```

Address: 2020::C94F:ABF7:9FB3
preferred lifetime 86400, valid lifetime 172800
expires at Mar 17 2016 01:20 PM (172402 seconds)

从输出中可以看出，客户端的链路本地地址、IA ID、DUID 等都是 Win10 主机的。这说明即使客户端与服务器所在的网段不同，但通过中继转发后，在服务器看来就像是与客户端直连一样，可正常地分配地址及其他参数。

在 Win10 上 ping 路由器 R1 的 IPv6 地址 2019::1，可正常 ping 通。

实验 4-5 用 Windows 做 DHCPv6 服务器

从实验 4-3 可以看出，在 DHCPv6 中继转发的情况下，用路由器做服务器至少存在两个缺陷。

- 必须在接口下指定使用一个且只能使用一个地址池来分配地址，只要该接口下有 DHCPv6 请求，不管是本网段的直接 DHCP 请求，还是来自多个不同网段的 DHCP 中继转发，都会从同一个地址池中分配地址。而不同网段的地址前缀不同，因此不可能处在同一个地址池中，这就使得路由器不适合在 DHCPv6 中继环境下对多个网段分配地址；
- 路由器并不能为固定的客户端分配指定的地址。

鉴于路由器在用作 DHCPv6 服务器时的不足，通常情况下，需要用单独的服务器来为整个网络中的网段集中分配和管理地址。

本实验将使用 Windows Server 2016 作为 DHCPv6 服务器，R1 和 Win10 作为 DHCPv6 客户端，且与服务器处于不同的网段，交换机用作 DHCPv6 中继进行转发。在 Windows 服务器上为处于不同网段的 R1 和 Win10 分配地址，并且在知道客户主机 DUID 等信息的情况下，为其分配指定的 IPv6 地址。在 EVE-NG 中打开 "Chapter04" 文件夹中的 "4-1 IPv6_address" 拓扑，其配置拓扑如图 4-19 所示。

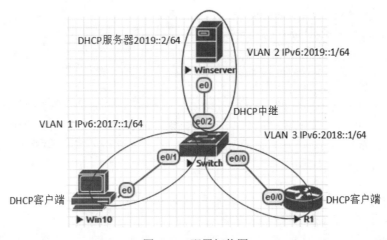

图 4-19 配置拓扑图

STEP 1 基本配置。对所有的设备执行 Wipe 操作后，开启所有的设备。将 Win10 设置成自动获取 IPv6 地址和自动获取 DNS 地址，并禁用 IPv4 协议。对路由器 R1 做如下配置，保证接口 ethernet0/0 通过 DHCPv6 获取地址。

```
Router#config terminal
Router（config）#ipv6 unicast-routing
Router（config）#interface ethernet0/0
Router（config-if）#ipv6 enable
Router（config-if）#ipv6 address dhcp rapid-commit
Router（config-if）#ipv6 nd ra suppress         路由器扮演客户端角色，禁止发送 RA 报文
Router（config-if）#no shutdown
```

STEP 2 三层交换机配置。交换机在本实验中继续充当三层交换机，需新建 VLAN，把端口加入 VLAN，配置三层 VLAN 接口和 DHCPv6 中继转发等。其配置如下（该部分配置可见配置包 "04/DHCPv6_Switch.txt"）：

```
Switch#config terminal
Switch（config）#ipv6 unicast-routing
Switch（config）#service dhcp
Switch（config）#vlan 2                           创建 VLAN 2
Switch（config-vlan）#vlan 3                       继续创建 VLAN 3
Switch（config-vlan）#interface ethernet0/0        配置 e0/0 接口
Switch（config-if）#description conn_Router        给端口添加描述（不影响结果，可省略）
Switch（config-if）#switch access vlan 3           把 e0/0 接口划入 VLAN 3
Switch（config-if）#interface ethernet0/1          配置 e0/1 接口
Switch（config-if）#description conn_Win10
Switch（config-if）#switch access vlan 1           把 e0/1 接口划入 VLAN 1，交换机所有端口默认都
                                                   属于 VLAN 1（此条命令可省略）
Switch（config-if）#interface ethernet0/2          配置 e0/2 接口
Switch（config-if）#description conn_WinServer
Switch（config-if）#switch access vlan 2
Switch（config-if）#interface vlan 1               配置三层 VLAN 1 接口
Switch（config-if）#ipv6 enable
Switch（config-if）#ipv6 address 2017::1/64
Switch（config-if）#ipv6 nd prefix 2017::/64 3800 1900 no-autoconfig  通告前缀，但禁止分配地址
Switch（config-if）#ipv6 dhcp relay destination 2019::2    设置 DHCPv6 中继转发的地址
Switch#config-if）#no shutdown
Switch（config-if）#interface vlan 3               配置三层 VLAN 3 接口
Switch（config-if）#ipv6 enable
Switch（config-if）#ipv6 address 2018::1/64
Switch（config-if）# ipv6 nd prefix 2018::/64 3800 1900 no-autoconfig
Switch（config-if）#ipv6 dhcp relay destination 2019::2
```

```
Switch（config-if）#no shutdown
Switch（config-if）#interface vlan 2          配置三层VLAN 2 接口
Switch（config-if）#ipv6 enable
Switch（config-if）#ipv6 address 2019::1/64
Switch（config-if）#ipv6 nd ra suppress   该VLAN中只有一台配置了静态IPv6的DHCPv6服务器，可
                                          以关闭RA通告。如果该VLAN中还有其他终端，这里可以不关闭
Switch（config-if）#no shutdown
```

STEP 3 安装 DHCP 服务。静态配置 Winserver 的 IPv6 地址 2019::2，前缀长度保持默认的 64 位，网关地址为 2009::1，禁用 IPv4 协议。

网络配置完成后，开始安装 DHCP 服务。单击任务栏上的"开始"图标，在弹出的菜单中单击"服务器管理器"（或单击任务栏上左起第 4 个图标），打开"服务器管理器 仪表盘"窗口，如图 4-20 所示。

图 4-20　服务器管理器中的仪表盘

单击"服务器管理器 仪表盘"中的"添加角色和功能"链接，弹出"添加角色和功能向导"对话框，保持默认选择，连续单击 3 次"下一步"按钮。在"服务器角色"界面，勾选"DHCP 服务器"，如图 4-21 所示。如果 DHCP 服务器后面出现"（已安装）"字样，说明已经安装过，可直接忽略后面的安装步骤。

在勾选 DHCP 服务器时，会弹出提示框，在提示框中直接单击"添加功能"继续。继续单击"下一步"按钮，直到出现安装界面，如图 4-22 所示。

单击"安装"按钮，开始安装，直至安装完成。

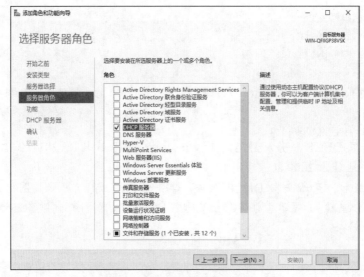

图 4-21　勾选 DHCP 服务器

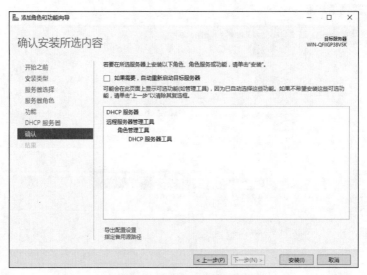

图 4-22　安装 DHCP 服务器

STEP 4　配置 DHCP。单击"服务器管理器 仪表盘"中的菜单"工具"→"DHCP",打开 DHCP 窗口,如图 4-23 所示。

配置分配给客户端的 DNS 地址。右键单击图 4-23 中 IPv6 下的"服务器选项",选择"配置选项",弹出"服务器选项"对话框。选中"00023 DNS 递归名称服务器 IPv6 地址"选项,并在"新建 IPv6 地址"字段中输入 DNS 服务器的 IPv6 地址,然后单击"添加"按钮,结果如图 4-24 所示。可以添加多个 DNS 地址,在添加的过程中,服务器会试图验证 DNS 的可用性,由于这里只是实验环境,验证不会成功,但不用理会,始终添加即可。

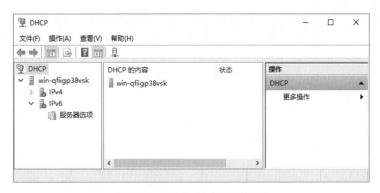

图 4-23　DHCP 服务配置界面

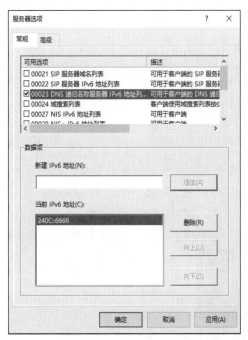

图 4-24　设置 DHCPv6 的 DNS

回到如图 4-23 所示的界面，右键单击 IPv6，选择"新建作用域"，进入"新建作用域向导"界面，这里先创建 VLAN 1 网段的 DHCPv6 作用域，作用域名称可以随意指定，这里输入 VLAN 1。单击"下一步"按钮，输入 VLAN 1 网段对应的前缀，这里输入 2017::，前缀的长度是/64，不能改变，如图 4-25 所示。

单击"下一步"按钮，输入排除的即不用于地址分配的起始 IPv6 地址和结束 IPv6 地址。Windows 与路由器不一样，默认是整个/64 前缀都用于地址分配，即默认的地址分配范围是 2017::0:0:0:0～2017::FFFF:FFFF:FFFF:FFFF，可以用"添加排除"将不用于地址分配的地址范围去掉。如果不添加排除，则整个/64 的地址都用于分配。如果要添加排除地址，一定要计算好，否则可能出现预想不到的结果。这里举一个例子，假如用于地址分配的范围是 2017::0～2017::FFFF，那么排除地址的范围就应该是 2017::0:0:1:0～2017::FFFF:FFFF:FFFF:FFFF，如图 4-26 所示。

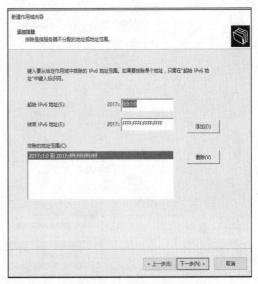

图 4-25　DHCPv6 作用域前缀　　　　　　　　图 4-26　设置排除地址范围

单击"下一步"按钮，设置首选生存时间和有效生存时间。读者可以自行设置，但要保证有效生存时间不能小于首选生存时间。单击"下一步"按钮继续。最后询问是否立即激活作用域，如图 4-27 所示。单击"完成"按钮，完成作用域的添加。

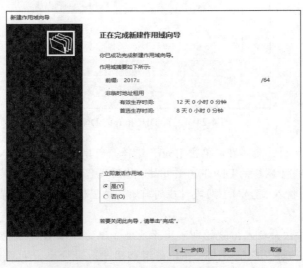

图 4-27　立即激活作用域

按照同样的配置方法，再创建用于 VLAN 3 网段的作用域，最终结果如图 4-28 所示。

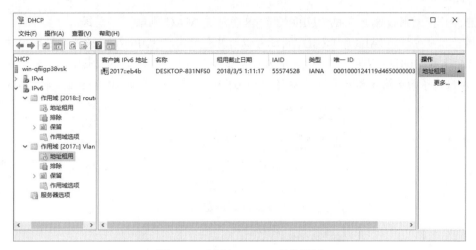

图 4-28　创建 DHCPv6 多作用域

STEP ⑤ Windows 客户端验证。从图 4-28 中还可以看出,"作用域[2017::]"的地址租用中已经有了一个条目,该条目是 Win10 主机被分配的 IPv6 地址,还能看到地址、名称、租用截止日期、IAID、地址类型(IANA 非临时地址)、唯一 ID(也就是 DUID)等信息。读者配置完成后,若是看不到地址租用情况,可以单击 DHCP 管理窗口工具栏中的"刷新"按钮。然后再到 Win10 主机用命令 ipconfig /all 验证,如图 4-29 所示。

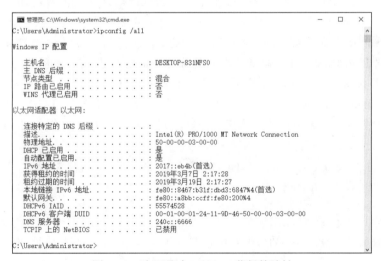

图 4-29　验证通过 DHCPv6 获得的地址

比较图 4-28 与图 4-29 可以发现,在服务器上看到的 IAID 和 DUID 与客户端上看到的是一致的。其实这两个值由客户主机生成,包含在地址请求报文中,用来向服务器申请地址。服务器也是根据这两个值来为客户主机分配地址,而不像 DHCPv4 那样根据客户端 MAC 地址来分配地址。DHCPv4 中一般会根据 MAC 地址快速地追踪客户主机,而 DHCPv6 只能提供 IAID

和 DUID，好在大部分客户主机 DUID 的末 48 位就是 MAC 地址。

知道了客户主机的 IAID 和 DUID 后，还可以为其分配固定的 IPv6 地址。记下图 4-29 中 Win10 主机的 IAID 和 DUID，然后在图 4-28 中右键单击 WIN10 作用域下的"保留"，选择"新建保留"，在弹出的界面中输入客户主机的 IAID 和 DUID 以及想要分配的 IPv6 地址，如图 4-30 所示。

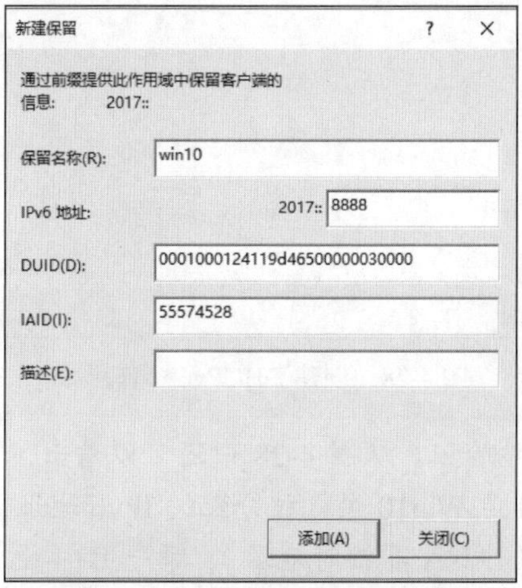

图 4-30　创建 DHCPv6 保留地址

除了新建保留地址外，也可以将已分配给客户主机的地址加入保留地址。只需在图 4-28 中选中已经租用出去的地址，右键单击，选择"添加到保留"即可。

将 Win10 主机配置成固定分配地址 2017::8888 后，将 Win10 网卡的 IPv6 协议禁用后再启用，重新获取 IPv6 地址，可以验证获取到的就是保留地址 2017::8888。

STEP 6 路由器终端验证。从图 4-28 名称是 router 的作用域中，也可以看到 R1 已经分配了 IPv6 地址。还能看到地址、名称（这里显示的是空）、租用截止日期、IAID、地址类型、DUID。

在路由器上查看接口 eth0/0 是否已经自动获取到了地址，可使用命令:show ipv6 interface brief Ethernet 0/0，显示如下：

```
Router#show ipv6 interface brief ethernet 0/0
Ethernet0/0                [up/up]
    FE80::A8BB:CCFF:FE00:100
    2018::EBDF:EA26:8BB2:981A
```

STEP 7 连通性测试。在 Win10 上 ping DHCPv6 服务器的 IPv6 地址 2019::2，可以 ping 通。在 R1 上 ping 2019::2，无法 ping 通。查看 R1 的路由表，显示如下：

```
Router#show ipv6 route
IPv6 Routing Table - default - 3 entries
Codes: C - Connected, L - Local, S - Static, U - Per-user Static route
       B - BGP, HA - Home Agent, MR - Mobile Router, R - RIP
       H - NHRP, I1 - ISIS L1, I2 - ISIS L2, IA - ISIS interarea
```

```
            IS - ISIS summary, D - EIGRP, EX - EIGRP external, NM - NEMO
            ND - ND Default, NDp - ND Prefix, DCE - Destination, NDr - Redirect
            O - OSPF Intra, OI - OSPF Inter, OE1 - OSPF ext 1, OE2 - OSPF ext 2
            ON1 - OSPF NSSA ext 1, ON2 - OSPF NSSA ext 2, la - LISP alt
            lr - LISP site-registrations, ld - LISP dyn-eid, a - Application
LC    2018::929D:B1EA:456F:5A09/128 [0/0]
         via Ethernet0/0, receive
L     FF00::/8 [0/0]
         via Null0, receive
```

可以看到，路由器只是通过 DHCPv6 获得了一个/128 的 IPv6 地址，并没有获得前缀路由，也没有获得默认路由，这是因为路由器默认还是扮演路由角色，不接受 RA 报文通告的默认网关等信息。可以使用下面的命令在路由器上添加默认路由，即

```
Router(config)#ipv6 route ::/0 Ethernet0/0 FE80::A8BB:CCFF:FE80:200
```

FE80::A8BB:CCFF:FE80:200 是三层交换机 VLAN 3 接口的链路本地地址，添加链路本地地址路由时还需指定出口，也就是 e0/0。现在 R1 也可以 ping 通 2019::2 了。

也可以使用下面的命令在路由器上关闭 IPv6 路由协议，以保证自己纯粹是客户机而不是路由器，这样路由器在获取到 IPv6 地址的同时，也会通过收到的 RA 报文生成默认路由，即

```
Router(config)#no ipv6 unicast-routing
```

4.7 无状态 DHCPv6

所谓无状态 DHCPv6，是指除了地址信息之外的其他参数信息由 DHCPv6 服务器来分配，且地址的分配还是采用无状态自动配置的。换句话说，无状态 DHCPv6 相当于 SLAAC（地址分配）+DHCPv6（其他参数信息分配，如 DNS、域名等）。当还没有 DHCPv6 服务器，但又想向用户下发 IPv6 DNS 地址信息时，就可以采用无状态 DHCPv6。

对于无状态 DHCPv6 来说，主要就是网关路由器的配置。配置要点如下所示。

- 允许发送 RA 报文，RA 报文中设置 O 位，但不设置 M 位，告诉客户主机将使用 DHCPv6 获取除地址之外的参数，地址仍然是通过 SLAAC 无状态自动配置获取的。
- RA 报文中需携带允许自动配置的前缀信息，便于客户主机提取前缀，再加上自身生成的接口标识符，最终形成完整的 IPv6 地址。RA 报文也向客户主机通告了默认网关。
- DHCPv6 服务器不配置前缀或地址池，只配置 DNS 等其他参数。
- 网关路由器接口下需指定 DHCPv6 地址池或 DHCPv6 中继地址。

由于无状态 DHCPv6 涉及的知识已经在前面章节中进行了讲解，这里只列出一个典型的网关路由器的配置，不再单独用实验演示。读者可参考此配置实例自行实验。网关路由器的通用配置如下：

```
Router#config terminal
```

```
Router（config）#ipv6 unicast-routing
Router（config）#service dhcp
Router（config）#ipv6 dhcp pool                    DHCPv6 定义不包含地址信息的地址池
Router（config-dhcpv6）#dns-server 240c::6666
Router（config-dhcpv6）#domain-name    abc.com
Router（config-dhcpv6）#interface ethernet0/0
Router（config-if）#ipv6 enable
Router（config-if）#ipv6 address 2019::1/64
Router（config-if）#ipv6 nd other-config-flag      设置 O 位
Router（config-if）#ipv6 dhcp server dhcpv6
Router（config-if）#no shutdown
```

4.8 DHCPv6-PD

　　本章前面几节介绍的都是 IPv6 环境下的地址自动配置技术,其地址配置模式采用的是"客户机-服务器"或"客户机-中继代理-服务器"模式,这也是常见的地址配置模式,服务器直接面对客户主机。在这种模式下,当客户主机段越来越多时,地址分配及管理上就容易发生凌乱,特别是对于实施了层次化网络环境的运营商,网络核心如果直接面对用户主机的地址分配,一方面与层次化地址分配原则相悖,另一方面也会增加地址管理和服务器的负担。正因为如此,RFC 3633 中定义了一种 DHCPv6-PD 模式,专门用于自动分配前缀。

　　DHCPv6-PD（Prefix Delegation,前缀分配）是 DHCPv6 的扩展,传统的 DHCPv6 注重的是将地址等网络配置参数从服务器端传递给 IPv6 客户主机,而 DHCPv6-PD 注重的是前缀分配,即 PD 服务器端将一个子网范围的前缀地址段以及 DNS 等其他网络配置信息下发给 PD 客户端,这就意味 PD 服务器下发的是一个"子网地址段",而不是具体的可以直接供主机使用的 IPv6 地址。举个例子,PD 服务器可以将 2001:da8::/60 前缀通过某个 IPv6 接口下发给 PD 客户端,同时一般会在 PD 客户端的上联设备上生成相应的路由。PD 客户端收到该前缀后,可以在本地 IPv6 接口上动态使用该前缀的/64 子网地址。

　　那么 DHCPv6-PD 到底用在什么场景中呢?这样做又有什么好处呢?DHCPv6-PD 在运营商场景中最为常见,当然也可以用在其他较大的分层设计的网络中。以运营商为例,DHCPv6-PD 服务器往往是 PE（Provider Edge,供应商边界）路由器,而 DHCPv6-PD 客户端则是 CPE（Customer Premise Equipment,客户前置设备）路由器。首先,PE 路由器作为 PD 服务器,会提前设置好一定范围的前缀分配列表,然后将这些前缀列表通过直连 CPE 的接口自动分配给各个 CPE 路由器。然后,CPE 路由器从上联接口收到 PE 路由器自动分配的前缀后,对此前缀做子网划分,这个子网划分一般是提前规划好并应用在各个下联接口的。待获取到前缀后,自动就在各个下联接口下生成了 IPv6 地址,并可进一步通过自动地址配置技术下发给最终客户主机使用。

听起来还是有点抽象？这里以实验拓扑来说明，如图 4-31 所示。

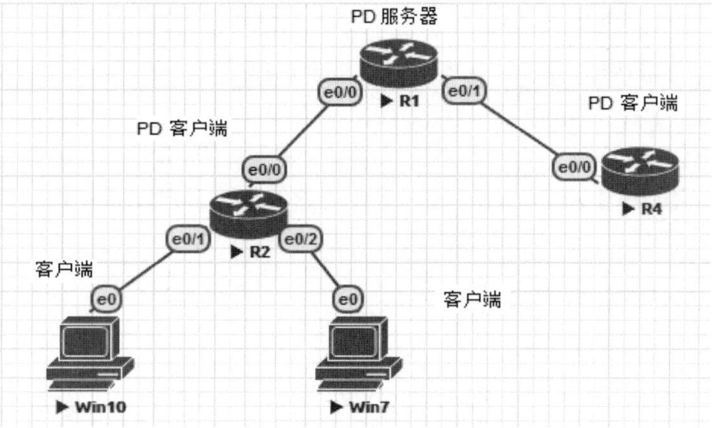

图 4-31　DHCPv6-PD 实验拓扑

在图 4-31 中，R1 是 PD 服务器，往往也是运营商的 PE 设备；R2 和 R4 都是 PD 客户端，往往也是 CPE 设备；Win10 和 Win7 是最终客户主机。首先，作为 PD 服务器的 R1 会设置一个一定范围的本地前缀列表，这个前缀列表指定了两个前缀长度，第一个前缀长度是整个 PE 可分配的前缀长度，第二个前缀长度是具体分配给每个 PE 客户端的前缀长度，且第二个长度不能小于第一个长度。举例说明，假定 R1 定义了待分配的前缀地址列表，其范围是 2019:1:1100::/40，分配的前缀长度是 48 位。那么也就是说本地可分配给 PD 客户端的前缀就是 2019:1:1100::/48、2019:1:1101::/48、2019:1:1102::/48⋯、2019:1:11FF::/48，总共就是 $2^{(48-40)}$=256 个 48 位前缀，也就是支持 256 个 PD 客户端。当 R2 和 R4 作为 PD 客户端分配到各自的/48 位前缀后，就可以通过其他自动地址配置技术继续给自己的下联终端分配具体的 IPv6 地址。这样做以后，PD 服务器（一般是 PE）可以灵活地为下联设备及终端自动分配和回收 IPv6 前缀（也就是自动生成及更新下联路由）。下联的 PD 客户端不用关心具体使用什么前缀什么地址，上端的 PD 服务器下发通告什么前缀，自身就使用什么前缀，并根据此前缀再划分子网给自己的下联终端主机使用即可。

作为 DHCPv6 的扩展，DHCPv6-PD 同样使用 UDP 的 546 端口和 547 端口在服务器与客户端之间通信，只不过在通信中携带了 IA_PD 选项，其通信过程大致如下。

1．PD 客户端向 PD 服务器发送 DHCPv6 请求报文，此报文携带 IA_PD 选项，表明自己需要申请 IPv6 前缀。

2．PD 服务器收到请求报文后，从自己的前缀列表池中取出可用的前缀，附带在 IA_PD 选项中，回复给 PD 客户端。

3．前缀分配到期后，PD 客户端重新向 PD 服务器发送 DHCPv6 请求报文，请求更新前缀。

4．PD 服务器重新为 PD 客户端分配前缀（在原有前缀未被占用的情况下，一般就是续租）。

5．PD 客户端需要释放前缀时，向 PD 服务器发送快速请求报文，以释放前缀。

6. PD 服务器接收快速请求报文后，回收前缀，并对 PD 客户端的快速请求报文进行回应。

从上述通信过程可以看出，DHCPv6-PD 与 DHCPv6 的主要区别就是前者申请的是前缀，后者申请的是地址。服务器在分配时，都是以客户端的 DUID 来识别客户。分配前缀时，其 IA 类型是 IA_PD；分配地址时，IA 类型是 IA_NA 或 IA_TA，都同样用 IAID 来做分配信息的索引。有意思的是，DHCPv6-PD 在分配前缀时，在 PD 客户端的上联设备（可能是 PD 服务器，也可能是 DHCPv6 中继）上会自动生成前缀对应的直连客户接口的路由。同时，还可以下发 DNS 等信息给 DHCPv6-PD 客户端。需要注意的是，客户端除了根据获得的前缀自动来划分子网给下联用户外，其他 DNS 等信息不能自动下发。

实验 4-6　DHCPv6-PD 实验

本实验将实现一个简单的 DHCPv6-PD 前缀的自动分配，同时 PD 客户端上提前预留好前缀位置，只保留子网部分及接口 ID。待从 PD 服务器获得前缀后，组成完整的 IPv6 地址，通过自动配置技术给下联主机分配地址。通过本实验，读者可以加深对 DHCPv6-PD 的理解。

STEP ① 在 EVE-NG 中打开 "Chapter 04" 文件夹中的 "4-2 DHCPv6_PD" 实验拓扑。

STEP ② PD 服务器配置。R1、R2 和 R4 的配置可见配置包 "04/DHCPv6_PD.txt"。R1 的配置如下：

```
R1# config terminal
R1（config）#ipv6 unicast-routing
R1（config）#service dhcp
R1（config）#ipv6 local pool prefix_pool 2019:1:ab00::/40 48    定义本地前缀列表池，列表池的名字
                                                                是 prefix_pool
R1（config）#ipv6 dhcp pool dhcpv6-pd    创建 DHCP 地址池，名字是 dhcpv6-pd
R1（config-dhcpv6）#prefix-delegation pool prefix_pool    DHCPv6 地址池引用前缀列表，而不是地址
R1（config-dhcpv6）#prefix-delegation 2019:1:abff::/48 00030001AABBCC000500   为指定的 DUID 分配保留
                                                                              前缀，类似于为指定 DUID
                                                                              分配保留地址。路由器的
                                                                              DUID 可以在启用 IPv6 路
                                                                              由协议后，使用 show ipv6
                                                                              dhcp 命令查看得到
R1（config-dhcpv6）#dns-server 240c::6666    分配 DNS 地址
R1（config-dhcpv6）#interface ethernet0/0
R1（config-if）#ipv6 enable
R1（config-if）#ipv6 address 2001::1/64
R1（config-if）#ipv6 dhcp server dhcpv6-pd    指定用于前缀分配的地址池
R1（config-if）#no shutdown
R1（config-if）#interface ethernet 0/1
R1（config-if）#ipv6 enable
R1（config-if）#ipv6 address 2004::1/64
```

R1（config-if）#ipv6 dhcp server dhcpv6-pd
R1（config-if）#no shutdown

这里重点说一下定义的前缀列表池：2019:1:ab00::/40 48，后面的48表示分配给PD客户端的前缀长度都是48位。前面的/40再结合48，就可以确定前缀地址池的范围，且前面的数字不能大于后面的数字。这与IPv4的prefix-list前缀列表类似。这里定义的前缀列表池是2019:1:ab00::/40 48，则分配的前缀就是2019:1:ab00::/48、2019:1:ab01::/48……一直到2019:1:abff::/48，共计 $2^{(48-40)}$=256 个48位前缀。Cisco路由器在进行前缀分配时，可以对指定DUID的客户端分配保留的前缀。

STEP 3 PD客户端的配置。R2的配置如下：

R2#config terminal
R2（config）#ipv6 unicast-routing
R2（config）#service dhcp
R2（config）#ipv6 dhcp pool dns_delegation   创建DHCP地址池，名字是dns_delegation
R2（config-dhcpv6）#dns-server 240c::8888   此DNS地址是为R2的下联客户主机分配的
R2（config-dhcpv6）#interface ethernet0/0
R2（config-if）#ipv6 enable
R2（config-if）#ipv6 address autoconfig default   上联R1的接口地址进行自动配置即可，并且引入默认路由
R2（config-if）#ipv6 dhcp client pd prefix_from_isp 设置接口为申请PD的DHCPv6客户端，并将申
                                                    请到的前缀命名为prefix_from_isp，供下联接口使用
R2（config-if）#no shutdown
R2（config-if）#interface ethernet0/1
R2（config-if）#ipv6 enable
R2（config-if）#ipv6 address prefix_from_isp ::1:0:0:0:1/64 设置地址前缀部分为从上联接口分配到的
                                                             48位前缀prefix_from_isp，再追加后面的部分
R2（config-if）#ipv6 nd other-config-flag
R2（config-if）#ipv6 dhcp server dns_delegation   为下联主机采用无状态DHCPv6
R2（config-if）#no shutdown
R2（config-if）#interface ethernet0/2
R2（config-if）#ipv6 enable
R2（config-if）#ipv6 address prefix_from_isp ::2:0:0:0:1/64
R2（config-if）#ipv6 nd other-config-flag
R2（config-if）#ipv6 dhcp server dns_delegation
R2（config-if）#no shutdown

对于PD客户端的配置，可以得出以下结论。

- 对上联到PD服务器的接口，通过命令ipv6 dhcp client pd设置成PD客户端，发送请求获取前缀，并将获取到的前缀进行命名，为下联接口的配置做准备。
- 下联接口在设置IPv6地址时，先引用自动获取的前缀名，再补充剩余的含有子网划分字段的位数，从而组成完整的IPv6地址。

- PD 服务器分配前缀时，允许携带 DNS 等选项分配给 PD 客户端，但这些非前缀信息只能发送到 PD 客户端，不能将其自动下发给 PD 客户端下联的客户主机。

参照 R2 的配置，配置另一台 PD 客户端 R4，其配置如下：

R4#config terminal
R4（config）#ipv6 unicast-routing
R4（config）#service dhcp
R4（config）#interface ethernet0/0
R4（config-if）#ipv6 enable
R4（config-if）#ipv6 address autoconfig default
R4（config-if）#ipv6 dhcp client pd prefix_from_isp
R4（config-if）#no shutdown
R4（config-if）#interface loopback0   用本地环回接口模拟 IPv6 网段
R4（config-if）#ipv6 enable
R4（config-if）#ipv6 address prefix_from_isp ::2019:0:0:2019:1/64

STEP 4 测试 PE 客户端。设置好 R1、R2 和 R4 后，在 R1 上用命令 show ipv6 dhcp binding 查看前缀分配情况，显示如下：

R1#sho ipv dhcp binding
Client: FE80::A8BB:CCFF:FE00:200
　　DUID: 00030001AABBCC000200
　　Username : unassigned
　　VRF : default
　　Interface : Ethernet0/0
　　IA PD: IA ID 0x00030001, T1 302400, T2 483840
　　　Prefix: 2019:1:AB00::/48
　　　　　　preferred lifetime 604800, valid lifetime 2592000
　　　　　　expires at Apr 15 2016 01:03 AM (2591290 seconds)
Client: FE80::A8BB:CCFF:FE00:500
　　DUID: 00030001AABBCC000500
　　Username : unassigned
　　VRF : default
　　Interface : Ethernet0/1
　　IA PD: IA ID 0x00030001, T1 60, T2 120
　　　Prefix: 2019:1:ABFF::/48
　　　　　　preferred lifetime 604800, valid lifetime 2592000
　　　　　　expires at Apr 15 2016 01:15 AM (2591988 seconds)

从输出中可以看到，Client 是 R2 和 R4 请求分配前缀的接口的链路本地地址，DUID 是 R2 和 R4 设备的 DUID（可在路由器上使用命令 show ipv6 dhcp 查看），IA 类型是 IA PD（即前缀分配），IA ID 是 IA 的标识，T1 和 T2 分别是更新时间和重新绑定时间。这里分配了两个前缀：2019:1:AB00::/48，分配给了 R2；2019:1:ABFF::/48，分配给了 R4。这两个前缀一般是按顺序分配，R4 之所以分配到最后一个，是因为 PD 服务器上配置了前缀保留。

使用 show ipv6 route 命令查看 R1 路由表，显示如下：

```
R1#show ipv6 route
IPv6 Routing Table - default - 7 entries
Codes: C - Connected, L - Local, S - Static, U - Per-user Static route
       B - BGP, HA - Home Agent, MR - Mobile Router, R - RIP
       H - NHRP, I1 - ISIS L1, I2 - ISIS L2, IA - ISIS interarea
       IS - ISIS summary, D - EIGRP, EX - EIGRP external, NM - NEMO
       ND - ND Default, NDp - ND Prefix, DCE - Destination, NDr - Redirect
       O - OSPF Intra, OI - OSPF Inter, OE1 - OSPF ext 1, OE2 - OSPF ext 2
       ON1 - OSPF NSSA ext 1, ON2 - OSPF NSSA ext 2, la - LISP alt
       lr - LISP site-registrations, ld - LISP dyn-eid, a - Application
C   2001::/64 [0/0]
     via Ethernet0/0, directly connected
L   2001::1/128 [0/0]
     via Ethernet0/0, receive
C   2004::/64 [0/0]
     via Ethernet0/1, directly connected
L   2004::1/128 [0/0]
     via Ethernet0/1, receive
S   2019:1:AB00::/48 [1/0]
     via FE80::A8BB:CCFF:FE00:200, Ethernet0/0
S   2019:1:ABFF::/48 [1/0]
     via FE80::A8BB:CCFF:FE00:500, Ethernet0/1
L   FF00::/8 [0/0]
     via Null0, receive
```

从输出中可以看到，即便没有手动添加静态路由器表，R1 仍然对分配给 R2 和 R4 的 48 位前缀分别生成了一条静态路由。

在 R2 上验证配置。使用命令 show ip name-server 查看从 R1 自动分配的 DNS 地址，显示如下：

```
R2#show ip name-server
240C::6666
```

在 R2 上使用命令 show ipv6 interface brief 查看利用分配的前缀给下联接口生成的 IPv6 地址，显示如下：

```
R2#show ipv6 interface brief
Ethernet0/0            [up/up]
    FE80::A8BB:CCFF:FE00:200
    2001::A8BB:CCFF:FE00:200
```

```
Ethernet0/1                    [up/up]
    FE80::A8BB:CCFF:FE00:210
    2019:1:AB00:1::1
Ethernet0/2                    [up/up]
    FE80::A8BB:CCFF:FE00:220
    2019:1:AB00:2::1
Ethernet0/3                    [administratively down/down]
    unassigned
```

STEP ⑤ 测试最终 DHCP 客户端。Win10 和 Win7 的 IPv6 地址采用自动配置。在 Win7 主机上使用命令 ipconfig /all 查看获得的地址等情况，如图 4-32 所示。

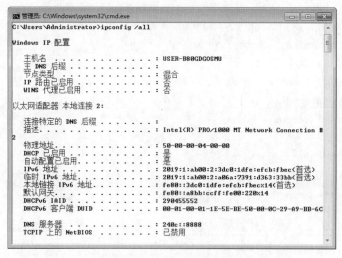

图 4-32　验证通过 PD 客户端获取的地址等信息

从图 4-32 中可以看出，获取到的 DNS 是 R2 上的无状态 DHCPv6 配置分配的（240c::8888），而不是 R1 这台 PD 服务器分配的（240C::6666）。地址是根据 R2 的 ethernet0/2 接口发送的 RA 报文自动生成的。

在 Win7 主机上测试到路由器 R1 接口 ethernet0/1 的 IPv6 地址的可达性，其结果如图 4-33 所示。

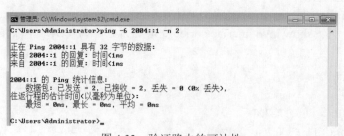

图 4-33　验证路由的可达性

从图 4-33 可以看出，即便本实验的所有路由器都没有手动添加静态路由，Win7 也可以访问它们。这主要是因为 DHCPv6-PD 在进行层次化地址分配时，会自动添加静态路由。

在 R4 上执行命令 show ipv6 interface loopback 0 brief，显示如下：

```
R4#show ipv6 interface brief loopback 0
Loopback0                 [up/up]
    FE80::A8BB:CCFF:FE00:500
    2019:1:ABFF:2019::2019:1
```

在 Win7 上 ping R4 的 loopback 0 的 IPv6 地址 2019:1:ABFF:2019::2019:1，可以 ping 通。Win10 的测试过程与 Win7 相同，这里不再演示。Win10 和 Win7 相互之间也能 ping 通。

在实际应用场景中，PD 客户端并不总是与 PD 服务器直连，而是架设独立的 DHCPv6 服务器进行集中管理，PD 客户端的上联设备仅执行中继转发。读者可以参考已学内容自行完成在中继存在时的 DHCPv6-PD 实验，这里不再赘述。

第 5 章 DNS

Chapter 5

DNS（Domain Name System，域名系统）是互联网的核心应用层协议之一，它使用层次结构的命名系统，将域名和 IP 地址相互映射，形成一个分布式数据库系统，使用户能够更加方便地访问互联网。IPv6 是下一代互联网协议，IPv6 的新特性也离不开 DNS 的支持。本章的内容主要包括 DNS 基础、IPv6 域名服务、BIND 软件、IPv6 网络的 DNS 配置等。

通过对本章的学习，读者可以基于 Windows 和 Linux 系统搭建自己的 DNS 服务器。

5.1 DNS 基础

在互联网早期，因为主机较少，可直接使用 IP 地址通信，因此并没有域名系统。但是随着网络的发展，计算机数量不断增加，这种使用数字标识的 IP 地址非常不便于记忆，UNIX 上出现了一个名为 hosts 的文件（目前 Linux 和 Windows 也继承和保留了这个文件）。这个文件记录着主机名称和 IP 地址的对应关系。这样一来，只要输入主机名称，系统就会加载 hosts 文件并查找对应的 IP 地址，进而访问这个 IP 的主机。

随着主机数量的急剧增加，所有人拿到统一的最新的 hosts 文件的可能性几乎为零，因此不得不使用文件服务器集中存放 hosts 文件，以供下载使用。随着互联网规模的进一步扩大，这种方式也不堪重负，而且把所有地址解析记录形成的文件都同步到所有的客户机也不是一个好办法，这时 DNS 系统就出现了。随着解析规模的继续扩大，DNS 系统也在不断演化，直至生成如今的多层次架构体系。

DNS 最早于 1983 年由保罗·莫卡派乔斯（Paul Mockapetris）负责设计，1984 年他在 RFC 882 中发布了原始的技术规范，用于描述 DNS。该文档后来被 RFC 1034 和 RFC 1035 所替代，后两份文档也是现在的 DNS 规范。目前，RFC 1034 和 RFC 1035 已经被其他 RFC 所扩充，扩充部分包括：DNS 潜在的安全问题、实现问题、管理缺陷、名称服务器的动态更新机制以及保证区域数据的安全性等。

5.1.1 域名的层次结构

由于因特网的用户数量较多,所以因特网在命名时采用的是层次树状结构的命名方法。任何一个连接到因特网上的主机或路由器,都有一个唯一的层次结构的名字,即域名(domain name)。每个域名由标号序列组成,各标号之间用点(小数点)隔开。DNS 规定,每个标号不超过 63 个字节,不区分大小写字母。比如,图 5-1 就是一个域名的构成。

域名只是逻辑概念,并不代表计算机所在的物理地点。域名分为三大类,具体如下。
- 国家/地区顶级域名 nTLD:采用 ISO 3166 的规定。如,cn 代表中国,us 代表美国,uk 代表英国等。国家域名又常记为 ccTLD(cc 表示国家代码[contry-code])。
- 通用顶级域名 gTLD:最常见的通用顶级域名有 7 个,即 com(公司企业)、net(网络服务机构)、org(非营利组织)、int(国际组织)、gov(政府部门)、mil(军事部门)、edu(教育部门)。
- 基础结构域名(infrastructure domain):这种顶级域名只有一个,即 arpa,用于反向域名解析,因此称为反向域名。

因特网域名的结构是一个倒置的树,最上面的是根,没有对应的名字,根下面一级节点为最高一级的顶级域名,顶级域名可往下划分为二级域名,再往下是三级域名,等等,如图 5-2 所示。

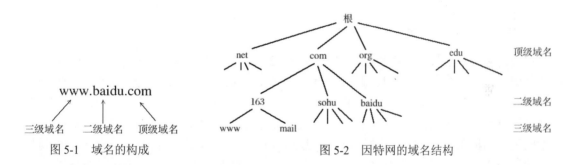

图 5-1 域名的构成　　图 5-2 因特网的域名结构

5.1.2 域名空间

DNS 作为域名和 IP 地址相互映射的一个分布式数据库,能够让用户更方便地访问互联网。它的正向映射是把一个主机名映射到 IP 地址,反向映射则是 IP 地址映射到主机名。DNS 基于 C/S(Client/Server,客户端/服务器)架构,同时使用 TCP 和 UDP 的 53 号端口。当前,DNS 对于每一级域名长度的限制是 63 个字符,域名总长度不能超过 253 个字符。

对于 DNS 域名空间来说,为了防止域名出现重复,需要制定一套命名规则。我们可以将 DNS 的域名规与生活中的快递系统联系起来,快速系统使用的也是层次地址结构。当要邮寄物品给某人时,快递单上要写上他的地址,比如中国江苏省南京市玄武区卫岗 1 号。对于因特网来说,域名层次结构的顶级(相当于国际快递地址中的国家部分)由 ICANN(Internet

Corporation for Assigned Names and Numbers，互联网名称与数字地址分配机构）负责管理。目前，已经有超过 800 多个顶级域名，每个顶级域名可以进一步划为一些子域（二级域名），这些子域可被再次划分（三级域名）；以此类推。所有这些域名可以组织成一棵树，如图 5-3 所示。

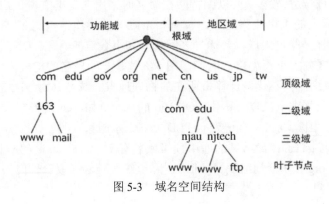

图 5-3 域名空间结构

5.1.3 域名服务器

在 DNS 中，域名服务器是按照层次安排的，根据域名服务器所起的作用，可以把域名服务器划分为 4 种不同的类型。

1. 根域名服务器（root name server）

根域名服务器是最高层次的域名服务器，主要用于管理互联网的主目录。全球共有 13 台根域名服务器，其台 1 台为主根服务器，位于美国，其余 12 台均为辅根服务器，9 台位于美国，剩下 3 台分别位于英国、瑞典、日本。所有的根域名服务器都知道所有的顶级域名服务器的域名和 IP 地址。根域名服务器采用任播（anycast）技术，也就是 IP 数据包的终点是一组位于不同地点的根服务器，它们有相同的 IP 地址，但是 IP 数据报只交付给离源点最近的根服务器，这样 DNS 客户向某个根域名服务器进行查询时，就能就近找到一个根域名服务器。

2. 顶级域名服务器（TLD 服务器）

顶级域名服务器负责管理在该顶级域名服务器注册的所有二级域名。当收到 DNS 查询请求时，它们负责给出相应的回答，回答可能是最终的结果，也可能是下一台域名服务器的 IP 地址。

3. 权限域名服务器（authoritative name server）

权限域名服务器负责管理一个区的域名服务器。区是 DNS 服务器管辖的范围，一个区的大小可能等于一个域，也可能小于一个域。后面在讲解 DNS 委派时会讲到，一个域名服务器可以管理多个子域，也可以把某个子域委派出去，委派出去的一个子域也是一个区，这样一个域就可以包括多个区。没有委派子域时，区和域的大小是一样的。

4. 本地域名服务器（local name server）

当一个主机发出 DNS 查询请求时，这个查询请求报文被发给本地域名服务器。每一个互联网供应商或者每一个大学都可以拥有本地域名服务器。本地域名服务器的主要分类如表 5-1 所示。

表 5-1　　　　　　　　　　　　本地域名服务器的主要分类

服务器的类型	说明
主服务器	管理和维护所负责域内的域名解析库
从服务器	从主 DNS 服务器或其他从 DNS 服务器"复制"（区域传送）一份解析库
缓存服务器	DNS 缓存服务器并不在本地数据库保存任何资源记录，它仅仅缓存客户端的查询结果；当其他客户端再查询同样的域名时，就不需要再请求域名服务器获取 IP，而是直接使用缓存中的 IP，由此提高了响应的速度，起到了加速查询请求和节省网络带宽的作用
转发服务器	将本地 DNS 服务器无法解析的查询转发给网络上的其他 DNS 服务器

为了提高域名服务器的可靠性，DNS 域名服务器会把数据复制并保存到多个域名服务器，其中一个是主域名服务器（master name server），其他的是辅助域名服务器（secondary name server）。当主域名服务器发生故障时，辅助域名服务器可以保证 DNS 的查询工作不会中断。主域名服务器定期把数据复制到辅助域名服务器中，而数据更改只能在主域名服务器中进行，这样就保证了数据的一致性。

5.1.4　域名解析过程

客户端在查询一个域名时，首先检查客户端的本地缓存中是否有域名对应的 IP 地址。这个缓存有时效性，一般是几分钟到几小时不等。若本地缓存中没有相应的 IP 地址，则继续查找操作系统的 hosts 文件，比如在 Windows 中就是 C:\Windows\System32\drivers\etc\hosts 文件，在 Linux 中则是 /etc/hosts 文件。若在 hosts 文件中查找失败，则进行 DNS 查找。

网络中有多台 DNS 服务器，它们负责维护域名和 IP 地址映射数据库。客户端从指定的服务器获取域名对应的 IP 地址信息，一旦客户端指定的 DNS 服务器中没有包含相应数据，则 DNS 服务器会在网络中进行递归查询，从其他服务器上获取地址信息。

DNS 服务器的工作原理如图 5-4 所示，其中实心箭头代表请求信息流，虚线箭头代表应答信息流，具体流程如下。

STEP 1　客户端将域名查询请求发送到本地 DNS 服务器（DNS 服务器 1），然后由 DNS 服务器 1 在本地数据库中查找客户端要求的映射。

STEP 2　如果 DNS 服务器 1 无法在本地找到客户端查询的信息，则将客户端请求发送到上一级域名 DNS 服务器（DNS 服务器 2）。

STEP 3 DNS 服务器 2 是 DNS 根域服务器，它将包含下一级域名信息的 DNS 服务器地址（DNS 服务器 3）返回给客户端的 DNS 服务器（DNS 服务器 1）。

STEP 4 客户端的 DNS 服务器（DNS 服务器 1）利用根域名服务器解析的地址访问下一级 DNS 服务器（DNS 服务器 3）。

STEP 5 DNS 服务器 3 将解析出的 IP 地址返回给 DNS 服务器 1。如果 DNS 服务器 3 没有解析出与域名对应的 IP 地址，它将返回再下一级域名 DNS 服务器的地址。按照上述递归方法可逐级接近查找目标，最后在维护有目标域名的 DNS 服务器上找到相应的 IP 地址信息。

STEP 6 客户端的本地 DNS 服务器将递归查询结果返回客户端。

STEP 7 客户端利用从本地 DNS 服务器查询得到的 IP 地址访问目标 Web 服务器。

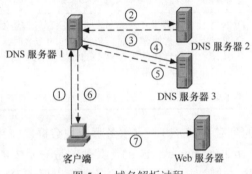

图 5-4　域名解析过程

小技巧

　　hosts 文件会先于 DNS 被查询。假如家中有孩子经常访问某个游戏网站，这里假设是 www.sina.com.cn，可在 hosts 文件的最后添加两行（见图 5-5）。以后孩子再访问新浪网站时，将打开 IPv4 地址 1.1.1.1 或 IPv6 地址 2001::1，这都不是新浪的真实 IP 地址，因此访问会失败，但访问其他域名时都没有问题。

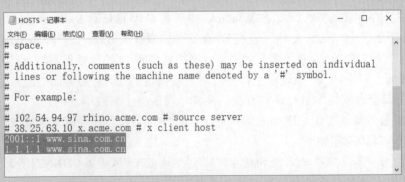

图 5-5　修改 hosts 文件

5.1.5 常见资源记录

当 DNS 客户端向服务端发送请求报文时,服务端会回送一个应答报文。DNS 服务端把各种资源记录存放在数据库中,当要答复客户端的询问时,会从数据库中取出与询问有关的资源记录,并将这些资源记录存放到应答报文中,然后返回给客户端。

DNS 的每条资源记录是一个五元组,其格式如下。

| Domain_name(域名) | Time_to_live(生存期) | Class(类别) | Type(类型) | Value(值) |

- Domain_name:指出了这条记录对应的域名。
- Time_to_live:用于指示该记录的稳定程度。极为稳定的信息会被分配一个很大的值,而非常不稳定的信息则会被分配一个较小的值。
- Class:对于 Internet 信息,它总是 IN。
- Type:指出这是什么类型的记录。表 5-2 列出了一些重要的类型。
- Value:它的值可以是数字、域名或 ASCII 字符串,其语义取决于记录的类型。

表 5-2   重要的 DNS 资源记录类型

类型	该类型的数字表示	含义	描述
A	1	IP 地址	32 位 IPv4 主机地址
NS	2	名字服务器	本区域的服务器的名称
CNAME	5	规范名	域名。该值用来给域名增加别名。如果有人使用域名的别名进行访问,那么这条资源记录可以把别名和真正的域名对应起来
SOA	6	授权的开始	有关该名字服务器区域的一些信息
PTR	12	指针	一个 IP 地址的别名。PTR 用来将一个名字与一个 IP 地址关联起来,以便能够通过查找 IP 地址来返回对应机器的名字(即反向查找)
MX	15	邮件交换	邮件交换记录,希望接受该域电子邮件的计算机
HINFO	13	主机的描述	用 ASCII 表示的 CPU 和操作系统
TXT	16	文本	一段没有确定语义的 ASCII 文本,每个域可利用该记录可以任意的方式来标识自己
AAAA	28	IPv6 地址记录	128 位的 IPv6 地址
SPF	99	SPF 记录	TXT 类型的记录,用于登记某个域名拥有的用来外发邮件的所有 IP 地址

DNS 资源记录的具体格式见表 5-3。

表 5-3　　　　　　　　　　　　DNS 资源记录格式

字段名	大小（字节）	描述
Name	可变大小	拥有者的名字，比如该资源记录隶属的节点的名字
Type	2	表示某一种资源记录的类型（具体类型见表 5-2）
Class	2	该字段的值通常为 1，代表 Internet 信息
TTL	4	代表获取该资源记录的设备中，该记录将在该设备中缓存的时间（单位为秒）
RDLength	2	用来标识 RData 字段的长度（单位为字节）
RData	可变长度	资源记录的数据部分

图 5-6 所示为一个捕获的 DNS 应答报文，其中包含表 5-3 中的各个部分。

图 5-6　捕获的 DNS 应答报文

5.2　IPv6 域名服务

5.2.1　DNS 系统过渡

互联网的根域名服务器经过改进后可同时支持 IPv6 和 IPv4，所以不需要为 IPv6 域名解析单独建立一套独立的域名系统，而是可以和传统的 IPv4 域名系统结合在一起。现在 Internet 上最通用的域名服务软件 BIND 已经可以支持 IPv6 地址，因此能够很多地解决 IPv6 地址和主机名之间的映射问题。

1. IPv6 域名系统的体系结构

IPv6 网络中的 DNS 与 IPv4 的 DNS 在体系结构上是一致的，采用的都是树型结构的域名空间。IPv4 协议与 IPv6 协议的不同，并不意味着 IPv4 DNS 体系和 IPv6 DNS 体系各自独立，相反，两者 DNS 的体系和域名空间必须是一致的，即 IPv4 和 IPv6 共同拥有统一的域名空间。在 IPv4 到 IPv6 的过渡阶段，域名可以同时对应于多个 IPv4 和 IPv6 的地址。以后随着 IPv6 网络的普及，IPv6 地址将逐渐取代 IPv4 地址。

2. DNS 对 IPv6 地址层次性的支持

IPv6 可聚合全局单播地址是在全局范围内使用的地址，必须进行层次划分及地址聚合。IPv6 全局单播地址的分配方式如下：顶级地址聚合机构（TLA，即大的 ISP 或地址管理机构）获得大块地址，负责给次级地址聚合机构（NLA，即中小规模 ISP）分配地址，NLA 给站点级地址聚合机构（SLA，即子网）和网络用户分配地址。IPv6 地址的层次性在 DNS 中通过地址链技术可以得到很好的支持。该功能是"A6"记录的特性，稍后将对"A6"记录进行解释。

5.2.2 正向 IPv6 域名解析

DNS 正向解析的作用是根据域名查询 IP 地址。IPv4 DNS 地址正向解析的资源记录是"A"记录，而 IPv6 DNS 地址正向解析的资源记录有两种，即"AAAA"和"A6"记录。其中"AAAA"在 RFC 1886 中提出，它是对 IPv4 协议"A"记录的扩展。由于 IP 地址由 32 位扩展到 128 位，扩大了 4 倍，所以资源记录由"A"扩大成"AAAA"。"AAAA"用来表示域名和 IPv6 地址的对应关系，不支持地址的层次性。

在 2000 年，IETF 在 RFC 2874 中提出"A6"，它将一个 IPv6 地址与多个"A6"记录联系起来，每个"A6"记录都只包含了 IPv6 地址的一部分，结合后可拼装成一个完整的 IPv6 地址。RFC 2874 提议采用新的资源记录类型"A6"来代替 RFC 1886 中提出的"AAAA"。"A6"记录支持"AAAA"所不具备的一些新特性，如 IPv6 地址的层次性、地址聚合、地址更改等。在 2002 年，RFC 3363 规定，RFC 2874 中的标准暂时只供实验使用，而 RFC 1886 中的 AAAA 记录被认为是 DNS IPv6 的事实标准，因为 IETF 认为 RFC 2874 的实现中存在着一些潜在的问题。

5.2.3 反向 IPv6 域名解析

反向解析的作用与正向解析相反，它是根据 IP 地址来查询域名。IPv6 域名解析的反向解析记录和 IPv4 一样，是"PTR"，但地址表示形式有两种：一种是用"."分隔的半字节十六进制数字格式（Nibble Format），低位地址在前，高位地址在后，域后缀是"IP6.INT"；另一种是二进制串（Bit-string）格式，以"\["开头，十六进制地址（无分隔符，高位在前，低位在后）居中，地址后加"]"，域后缀是"IP6.ARPA."。半字节十六进制数字格式与"AAAA"对应，是对 IPv4 的简单扩展。二进制串格式与"A6"记录对应，地址也像"A6"一样，可以分成多级地址链表示，也支持地址层次特性。

5.2.4 IPv6 域名软件

现在有许多不同的 DNS 域名服务软件，且每种软件有不同的特性，例如接口、平台支持、打包和其他功能等。目前大部分域名服务软件都支持 IPv6。

1. BIND

BIND（Berkeley Internet Name Domain）是一款实现 DNS 服务的开源软件。Bind 于 1980 年初在加州大学伯克利分校设计，最早由 4 个学生编写，目前仍在不断升级，现在由互联网系统协会（Internet Systems Consortium）负责开发与维护。BIND 已经成为世界上使用最为广泛的 DNS 服务器软件，它可以作为权威名称服务器和递归服务器，可支持许多高级 DNS 功能，如 DNSSEC、TSIG 传输、IPv6 网络等。BIND 可以通过命令行或 Web 界面进行管理。尽管 BIND 主要用于类 UNIX 操作系统，但它完全是一个跨平台的软件。

2. PowerDNS

PowerDNS 创建于 20 世纪 90 年代末的荷兰，是一个跨平台的开源 DNS 服务组件。PowerDNS 与 BIND 一样功能齐全，而且同时有 Windows 和 Linux/UNIX 的版本。PowerDNS 在 Windows 下使用 Access 的 mdb 文件记录 DNS 信息，而在 Linux/UNIX 下主要使用 MySQL 来记录 DNS 信息。除了支持普通的 BIND 配置文件外，PowerDNS 还可以从 MySQL、Oracle、PostgreSQL 等数据库读取数据。可以通过安装并使用 Poweradmin 工具来管理 PowerDNS。许多人选择部署 PowerDNS，原因是它不仅是一个稳定和健壮的 DNS 服务器，而且也得到了强大的社区和商业支持。

3. Unbound

Unbound 是 FreeBSD（类 UNIX）操作系统下默认的 DNS 服务器软件，最初在 2006 年用 Java 编写，在 2007 年被 NLnet 实验室用 C 语言重写成为了高性能 DNS 服务器软件。Unbound 是一个功能强大、安全性高、跨平台（类 UNIX、Linux、Windows）、易于配置以及支持验证、递归（转发）、缓存等功能的 DNS 服务软件。它是一个递归的 DNS 解析程序，因此不能充当权威名称服务器，但可以用于域名快速转发和劫持等。

4. DNSmasq

DNSmasq 于 2001 年根据 GPL 首次发布，它是一个轻量级的 DNS 服务软件，具有开源、搭建简单、维护成本低的优点，可以方便地用于配置 DNS 和 DHCP，适用于小型网络。作为自由软件，DNSmasq 是当今许多 Linux 发行版的一部分，主要通过命令行来管理。

5. 其他软件工具

目前互联网上最为广泛的 DNS 服务器软件为 BIND，而由于很多企业使用 Windows AD 域，因此 Windows DNS 在企业内部应用较多。

5.2.5　IPv6 公共 DNS

下一代互联网国家工程中心正式宣布推出 IPv6 公共 DNS：240c::6666，同时还有一个备用 DNS：240c::6644。下一代互联网国家工程中心还联合全球 IPv6 论坛（IPv6 Forum）启动 IPv6 公共 DNS 的全球推广计划，旨在为全球用户提供更优质的上网解析服务，并通过免费提供性能优异的公共 DNS 服务，为广大 IPv6 互联网用户打造安全、稳定、高速、智能的上网体验，助力我国《推进互联网协议第六版（IPv6）规模部署行动计划》全面落实。下一代互联网国家工程中心在北京、广州、兰州、武汉、芝加哥、弗里蒙特、伦敦、法兰克福等全球众多地区部署递归节点，并基于 IPv6 BGP 任播方式部署，以使用户可以实现就近访问，从而使得域名在解析到根服务器时延迟明显缩小。

此外，IPv6 公共 DNS 将通过主动同步 com/net 域名、缓存热点域名等举措，可以最大程度实现快速应答。

在安全性方面，IPv6 公共 DNS 支持单 IP 解析限速、DNSSEC 安全解析验证，并通过安全限速有效拦截恶意攻击等，因此既不会出现恶意跳转，也不会出现强制性广告。

表 5-4 列出了 IPv6 公共 DNS 服务器的名称和地址（主地址和备用地址）。

表 5-4　　　　　　　　　　公共的 IPv6 DNS 服务器

公共 DNS 名称	IPv6 DNS 服务器主地址	IPv6 DNS 服务器备用地址
Google Public IPv6 DNS	2001:4860:4860::8888	2001:4860:4860::8844
Cloudflare IPv6 DNS	2606:4700:4700::1111	2606:4700:4700::1001
OpenDNS	2620:0:ccc::2	2620:0:ccd::2
Neustar UltraDNS IPv6	2610:a1:1018::1 2610:a1:1018::5	2610:a1:1019::1
HiNet	2001:b000:168::1	2001:b000:168::2
Quad9	2620:fe::fe	2620:fe::9
Hurricane Electric	2001:470:20::2	2001:470:0:45::2
	2001:470:0:78::2	2001:470:0:7d::2
	2001:470:0:8c::2	2001:470:0:c0::2
	2001:638:902:1::10	
北京邮电大学	2001:da8:202:10::36	2001:da8:202:10::37
百度 IPv6 DNS	2400:da00::6666	

5.3 BIND 软件

BIND 是一款开源的 DNS（Domain Name System）服务器软件，包含域名查询和响应所需的所有功能。它是现今互联网上最常使用的 DNS 服务器软件（市场占有率的 90%）。对于类 UNIX 系统来说，BIND 已经成为事实上的标准。

BIND 在发展过程中经历了 3 个主要的版本：BIND 4、BIND 8 和 BIND 9，每个版本在架构上都有着显著的变化。

BIND 软件包括以下 3 个部分。

- DNS 服务器：这是一个名为 named（name daemon）的程序。它根据 DNS 协议标准的规定来响应收到的查询。
- DNS 解析库（resolver library）：解析程序通过发送请求到合适的服务器并且对服务器的响应做出合适的回应，来解析查询的域名。解析库是程序组件的集合，可以在开发其他程序时使用，以便为这些程序提供域名解析功能。
- 测试服务器的软件工具：包含 DNS 查询工具 dig、host 和 nslookup 以及动态 DNS 更新工具 nsupdate 等。

5.3.1 BIND 与 IPv6

BIND 也提供了对 IPv6 的支持，最新的 BIND 9 软件完全支持当前 IPv6 中对名字到地址和地址到名字查询的所有定义。当 BIND 9 运行在兼容 IPv6 的系统中时，它使用 IPv6 地址进行请求。对于转发的查询，BIND 9 同时支持 A6 和 AAAA 记录，而大多数操作系统所带的解析器只支持 AAAA 的解析查询，因为在实现上 A6 的解析要比 A 和 AAAA 的解析更为困难。

默认情况下，BIND 9 域名服务不会监听 IPv6 网络接口，可以通过修改配置文件 /etc/named.conf 来启用对 IPv6 网络接口的监听，从而实现 IPv6 的解析服务。

```
options {
        listen-on-v6 { any; };
}
```

如果要指定服务 IPv6 地址，则可以修改配置文件，如下所示：

```
options {
        listen-on-v6 { 2001:da8:100:1000::200; 2001:da8:100:1000::2001;};
}
```

实验 5-1　在 CentOS 7 下安装配置 BIND 双栈解析服务

在 EVE-NG 中打开"Chapter 05"文件夹中的"5-1 Basic"网络拓扑，如图 5-7 所示。注意中间的 Net 云连接的是 EVE-NG 虚拟机第一块网卡所在的网络，相当于图中的 Win10 和 Linux-CentOS7 直接连接到该网络（172.18.1.0/24），进而通过真实计算机连接互联网。读者也可以在自己的 Linux CentOS 7 服务器或者其他虚拟机上完成该实验。通过本实验，读者不仅能知道如何在 Linux 上安装配置 BIND DNS 服务，还能了解 CentOS 7 针对服务的防火墙配置和一些常用的 DNS 测试命令。本实验主要完成了以下功能：

- 在 Linux CentOS 7 系统下通过网络安装 BIND 软件；
- 为系统配置静态 IPv4 和 IPv6 地址，用于 DNS 域名服务；
- 配置 BIND 系统防火墙，配置 BIND 服务软件的启动方式和检查运行状态；
- BIND 的 IPv4/IPv6 的双栈解析；
- DNS 的配置测试。

图 5-7　DNS 基本实验拓扑图

该实验的配置步骤如下。

STEP 1　安装 BIND 软件。右键单击拓扑图中的 Linux-CentOS7 计算机，从快捷菜单中选择 Start，开启计算机。双击 Linux-CentOS7 计算机图标，通过 VNC 打开计算机配置窗口。在命令窗口中输入用户名 root，再输入系统默认密码 eve@123，然后按回车键登录系统。在命令窗口中执行 ifconfig 命令，查看系统当前自动获取的 IP 地址（本章所有实验中涉及的命令和配置文件的内容，可详见配置包"05\操作命令和配置.txt"）。

```
root@localhost ~]# ifconfig
eth0: flags=4163<UP,BROADCAST,RUNNING,MULTICAST>  mtu 1500
        inet 172.18.1.132   netmask 255.255.255.0   broadcast 172.18.1.255
        inet6 fe80::f6a5:eb:54d7:ee58  prefixlen 64  scopeid 0x20<link>
        ether 00:50:00:00:02:00  txqueuelen 1000  （Ethernet）
        RX packets 468    bytes 63259  （61.7 KiB）
        RX errors 0   dropped 0    overruns 0    frame 0
        TX packets 130    bytes 13654  （13.3 KiB）
        TX errors 0   dropped 0 overruns 0    carrier 0    collisions 0

lo: flags=73<UP,LOOPBACK,RUNNING>   mtu 65536
```

inet 127.0.0.1　netmask 255.0.0.0
inet6 ::1　prefixlen 128　scopeid 0x10<host>
loop　txqueuelen 1　（Local Loopback）
RX packets 4　bytes 340　（340.0 B）
RX errors 0　dropped 0　overruns 0　frame 0
TX packets 4　bytes 340　（340.0 B）
TX errors 0　dropped 0 overruns 0　carrier 0　collisions 0

从输出中可以看到，网卡 eth0 自动获取的 IPv4 地址是 172.18.1.132（是真实计算机上 VMware DHCP Service 服务分配的地址，系统每次启动时获取的 IP 地址可能不一样）。为了保证使后续软件能够正常安装，请确保 Linux-CentOS7 虚拟机可以访问互联网（比如 ping www.baidu.com，看能否正常解析出域名和 ping 通）。然后通过命令在线安装 BIND 软件。注意，Linux 严格区分大小写，在终端下输入 yum -y install bind*命令并按回车键，这个命令会让系统通过 yum 方式连接到外网的应用服务器来安装 BIND 所有相关软件，-y 选项表明在当安装过程中出现选择提示时全部选择"yes"。运行上述命令后，屏幕显示大量的安装信息，软件安装成功后会出现"Complete!"字样：

[root@localhost ~]# yum -y install bind*
Loaded plugins: fastestmirror
Repodata is over 2 weeks old. Install yum-cron? Or run: yum makecache fast
base | 3.6 kB   00:00:00
extras | 3.4 kB   00:00:00
updates | 3.4 kB   00:00:00
（1/4）：base/7/x86_64/group_gz | 166 kB   00:00:00
（2/4）：updates/7/x86_64/primary_db | 6.4 MB   00:00:00
（3/4）：extras/7/x86_64/primary_db | 204 kB   00:00:00
（4/4）：base/7/x86_64/primary_db | 6.0 MB   00:00:00
Determining fastest mirrors
 * base: mirrors.njupt.edu.cn
 * extras: mirrors.njupt.edu.cn
 * updates: mirrors.njupt.edu.cn
Resolving Dependencies
……
Complete!

系统会自动联网更新和下载 BIND 所需要的软件包并自动安装，同时在 Linux 中会自动建立 named 用户，用于启动 DNS 服务进程。安装成功后，/etc 和/var/named 目录下面会多出几个文件，可以通过命令 ls /etc | grep named 查看文件列表。Ls 用于查看文件列表，grep 用于查找其内容包含指定范本样式的文件，可把含有范本样式的文件显示出来。具体命令如下：

[root@localhost ~]# ls /etc | grep named
named

```
named.conf
named.conf.bak
named.iscdlv.key
named.rfc1912.zones
named.root.key
```

查看/var/named/目录下的文件,显示如下:

```
[root@localhost ~]# ls /var/named/
chroot  chroot_sdb  data  dynamic  dyndb-ldap  named.ca  named.empty  named.localhost  named.loopback  slaves
```

通过命令 rpm -qa | grep bind 查看所有已安装的 BIND 相关的软件包,显示如下:

```
[root@localhost ~]# rpm -qa | grep bind
ind-libs-9.9.4-74.el7_6.1.x86_64
bind-libs-lite-9.9.4-74.el7_6.1.x86_64
bind-9.9.4-74.el7_6.1.x86_64
bind-sdb-chroot-9.9.4-74.el7_6.1.x86_64
bind-pkcs11-9.9.4-74.el7_6.1.x86_64
bind-lite-devel-9.9.4-74.el7_6.1.x86_64
bind-pkcs11-utils-9.9.4-74.el7_6.1.x86_64
bind-utils-9.9.4-74.el7_6.1.x86_64
bind-pkcs11-libs-9.9.4-74.el7_6.1.x86_64
bind-sdb-9.9.4-74.el7_6.1.x86_64
bind-dyndb-ldap-11.1-4.el7.x86_64
bind-devel-9.9.4-74.el7_6.1.x86_64
```

STEP 2 配置静态 IP 地址。由于动态获取的 IP 地址不稳定,因此需要为服务器配置静态 IP 地址。为了方便测试和实现系统的双栈解析,接下来配置静态的 IPv4 地址和 IPv6 地址。通过 cd 命令进入网卡配置文件目录/etc/sysconfig/network-scripts,然后通过 vim 文件编辑器修改网卡的配置文件 ifcfg-ens33,按键盘 d 键删除所有配置,然后按键盘"I"键添加配置。考虑到配置内容较多,可以给真实计算机 VMnet8 网卡配置一个 172.18.1.0/24 网段的 IP 地址,然后在真实计算机上通过 SSH 工具登录 CentOS,并粘贴配置。若是其他真实计算机或虚拟机,注意原来的 UUID(Universally Unique Identifier,通用唯一识别码)一项保持不变。配置见"05\IP 地址配置.txt"文件,手动输入如下(也可在按下 Esc 键后,按 dd 键删除每一行,然后直接粘贴"05\IP 地址配置.txt"文件内容):

```
[root@localhost ~]# cd /etc/sysconfig/network-scripts/
[root@localhost network-scripts]# vim ifcfg-ens33
TYPE=Ethernet
BOOTPROTO=static
IPV6INIT=yes
IPV4_FAILURE_FATAL=no
```

```
IPV6INIT=yes
IPV6_AUTOCONF=no
IPV6_DEFROUTE=yes
IPV6_FAILURE_FATAL=no
NAME=ens33
UUID=fa15ff9e-b81c-47ec-a6a9-49741487791c
ONBOOT=yes
IPADDR=172.18.1.140
NETMASK=255.255.255.0
GATEWAY=172.18.1.1
IPv6ADDR=2001:da8:1005:1000::200/64
DNS1=172.18.1.1
```

在键盘上按 Esc 键后输入":wq"保存配置，然后通过 systemctl start network 命令重新启动网络服务（CentOS 6 以前主要使用 service 命令来启动服务，CentOS 7 以后改成 systemctl 命令）。通过 ifconfig 命令查看配置的 IP 信息：

```
[root@localhost ~]# systemctl start network
[root@localhost network-scripts]# ifconfig
eth0: flags=4163<UP,BROADCAST,RUNNING,MULTICAST>  mtu 1500
  inet 172.18.1.140  netmask 255.255.255.0  broadcast 172.18.1.255
  inet6 2001:da8:1005:1000::200  prefixlen 64  scopeid 0x0<global>
      inet6 fe80::250:ff:fe00:200  prefixlen 64  scopeid 0x20<link>
      ether 00:50:00:00:02:00  txqueuelen 1000  （Ethernet）
      RX packets 34693  bytes 28214474  （26.9 MiB）
      RX errors 0  dropped 0  overruns 0  frame 0
      TX packets 5969  bytes 633646  （618.7 KiB）
      TX errors 0  dropped 0 overruns 0  carrier 0  collisions 0
......
```

STEP 3 启动 DNS 服务。输入 systemctl start named.service 命令启动 DNS 服务，输入 systemctl status named.service 命令查看 named 进程是否正常启动。DNS 服务启动状态显示如下：

```
[root@localhost ~]# systemctl start named.service
root@localhost ~]# systemctl status named.service
* named.service - Berkeley Internet Name Domain （DNS）
   Loaded: loaded  （/usr/lib/systemd/system/named.service; disabled; vendor preset: disabled）
   Active: active  （running）  since Sat 2019-05-18 17:11:10 CST; 1h 53min ago
  Process: 18334 ExecStop=/bin/sh -c /usr/sbin/rndc stop > /dev/null 2>&1 || /bin/kill -TERM $MAINPID （code=exited, status=0/SUCCESS）
  Process: 18347 ExecStart=/usr/sbin/named -u named -c ${NAMEDCONF} $OPTIONS （code=exited, status=0/SUCCESS）
```

Process: 18345 ExecStartPre=/bin/bash -c if [! "$DISABLE_ZONE_CHECKING" == "yes"]; then /usr/sbin/named-checkconf -z "$NAMEDCONF"; else echo "Checking of zone files is disabled"; fi (code=exited, status=0/SUCCESS)
　　Main PID: 18349 （named）
　　　CGroup: /system.slice/named.service
　　　　　　`-18349 /usr/sbin/named -u named -c /etc/named.conf

May 18 17:11:10 bogon named[18349]: command channel listening on ::1#953
May 18 17:11:10 bogon named[18349]: managed-keys-zone: loaded serial 2
May 18 17:11:10 bogon named[18349]: zone 0.in-addr.arpa/IN: loaded serial 0
May 18 17:11:10 bogon named[18349]: zone 1.0.0.127.in-addr.arpa/IN: loaded serial 0
May 18 17:11:10 bogon named[18349]: zone 1.0.0.0.0.0.0.0.0.0.0.0.0.0.0.0.0.0.0.0.0.0.0.0.0.0.0.0.0.0.0.0.ip6.arpa/IN: load...erial 0
May 18 17:11:10 bogon named[18349]: zone localhost.localdomain/IN: loaded serial 0
May 18 17:11:10 bogon named[18349]: zone localhost/IN: loaded serial 0
May 18 17:11:10 bogon named[18349]: all zones loaded
May 18 17:11:10 bogon named[18349]: running
May 18 17:11:10 bogon systemd[1]: Started Berkeley Internet Name Domain （DNS）.

通过 netstat 命令查询 DNS 的 53 端口监听状态可以看出，BIND 域名服务启动正常，默认自动支持 IPv4 和 IPv6：

```
root@localhost ~]# netstat    -lntup|grep 53
tcp    0    0  127.0.0.1:53      0.0.0.0:*      LISTEN    16548/named
tcp    0    0  127.0.0.1:953     0.0.0.0:*      LISTEN    16548/named
tcp6   0    0  ::1:53            :::*           LISTEN    16548/named
tcp6   0    0  ::1:953           :::*           LISTEN    16548/named
udp    0    0  127.0.0.1:53      0.0.0.0:*                16548/named
udp6   0    0  ::1:53            :::*                     16548/named
```

STEP 4 修改 BIND 配置文件。修改 named.conf，使 BIND 能够支持本地以外的主机域名解析；同时修改系统默认防火墙配置，对外开通 DNS 服务的 53 端口，实现 IPv4 和 IPv6 双栈域名解析服务：

```
# vim /etc/named.conf
options
   listen-on port 53 { 127.0.0.1; };
listen-on-v6 port 53 { ::1; };
         directory         "/var/named";
         dump-file         "/var/named/data/cache_dump.db";
         statistics-file "/var/named/data/named_stats.txt";
         memstatistics-file "/var/named/data/named_mem_stats.txt";
         recursing-file    "/var/named/data/named.recursing";
```

```
            secroots-file      "/var/named/data/named.secroots";
            allow-query        { localhost; };
```
将 options 中 listen-on 所在行的"127.0.0.1"和"::1"分别修改为"any",将 allow-query 所在行的"localhost"也改为"any",意思是接受其他主机的访问和查询,如下:

```
options {
            listen-on port 53 { any; };
            listen-on-v6 port 53 { any; };
            directory          "/var/named";
            dump-file          "/var/named/data/cache_dump.db";
            statistics-file "/var/named/data/named_stats.txt";
            memstatistics-file "/var/named/data/named_mem_stats.txt";
            recursing-file     "/var/named/data/named.recursing";
            secroots-file      "/var/named/data/named.secroots";
            allow-query        { any; };
```

修改后保存配置,并通过 systemctl restart named.service 命令重新启动 BIND 服务。然后通过 firewall-cmd 命令在系统防火墙开放 DNS 服务,并重新启动防火墙服务:

```
[root@localhost ~]# systemctl   restart   named.service
[[root@localhost ~]# firewall-cmd   --zone=public   --permanent   --add-service=dns
success
[root@localhost ~]# firewall-cmd   --reload
success
```

通过 firewall-cmd 命令查看系统防火墙已经开放的服务,确认防火墙已经开放 DNS 服务:

```
[root@localhost ~]#firewall-cmd   --zone=public   --permanent   --list-services
ssh        dhcpv6-client       dns
```

通过 iptables 命令查看 DNS 端口的开放情况,确保 53 端口对外开放:

```
[root@localhost named]# iptables   -L   -n | grep 53
ACCEPT     tcp  --  0.0.0.0/0            0.0.0.0/0           tcp dpt:53 ctstate NEW
ACCEPT     udp  --  0.0.0.0/0            0.0.0.0/0           udp dpt:53 ctstate NEW
```

STEP 5 测试 BIND 域名解析服务。

在 Linux CentOS 7 服务器上通过命令测试 BIND 服务器是否可以正常提供解析域名服务,为此可以通过 nslookup 命令来验证。在命令提示符下输入 nslookup 后按回车键,在">"提示符后输入 server 172.18.1.140 来指定 IP 地址为 172.18.1.140 的服务器作为 IPv4 域名解析服务器,然后随便输入一个外网域名,比如 www.sohu.com,然后按回车键,系统就能正常解析该网站的 IP 地址,执行和显示如下:

```
[root@localhost ~]# nslookup
> server 172.18.1.140
Default server: 172.18.1.140
```

```
Address: 172.18.1.140#53
> www.sohu.com
Server:          172.18.1.140
Address:         172.18.1.140#53

Non-authoritative answer:
www.sohu.com      canonical name = gs.a.sohu.com.
gs.a.sohu.com     canonical name = fdxtjxq.a.sohu.com.
Name:    fdxtjxq.a.sohu.com
Address: 118.244.253.68
Name:    fdxtjxq.a.sohu.com
Address: 118.244.253.69
Name:    fdxtjxq.a.sohu.com
Address: 118.244.253.70
> exit
```

通过测试结果可以看出，本地的 BIND 服务器可以实现对外域的 IPv4 地址的解析。同样也可以设置本机的 IPv6 地址作为域名解析地址，执行和显示如下：

```
[root@localhost ~]# nslookup
> server 2001:da8:1005:1000::200
Default server: 2001:da8:1005:1000::200
Address: 2001:da8:1005:1000::200#53
> www.sohu.com
Server:          2001:da8:1005:1000::200
Address:         2001:da8:1005:1000::200#53

Non-authoritative answer:
www.sohu.com      canonical name = gs.a.sohu.com.
gs.a.sohu.com     canonical name = fdxtjxq.a.sohu.com.
Name:    fdxtjxq.a.sohu.com
Address: 118.244.253.69
Name:    fdxtjxq.a.sohu.com
Address: 118.244.253.70
Name:    fdxtjxq.a.sohu.com
Address: 118.244.253.68
> exit
```

测试结束后，在">"提示符下输入 exit 退出域名解析测试。由于该环境并不支持 IPv6，BIND 服务器只是监听 IPv6 接口的查询，真正对外通信使用的仍然是 IPv4。

在 Windows 10 下可通过 nslookup 命令来远程测试该服务器是否可以提供外网域名解析服务。在 EVE-NG 中打开"Chapter 05"文件夹中的"5-1 Basic"拓扑，开启 Win10 计算机。计算机默认会获得 172.18.1.0/24 网段的 IPv4 地址，并可以访问 Internet。在"命令行提示符"窗口输入 nslookup 并按回车键，然后在 ">" 提示符后输入 server 172.18.1.140 命令并按回车键以指定 IP 地址为 172.18.1.140 的这台服务器作为 IPv4 域名解析服务器，然后随便输入一个外网域名（如 www.sohu.com）并按回车键，测试结果如图 5-8 所示。

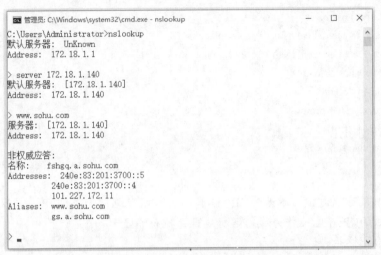

图 5-8　在 Windows 10 下用 nslookup 命令测试域名解析

感兴趣的读者可以手动配置 Win10 的 IPv4 地址，并且不配置网关，以测试域名解析是否正常。经测试发现也可以成功解析，原因是 Win10 向 DNS 服务器询问域名对应的 IP 地址时，DNS 服务器访问互联网，并在查到域名后再回复 Win10 计算机，因此 Win10 计算机可以正常解析出域名，由于没有配置网关，虽可以解析出域名，但网络是不通的。

5.3.2　BIND 中的 IPv6 资源记录

AAAA 记录

IPv6 中的 AAAA 记录和 IPv4 的 A 记录相似，需要在 BIND 的各个 zone 中进行配置。它在一个单独的记录中设定了全部地址。例如：

```
$ORIGIN test.com.
IPv6    3600    IN    AAAA    2001:da8:1005:1000::100
```

5.3.3　BIND 的 IPv6 反向资源记录 PTR

IPv6 域名解析的反向解析记录和 IPv4 一样，是 PTR，但地址表示形式有两种。一种是用"."分隔的半字节十六进制数字格式（Nibble Format），低位地址在前，高位地址在后。半字节十六进制数字格式与 AAAA 对应，是对 IPv4 的简单扩展。另一种是二进制串（Bit-string）格式，以"\["开头，十六进制地址（无分隔符，高位在前，低位在后）居中，地址后加"]"。二进制串格式与 A6 记录对应，地址也像 A6 一样，可以分成多级地址链来表示。

鉴于 A6 记录被废除，本书仅介绍半字节十六进制数字格式的 IPv6 反向资源记录。

实验 5-2　配置 BIND IPv6 本地域解析服务

在 EVE NG 中打开"Chapter 05"文件夹中的"5-1 Basic"网络拓扑，本实验室是以完成后的实验 5-1 为基础。通过本实验，读者可以了解如何在 Linux 上安装配置 BIND DNS 服务，以及搭建自己的 IPv4/IPv6 本地域名服务器。本实验主要完成了以下功能：

- 配置 IPv6 域名正向解析；
- 配置 IPv6 主机反向地址解析；
- 测试 DNS 的本地域配置。

安装配置和测试步骤如下：

1. 配置 IPv6 域名正向解析

STEP 1 添加域名。通过 vim 编辑器编辑 BIND 默认配置文件 named.conf，添加一个 zone 并建立测试域名 test.com，部分文件内容显示如下（其中粗体是新添加的部分）：

```
[root@localhost ~]# vim /etc/named.conf
zone "." IN {
        type hint;
        file "named.ca";
};
zone "test.com." IN {
        type master;
        file "test.com.zone";
};
```

STEP 2 建立区域文件。在 BIND 目录下建立 test.com 区域文件，并授予 named 用户相应的权限，最后编辑 test.com.zone 正向解析文件，具体执行如下：

```
[root@localhost ~]# cd    /var/named/           改变当前文件目录到/var/named
[root@localhost named]# cp    named.localhost   test.com.zone    复制文件，新文件名是 test.com.zone，
                                                                 named.localhost 是默认文件，在此基础
                                                                 上编辑更方便
[root@localhost named]# chgrp    named    test.com.zone    变更文件所属的群组为 named 用户
[root@localhost named]# chmod    640    test.com.zone      修改文件权限
[root@localhost named]# vim    /var/named/test.com.zone
```

把里面默认的配置按下面的内容进行修改，其中 AAAA 记录是 IPv6 域名解析记录：

```
$TTL 1D
@           IN SOA    ns.test.com.   dns.test.com. (
                                     0      ; serial
                                     1D     ; refresh
                                     1H     ; retry
                                     1W     ; expire
                                     3H )   ; minimum
            NS        ns.test.com.
ns          A         172.18.1.140
ns          AAAA      2001:da8:1005:1000::200
dns         CNAME     ns
www         A         172.18.1.80
www         AAAA      2001:da8:1005:1000::80
```

STEP 3 检查配置。通过 named-checkconf 命令检查区域配置的语法是否正确：

```
[root@localhost named]#named-checkconf  /etc/named.conf
```

使用 named-checkzon 命令进行区域文件有效性检查和转换，需要指定区域名称和区域文件名称，显示如下：

```
[root@localhost named]#named-checkzone  "test.com."  /var/named/test.com.zone
zone test.com/IN: loaded serial 0
OK
```

STEP 4 测试域名。通过命令重启 BIND 服务。

```
[root@localhost named]#systemctl   restart   named
```

通过 dig 命令测试本地域名解析是否正常。dig 命令最典型的用法就是查询单个主机的信息，其默认的输出信息比较丰富，大概可以分为 5 个部分：

- 第一部分显示 dig 命令的版本和输入的参数；
- 第二部分显示服务返回的一些技术详情，比较重要的是 status，如果 status 的值为 NOERROR，则说明本次查询成功结束；
- 第三部分中的 QUESTION SECTION 显示我们要查询的域名；
- 第四部分的 ANSWER SECTION 是查询到的结果；
- 第五部分则是本次查询的一些统计信息，比如用了多长时间、查询了哪个 DNS 服务器、在什么时间进行的查询等。

使用 dig 命令在 2001:da8:1005:1000::200 服务器上查询 www.test.com 域名，显示如下：

```
[root@localhost named]#dig   www.test.com   @2001:da8:1005:1000::200

; <<>> DiG 9.9.4-RedHat-9.9.4-73.el7_6 <<>> www.test.com @2001:da8:1005:1000::200
;; global options: +cmd
;; Got answer:
```

;; ->>HEADER<<- opcode: QUERY, status: NOERROR, id: 61786
;; flags: qr aa rd ra; QUERY: 1, ANSWER: 1, AUTHORITY: 1, ADDITIONAL: 3

;; OPT PSEUDOSECTION:
; EDNS: version: 0, flags:; udp: 4096
;; QUESTION SECTION:
;www.test.com.   IN   A

;; ANSWER SECTION:
www.test.com.   86400   IN   A   172.18.1.80

;; AUTHORITY SECTION:
test.com.   86400   IN   NS   ns.test.com.

;; ADDITIONAL SECTION:
ns.test.com.   86400   IN   A   172.18.1.140
ns.test.com.   86400   IN   AAAA   2001:da8:1005:1000::200

;; Query time: 1 msec
;; SERVER: 2001:da8:1005:1000::200#53（2001:da8:1005:1000::200）
;; WHEN: Sat May 18 20:58:22 CST 2019
;; MSG SIZE rcvd: 118

从上面的输出中可以看出，在 BIND DNS 服务器 2001:da8:1005:1000::200 上查到 www.test.com 的 IPv4 解析指向 172.18.1.80。如果要查询 IPv6 解析记录，则可以用命令 dig AAAA www.test.com @2001:da8:1005:1000::200，显示如下：

[root@localhost named]# dig AAAA www.test.com @2001:da8:1005:1000::200

; <<>> DiG 9.9.4-RedHat-9.9.4-74.el7_6.1 <<>> AAAA www.test.com @2001:da8:1005:1000::200
;; global options: +cmd
;; Got answer:
;; ->>HEADER<<- opcode: QUERY, status: NOERROR, id: 39944
;; flags: qr aa rd ra; QUERY: 1, ANSWER: 1, AUTHORITY: 1, ADDITIONAL: 3

;; OPT PSEUDOSECTION:
; EDNS: version: 0, flags:; udp: 4096
;; QUESTION SECTION:
;www.test.com.   IN   AAAA

```
;; ANSWER SECTION:
www.test.com.           86400    IN     AAAA    2001:da8:1005:1000::80

;; AUTHORITY SECTION:
test.com.               86400    IN     NS      ns.test.com.

;; ADDITIONAL SECTION:
ns.test.com.            86400    IN     A       172.18.1.140
ns.test.com.            86400    IN     AAAA    2001:da8:1005:1000::200

;; Query time: 0 msec
;; SERVER: 2001:da8:1005:1000::200#53（2001:da8:1005:1000::200）
;; WHEN: Wed Jun 19 19:40:26 CST 2019
;; MSG SIZE  rcvd: 130
```

从上面的输出中可以看到 A 和 AAAA 记录都解析正常。

2. 配置 IPv6 主机反向地址解析

STEP 1 添加反向解析域。通过 vim 编辑器编辑配置 named.conf，在里面添加一个 zone，建立域名 test.com 的反向解析。named.conf 部分内容显示如下：

```
zone "." IN {
        type hint;
        file "named.ca";
};
zone "test.com." IN {
        type master;
        file "test.com.zone";
};
zone "0.0.0.1.5.0.0.1.8.a.d.0.1.0.0.2.ip6.arpa" {
        type master;
        file "2001.da8.1005.1000.ptr";
};
```

STEP 2 新建反向解析文件。通过 vim 编辑器建立反向地址解析文件，文件内容如下：

```
[root@localhost named]# vim 2001.da8.1005.1000.ptr

$TTL 1d ; Default TTL
@         IN     SOA    ns.test.com.    dns.test.com.   (
          2019051801          ; serial
```

```
    1h              ; slave refresh interval
    15m             ; slave retry interval
    1w              ; slave copy expire time
    1h              ; NXDOMAIN cache time
)


@       IN      NS      ns.test.com.


; IPV6 PTR entries
0.8.0.0.0.0.0.0.0.0.0.0.0.0.0.0.0.0.1.5.0.0.1.8.a.d.0.1.0.0.2.ip6.arpa.    IN    PTR    www.test.com.
```

STEP 3 测试域名。通过命令 systemctl restart named 重启 BIND 服务。在 Windows 中使用 nslookup 命令来远程测试该服务器是否可以提供反向解析服务。开启拓扑图中的 Win10 计算机，配置 IPv6 地址 2001:da8:1005:1000::100/64，可以 ping DNS 服务器的 IPv6 地址 2001:da8:1005:1000::200，以确认网络连接是否正常。在 DOS 命令行提示符窗口中通过 nslookup 命令测试配置好的域名解析服务，首先指定 DNS 服务器的地址为配置好的 CentOS 7 的 IPv6 服务地址 2001:da8:1005:1000::200；然后测试 www.test.com 的正向解析；最后测试 2001:da8:1005:1000::80 的反向解析，如图 5-9 所示。

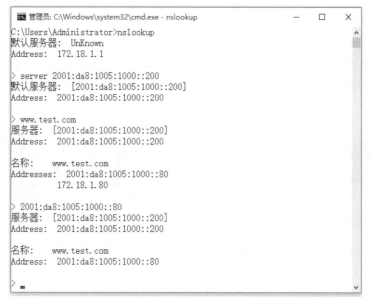

图 5-9　Windows 10 下用 nslookup 命令测试

从图 5-9 中可以看出，在输入 www.test.com 后，DNS 服务器分别解析了 IPv4 和 IPv6 地址，然后在输入 2001:da8:1005:1000::80 后可以反向解析到 www.test.com。

5.3.4　ACL 与 IPv6 动态域名

1. BIND 中 ACL

BIND 中的 ACL 与交换机中的 ACL 不一样，它是 BIND 安全管理的方法，把一个或多个地址归并为一个集合，以后要用的时候，调用集合名称即可。

BIND 中 ACL 的语法格式如下：

```
acl acl_name {
ip;
net/prelen;
……
};
```

假设有这样一个示例：

```
acl mynet {
    172.16.0.0/16;
    10.10.10.10;
    2001:da8:1005::/48;
};
```

这个 ACL 相当于 mynet 中定义了 172.16.0.0/16 网段中的所有主机、10.10.10.10 主机和 2001:da8:1005::/48 中的所有 IPv6 主机。

BIND 有 4 个内置的 ACL，具体如下。

- none：没有一个主机。
- any：任意主机。
- localhost：本机。
- localnet：本机的 IP 与掩码运算后得到的网络地址。

注　意

BIND 中的 ACL 只能先定义后使用，因此 named.conf 配置文件中一般处于 options 的前面。

2. BIND 智能 DNS

BIND 智能 DNS 的实现基础就是视图（view）。视图是 BIND 9 中强大的新功能，允许名称服务器根据询问者的不同有区别地回答 DNS 查询，当运行拆分 DNS 设置而不需要运行多个服务器时特别有用。

每个视图定义了一个将会在用户的子集中见到的 DNS 名称空间。

在 BIND 中定义并使用视图时，存在如下限制：

- 一个 BIND 服务器可定义多个视图，每个视图中可定义一个或多个区域；
- 每个视图用来匹配一组客户端；

- 多个视图内可能需要对同一个区域进行解析，但使用的是不同的区域解析库文件。

注　意

- 一旦启用了视图，所有的区域都只能定义在视图中；
- 仅在允许递归请求的客户端所在的视图中定义根区域；
- 客户端请求到达时，自上而下检查每个视图所服务的客户端列表。

配置实例：

```
view "campus_IPv6" {
    match-clients { 2001:da8:1005::/48; };
    // 应该与内部网络匹配
    // 只对内部用户 IPv6 主机提供递归服务
    // 提供 test.edu.cn zone 的完全视图
    // 包括内部主机地址
    recursion yes;                        使用递归查询
    zone "test.edu.cn" {
        type master;
        file "test.ipv6.db";
    };
};
view "external" {
    match-clients { any; };
    // 拒绝对外部用户提供递归服务
    // 提供一个 test.edu.cn zone 的受限视图
    // 只包括公共可接入主机
    recursion no;                         不使用递归查询
    zone "test.edu.cn " {
        type master;
        file "test-external.db";
    };
};
```

实验 5-3　配置 BIND IPv6 动态域名和智能解析

在 EVE-NG 中打开"Chapter 05"文件夹中的"5-1 Basic"网络拓扑，本实验以完成后的实验 5-1 和实验 5-2 为基础。通过本实验，读者可以了解如何配置 BIND 中的 IPv6 动态域名和智能解析服务。本实验主要完成了以下功能：

- BIND 中的 ACL 地址集合配置；
- 为不同区域的用户建立不同的解析策略；
- 不同区域的测试效果。

安装和配置步骤如下。

STEP 1 配置 ACL。在 CentOS 7 虚拟机的配置文件里配置 ACL 地址集合。为此，编辑 /etc/named.conf 文件，在文件最前面分别增加 IPV4 ACL 和 IPV6 ACL，添加的内容如下：

```
acl "IPV4_USER " {
172.18.1.0/24;
        };
acl "IPV6_USER" {
        2001:da8:1005:1000::/64;
        };
```

STEP 2 建立域名解析。为两个区域的用户建立不同的域名解析，在 IPv4 区域建立 test.com.1.zone，在 IPv6 区域建立 test.com.2.zone，其他区域则使用 test.com.zone 配置文件。

域名解析文件 /var/named/test.com.1.zone 的内容如下：

```
$TTL 1D
@        IN SOA    ns.test.com. dns.test.com. (
                                0        ; serial
                                1D       ; refresh
                                1H       ; retry
                                1W       ; expire
                                3H )     ; minimum
         NS      ns.test.com.
ns       A       172.18.1.140
ns       AAAA    2001:da8:1005:1000::200
dns      CNAME   ns
www      A       172.18.1.81
www      AAAA    2001:da8:1005:1000::81
```

域名解析文件 /var/named/test.com.2.zone 的内容如下：

```
$TTL 1D
@        IN SOA    ns.test.com. dns.test.com. (
                                0        ; serial
                                1D       ; refresh
                                1H       ; retry
                                1W       ; expire
                                3H )     ; minimum
         NS      ns.test.com.
ns       A       172.18.1.140
ns       AAAA    2001:da8:1005:1000::200
dns      CNAME   ns
www      A       172.18.1.82
www      AAAA    2001:da8:1005:1000::82
```

STEP 3 分区域解析。修改/etc/named.conf 文件，建立 ACL 策略并为不同区域解析不同的地址。将原文件中所有的 zone 部分替换成下面的内容（完整的 named.conf 文件配置见"05\named.conf.txt"文件）：

```
view "jiaoxue" {
        match-clients { IPV4_USER;};
        recursion yes;

        zone "." in {
        type hint;
        file "named.ca";
    };

        zone "test.com." in{
                type master;
                file "test.com.1.zone";
        };
};


view "sushe" {
        match-clients { IPV6_USER; };
        recursion yes;
        zone "." in {
        type hint;
        file "named.ca";
    };
        zone "test.com." in {
                type master;
                file "test.com.2.zone";
        };
};

view "others" {
        match-clients { any; };
        recursion no;
        zone "." in {
        type hint;
        file "named.ca";
    };
        zone "test.com." in {
                type master;
```

```
                file "test.com.zone";
        };
        zone "0.0.0.1.5.0.0.1.8.a.d.0.1.0.0.2.ip6.arpa" {
                type master;
                file "2001.da8.1005.1000.ptr";
        };
};
```

删除/etc/named.conf 文件中的下面这一行（因为 named.rfc1912.zones 文件中包含了单独的 zone 部分，会影响 BIND 服务。由于该文件是示例文件，因此不会被引用，可直接删除该行）：

```
include "/etc/named.rfc1912.zones";
```

STEP ④ 测试。使用 systemctl restart named 命令重启 BIND 服务。

在 IPv4 区域中测试。禁用 Win10 虚拟机的 IPv6 协议，取消选中"Internet 协议版本 6"，如图 5-10 所示。

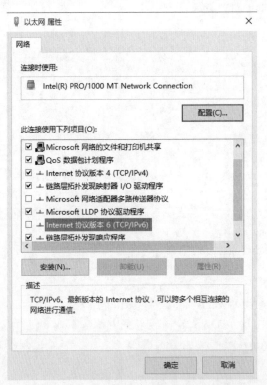

图 5-10　在 Windows 10 中禁用 IPv6 协议

然后在命令行提示符的下面执行 nslookup 命令来测试。因为 Win10 只有 IPv4 地址，只能使用 server 172.18.1.140。测试 www.test.com 的域名，结果如图 5-11 所示。

注意到域名对应的 IP 地址最后都是 81。

在 IPv6 区域中测试。禁用 Win10 虚拟机的 IPv4 协议，配置静态的 IPv6 地址 2001:da8:1005:1000::100/64。在命令行提示符下执行 nslookup 命令来测试。因为 Win10 只有 IPv6 地址，只能使用 server 2001:da8:1005:1000::200。测试 www.test.com 的域名，结果如图 5-12 所示。

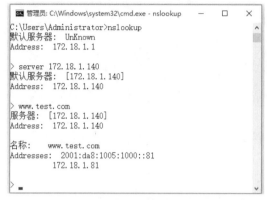

图 5-11 IPv4 区域测试动态解析

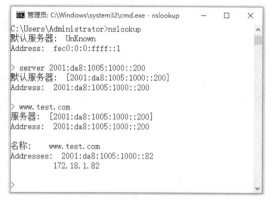

图 5-12 IPv6 区域测试动态解析

注意到域名对应的 IP 地址最后都是 82。由上可知，不同的用户 IP 虽有同样的域名，却可以解析成不同的 IP 地址。

5.3.5 IPv6 域名转发与子域委派

1. IPv6 域名转发

IPv6 域名转发功能和 IPv4 的一样，可以在服务器上产生一个大的缓存，从而减少到外部服务器的链路上的流量。只有当服务器是非授权域名服务器，并且缓存中没有相关记录时，才会进行域名转发。

转发机制

设置了转发器后，所有非本域的域名查询和在缓存中无法找到的域名查询都将转发到设置的 DNS 转发器上，然后由这台 DNS 转发器来完成解析工作并进行缓存。DNS 转发器的缓存中记录了丰富的域名信息。对非本域的域名查询，转发器很可能会在缓存中找到答案，避免了因再次向外部发送查询而生成不必要的流量。

配置参数

- forward

此选项只有当 forwarders 列表中有内容时才有意义。如果其值是 first，则先查询设置的 forwarders 列表，如果没有得到回答，服务器再自己去寻找答案。如果其值是 only，则服务器只会把请求转发到其他服务器上,即使查询失败,服务器自己也不会去查询。
- forwarders

设定转发使用的 IP 地址,其列表默认为空(不转发)。也可以在每个域上设置转发,这样全局选项中的转发设置就不起作用。用户可以将不同的域转发到不同的服务器上,或者对不同的域采用 only 或 first 转发方式;也可以不转发。

注　意

转发服务器的查询模式必须允许递归查询(即,recursion yes),递归查询默认是开启的。

转发器的配置格式如下:

```
options {
        forward first;
        forwarders {
                2001:da8:1005:1000::200;
                2001:da8:1005:149a::100;
        };
};
```

注　意

转发器本身不用做任何设置,而是对需要配置转发器的 DNS 服务器进行以上配置,也就是在该 DNS 服务器上启用转发。如果该 DNS 服务器无法联系到转发器,那么 BIND 会自己尝试解析。

如果要让 BIND 在无法联系到转发器时不做任何操作,可以使用 forward only 命令。这样 BIND 在无法连接转发器的情况下,只能使用区域中的权威数据和缓存来响应查询。

```
options {
        forward only;
        forwarders {
                2001:da8:1005:1000::200;
                2001:da8:1005:149a::100;
        };
};
```

BIND 8.2 以后的版本引入了一个新的特性:转发区(forward zone),它允许把 DNS 配置成只有查找特定域名时才使用转发器。BIND 从 9.1.0 版本开始有转发区功能。比如,可以使服务器将所有针对 test.com 结尾的域名查询都转发给其他两台服务器:

```
zone "test.com" {
        type forward;
        forwarders {
                2001:da8:1005:1000::200;
```

```
                    2001:da8:1005:149a::100;
            };
};
```

还有一种转发区,其设置和刚才的设置刚好相反,它允许设置什么样的查询将不被转发,当然这只适用于在 options 语句中指定了转发器的 DNS 服务器。该转发区的配置如下:

```
options {
        forwarders {
                    2001:da8:1005:1000::200;
                    2001:da8:1005:149a::100;
                    };
};
zone "test.com" {
type master;
file "zone.test.com";
forwarders {};
};
```

在 test.com 这个区域中,授权了几个子域,比如 zx.test.com、lab.test.com 等。在 test.com 的权威服务器上设置转发后,由于 test.com 的权威服务器对 zx.test.com、lab.test.com 这几个子域来说不是权威的,假如收到对 www.zx.test.com 这样的子域的域名查询,服务器将不转发,因为服务器上就有 zx.test.com 子域的 NS 记录,所以不需要转发。

2. IPv6 子域委派

所谓 DNS 委派,就是把解析某个区域的权利转交给另外一台 DNS 服务器。比如说,A 主机可以解析.com 域,而 A 主机还需要解析.com 的一个子域.test.com。如果这些解析功能全部由 A 主机承担,很可能会负载过重。要解决这样的问题,通常会另外架设一台主机 B 来专门解析.test.com 域,以降低 A 主机的负载。

假设需要解析 www.test.com。DNS 先找对应的域,然后再找 www 主机。A 主机只解析.com 域,并不解析.test.com 这个子域,因此需要在 A 主机的/etc/named.conf 文件中声明.test.com 域,格式如下。

```
zone "com" IN {
            type master;
            file "com";
};
zone "test.com" IN {
            type master;
            file "test.com";
};
```

上面代码的意思是 A 主机中声明 test.com 这个域,相当于在.com 域中创建了一个子域

test.com，子域对应的文件是 test.com。然后在 test.com 配置文件中添加一个 NS 记录和一个 AAAA 记录：

```
vi /var/named/chroot/var/named/test.com
$TTL        86400
@              SOA    test.test.com.    admin.test.com.    (
                                        1997022700 ; Serial
                                        28800      ; Refresh
                                        14400      ; Retry
                                        3600000    ; Expire
                                        86400 )    ; Minimu

           test.com.    IN    NS    B.test.com.
B          IN    AAAA 2001:da8:1005:1000::201
```

NS 记录表示若需要解析.test.com 域，需访问 B.test.com 主机，下一行的 AAAA 记录是说 B.test.com 主机所对应的 IP 地址为 2001:da8:1005:1000::201，如此一来，A 主机就把解析 test.com 域的权利全部转交给了 B 主机。这个过程就是靠一条 NS 记录和一条 A 记录实现的，这条 NS 记录也称为委派记录。

区域委派适用于许多环境，常见的场景有：
- 将某个子区域委派给某个对应部门中的 DNS 服务器进行管理；
- DNS 服务器的负载均衡，将一个大区域划分为若干小区域，委派给不同的 DNS 服务器进行管理；
- 将子区域委派给某个分部或远程站点。

上述场景比较常见，比如中国教育网 edu.cn 就把.njau.edu.cn 委派给了南京农业大学，把.njtech.edu.cn 委派给了南京工业大学等，每个子域的管理由各个大学自己管理。

5.4 Windows Server DNS 域名服务

从 Windwos Server 2008 开始，DNS 服务支持 IPv6 配置，并可以配置 IPv6 正向解析域和反向解析域，实现 IPv6 的正常解析服务。

实验 5-4   Windows Server 2016 IPv6 DNS 配置

在 EVE-NG 中打开"Chapter 05"文件夹中的"5-2 Win2016_dns"网络拓扑，如图 5-13 所示。通过本实验，读者能够知道如何在 Windows Server 2016 上安装配置 DNS 服务。本实验主要完成了以下功能：
- 在 Windows Server 2016 系统中添加 DNS 服务；
- 建立正向和反向解析区域；
- 通过 Win10 系统远程测试 DNS。

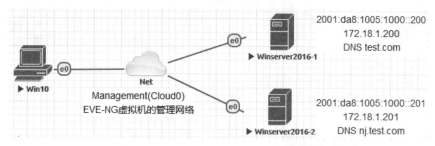

图 5-13　Windows DNS 配置拓扑图

安装配置步骤如下。

STEP 1　安装 DNS。开启拓扑中的所有计算机，根据图 5-13，给 Winserver2016-1 和 Winserver2016-2 配置静态的 IPv4 和 IPv6 地址，IPv4 的网关和 DNS 都是 172.18.1.1。在虚拟机 Winserver2016-1 上，单击"开始"→"服务器管理器"，或单击任务栏上的"服务器管理器"图标，启动服务器管理器。在"服务器管理器"中单击"添加角色和功能"链接，打开"添加角色和功能向导"对话框，单击 3 次"下一步"按钮。

在"选择服务器角色"对话框中选择"DNS 服务器"复选框，如图 5-14 所示。在弹出的"添加 DNS 服务器所需的功能"对话框中保持默认设置，单击"添加功能"按钮，然后在"选择功能"窗口中保持默认设置，单击"下一步"按钮。

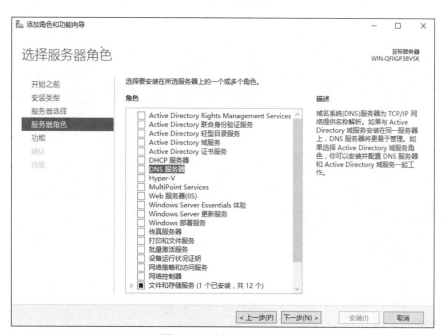

图 5-14　添加 DNS 功能

接下来的选项都保持默认设置，直至选择"安装"，等待安装完成，如图 5-15 所示。

IPv6 网络部署实战

图 5-15　等待 DNS 安装

STEP 2　新建正向查找区域。在"服务器管理器"窗口中单击菜单"工具"→"DNS",打开"DNS 管理器"窗口,如图 5-16 所示。

图 5-16　DNS 管理器

在"DNS 服务器"窗口中单击"正向查找区域",将其展开,然后右键单击"正向查找区域"→"新建区域",打开"新建区域向导"对话框,单击"下一步"按钮继续。

在"区域类型"对话框中,选择"主要区域",如图 5-17 所示。单击"下一步"按钮继续。

在"区域名称"字段中输入 DNS 的域名,本实验中输入 test.com,如图 5-18 所示。单击"下一步"按钮继续。

在"区域文件"对话框中输入 DNS 区域文件名,这里保持默认的 test.com.dns,如图 5-19 所示。在图 5-19 的下方,显示该文件的存储位置为"%SystemRoot\system32\dns"文件夹,以后可以通过备份该文件来备份 DNS 的配置。单击"下一步"按钮继续。

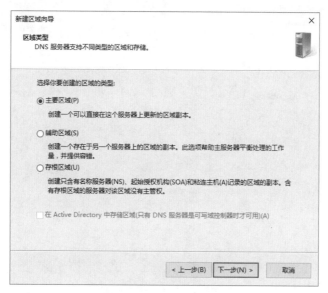

图 5-17　选择区域类型

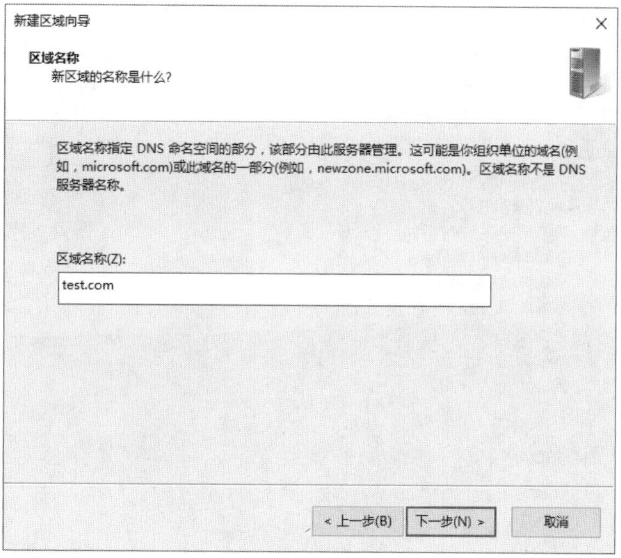

图 5-18　输入区域名称

在"动态更新"中保持默认的"不允许动态更新"选项,单击"下一步"按钮继续。
单击"完成"按钮,完成 DNS 正向查找区域 test.com 的创建。

STEP 3　添加主机。展开图 5-16 中的"正向查找区域",可以看到新建的 test.com 区域。右键单击 test.com 区域,从快捷菜单中选择"新建主机(A 或 AAAA)",如图 5-20 所示。

177

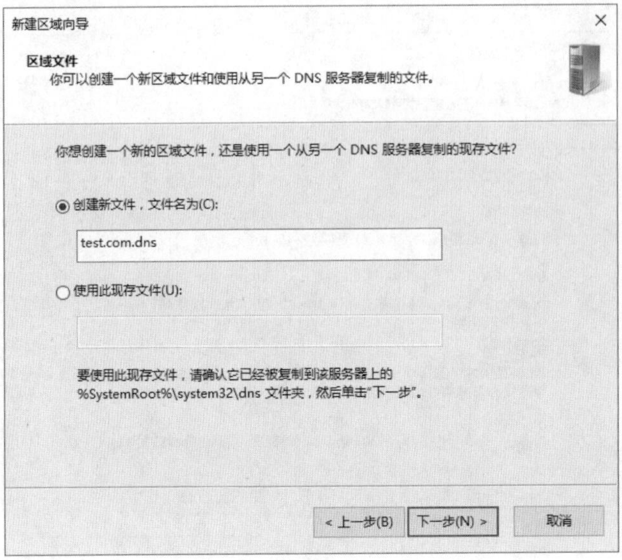

图 5-19　正向查找区域文件名

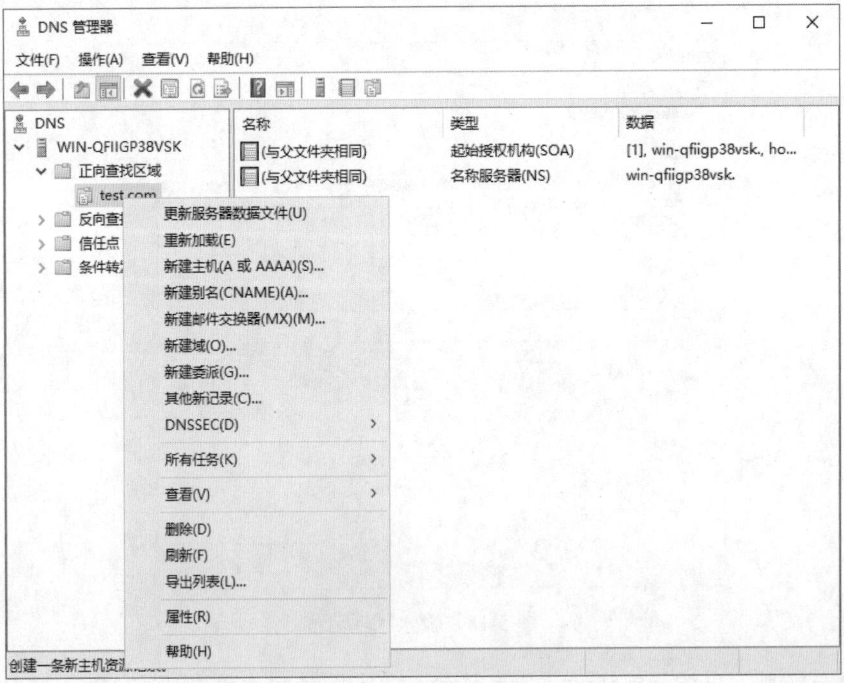

图 5-20　区域快捷菜单

在"新建主机"对话框中输入主机名称和对应的 IP 地址，这里主机名称为 www，IP 地址为 2001:da8:1005:1000::80，如图 5-21 所示。单击"添加主机"按钮，完成主机的新建。

第 5 章 DNS

图 5-21 新建主机

STEP 4 新建反向查找区域。在"DNS 管理器"窗口中，展开"反向查找区域"，然后右键单击"反向查找区域"→"新建区域"，打开"新建区域向导"对话框，单击"下一步"按钮继续。

在"区域类型"对话框中，选择"主要区域"，单击"下一步"按钮继续。在"反向查找区域名称"对话框中，选择"IPv6 反向查找区域"，如图 5-22 所示。单击"下一步"按钮继续。

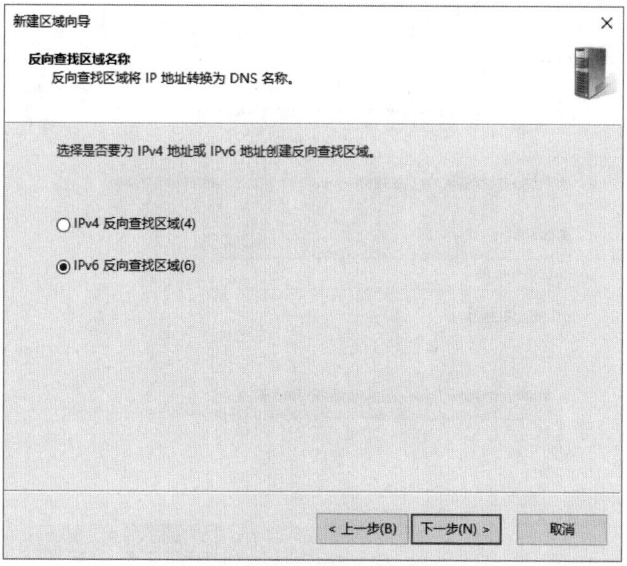

图 5-22 选择反向查找区域

179

在"IPv6 地址前缀"字段中输入域名对应的前缀，这里为 2001:da8:1005:1000::/64，如图 5-23 所示。反向查找区域列表框中自动填入了反转后的域名前缀，再加上 ip6.arpa 的后缀，IPv6 前缀中的 0 不能省略。单击"下一步"按钮继续。

图 5-23　反向查找区域前缀

在"创建新文件，文件名为"字段中输入反向查找区域的文件名，这里随便输入 test.com.ptr，如图 5-24 所示。注意该文件的保存路径与正向查找区域文件名的保存路径相同。单击"下一步"按钮继续。

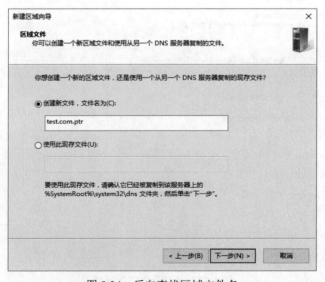

图 5-24　反向查找区域文件名

同样选择"不允许动态更新"按钮。单击"下一步"按钮继续，完成反向查找区域的创建。

STEP 5 添加反向查找资源记录。在新建的反向查找区域上单击右键，选择"新建指针（PTR）"，如图 5-25 所示。

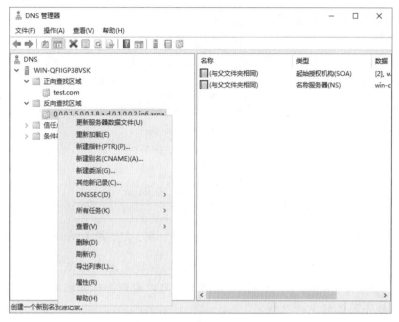

图 5-25 新建指针（PTR）

在弹出的"新建资源记录"对话框中输入主机的 IP 地址，主机的 IPv6 地址不能采用缩写的方式，比如 2001:da8:1005:1000::80，不能使用"::"缩写格式，需要输入完整格式的地址，即 2001:0da8:1005:1000:0:0:0:80。在主机名中输入完整的域名 www.test.com，如图 5-26 所示。单击"确定"按钮完成添加。

在创建了反向查找区域后，以后新建主机时，可以直接选中图 5-21 中的"创建相关的指针（PTR）记录"复选框。这样在新建主机时，也将创建对应的反向资源记录。

STEP 6 测试。配置 Win10 计算机的 IPv4 地址为 172.18.1.220/24，网关为 172.18.1.1，DNS 为 172.18.1.200；IPv6 地址为 2001:da8:1005:1000::100/64，DNS 为 2001:da8:1005: 1000::200，没有网关。通过 nslookup 命令进行测试，如图 5-27 所示。

从图 5-27 中可以看出，Win10 在配置了 IPv4 和 IPv6 双 DNS 的情况下，默认使用的是 IPv6 DNS；正确地解析了 www.test.com 对应的 IPv6；正确地反向解析了 2001:da8:1005:100::80 对应的域名；正确地解析了互联网域名 www.edu.cn 对应的 IPv4 和 IPv6 地址。

这里解释一下 www.edu.cn 域名的解析。Win10 把域名 www.edu.cn 请求发往 DNS 服务器 2001:da8:1005:100::200，DNS 服务器本地的域名是 test.com。由于该域名不是本地的域名，因此 DNS 服务器把请求发往全球顶级的 13 台 DNS 服务器，最后把结果返回给 Win10。

 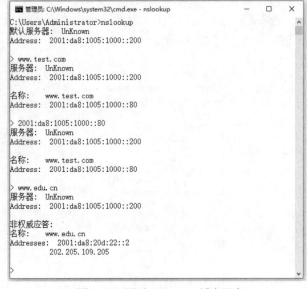

图 5-26 新建资源记录　　　　　　　　图 5-27 测试 Windows 域名服务

右键单击"DNS 管理器"界面中的计算机名,从快捷菜单中选择"属性",打开"属性"对话框。选择"根提示"选项卡,如图 5-28 所示。可以看到全球顶级的 13 台 DNS 服务器,其中很多 DNS 服务器已经支持双栈。

图 5-28 根提示

暂不要关闭该实验，继续后面章节的学习。

实验 5-5　配置 DNS 转发

在实验 5-4 中，Win10 主机向 DNS 服务器询问 www.edu.cn 域名对应的 IP 地址，然后再由 DNS 服务器向根提示服务器转发请求。这虽实现了域名解析，但效率并不高，毕竟是国内的域名，没必要去询问国外的 DNS 服务器。在有些默认不允许访问国外网络的环境中，由于不能访问根提示服务器，非本域的域名解析将失败。

可以配置 DNS 转发来优化效率。配置步骤如下。

选择图 5-28 中的"转发器"选项卡，如图 5-29 所示。单击"编辑"按钮，编辑转发器。输入要转发 DNS 服务器的 IP 地址，系统会自动进行反向解析，尝试查出 IP 地址对应的域名，如图 5-30 所示。有的 DNS 服务器可能没有配置反向解析，FQDN 查询会失败，但不影响使用。

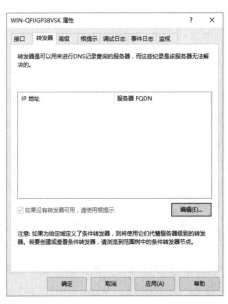

图 5-29　转发器

图 5-30　编辑转发器

转发的 IP 地址既可以 IPv4，也可以是 IPv6，由于本实验环境中不支持 IPv6，所以 IPv6 DNS 2001:470:20::2 的转发失败。可调整转发 DNS 服务器的顺序，把效率高的 DNS 服务器上移。

实验 5-6　巧用 DNS 实验域名封杀

企业通常会出于工作原因而屏蔽某些网站，这些网站的域名对应了非常多的 IP，因此很难把所有 IP 都列出来。此时可借助企业内部的 DNS 服务器轻松实现域名封杀。例如，假设企业阻止员工访问*.163.com。在实验 5-4 的基础上，可在 DNS 服务器 Winserver2016-1 上新增一个正向查找区域 163.com，不添加任何主机记录。在 Win10 上执行命令 ping www.163.com，发现解析失败。因为 DNS 服务器本身有正向区域 163.com，因此即使解析不出 www.163.com，也不会转发 DNS 查询到其他 DNS 服务器上（这也是公司内部没有注册的 DNS 不能随便新建正向区域的原因。比如，如果新建了正向查找区域 edu.cn，将导致不能解析中国的所有教育网网址）。

把 Win10 的 DNS 改成外网中的其他合法 DNS，发现 www.163.com 解析成功。也就是说，通过在 DNS 管理器中新建一个正向区域仅仅能阻止内部使用该 DNS 服务器的用户对外进行域名解析，对不使用该 DNS 的用户则不起作用。为了阻止用户配置外网的 DNS，可以在企业出口设备上进行限制，不允许内网中除 DNS 服务器以外的 IP 访问外网 UDP 的 53 号端口（DNS 服务端口），这样内网用户就只能配置内部的 DNS 服务器。

依次添加多个正向区域，可以限制企业内部用户对这些外部网站的访问。但此方法无法限制用户通过 IP 地址对外网进行访问，如果域名对应的 IP 可知，则可以在网关型设备上封锁 IP 的访问。

实验 5-7 DNS 委派

如果部门很大（如管理中国众多高校的中国教育网 edu.cn），虽然可以通过新建子域的方法在 edu.cn 这台 DNS 服务器上为每一所高校新建一个子域，如为南京工业大学创建 njtech 子域，再在 njtech 子域中为南京工业大学的每台服务器创建主机名，如 www，也就是 www.njtech.edu.cn 指向 IP 地址 2001:DA8:1011:3242::13，cbl6.njtech.edu.cn 指向 IP 地址 2001:da8:1011:248::20 等。但是在同一台服务器上维护全国所有大学的域名和主机名，将给服务器的管理工作带来麻烦，而且也给各个高校主机名的管理带来很大困难，因为每所高校主机名的开通、更新、删除都需要上报到中国教育网管理中心。上述问题的解决办法就是使用委派技术，把各个子域的管理委派给各所高校。

上面描述的问题可以抽象成如图 5-13 所示的拓扑。Winserver2016-1 是 DNS 服务器，管理着 test.com 域。Winserver2016-2 也是 DNS 服务器，管理着 nj.test.com 域。Winserver2016-1 服务器把子域 nj.test.com 的管理委派给 Winserver2016-2 服务器。Win10 充当客户端，用来完成测试。

Winserver2016-2 的配置步骤如下。

STEP 1 把 IPv4 和 IPv6 的 DNS 都指向本机的 IP 地址。

STEP 2 安装 DNS 服务，新建正向区域 nj.test.com。在 nj.test.com 中新建主机 www，使其指向 IP 地址 2001:da8:1005:1000::201。

STEP 3 配置转发器。按照图 5-30 中的方法，添加查询转发到 2001:da8:1005:1000::200（即 Winserver2016-1 的 DNS 服务器地址）。这一步很关键，如果不添加该转发，则客户端在使用 Winserver2016-2 的 DNS 服务时将无法正确解析出 www.test.com，原因是如果 Winserver2016-2 解析失败，Winserver2016-2 将把查询转发到根提示，而根提示中找到的 test.com 域并不是指向本实验中 Winserver2016-1 这台 DNS 服务器。这里强调一点，在实际的工作环境中，假如 test.com 是公司申请的合法域名，主 DNS 服务器把 nj.test.com 子域委派给下一层 DNS 服务器管理，则下一层 DNS 服务器上没必要配置这里的转发（当然配置转发也没问题）。

Winserver2016-1 的配置步骤如下。

STEP 1 把 IPv4 和 IPv6 的 DNS 都指向本机的 IP 地址。

STEP 2 新建正向区域 test.com。在 test.com 中新建主机 www，使其指向 IP 地址 2001:da8:1005:1000::80。如果前面已经完成该步骤，则忽略。

STEP 3 在 test.com 中新建主机 nanjing，使其指向 IP 地址 2001:da8:1005:1000::201。

STEP 4 在 test.com 中新建委派，将 nj.test.com 委派给 Winserver2016-2 管理。单击图 5-20 所示的快捷菜单中的"新建委派"。打开"新建委派向导"对话框，单击"下一步"按钮，输入受委派的域名，这里输入 nj，如图 5-31 所示。

图 5-31 受委派域名

单击"下一步"按钮，在弹出的"名称服务器"页面中添加名称服务器，如图 5-32 所示。单击"添加"按钮，打开"新建名称服务器记录"对话框。在"服务器完全限定的域名"字段中输入 nanjing.test.com，然后单击"解析"按钮，结果如图 5-33 所示。单击"确定"按钮返回。

单击"下一步"按钮继续，完成子域的委派。

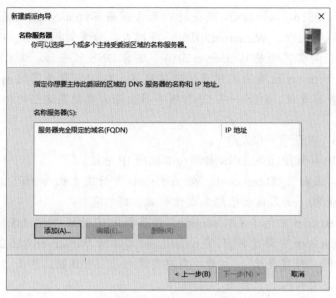

图 5-32 添加委派服务器

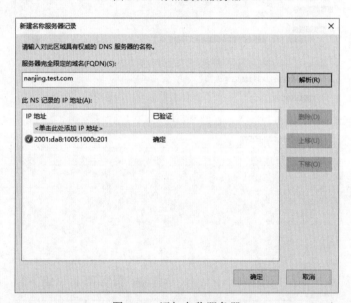

图 5-33 添加名称服务器

在 Win10 上进行如下测试。

STEP 1 更改 Win10 的 IPv6 地址为 2001:da8:1005:1000::100/64，DNS 为 2001:da8:1005:1000::200，没有网关。

STEP 2 在 Win10 上分别执行命令 ping www.nj.test.com 和 ping nanjing.test.com，都可以成功地解析出 IPv6 地址，如图 5-34 所示。

第 5 章 DNS

图 5-34 DNS 委派测试

STEP 3 故障排除。如果配置先前是错误的，尽管后来修改正确了，解析可能仍然会失败。此时需要在客户端使用命令 ipconfig /flushdns 清除客户机上的 DNS 缓存记录；同时也要清除 DNS 服务器上的缓存记录，方法为在如图 5-35 所示的界面中选择"清除缓存"命令。

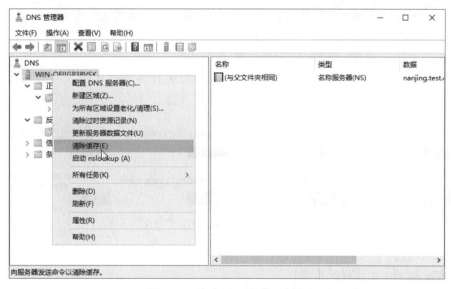

图 5-35 清除 DNS 服务器缓存

187

STEP 4 更改 Win10 的 DNS 为 2001:da8:1005:1000::201，使用命令 ipconfig /flushdns 清除虚拟机上的 DNS 缓存记录，执行步骤 2 中的所有测试，可成功解析出所有域名。

至此，DNS 委派配置成功。

不要关闭该实验，继续下一节的学习。

5.5 IPv4/IPv6 网络访问优先配置

在双栈的环境下，目前能够支持 IPv6 的操作系统一般优先使用 IPv6 网络来访问相应的资源。当有多个地址可用于域名系统（DNS）时，Windows Vista、Windows Server 2008 以及更高版本的 Windows 使用前缀表来确定要使用的地址。默认情况下，相较于 IPv4 地址，Windows 更倾向于使用 IPv6 全球单播地址。

随着国家 IPv6 战略的推进，目前越来越多的网站都实现了 IPv4 和 IPv6 双栈部署，但由于运营商之间互通的原因，有时候通过 IPv6 访问一些网站资源时要比通过 IPv4 访问慢。为了提高访问速度，用户也可以通过一些策略在双栈网络中优先访问 IPv4 网络。

1. Windows 在双栈环境下配置 IPv4 优先

Internet 协议版本 6(IPv6)是 Windows Vista 和 Windows Server 2008 及更高版本的 Windows 的必要组成部分。建议不要禁用 IPv6 或其组件。如果禁用，某些 Windows 组件可能无法正常工作。目前微软推荐在前缀策略中"优先使用 IPv4 over IPv6"，而不是禁用 IPv6。此外，如果不正确地禁用 IPv6，系统在启动时将会有 5s 的延迟，同时会将注册表 DisabledComponents 中的值设置为 0xffffffff，而正确的值应为 0xff。

可以通过多种方式来调整 IPv4 和 IPv6 的状况。

在微软的技术支持网站搜索"在前缀策略中优先使用 IPv4 over IPv6"，可搜索到如图 5-36 所示的界面。

图 5-36　Windows IPv4 over IPv6 的组件包下载

单击相应组包下的 Download 按钮。在"文件下载"对话框中，单击"运行"或"打开"。按照 Easy Fix 向导中的步骤执行操作。

- 使用注册表配置

单击"开始"→"运行"，在"运行"框中输入 regedit，打开注册表编辑器，找到并单击下面的注册表子项：HKEY_LOCAL_MACHINE\SYSTEM\CurrentControlSet\Services\Tcpip6\Parameters\。

双击 DisabledComponents 以将其更改。

如果 DisabledComponents 项不存在，则必须创建此项。为此，请按照下列步骤操作：单击菜单"编辑"→"新建"→"DWORD（32 位）值"，输入 DisabledComponents，双击 DisabledComponents，在"数值数据"字段中输入下列任意值，以将 IPv6 协议配置为预期状态，然后单击"确定"。

输入 0 以重新启用所有 IPv6 组件（Windows 默认设置）。

输入 0xff 以禁用所有 IPv6 组件（IPv6 环回接口除外）。通过更改前缀策略表中的项，此值还会将 Windows 配置为优先使用 IPv4 over IPv6。更多信息请参阅源地址和目标地址选择。

输入 0x20 以通过更改前缀策略表中的项优先使用 IPv4 over IPv6。

输入 0x10 以在所有非隧道接口（LAN 和点对点协议 [PPP] 接口）上禁用 IPv6。

输入 0x01 以在所有隧道接口上禁用 IPv6。这包括站内自动隧道寻址协议 （ISATAP）、6to4 和 Teredo。

输入 0x11 以禁用所有 IPv6 接口（IPv6 环回接口除外）。

- 修改 IPv6 前缀策略表（推荐使用此方法）

在 Win10 系统中右键单击"开始"→"命令提示符（管理员）"，使用 netsh interfac IPv6 show prefixpolicies 命令查询策略状态，显示如下：

```
C:\>netsh interfac IPv6 show prefixpolicies
确定。
查询活动状态...

优先顺序标签前缀
---------  -----  ------------------------------
       50      0  ::1/128
       40      1  ::/0
       35      4  ::ffff:0:0/96
       30      2  2002::/16
        5      5  2001::/32
        3     13  fc00::/7
        1     11  fec0::/10
        1     12  3ffe::/16
        1      3  ::/96
```

::/0 表示的是 IPv6 单播地址，::ffff:0:0/96 表示的是 IPv4 地址，可以看到在默认情况下 IPv6 优于 IPv4。可使用命令 netsh interface IPv6 set prefixpolicy 来调整前缀列表的优先顺序，以选择是 IPv6 优先还是 IPv4 优先。

实验 5-8　调整双栈计算机 IPv4 和 IPv6 的优先

在实验 5-7 的基础上，继续本实验。

STEP 1　继续添加 A 记录。在 test.com 域中添加一条 nanjing.test.com 的 A 记录，指向 IPv4 地址 172.18.1.201。添加完成后，如图 5-37 所示。

图 5-37　A 和 AAAA 记录并存

STEP 2　Win10 测试。配置 Win10 计算机的 IPv4 地址为 172.18.1.220/24，网关为 172.18.1.1，DNS 为 172.18.1.200；IPv6 地址为 2001:da8:1005:1000::100/64，DNS 为 2001:da8:1005:1000::200，没有网关。在 Win10 上进行测试，结果如图 5-38 所示。

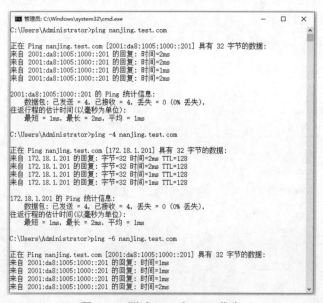

图 5-38　测试 IPv6 和 IPv4 优先

从图 5-38 中可以看到，nanjing.test.com 既有 IPv6 域名，也有 IPv4 域名，在不指定是解析 IPv4 还是 IPv6 的情况下，默认解析的是 IPv6 地址，也就是所谓的 IPv6 优先。

STEP 3 调整前缀策略表优先级。在管理员命令提示符窗口中使用命令 netsh interface IPv6 set prefixpolicy ::ffff:0:0/96 100 4 调整前缀列表，把前缀"::ffff:0:0/96"（表示 IPv4）的优先顺序调成 100（优先顺序最高），标签值保持默认的 4（标签值也有意义，更多细节请参阅 RFC 3484），如图 5-39 所示。

图 5-39　调整前缀策略表的优先顺序

从图 5-39 中可以看出，调整 IPv4 的优先级后，再访问 nanjing.test.com，则优先使用 IPv4 协议了。再次查看前缀策略表的优先顺序，可以看到 IPv4 的优先顺序已经是 100。

STEP 4 重启 Win10 后，再次 ping nanjing.test.com，发现解析的又是 IPv6 地址了。难道修改的前缀策略表没有保存？使用 netsh interfac IPv6 show prefixpolicies 命令查看，结果如图 5-40 所示。

图 5-40　修改前缀策略表重启后

从图 5-40 中可以看到，前缀策略列表中只有修改后的一项存在，其他默认的前缀列表项都不见了。在管理员命令提示符窗口中使用命令 netsh interface IPv6 add prefixpolicy ::/0 40 1，添加 IPv6 的前缀策略列表。

STEP 5 重启 Win10，再次 ping nanjing.test.com，发现解析的又是 IPv4 地址了。使用 netsh interfac IPv6 show prefixpolicies 命令查看，显示如下：

```
C:\Windows\system32>netsh interface IPv6 show prefixpolicies
确定。
查询活动状态...

优先顺序 标签 前缀
--------- ----- -------------------------------
   100      4   ::ffff:0:0/96
    40      1   ::/0
```

若后期又需要配置为 IPv6 优先，把 ::/0 前缀的优先顺序调整为比 ::ffff:0:0/96 的优先顺序大即可。

2. Linux 在双栈环境下配置 IPv4 优先

在 Linux 系统中，::ffff:0:0 即是指 IPv4。可以对 /etc/gai.conf 进行修改，增加前缀策略。然后重新启动系统就可以生效。

通过 SSH 远程登录到 Linux 服务器，然后修改 /etc/gai.conf 文件。

```
[root@localhost named]# vi /etc/gai.conf
```

在文件的最后一行加上：precedence ::ffff:0:0/96 100。

保存后重新启动系统，修改即可生效。

第 6 章 IPv6 路由技术

Chapter 6

路由技术主要是指路由选择算法。路由技术是网络的核心内容，是网络工程师必须掌握的内容。本章主要介绍了路由原理和路由协议，演示了常见的直连、静态、默认和动态路由的配置，剖析了路由的选路原则。

通过对本章的学习，读者不仅能明白路由的工作原理，而且可以掌握常用路由协议的配置，有助于网络故障的排除。

6.1 路由基础

6.1.1 路由原理

路由选择发生在网络层，主要由路由器来完成。路由器有多个接口，用于连接不同的 IPv6 网段，不同接口的 IPv6 前缀不能重叠。路由器的工作就是接收数据分组，然后根据当前网络的状况选择最有效的路径将其转发出去。路由器中的路由表必须实时更新，以准确地反映当前的网络状态。

网络前缀相同的主机之间可以直接通信，网络前缀不同的主机之间若要通信，则必须经过同一网段上的某个路由器或网关（gateway）实现。路由器在转发 IPv6 分组时，根据目的 IPv6 地址的网络前缀选择合适的接口，把 IPv6 分组发送出去。路由技术就是为了转发 IP 数据分组而在通信子网中寻找最佳传输路径，以将其发送到最终设备。

为了判定最佳路径，首先要选择一种路由协议，不同的路由协议使用不同的度量值。所谓度量值，即判断传输路径好坏的评价标准。度量值包括跳数（hop count，即经过路由器的数量）、带宽（bandwidth）、延时（delay）、可靠性（reliability）、负载（load）、滴答数（ticks）和开销（cost）等。

路由选择算法必须启动并维护包含路由信息的路由表，其中路由信息因所用的路由选择算法而不尽相同。路由选择算法将收集到的不同信息填入路由表中，根据路由表可将目的网络与下一跳（next-hop）的关系告诉路由器。路由器间互通信息进行路由更新，以更新维护路由表，使之正确反映网络的拓扑变化，并根据度量值来决定最佳路径，这就是路由协议（Routing Protocol）。例如 RIP 下一代版本（Routing Information Protocol next generation，RIPng）、增强型内部网关路由协议（Enhanced Interior Gateway Routing Protocol，EIGRP）、开放式最短路径优先协议版本 3（Open Shortest-Path First v3，OSPFv3）和边界网关协议（Border Gateway Protocol，BGP）等都是常见的路由协议。

就 BGP 来讲，现在使用的是 BGP-4，也就是边界网关协议版本 4，它仅支持 IPv4 路由信息。IETF 对 BGP-4 进行了扩展，提出了 BGP4+，称为 BGP-4 多协议扩展，可以支持 IPv6。鉴于一般单位使用不到 BGP，本书对 BGP 不做介绍。

路由转发即沿寻址好的最佳路径传送数据分组。路由器首先在路由表中查找相关信息，以查询将分组发送到下一跳（路由器或主机）的最佳路由，如果路由器不知道如何发送分组，通常会将该分组丢弃；否则就根据路由表的相应表项将分组发送到下一跳；如果目的网络直接与路由器相连，那么路由器就把分组直接发送到相应的接口上。

6.1.2 路由协议

在讲解路由协议之前，我们先要搞清楚路由协议（Routing Protocol）和被路由协议（Routed Protocol）的区别。路由器使用动态路由协议在互联网上动态发现所有网络，用来构建动态路由表。被路由协议有时也称为可路由协议，它按照路由协议构建的路由表来通过互联网转发用户数据。

根据路由器学习路由信息、生成并维护路由表的方式，可将路由分为直连路由、静态路由和动态路由。直连路由是通过接口配置生成，静态路由是通过管理员手动配置生成，动态路由是通过动态路由协议计算生成。

如图 6-1 所示，动态路由协议根据所处的自治系统（Autonomic Systems，AS）不同，又分为内部网关协议（Interior Gateway Protocol，IGP）和外部网关协议（Exterior Gateway Protocol，EGP）。这里的自治系统是指一个具有统一管理机构、统一路由策略的网络。

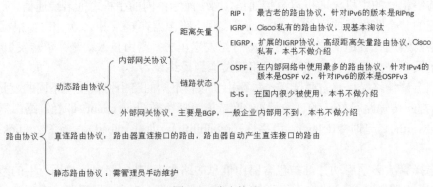

图 6-1 路由协议

IGP 协议是指在同一个 AS 内运行的路由协议，又分为距离矢量路由协议（典型代表是 RIP，针对 IPv6 的是 RIPng）和链路状态路由协议（典型代表是 OSPF，针对 IPv6 的是 OSPFv3）。EGP 协议是指运行在不同 AS 之间的路由协议，目前使用最多的是 BGP 协议，BGP 协议也属于动态路由协议，BGP 协议对配置人员的要求比较高，在实际工作环境中遇到的概率不大，故本书不对 BGP 做过多叙述。

6.2 直连路由

直连路由由数据链路层协议发现，是指去往路由器的接口 IPv6 地址所在网段的路径，该路径信息不需要网络管理员维护，也不需要路由器通过某种算法进行计算获得，只要该接口处于激活状态（Active），路由器就会把直连接口所在网段的路由信息填写到路由表中去。在 IPv4 中，路由器会自动产生激活接口所在网段的直连路由。在 IPv6 中，路由器同样也会自动产生激活接口所在网段的直连路由。

在 EVE-NG 中打开"Chapter 06"文件夹中的"6-1 IPv6 connect routing"实验，如图 6-2 所示。

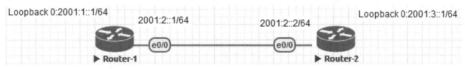

图 6-2 直连路由

Router-1 的配置如下：

| Router>enable |
| Router#conf t |
| Router(config)#hostname Router-1 |
Router-1(config)#ipv6 unicast-routing	开启 IPv6 路由协议，有些路由器默认并没有开启 IPv6 路由支持
Router-1(config)#interface Loopback0	配置环回接口 0，这是路由器上的虚拟接口，可用来模拟路由
Router-1(config-if)#ipv6 enable	启用接口的 IPv6 功能，默认情况下，接口的 IPv6 功能处于未启用状态。未启用状态的接口不会处理某些 IPv6 报文，比如 ND 中的 RA 报文。没有 RA 报文，接口将无法通过 RA 获取网络前缀，也就无法形成 IPv6 地址
Router-1(config-if)#ipv6 address 2001:1::1/64
Router-1(config-if)#no shutdown
Router-1(config-if)#interface Ethernet0/0
Router-1(config-if)#ipv6 enable
Router-1(config-if)#ipv6 address 2001:2::1/64
Router-1(config-if)#no shutdown

Router-2 的配置如下：

Router>enable
Router#conf t
Router(config)#hostname Router-2
Router-2(config)#ipv6 unicast-routing
Router-2(config)#interface Loopback0
Router-2(config-if)#ipv6 enable
Router-2(config-if)#ipv6 address 2001:3::1/64
Router-2(config-if)#no shutdown
Router-2(config-if)#interface Ethernet0/0
Router-2(config-if)#ipv6 enable
Router-2(config-if)#ipv6 address 2001:2::2/64
Router-2(config-if)#no shutdown

在 Router-2 执行 show ipv6 route 命令，显示如下：

Router-2#show ipv6 route
IPv6 Routing Table - default - 7 entries
Codes: C - Connected, L - Local, S - Static, U - Per-user Static route
       B - BGP, HA - Home Agent, MR - Mobile Router, R - RIP
       H - NHRP, I1 - ISIS L1, I2 - ISIS L2, IA - ISIS interarea
       IS - ISIS summary, D - EIGRP, EX - EIGRP external, NM - NEMO
       ND - ND Default, NDp - ND Prefix, DCE - Destination, NDr - Redirect
       O - OSPF Intra, OI - OSPF Inter, OE1 - OSPF ext 1, OE2 - OSPF ext 2
       ON1 - OSPF NSSA ext 1, ON2 - OSPF NSSA ext 2, la - LISP alt
       lr - LISP site-registrations, ld - LISP dyn-eid, a - Application
C   2001:2::/64 [0/0]   C 表示直连路由，与 IPv4 相同，是接口所在网段的路由。这里的[0/0]，其中前
                             面的 0 代表管理距离，管理距离越小，路由越优化；后面的 0 代表度量值，也
                             称为开销，在管理距离相同的情况下，度量值越小的路由越优先。对于直连路
                             由，管理距离默认是 0，度量值默认是 0
     via Ethernet0/0, directly connected   通过 Eth0/0 接口可到达这个网段，是直连的路由
L   2001:2::2/128 [0/0]   L 表示本地，这是接口 IP 所在的 128 位的主机路由
via Ethernet0/0, receive
C   2001:3::/64 [0/0]
via Loopback0, directly connected
L   2001:3::1/128 [0/0]
via Loopback0, receive
L   FF00::/8 [0/0]   L 表示本地，多播地址空间的路由
via Null0, receive

6.3 静态路由

静态路由是指由网络管理员手动配置的路由信息。IPv4 和 IPv6 网络都支持静态路由。当网络的拓扑或链路状态发生变化时，网络管理员需要手动修改路由表中相关的静态路由信息。静态路由信息是私有的，不会传递给其他的路由器。

6.3.1 常规静态路由

在 6.2 节中，Router-1 无法 ping 通 2001:3::1。在 Router-1 上执行 show ipv6 router 命令，可以发现路由表中没有 2001:3::/64 的路由。有什么办法可以让 Router-1 能 ping 通 2001:3::1 呢？解决的办法之一就是配置静态路由，需要管理员手动配置。

在图 6-2 中，如果路由器 Router-1 知道把去往 2001:3::1 的数据包发给 Router-2，Router-1 路由器默认会使用距离目标最近的接口 IP 作为源 IP，也就是 Router-1 使用 2001:2::1 作为源 IP 地址，去 ping Router-2。Router-2 收到数据包后，查询 ping 包的目的 IP 地址，发现 2001:3::1/128 是本地接口路由，然后再查询 ping 包的源 IP 地址，发现是来自 2001:2::1 的数据包。Router-2 查询本地的路由表，发现 2001:2::/64 是直连路由，于是把 ping 的应答包从 eth0/0 接口发出。Router-1 收到应答包，表示 ping 成功。关键是管理员如何通知路由器 Router-1 去往 2001:3::1 的数据包要发往 Router-2 呢？这就需要添加静态路由。添加静态路由的命令格式如下：

```
Router-1(config)#ipv6 route 2001:3::/64 ?
  Async              Async interface
  Auto-Template      Auto-Template interface
  BVI                Bridge-Group Virtual Interface
  CDMA-Ix            CDMA Ix interface
  CTunnel            CTunnel interface
  Dialer             Dialer interface
  Ethernet           IEEE 802.3
  GMPLS              MPLS interface
  LISP               Locator/ID Separation Protocol Virtual Interface
  LongReachEthernet  Long-Reach Ethernet interface
  Loopback           Loopback interface
  Lspvif             LSP virtual interface
  MFR                Multilink Frame Relay bundle interface
  Multilink          Multilink-group interface
  Null               Null interface
  Tunnel             Tunnel interface
  Vif                PGM Multicast Host interface
  Virtual-PPP        Virtual PPP interface
  Virtual-Template   Virtual Template interface
```

Virtual-TokenRing X:X:X:X::X	Virtual TokenRing IPv6 address of next-hop
vmi	Virtual Multipoint Interface

IPv6 静态路由的配置与 IPv4 类似，它使用的命令是 ipv6 route，后面是要去往的目的网络。在 IPv4 中，目的网络采用"网络号+网络掩码"的形式表示，在 IPv6 中则是网络地址后跟"/网络前缀长度"。这里配置的 2001:3::/64，表示的是去往以 2001:0003:0000:0000 为起始地址的所有 IPv6 地址。

接下来是输入下一跳路由器直连接口的 IP 地址，或者输入本路由器的外出接口。两者之间的区别将通过下面的示例来演示。

路由器 Router-1 使用下一跳路由器直连接口的 IP 地址作为去往 2001:3::/64 的静态路由，命令如下：

Router-1(config)#ipv6 route 2001:3::/64 2001:2::2

这里特别要注意的是，即使要到达的网络与本路由器相隔数台路由器，这里填入的还是下一跳地址，而不是目标网络的前一跳。也就是说，在静态路由中，只需指出下一跳的地址即可，至于以后如何指向，则是下一跳路由器考虑的事情。此时，在 Router-1 上 ping 2001:3::1，可以 ping 通。取消上面的静态路由命令，改用外出接口，命令如下：

Router-1(config)#no ipv6 route 2001:3::/64 2001:2::2
Router-1(config)# ipv6 route 2001:3::/64 ethernet0/0

这里使用的是路由器 Router-1 的外出接口。在 Router-1 上 ping 2001:3::1，发现无法 ping 通。这两条命令都是在 Router-1 上添加一条去往 2001:3::/64 网段的静态路由。由上可知，至于添加的是下一跳的地址还是本路由器的外出接口，还是有差别的。

本路由器出口命令仅能用在点对点的链路上，比如串行线路。串行线路是在数据链路层封装一种协议，如高级数据链路控制（High Level Data Link Control，HDLC）协议或点对点协议（Point-to-Point Protocol，PPP）。这两个协议在点对点链路上使用时，链路一端的设备发送数据后，对端设备就能收到。

如果串行线路封装的是帧中继（Frame-Relay）协议，由于帧中继链路默认是非广播多路访问（Non-Broadcast Multiple Access，NBMA）链路，这时需要指向下一跳路由器的接口 IP 地址，而不能是外出接口。

如果是以太网这种多路访问链路，若使用外出接口，则路由器将不知道把包发往哪一台路由器，也不知道要发往哪一个 IPv6 地址，自然也就无法完成数据链路层的解析过程。在不知道下一跳设备 MAC 地址的情况下，也就无法完成 ping 包的数据封装。同理，在多路访问的帧中继链路上，因不知道具体使用哪一条永久虚电路（Permanent Virtual Circuit，PVC），也不能使用外出接口。

使用下面的命令在 Router-1 上恢复静态路由的配置：

Router-1(config)#no   ipv6 route 2001:3::/64 ethernet0/0
Router-1(config)#ipv6 route 2001:3::/64 2001:2::2

第 6 章　IPv6 路由技术

使用下面的命令在 Router-2 上恢复静态路由：

Router-2(config)#ipv6 route 2001:1::/64 2001:2::1

配置完成后，Router-2 就可以 ping 通 Router-1 环回接口的 IP 地址了。

路由器默认会使用距离目的最近的接口 IP 执行 ping 操作。下面的命令强制 Router-1 使用环回接口的 IP 地址 2001:1::1 去 ping 路由器 Router-2 的环回接口的 IP 地址 2001:3::1 上：

Router-1#ping ipv6 2001:3::1 source 2001:1::1

在路由器 Router-2 上执行 debug ipv6 icmp 命令，检测 Router-1 来访的 IPv6 地址，显示如下：

Router-2#debug ipv6 icmp
*Feb 18 08:36:16.914: ICMPv6: Received echo request, Src=2001:1::1, Dst=2001:3::1
*Feb 18 08:36:16.914: ICMPv6: Sent echo reply, Src=2001:3::1, Dst=2001:1::1
*Feb 18 08:36:16.915: ICMPv6: Received echo request, Src=2001:1::1, Dst=2001:3::1
*Feb 18 08:36:16.915: ICMPv6: Sent echo reply, Src=2001:3::1, Dst=2001:1::1

从上面的输出中可以看出，Router-1 是使用环回接口去 ping 路由器 Router-2 的环回接口。

下面总结一下配置静态路由的一般步骤。

步骤 1：为路由器每个接口配置 IP 地址。
步骤 2：确定本路由器有哪些直连网段。
步骤 3：确定网络中有哪些属于本路由器的非直连网段。
步骤 4：在路由表中添加所有非本路由器直连网段的相关路由信息。

实验 6-1　配置静态路由

在 EVE-NG 中打开 "Chapter 06" 文件夹中的 "6-2 IPv6 static routing" 实验拓扑，如图 6-3 所示。配置静态路由，使图中任何两个 IP 地址之间都可以连通。

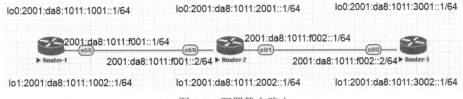

图 6-3　配置静态路由

分析：根据前面配置静态路由的总结，首选配置接口 IP 地址。然后分析每台有路由器有哪些直连网段，哪些非直接网段，然后给所有非直连网段添加静态路由。整个网络中有 6 个环回口路由，2 个互连网络，共 8 个网段。这里以 Router-1 为例，有 3 个直连网段（2001:da8:1011:1001::/64、2001:da8:1011:1002::/64、2001:da8:1011:f001::/64），需要添加 5 (8−3=5) 段路由（2001:da8:1011:2001::/64、2001:da8:1011:2002::/64、2001:da8:1011:3001::/64、2001:da8:1011:3002::/64、2001:da8:1011:f001::/64）。Router-2 直连了 4 个网段，只需要添加 4 条静态路由。Router-3 同 Router-1 一样，直连了 3 个网段，需要添加 5 条静态路由。3 台路由器的配置参见配置包 "06\IPv6 静态路由配置.txt"，其中 Router-1 的配置如下：

```
Router>enable
Router#conf t
Router(config)#host Router-1
Router-1(config)#ipv6 unicast-routing
Router-1(config)#int lo0
Router-1(config-if)#ipv6 add 2001:da8:1011:1001::1/64
Router-1(config-if)#int lo1
Router-1(config-if)#ipv6 add 2001:da8:1011:1002::1/64
Router-1(config-if)#int eth 0/0
Router-1(config-if)#ipv6 add 2001:da8:1011:f001::1/64
Router-1(config-if)#no shut
Router-1(config-if)#exit
Router-1(config)#ipv6 route 2001:da8:1011:2001::/64   2001:da8:1011:f001::2    去往 Router-2 环回接口 0
Router-1(config)#ipv6 route 2001:da8:1011:2002::/64   2001:da8:1011:f001::2    去往 Router-2 环回接口 1
Router-1(config)#ipv6 route 2001:da8:1011:3001::/64   2001:da8:1011:f001::2    去往 Router-3 环回接口 0，不管
                                                                               之间隔了多少台路由器，只需要
                                                                               把数据包发给下一台路由器直
                                                                               连接口的 IP 地址即可
Router-1(config)#ipv6 route 2001:da8:1011:3002::/64   2001:da8:1011:f001::2    去往 Router-3 环回接口 1
Router-1(config)#ipv6 route 2001:da8:1011:f002::/64   2001:da8:1011:f001::2    去往 Router-2 和 Router-3 之间的
                                                                               互联网段
```

Router-2 的配置如下：

```
Router>enable
Router#conf t
Router(config)#host Router-2
Router-2(config)#ipv6 unicast-routing
Router-2(config)#int lo0
Router-2(config-if)#ipv6 add 2001:da8:1011:2001::1/64
Router-2(config-if)#int lo1
Router-2(config-if)#ipv6 add 2001:da8:1011:2002::1/64
Router-2(config-if)#int eth 0/0
Router-2(config-if)#ipv6 add 2001:da8:1011:f001::2/64
Router-2(config-if)#no shut
Router-2(config-if)#int eth 0/1
Router-2(config-if)#ipv6 add 2001:da8:1011:f002::1/64
Router-2(config-if)#no shut
Router-2(config-if)#exit
Router-2(config)#ipv6 route 2001:da8:1011:1001::/64   2001:da8:1011:f001::1    去往 Router-1 环回接口 0
Router-2(config)#ipv6 route 2001:da8:1011:1002::/64   2001:da8:1011:f001::1    去往 Router-1 环回接口 1
Router-2(config)#ipv6 route 2001:da8:1011:3001::/64   2001:da8:1011:f002::2    去往 Router-3 环回接口 0
```

Router-2(config)#ipv6 route 2001:da8:1011:3002::/64   2001:da8:1011:f002::2   *去往 Router-3 环回接口 1*

Router-3 的配置如下：

```
Router>enable
Router#conf t
Router(config)#host Router-3
Router-3(config)#ipv6 unicast-routing
Router-3(config)#int lo0
Router-3(config-if)#ipv6 add 2001:da8:1011:3001::1/64
Router-3(config-if)#int lo1
Router-3(config-if)#ipv6 add 2001:da8:1011:3002::1/64
Router-3(config-if)#int eth 0/0
Router-3(config-if)#ipv6 add 2001:da8:1011:f002::2/64
Router-3(config-if)#no shut
Router-3(config-if)#exit
Router-3(config)#ipv6 route 2001:da8:1011:1001::/64   2001:da8:1011:f002::1
Router-3(config)#ipv6 route 2001:da8:1011:1002::/64   2001:da8:1011:f002::1
Router-3(config)#ipv6 route 2001:da8:1011:2001::/64   2001:da8:1011:f002::1
Router-3(config)#ipv6 route 2001:da8:1011:2002::/64   2001:da8:1011:f002::1
Router-3(config)#ipv6 route 2001:da8:1011:f001::/64   2001:da8:1011:f002::1
```

经过上述配置后，图 6-3 中所有 IP 地址之间都可以连通。

不知读者是否发现，Router-1 中 5 条路由都是去往 Router-2 的 2001:da8:1011:f001::2。有没有办法简化些配置呢？办法是有的，那就是采用路由汇总。把所有路由写出来，然后把所有路由共有的部分写出来，再统计一下共有的位数，如图 6-4 所示。所有路由共有的部分为 2001:da8:1011，共用的位数是 48 位，汇总后的路由是 2011:da8:1011::/48（当然这里的汇总属于不精确汇总）。这样 Router-1 上只写一条路由就可以了（当然这里的汇总属于不精确汇总）。在 Router-1 删除明细路由，添加一条汇总的路由，操作如下：

```
Router-1(config)#no ipv6 route 2001:da8:1011:2001::/64   2001:da8:1011:f001::2
Router-1(config)#no ipv6 route 2001:da8:1011:2002::/64   2001:da8:1011:f001::2
Router-1(config)#no ipv6 route 2001:da8:1011:3001::/64   2001:da8:1011:f001::2
Router-1(config)#no ipv6 route 2001:da8:1011:3002::/64   2001:da8:1011:f001::2
Router-1(config)#no ipv6 route 2001:da8:1011:f002::/64   2001:da8:1011:f001::2
Router-1(config)#ipv6 route 2011:da8:1011::/48 2001:da8:1011:f001::2
```

```
2001:da8:1011 | 2001::/64
2001:da8:1011 | 2002::/64
2001:da8:1011 | 3001::/64      →   2001:da8:1011::/48
2001:da8:1011 | 3002::/64
2001:da8:1011 | f002::/64
   16   16   16
```

图 6-4　路由汇总 1

采用类似的方法，在 Router-3 上只写一条汇总路由 ipv6 route 2011:da8:1011::/48 2001:da8:1011:f002::1。Router-2 上去往 Router-1 的两条路由可以简单地汇总成 2001:da8:1011:1000::/60（因为 16+16+16+12=60），如图 6-5 所示。还可以进一步把 IP 地址中的 1 和 2 划分成 4 位二进制，进一步汇总成 2001:da8:1011:1000::/62（因为 16+16+16+12+2=62）。这里属于比较精确的汇总，但仍不是最精确的汇总，因为汇总中包括了 2001:da8:1011:1000::/64 和 2001:da8:1011:1003::/64 路由条目。

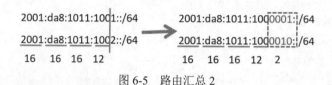

图 6-5　路由汇总 2

将 Router-2 上的路由条目进行如下修改：

```
Router-2(config)#no ipv6 route 2001:da8:1011:1001::/64    2001:da8:1011:f001::1
Router-2(config)#no ipv6 route 2001:da8:1011:1002::/64    2001:da8:1011:f001::1
Router-2(config)#no ipv6 route 2001:da8:1011:3001::/64    2001:da8:1011:f002::2
Router-2(config)#no ipv6 route 2001:da8:1011:3002::/64    2001:da8:1011:f002::2
Router-2(config)#ipv6 route 2001:da8:1011:1000::/62       2001:da8:1011:f001::1    去往 Router-1 环回接口
Router-2(config)#ipv6 route 2001:da8:1011:3000::/62       2001:da8:1011:f002::2    去往 Router-3 环回接口
```

6.3.2　浮动静态路由

在简单的网络中，可以通过指定静态路由的管理距离来达到链路冗余备份的目的。指定了管理距离的静态路由叫作"浮动静态路由"，广泛应用于链路备份的场合。下面通过一个实验来演示浮动静态路由的使用。

实验 6-2　配置浮动静态路由

在 EVE-NG 中打开"Chapter 06"文件夹的"6-3 IPv6 float static routing"实验拓扑，如图 6-6 所示。总部和分部之间通过双链路互连，假设 e0/2 的链路是 10Gbit/s 链路，e0/3 的链路是 1Gbit/s 链路。配置静态 IPv6 路由，使其在两条链路都正常时，流量走 10Gbit/s 链路。当 10Gbit/s 链路发生故障时，流量自动切换到 1Gbit/s 链路。当 10Gbit/s 链路恢复时，再自动切换回 10Gbit/s 链路。Switch-1 模拟分部的核心交换机，其中 VLAN 1 的 IPv6 地址是 2001:da8:1011:1001::1/64，Win10-1 在 VLAN 1 中，自动获取 IPv6 地址。Switch-2 模拟总部的核心交换机，其中 VLAN 1 的 IPv6 地址是 2001:da8:1011:2001::1/64，Win10-2 在 VLAN 1 中，自动获取 IPv6 地址。

第 6 章 IPv6 路由技术

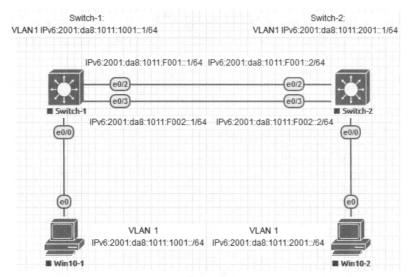

图 6-6 浮动静态路由

STEP 1 配置核心交换机。配置参见软件包 "06\IPv6 浮动静态路由配置.txt"，其中 Switch-1 的配置如下：

```
Switch>enable
Switch#conf t
Switch(config)#host Switch-1
Switch-1(config)#ipv6 unicast-routing
Switch-1(config)#interface Ethernet0/2
Switch-1(config-if)# no switchport
Switch-1(config-if)# ipv6 address 2001:DA8:1011:F001::1/64
Switch-1(config-if)# ipv6 enable
Switch-1(config-if)# no shutdown
Switch-1(config-if)#interface Ethernet0/3
Switch-1(config-if)# no switchport
Switch-1(config-if)# ipv6 address 2001:DA8:1011:F002::1/64
Switch-1(config-if)# ipv6 enable
Switch-1(config-if)# no shutdown
Switch-1(config-if)#interface Vlan1
Switch-1(config-if)# ipv6 address 2001:DA8:1011:1001::1/64
Switch-1(config-if)# ipv6 enable
Switch-1(config-if)# no shutdown
Switch-1(config-if)#exit
Switch-1(config)#ipv6 route 2001:DA8:1011:2001::/64 2001:DA8:1011:F001::2    这条路由没有指定静态路由的
                                                                              管理距离，使用默认的管理距离1
```

Switch-1(config)#ipv6 route 2001:DA8:1011:2001::/64 2001:DA8:1011:F002::2 2　　这条路由指定静态路由的管理距离是2

Switch-2 的配置如下：

Switch>enable
Switch#conf t
Switch(config)#host Switch-2
Switch-2(config)#ipv6 unicast-routing
Switch-2(config)#interface Ethernet0/2
Switch-2(config-if)# no switchport
Switch-2(config-if)# ipv6 address 2001:DA8:1011:F001::2/64
Switch-2(config-if)# ipv6 enable
Switch-2(config-if)# no shutdown
Switch-2(config-if)#interface Ethernet0/3
Switch-2(config-if)# no switchport
Switch-2(config-if)# ipv6 address 2001:DA8:1011:F002::2/64
Switch-2(config-if)# ipv6 enable
Switch-2(config-if)# no shutdown
Switch-2(config-if)#interface Vlan1
Switch-2(config-if)# ipv6 address 2001:DA8:1011:2001::1/64
Switch-2(config-if)# ipv6 enable
Switch-2(config-if)# no shutdown
Switch-2(config-if)#ipv6 route 2001:DA8:1011:1001::/64 2001:DA8:1011:F001::1
Switch-2(config)#ipv6 route 2001:DA8:1011:1001::/64 2001:DA8:1011:F002::1 2

STEP 2 配置终端的 IPv6 地址并测试连通性。Win10-1 和 Win10-2 默认启用了 IPv6 协议，且自动获取地址。使用 ipconfig 命令验证两台计算机是否都获取了正确的 IPv6 地址，其中 Win10-2 的显示如图 6-7 所示。可以看到 Win10-2 获取了 2001:da8:1011:2001::/64 的 IPv6 地址，并成功 ping 通 2001:da8:1011:1001::/64 开头的 Win10-1 的 IPv6 地址（这里 Win10-1 的 IPv6 地址是 2001:da8:1011:1001:d57c:b6c:cf69:cec6，读者实验环境中的 IPv6 地址会与此不同）。这里也可以看到，因启用了 IPv4 协议和自动获取 IPv4 地址，而网络上没有 DHCP 服务器，所以 IPv4 的 IP 地址被随机配置成以 169.254 打头的 IP 地址。

STEP 3 验证路由。查看 Switch-1 的路由表，显示如下。

Switch-1#show ipv6 route
IPv6 Routing Table - default - 8 entries
Codes: C - Connected, L - Local, S - Static, U - Per-user Static route
　　　 B - BGP, R - RIP, I1 - ISIS L1, I2 - ISIS L2
　　　 IA - ISIS interarea, IS - ISIS summary, D - EIGRP, EX - EIGRP external
　　　 ND - ND Default, NDp - ND Prefix, DCE - Destination, NDr - Redirect
　　　 RL - RPL, O - OSPF Intra, OI - OSPF Inter, OE1 - OSPF ext 1

OE2 - OSPF ext 2, ON1 - OSPF NSSA ext 1, ON2 - OSPF NSSA ext 2
    a - Application
C   2001:DA8:1011:1001::/64 [0/0]
via Vlan1, directly connected
L   2001:DA8:1011:1001::1/128 [0/0]
via Vlan1, receive
S   2001:DA8:1011:2001::/64 [1/0]
via 2001:DA8:1011:F001::2
C   2001:DA8:1011:F001::/64 [0/0]
via Ethernet0/2, directly connected
L   2001:DA8:1011:F001::1/128 [0/0]
via Ethernet0/2, receive
C   2001:DA8:1011:F002::/64 [0/0]
via Ethernet0/3, directly connected
L   2001:DA8:1011:F002::1/128 [0/0]
via Ethernet0/3, receive
L   FF00::/8 [0/0]
via Null0, receive

可以看到 Switch-1 去往 2001:DA8:1011:2001::/64 的下一跳是 2001:da8:1011:F001::2，走的是 e0/2 链路。

图 6-7　查看 Win10-2 的 IPv6 地址并测试 IPv6 地址的连通性

为了让效果更明显，在 Win10-2 上持续用大包 ping Win10-1，命令如下：

C:\Users\Administrator>ping 2001:da8:1011:1001:d57c:b6c:cf69:cec6 –t –l 10240   ping 测试默认是发送 4 个包，这里-t 的意思是一直 ping，ping 包的默认大小是 32 字节，这里-l 10240 指定 ping 包的大小是 10240 字节

在交换机 Switch-1 上使用 show 命令，分别查看 e0/2 和 e0/3 端口的数据包统计，显示如下所示。注意粗体部分，e0/2 接口上的数据持续不断，e0/3 接口上的数据基本不变，这证明了大量的 ping 包确实走的是 e0/2 链路。

Switch-1#show int e0/2
Ethernet0/2 is up, line protocol is up (connected)
　Hardware is Ethernet, address is aabb.cc00.0520 (bia aabb.cc00.0520)
　Internet address is 10.255.1.1/24
　MTU 1500 bytes, BW 10000 Kbit/sec, DLY 1000 usec,
reliability 255/255, txload 1/255, rxload 1/255
　Encapsulation ARPA, loopback not set
　Keepalive set (10 sec)
　Auto-duplex, Auto-speed, media type is unknown
input flow-control is off, output flow-control is unsupported
　ARP type: ARPA, ARP Timeout 04:00:00
　Last input 00:00:22, output 00:00:11, output hang never
　Last clearing of "show interface" counters never
　Input queue: 0/75/0/0 (size/max/drops/flushes); Total output drops: 0
　Queueing strategy: fifo
　Output queue: 0/40 (size/max)
　5 minute input rate 38000 bits/sec, 5 packets/sec
　5 minute output rate 38000 bits/sec, 5 packets/sec
　3813 packets input, 1871020 bytes, 0 no buffer
　　　Received 301 broadcasts (0 IP multicasts)
　　　0 runts, 0 giants, 0 throttles
　　　0 input errors, 0 CRC, 0 frame, 0 overrun, 0 ignored
　　　0 input packets with dribble condition detected
　　　4159 packets output, 1831613 bytes, 0 underruns
　　　0 output errors, 0 collisions, 0 interface resets
　　　0 unknown protocol drops
　　　0 babbles, 0 late collision, 0 deferred
　　　0 lost carrier, 0 no carrier
　　　0 output buffer failures, 0 output buffers swapped out

读者也可以通过抓包来验证。在 Switch-1 上右键单击，从快捷菜单中选择"Capture"→"e0/2"，打开 Switch-1 的 e0/2 接口的捕获窗口，如图 6-8 所示。以类似的方法再打 Switch-1 的 e0/3 接口的捕获窗口。

第 6 章　IPv6 路由技术

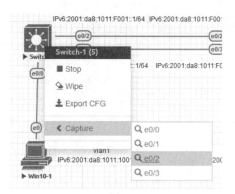

图 6-8　捕获数据包

在图 6-9 中可以观察到 e0/2 接口捕获到大量的 ICMPv6 报文。由于数据包的默认大小是 1510 字节，所以导致每个 10240 字节的 ping 包被拆成了多个报文。e0/3 接口没有捕获到这样的数据包。

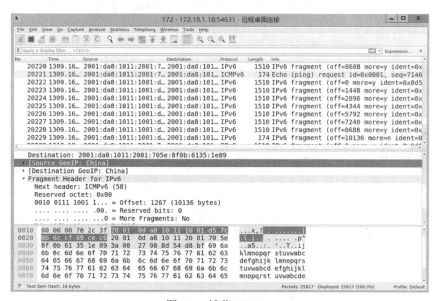

图 6-9　捕获 ICMPv6

STEP 4　模拟故障。断开 Switch-1 和 Switch-2 的 e0/2 接口，发现 Win10-1 和 Win10-2 之间仍然可以 ping 通。可以使用 show interface e0/3 命令查看接口的通信情况，以证明此时流量切换到 e0/3 链路。在 Switch-1 上查看路由表，显示如下。可以看出去往 2001:da8:1011:2001::/64 的下一跳是 2001:DA8:1011:F002::2，已经切换到 e0/3 链路。注意这条静态路由后的显示是[2/0]，管理距离是 2。

```
Switch-1#show ipv6 route
IPv6 Routing Table - default - 6 entries
```

207

```
Codes: C - Connected, L - Local, S - Static, U - Per-user Static route
       B - BGP, R - RIP, I1 - ISIS L1, I2 - ISIS L2
       IA - ISIS interarea, IS - ISIS summary, D - EIGRP, EX - EIGRP external
       ND - ND Default, NDp - ND Prefix, DCE - Destination, NDr - Redirect
       RL - RPL, O - OSPF Intra, OI - OSPF Inter, OE1 - OSPF ext 1
       OE2 - OSPF ext 2, ON1 - OSPF NSSA ext 1, ON2 - OSPF NSSA ext 2
       a - Application
C    2001:DA8:1011:1001::/64 [0/0]
via Vlan1, directly connected
L    2001:DA8:1011:1001::1/128 [0/0]
via Vlan1, receive
S    2001:DA8:1011:2001::/64 [2/0]
via 2001:DA8:1011:F002::2
C    2001:DA8:1011:F002::/64 [0/0]
via Ethernet0/3, directly connected
L    2001:DA8:1011:F002::1/128 [0/0]
via Ethernet0/3, receive
L    FF00::/8 [0/0]
via Null0, receive
```

STEP 5 模拟故障恢复。打开 Switch-1 和 Switch-2 的 e0/2 接口，此时再次执行 show interface 命令，可以看到流量又切换回 e0/2 链路。

6.3.3 静态路由优缺点

与所有的路由协议一样，静态路由协议也有自己的优缺点。了解每种路由协议的优缺点，有利于根据网络规模的状况，正确地选择适合的路由协议。静态路由具有以下优点。

- 对 CPU、内存等硬件的需求不高。静态路由不像动态路由协议那样，需要缓存相互交换的路由信息，并执行一些算法，这意味着静态路由对 CPU 和内存的要求不高。
- 不占用带宽。静态路由不像动态路由协议那样，需要相互交换网络信息或路由表，这意味着静态路由可以节省带宽。
- 增加网络安全。静态路由是网络管理员手动添加的，即使不同的网络之间存在物理路径，只要管理员没有添加它们之间的静态路由，网络也是不可达的。相较于动态路由协议，更容易实现网络间的控制。

静态路由具有以下缺点。

- 配置工作量大且容易出错。由于所有的路由都需要管理员手动加入，对大型网络来说，这几乎是不可能的，而且容易出错。当某个新的网络出现时，管理员必须在所有路由器上添加这条静态路由。
- 适应拓扑变化的能力较差。静态路由不能适应网络拓扑的变化，动态地调整路由表。

虽说实验 6-2 通过配置浮动静态路由，起到了冗余备份的作用，但毕竟只是用在简单的网络中。当网络规模较大时，试图通过配置浮动静态路由来冗余备份将变得异常复杂和不可行。

6.4 默认路由

默认路由（default routing）在有些文档中也称作缺省路由，使用默认路由可以将那些路由表中没有明确列出目标网络的数据包转发到下一跳路由器。在存根网络（只有一条连接到其邻居网络的路由，进出这个网络都只有一条路可以走）上可以使用默认路由，因为存根网络与外界之间只有一个连接。

图 6-10 所示为某公司的网络拓扑，该公司通过路由器接入 ISP，并通过 ISP 路由器 2001:da8:a3::1 访问整个 Internet。如果配置明细的静态路由来访问 Internet，将要配置多条，低端的路由器根本无法承受如此多的路由条目。针对图 6-10 中的网络拓扑，可以配置公司路由器，使其使用默认路由。默认路由的配置方法与静态路由类似，只是网络地址和前缀长度改成了"::/0"，即只要匹配 0 位就可以，也就是匹配了所有 IPv6 地址。公司出口路由器默认路由的配置如下：

```
Router(config)#ipv6 route ::/0 2001:da8:a3:a007::1
```

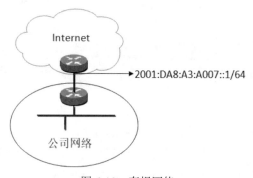

图 6-10　存根网络

其实不止是存根网络使用了默认路由，据统计，Internet 上 99.9%的路由器都使用了默认路由。在使用 IPv6 的计算机上执行命令 route print，可以在路由表中看到::/0 的路由条目，该条目对应的网关是路由器接口的链路本地地址。

实验 6-3　配置默认路由

在 EVE-NG 中打开"Chapter 06"文件夹中的"6-4 IPv6 default routing"实验拓扑，3 台路由器的连接如图 6-11 所示。每台路由器都通过 loopback 0 接口模拟一个网段。要求配置最少数量的静态路由条目，以实现全网全通。

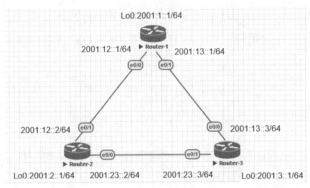

图 6-11 默认路由

分析：根据前面介绍的静态路由的配置步骤，先确定网络中有 6 个网段，每台路由器都直连 3 个网段，然后为所有非直连的网段添加静态路由。以 Router-1 为例，添加一条去往 2001:2::/64 的路由，下一跳是 2001:12::2；添加一条去往 2001:3::/64 的路由，下一跳是 2001:13::3；添加一条去往 2001:23::/64 的路由，下一跳是 2001:12::2 或 2001:13::3。Router-1 上需要配置 3 条静态路由，与之类似，Router-2 和 Router-3 上也需要各自配置 3 条静态路由，这样 3 台路由器总共配置了 9 条静态路由，由此实现了全网全通。

默认路由是一种特殊的静态路由，可以理解为最不精确的汇总，如果使用默认路由，在图 6-11 中只需要配置下面 3 条默认路由就可以实现全网全通。完整的配置请参见配置包"06\IPv6 缺省路由配置.txt"。

```
Router-1(config)#ipv6 route ::/0 2001:12::2      Router-1 上所有未知的数据包都发给路由器 Router-2
Router-2(config)#ipv6 route ::/0 2001:23::3      Router-2 上所有未知的数据包都发给路由器 Router-3
Router-3(config)#ipv6 route ::/0 2001:13::1      Router-3 上所有未知的数据包都发给路由器 Router-1
```

配置完成后，可以在任意路由器上测试任意 IP 地址，都可 ping 通。但数据包的往返路径不一定相同。比如在 Router-1 上 ping 路由器 Router-3 上的 2001:3::1，去的路径是 Router-1→Router-2→Router-3，返回的路径是 Router-3→Router-1。

前面简单配置了 3 条默认路由，实现了全网互通，但由于默认路由不是精确的路由，会产生一些副作用，比如路由环路。在 Router-1 上随便 ping 一个不存在的 IPv6 路由条目，比如 2001::1，显示如下：

```
Router-1#ping 2001::1
Type escape sequence to abort.
Sending 5, 100-byte ICMP Echos to 2001::1, timeout is 2 seconds:
TTTTT
Success rate is 0 percent (0/5)
```

返回值为 TTTTT，这应该是跳数（Hop Count）超过最大允许值后返回的报错。Hop Count 对应 IPv4 报头中的 TTL（Time-To-Live），每经过一台路由器，TTL 减 1，当 TTL 为零时，路由器丢弃数据包，并向源发送方返回错误提示。

在路由器上执行 traceroute 2001::1 命令，显示如下：

```
Router-1#traceroute 2001::1
Type escape sequence to abort.
Tracing the route to 2001::1

  1 2001:12::2 5 msec 4 msec 5 msec
  2 2001:23::3 0 msec 0 msec 0 msec
  3 2001:13::1 1 msec 1 msec 1 msec
这里省略了 4~28 行
 29 2001:23::3 5 msec 5 msec 6 msec
 30 2001:13::1 6 msec 6 msec *
Destination not found inside max hopcount diameter.
Router-1#
```

traceroute 默认显示的最大跳数是 30，该命令执行完毕并不表示数据包已经被丢弃。跳数占用 8 位，最大值是 255，当该值减为零时，数据包才会被丢弃。

在图 6-11 中，可以通过配置静态路由来实现全网全通，可一旦拓扑发生变化，比如 Router-1 和 Router-2 之间的链路故障，将导致 Router-1 与 Router-2 之间不通。尽管在事实上可以通过 Router-3 中转，但静态路由不会根据拓扑的变化自动调整路由表。接下来介绍的动态路由协议可以自动调整路由表。

6.5 动态路由协议

前面介绍了直连路由、静态路由和默认路由的配置。通过静态路由虽然可以实现网络的互连，但如果网络规模很大，假设有 100 台路由器，101 个网络，每台路由器上有两个直连网络，那么需配置静态路由的条目是 100×（101-2）=9900 条，通过手动几乎无法实现。另外，当网络出现变化时，静态路由也不能很好地反映拓扑变化，这时就需要使用动态路由协议。

6.5.1 静态路由与动态路由的比较

前面介绍过，静态路由是由管理员在路由器中手动添加的路由条目。除非网络管理员干预，否则静态路由不会发生变化。由于静态路由不能对网络的改变做出反应，因此一般用于网络规模不大、拓扑结构固定的网络中。静态路由的优点是简单、高效、可靠。

动态路由是网络中的路由器相互之间通信，传递路由信息，并利用收到的路由信息更新路由器表的过程。收到路由更新信息后，路由器会重新计算路由，并发出新的路由更新信息。这些信息在网络中传送，引起各路由器执行路由算法，并更新各自的路由表，以动态地反映网络拓扑变化。动态路由适用于网络规模大、网络拓扑复杂的网络。当然，各种动态路由协议会不同程度地占用网络带宽和 CPU 资源。

静态路由与动态路由的比较如表 6-1 所示。

表 6-1　　　　　　　　　　　　静态路由与动态路由的比较

	动态路由	静态路由
配置的复杂性	网络规模的增加对配置的影响不大	随着网络规模的增加，配置越来越复杂
对管理员的技术要求	相对较高	相对较低
拓扑改变	自动适应拓扑的改变	需要管理员手动干预
适用环境	简单和复杂的网络均可	简单的网络
安全性	较低	较高
资源使用	使用 CPU、内存、链路带宽	不使用额外的资源

6.5.2　距离矢量和链路状态路由协议

IGP 路由协议分为距离矢量（Distance Vector）和链路状态（Link State）两类。

距离矢量路由协议和链路状态路由协议采用了不同的路由算法，路由算法在路由协议中起着至关重要的作用，采用何种算法往往决定了最终的寻径结果，因此在选择路由算法时一定要仔细，通常需要综合考虑以下几个目标。

- **最优化**：指路由算法选择最佳路径的能力。
- **简洁性**：算法设计简洁，可利用最少的开销提供最有效的功能。
- **坚固性**：路由算法处于非正常或不可预料的环境时，如硬件故障、负载过高或操作失误时，都能正确运行。由于路由器分布在网络连接点上，所以若它们出故障会产生严重后果。最好的路由器算法通常能经受住时间的考验，并能在各种网络环境下正常且可靠运行。
- **快速收敛**（Convergence）：指路由域中所有路由器对当前的网络结构和路由转发达成一致的状态。收敛时间是指从网络的拓扑结构发生变化到网络上所有的相关路由器都得知这一变化，并且相应地做出改变所需要的时间。当某个网络事件引起路由可用或不可用时，路由器就发出更新信息。路由更新信息遍及整个网络，引发最佳路径的重新计算，最终达到所有路由器一致公认的最佳路径。收敛慢的路由算法会造成路径环路或网络中断。
- **灵活性**：路由算法可以快速、准确地适应各种网络环境。例如，若某个网段发生故障，路由算法要能很快发现故障，并为使用该网段的所有路由选择另一条最佳路径。

1. 距离矢量路由协议

距离矢量路由选择算法定期地将路由表的副本从一个路由器发往另一个路由器。这些在路由器间的定期更新用于交流网络的路由信息和变化，基于距离矢量的路由选择算法也称为贝尔曼-福特（Bellman-Ford）算法。RIP 和 IGRP 都是距离矢量路由协议，它们都定期地发送整个路由表到直接相邻的路由器。EIGRP 也属于距离矢量路由协议，但 EIGRP 是一个高级的距离矢量路由协议，同样具备很多链路状态路由协议的特征。

距离矢量路由协议路由环路的形成

使用距离矢量路由协议的路由器没有关于远端网络的确切信息，也没有对远端路由器的认识，它们获知网络的途径就是邻居路由器的路由表副本，有时也称距离矢量路由协议为传闻路由协议，即道听途说，不加以审核。当然，距离矢量路由协议也没有办法审核，因为它们没有关于远端网络和路由器的确切消息，这样极容易形成环路。

下面看一下在距离矢量路由协议中，路由环路是如何形成的。这里以 RIP 路由协议为例，在图 6-12 中，路由器 A 把网络 1 的路由发给路由器 B，路由器 B 学到了网络 1，并把度量值标记为 1 跳，即经过一台路由器可以到达，下一跳路由器是 A；路由器 B 把网络 1 的路由发给路由器 C 和路由器 E，路由器 C 和路由器 E 都学到了网络 1，并把度量值标记为 2 跳，即经过两台路由器可以到达，下一跳路由器是 B；路由器 C 和路由器 E 都把网络 1 的路由发给路由器 D，路由器 D 也学到了网络 1，并把度量值标记为 3 跳，即经过 3 台路由器可以到达，下一跳路由器是 C 或 E，即从两台路由器都可以到达，路由器 D 去往网络 1 的数据将进行负载均衡。此时所有的路由器都拥有一致的认识和正确的路由表，这时的网络称为已收敛。

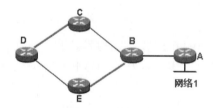

图 6-12　路由环路

路由器 B 也会把学到的网络 1 发给路由器 A，路由器 A 发现网络 1 是直连路由，有更小的管理距离（直连的管理距离是 0，RIP 的管理距离是 120），路由器 A 不会接收路由器 B 传过来的路由；类似地，路由器 C 也会把学到的网络 1 发给路由器 B，路由器 B 发现从路由器 A 学到的网络 1 有 1 跳，从路由器 C 学到的网络 1 有 3 跳，路由器 B 不会接收路由器 C 传过来的网络 1 的路由；以类似的方式，所有路由器都会学到正确的路由。

在网络 1 没有出现故障前，路由器 D 有两条到达网络 1 的路径，即通过 C 或者 E 到达 B，最后到达 A 所相连的网络 1。

- 当网络 1 断开时，路由器 A 将网络 1 不可达的信息扩散到网络中 B，B 将网络 1 不可达的信息扩散到网络中 C 和 E。此时 D 还不知道网络 1 出现故障不可以到达，就在这个时候 D 发出了更新信息给 E，认为通过 C 可以到达网络 1（当然这里也可能是 D 发出了更新信息给 C，认为通过 E 可以到达网络 1，这里以前面一种假设讨论）。

- 路由器 E 收到网络 1 又可以到达的信息（通过 D 可以到达）。
- 路由器 E 更新自己的路由表，并将网络 1 可到达的更新信息发送给 B。
- 路由器 B 更新自己的路由表，并发送给 C 和 A。
- 路由器 C 更新自己的路由表，并发送给 D，此时路由环路产生。

距离矢量路由环路的解决办法

距离矢量路由协议环路的解决办法有 5 种。

- 最大跳数（maximum hop）

在上面的描述中，尽管网络 1 出现了故障，但更新信息仍然在网络中循环。网络 1 的无效更新会不断地循环下去，直到其他进程停止该循环。解决这个问题的一个方法是定义最大跳数。RIP 允许的最大跳数为 15，任何需要经过 16 跳到达的网络都被认为是不可达的。对于 RIP 路由协议来说，当路由的跳数达到 16 前，即使路由出现环路，也保持路由条目的存在。超过 16 时，不管网络有没有出现环路，都认为路由不可达。最大跳数其实并没有消除路由环路的存在，只是把路由环路控制在一定的范围内。最大跳数的定义也限制了网络的规模，即使是合法的路由，也不能超过 16 跳。即使没有定义最大跳数，当出现路由环路后，IP 分组也不会无限循环下去，因为 IP 分组中有一个 TTL 字段，主机在传输分组前，会把 TTL 字段设置成 1~255 的一个整数值，该值独立于操作系统。路由器接收到分组后，会将 TTL 减 1，如果 TTL 变成 0，路由器将丢弃该 IP 分组。

- 水平分割（split horizon）

另一个解决路由环路问题的方法称为水平分割，其具体做法就是限制路由器，使其不能按接收信息的方向去发送信息。在图 6-12 中，路由器 C 和路由器 E 有关网络 1 的路由信息是从与路由器 B 相连的接口学到的，路由器 C 和路由器 E 将不会把网络 1 的信息从与路由器 B 相连的接口再传回去。这样路由器 D 最终会学到网络 1 故障的消息，所有路由器都会正确收敛，从而消除了路由环路。水平分割可以在简单的网络拓扑中消除路由环路，如果网络拓扑很复杂，规模很大，则水平分割将无法胜任。

- 路由中毒（route poisoning）

路由中毒通过将故障网络的跳数设置成最大跳数加 1 来暗示网络的不可达。毒性反转（poison reverse）是避免路由环路的另一种方法，它的原理是，一旦从一个接口学到了一个路由，那么这个路由将作为不可达路由从同一个接口回送。在图 6-12 中，路由器 A 上的网络 1 断开后，路由中毒使路由器 A 向路由器 B 通告网络 1 的度量值为最大跳数加 1，针对 RIP 协议就是 16 跳。路由器 B 收到路由器 A 的消息后，知道网络 1 有 16 跳，意味着网络 1 不可达，需要删除这条路径。毒性反转使路由器 B 向学到网络 1 路由的方向，即路由器 A 回送一个网络 1 不可达的消息。路由中毒或毒性反转用来在大型网络解决路由环路的问题。

如果没有采用路由中毒，发生拓扑变化的路由器（以图 6-12 中的路由器 A 为例），在检测到直连路由网络 1 丢失时，在发向路由器 B 的更新包中将不包含网络 1。若偶尔一个更新包中不包含网络 1，路由器 B 并不会认为网络 1 已经失效，因此继续向路由器 C 和路由器 E 发送更新信息。当连续多个更新包中都没有包含网络 1 的信息时，路由器 B 才认为网络 1 失效。在 RIP 协议中，当连续有 6 个更新包中都没有包含网络 1 的信息时（总计 180s），路由器 B 才认为网络 1 失效。类似地，路由器 C 和路由器 E 再过大概 180s 才意识到网络 1 不可达，这样路由收敛的时间将会更长。如果采用路由中毒，路由器 A 向路由器 B 发送的更新包中包含的网络 1 的跳数是 16，暗示网络 1 不可达。毒性反转则是路由器 B 反过来告诉路由器 A 网络 1 不可达。这里特别值得一提的是，毒性反转不受水平分割的影响。

- 触发更新（triggered update）

使用距离矢量路由协议的路由器一般是周期性地发生路由更新的，比如 RIP 是 30s。更新周期未到，即使路由发生变化也不发送更新。而一般链路状态路由协议都是触发式更新，即拓扑有变化时，马上发送路由更新。通过在距离矢量路由协议中使用触发更新，路由器无须等待更新定时器期满就可以发送更新，这样更新信息很快就可传遍全网，从而减小了出现路由环路的可能性。

- 抑制定时器（holddown time）

可以用抑制定时器来避免计数到无穷大的问题。抑制定时器的使用分为下面 4 种情况。

> 如果一个路由器从邻居处接收到一条更新，指示以前可到达的网络目前不可达，这个路由器将该路由标记为不可达，同时启动一个抑制定时器，比如 RIP 默认是 180s。如果在抑制定时器期满以前，从同一个邻居处收到指示该网络又可达的更新，那么该路由器标识这个网络可以到达，并且删除抑制定时器。

> 如果在抑制定时器期满以前，收到一个来自其他邻居路由器的更新，而且该路由具有比以前路由更好的度量值。比如以前通过 RIP 学到的某条路由的跳数是 3，现在收到的更新消息显示该路由的跳数是 2，那么该路由器将这个网络标识为可以到达，并删除抑制定时器。

> 如果在抑制定时器期满以前，收到一个来自其他邻居路由器的更新，而且该路由具有比以前路由相同或更差的度量值。比如以前通过 RIP 学到某条路由的跳数是 3，现在收到的更新消息显示该路由的跳数是 3 或 4，则忽略这个更新。

> 在抑制定时器期满以后，删除抑制定时器，接收任何拥有合法度量值的更新。

2. 链路状态路由协议

链路状态路由协议也称为最短路径优先协议，链路状态路由协议使用的算法是最短路径优先（Shortest Path First，SPF）算法，有时也称 Dijkstra 算法。链路状态路由协议一般要维护 3 个表：邻居表，用来跟踪直接连接的邻居路由器；拓扑表，保存整个网络的拓扑信息数据库；路由表，用来维护路由信息。链路状态路由器维护着远端路由器及其互连情况的全部信息，路由选择算法根据拓扑数据库执行 SPF 算法。链路状态路由协议不易出现路由环路问题。

表 6-2 对距离矢量路由协议和链路状态路由协议做了对比。

表 6-2　　　　　　　　　　距离矢量路由协议与链路状态路由协议的对比

	距离矢量路由协议	链路状态路由协议
更新周期	时间驱动，定时更新，比如 RIP 是 30s 发送一次更新	事件驱动，有变化马上发送更新，可以理解成触发更新
配置和维护的技术要求	对管理员的要求不高	要求管理员的知识更全面
CPU、带宽和内存等资源	不需要大量的内存来存储信息，也不需要耗费 CPU 来进行计算。如果路由表很大，周期性的更新会占用一定的带宽	需要大量的内存来存储邻居和拓扑信息，需要耗费 CPU 来执行 SPF 算法。路由表采用增量式更新，对带宽占用不多
收敛时间	采用周期性的更新，收敛时间较慢，有时甚至需要几分钟	触发式更新，收敛时间很快，一般几秒钟内就可完成
路由环路	慢速的收敛极易造成各路由器的路由表不一致，很容易产生环路	基于全网的拓扑数据库，执行 SPF 算法，不易产生路由环路
扩展性	慢速的收敛和平面型的设计决定了网络规模不可能很大	快速的收敛和层次型的设计使得网络规模可以很大

6.5.3　常见的动态路由协议

这里介绍几种常见的动态路由协议。

1. RIP

路由信息协议（Routing Information Protocol，RIP）是 Internet 中最古老的路由协议。RIP 采用距离矢量算法，即路由器根据距离选择路由，所以也称为距离矢量协议。路由器收集所有可到达目的地的不同路径，并且保存有关到达每个目的地的最少跳数（hop）的路径信息，除到达目的地的最佳路径外，任何其他信息均予以丢弃。同时，路由器也把所收集的路由信息用 RIP 协议通知相邻的其他路由器。这样，正确的路由信息逐渐扩散到全网。

RIP 具有简单、便于配置的特点，但是只适用于小型的网络，因为它允许的最大跳数为 15，任何超过 15 个站点的目的地均被标记为不可达。而且 RIP 每 30s 一次的路由信息广播也造成带宽的严重浪费，而且频繁的更新也会影响路由器的性能。RIP 路由协议的收敛速度较慢，有时还会造成网络的环路。

2. OSPF

20 世纪 80 年代中期，由于 RIP 已不能适应大规模异构网络的互连，开放式最短路径优先（Open Shortest Path First，OSPF）随之产生。OSPF 是 IETF 的内部网关协议工作组为 IP 网络开发的一种路由协议。

OSPF 是一种基于链路状态的路由协议，需要每个路由器向其同一管理域中的所有其他路由器发送链路状态通告信息。OSPF 的链路状态通告信息中包括接口信息、度量值和其他一些变量。运行 OSPF 的路由器首先必须收集所有的链路状态信息，并以本路由器为根，使用 SPF 算法算出到每个节点的最短路径。

3. IS-IS

中间系统到中间系统（Intermediate System-to-Intermediate System，IS-IS）是 ISO 的标准协议，该协议与无连接网络服务（Connectionless Network Service，CLNS）和其他 ISO 路由协议一起使用。IS-IS 也是链路状态协议，采用 SPF 算法来计算到达每个网络的最佳路径。该协议在国内较少使用，在美国多见于运营商的网络，本书对此不做介绍。

4. IGRP

内部网关路由协议（Interior Gateway Routing Protocol，IGRP）也是一种距离矢量路由协议，它是 Cisco 公司私有的路由协议，使用复合的度量值（包括延迟、带宽、负载和可靠性）。该路由协议较老，基本退出了历史舞台，本书对此不做介绍。

5. EIGRP

增强的 IGRP（Enhanced IGRP，EIGRP）是 IGRP 的升级版，也是 Cisco 公司私有的路由协议，本书对此不做介绍。EIGRP 结合了距离矢量和链路状态路由协议的优点，使用扩散更新算法（Diffusing Update Algorithm，DUAL）计算路由，收敛速度更快。

6. BGP

前面介绍的 5 种协议都是内部网关协议，BGP 是为 TCP/IP 互联网设计的外部网关协议，用于在多个自治系统之间传递路由信息。它既不是纯粹的链路状态算法，也不是纯粹的距离矢量算法，各个自治系统可以运行不同的内部网关协议，不同的自治系统通过 BGP 交换网络可达信息。BGP 的配置较复杂，是运营商级的路由协议，本书对此不做介绍。

6.6　RIPng

RIP 下一代版本（Routing Information Protocol next generation，RIPng）是 RIP 的 IPv6 版本，也是一个距离矢量路由协议，最大跳数为 15，使用水平分割和毒性反转等来阻止路由环路。RIPng 使用多播地址 FF02::9 作为目的更新地址，使用 UDP 协议的 521 端口发送更新。下面在图 6-11 所示的网络中使用 RIPng 进行配置。

实验 6-4 配置 IPv6 RIPng

在 EVE-NG 中打开 "Chapter 06" 文件夹中的 "6-5 IPv6 RIPng routing" 实验拓扑，该实验是 "Chapter 06" 文件夹中 "6-4 IPv6 default routing" 实验的完成版。在前一实验的基础上继续下面的配置。完整的配置请参见配置包 "06\IPv6 RIPng 路由配置.txt"。

STEP 1 配置。Router-1 的配置如下：

Router-1(config)#ipv6 router rip test	启用 RIPng 协议，这里的 test 是随便起的一个名字，就像 OSPF 的进程号一样，只具有本地意义
Router-1(config-rtr)#int e0/0	
Router-1(config-if)#ipv6 rip test enable	RIPng 不同于 RIP，不是在路由进程下通告所有的直连网络，而是在接口通告该接口运行 RIPng 协议，这里的 test 要与路由进程中的名字一致
Router-1(config-if)#int e0/1	
Router-1(config-if)#ipv6 rip test enable	
Router-1(config-if)#int loop 0	
Router-1(config-if)#ipv6 rip test enable	

Router-2 的配置如下：

Router-2(config)#ipv6 router rip abc	这里的 abc 同样只具有本地意义，不同的路由器上的名字不要求一样，可以随便输入
Router-2(config-rtr)#int e0/0	
Router-2(config-if)#ipv6 rip abc enable	
Router-2(config-if)#int e0/1	
Router-2(config-if)#ipv6 rip abc enable	
Router-2(config-if)#int loop 0	
Router-2(config-if)#ipv6 rip abc enable	

Router-3 的配置如下：

Router-3(config)#ipv6 router rip test
Router-3(config-rtr)#int e0/0
Router-3(config-if)#ipv6 rip test enable
Router-3(config-if)#int e0/1
Router-3(config-if)#ipv6 rip test enable
Router-3(config-if)#int loop 0
Router-3(config-if)#ipv6 rip test enable

STEP 2 测试。配置完成后，在 Router-1、Router-2、Router-3 上任意 ping 图 6-11 中标出的所有 IPv6 地址，都可以 ping 通。在 Router-3 上执行 show ipv6 route 命令，显示如下：

Router-3#show ipv6 route
IPv6 Routing Table - default - 11 entries
Codes: C - Connected, L - Local, S - Static, U - Per-user Static route

```
            B - BGP, HA - Home Agent, MR - Mobile Router, R - RIP
            H - NHRP, I1 - ISIS L1, I2 - ISIS L2, IA - ISIS interarea
            IS - ISIS summary, D - EIGRP, EX - EIGRP external, NM - NEMO
            ND - ND Default, NDp - ND Prefix, DCE - Destination, NDr - Redirect
            O - OSPF Intra, OI - OSPF Inter, OE1 - OSPF ext 1, OE2 - OSPF ext 2
            ON1 - OSPF NSSA ext 1, ON2 - OSPF NSSA ext 2, la - LISP alt
lr - LISP site-registrations, ld - LISP dyn-eid, a - Application
1     S       ::/0 [1/0]
2               via 2001:13::1
3     R       2001:1::/64 [120/2]
4               via FE80::A8BB:CCFF:FE00:110, Ethernet0/0
5     R       2001:2::/64 [120/2]
6               via FE80::A8BB:CCFF:FE00:200, Ethernet0/1
7     C       2001:3::/64 [0/0]
8               via Loopback0, directly connected
9     L       2001:3::1/128 [0/0]
10              via Loopback0, receive
11    R       2001:12::/64 [120/2]
12              via FE80::A8BB:CCFF:FE00:110, Ethernet0/0
13              via FE80::A8BB:CCFF:FE00:200, Ethernet0/1
14    C       2001:13::/64 [0/0]
15              via Ethernet0/0, directly connected
16    L       2001:13::3/128 [0/0]
17              via Ethernet0/0, receive
18    C       2001:23::/64 [0/0]
19              via Ethernet0/1, directly connected
20    L       2001:23::3/128 [0/0]
21              via Ethernet0/1, receive
22    L       FF00::/8 [0/0]
23              via Null0, receive
```

为了方便讲解，在输出路由表的左侧加入了行号。

第1行是实验6-3中配置的默认路由，按理说这里配置了动态路由协议，就可以取消默认路由的配置，考虑到后面章节的讲解，这里先暂不删除。

第2行是默认路由的下一跳地址。

第3行前的 R 表示这条路由是通过 RIP 路由协议学到的；2001:1::/64 是学到的网络前缀，也就是 Router-1 环回接口 0 的 IP 地址段；[120/2] 中的 120 是 RIP 的管理距离（有关管理距离，本章后文会专门介绍）；[120/2] 中的 2 表示要达到这条路由需要经过路由器的数量，RIPng 的跳数比想象中的要多 1 跳，这是 RIPng 与 RIP 不同的地方。在 RIPng 中，在默认情况下，进入路由表之前 RIPng 的度量值加 1。

第 4 行是 RIPng 路由的下一跳地址，可以看到 RIPng 的下一跳不是邻居接口的 IPv6 地址，而是一个以 FE80 打头的地址。这个地址就是邻居路由器的相连接口的链路本地地址。RIPng 使用链路本地地址作为更新消息的源地址。最后的 Ethernet0/0 表示本路由器的外出接口。

第 5 行和第 6 行是另一条 RIPng 路由的信息。

第 11 行是前缀为 2001:12::/64 的 RIPng 路由，该路由有两个下一跳，分别是第 12 行和第 13 行。所有去往 2001:12::/64 前缀的数据包将在两条等值的链路上进行负载均衡。检验如下：

```
Router-3#debug ipv6 icmp         打开 IPv6 的 ICMP 调试
    ICMPv6 Packet debugging is on
Router-3# ping 2001:12::1ping 2001:12::/64         前缀的 IPv6 地址
Type escape sequence to abort.
Sending 5, 100-byte ICMP Echos to 2001:12::1, timeout is 2 seconds:
!!!!!
Success rate is 100 percent (5/5), round-trip min/avg/max = 1/1/2 ms
Router-3#
*Feb 11 18:39:54.499: ICMPv6: Sent echo request, Src=2001:13::3, Dst=2001:12::1
*Feb 11 18:39:54.500: ICMPv6: Received echo reply, Src=2001:12::1, Dst=2001:13::3
*Feb 11 18:39:54.500: ICMPv6: Sent echo request, Src=2001:23::3, Dst=2001:12::1
*Feb 11 18:39:54.501: ICMPv6: Received echo reply, Src=2001:12::1, Dst=2001:23::3
*Feb 11 18:39:54.502: ICMPv6: Sent echo request, Src=2001:13::3, Dst=2001:12::1
*Feb 11 18:39:54.502: ICMPv6: Received echo reply, Src=2001:12::1, Dst=2001:13::3
*Feb 11 18:39:54.502: ICMPv6: Sent echo request, Src=2001:23::3, Dst=2001:12::1
*Feb 11 18:39:54.504: ICMPv6: Received echo reply, Src=2001:12::1, Dst=2001:23::3
*Feb 11 18:39:54.504: ICMPv6: Sent echo request, Src=2001:13::3, Dst=2001:12::1
*Feb 11 18:39:54.505: ICMPv6: Received echo reply, Src=2001:12::1, Dst=2001:13::3
```

从上面的输出中可以看到，Router-3 轮流使用 Ethernet0/0 接口的 IPv6 地址 2001:13::3 和 Ethernet0/1 接口的 IPv6 地址 2001:23::3 去 ping 目标地址。

STEP 3 模拟故障。注意到在上述路由表中 Router-3 是通过 Router-3 和 Router-1 之间的链路去往 Router-1 的环回接口。现在模拟网络故障，断开 Router-3 和 Router-1 之间的链路，验证动态路由会根据拓扑的变化自动调整路由表。关闭 Router-3 的 e0/0 接口：

```
Router-3(config)#int e0/0
Router-3(config-if)#shut
```

查看 Router-3 的路由表，路由条目显示如下：

```
Router-3#show ipv6 route
S    ::/0 [1/0]
     via 2001:13::1
R    2001:1::/64 [120/3]
     via FE80::A8BB:CCFF:FE00:200, Ethernet0/1
R    2001:2::/64 [120/2]
```

```
via FE80::A8BB:CCFF:FE00:200, Ethernet0/1
C    2001:3::/64 [0/0]
via Loopback0, directly connected
L    2001:3::1/128 [0/0]
via Loopback0, receive
R    2001:12::/64 [120/2]
via FE80::A8BB:CCFF:FE00:200, Ethernet0/1
R    2001:13::/64 [120/3]
via FE80::A8BB:CCFF:FE00:200, Ethernet0/1
C    2001:23::/64 [0/0]
via Ethernet0/1, directly connected
L    2001:23::3/128 [0/0]
via Ethernet0/1, receive
L    FF00::/8 [0/0]
via Null0, receive
```

注意在上面的输出中，Router-3 是通过 Router-3 和 Router-2 之间的链路去往 Router-1 的环回接口，跳数从 2 变成了 3。

STEP 4 故障恢复。打开 Router-3 的 e0/0 接口，马上查看路由表，路由表很可能没有恢复到断开前的状态。这是因 RIPng 是距离矢量路由协议，每 30s 发送一次路由更新。稍后路由恢复到断开前的状态。

至此，证明了动态路由协议能自动学习邻居路由，并能根据拓扑变化自动调整路由表。

6.7　OSPFv3

OSPF 是典型的链路状态路由协议。OSPFv3 用于在 IPv6 网络中提供路由功能，是 IPv6 网络中主流的路由协议。OSPFv3 虽在工作机制上与 OSPFv2 基本相同，但并不向下兼容 OSPFv2，不支持 IPv4 协议。

1. OSPFv3 与 OSPFv2 的相同点

OSPFv3 在协议设计思路和工作机制与 OSPFv2 基本一致，两者具有的相同点如下所示。
- 报文类型相同，也有 5 种类型的报文：Hello、DBD、LSR、LSU、LSAck。
- 区域划分相同。
- LSA 泛洪和同步机制相同。
- 为了保证 LSDB 内容的正确性，需要保证 LSA 的可靠泛洪和同步。
- 路由计算方法相同：采用最短路径优先算法计算路由。
- 邻居发现和邻接关系形成机制相同。

- DR 选举机制相同：在 NBMA 和广播网络中需要选举 DR 和 BDR。

2. OSPFv3 与 OSPFv2 的不同点

为了能在 IPv6 环境中运行，OSPFv3 对 OSPFv2 做出了一些必要的改进，使得 OSPFv3 可以独立于网络层协议，而且后续只要稍加扩展就可以适应各种协议。这为未来可能的扩展预留了充分的空间。OSPFv3 与 OSPFv2 的不同主要表现在以下几个方面。

- **基于链路的运行**：OSPFv2 是基于网络运行的，两个路由器要形成邻居关系，则必须在同一个网段。OSPFv3 是基于链路运行的，一个链路可以划分为多个子网，节点即使不在同一个子网内，也可以形成邻居关系。
- **使用链路本地地址**：OSPFv3 的路由器使用链路本地地址作为发送报文的源地址。一个路由器可以学习到这个链路上相连的所有其他路由器的链路本地地址，并使用这些链路本地地址作为下一跳来转发报文。
- **通过 Router ID 唯一标识邻居**：在 OSPFv2 中，当网络类型为点到点或者通过虚链路与邻居相连时，路由器通过 Router ID 来标识邻居路由器。当网络类型为广播或 NBMA 时，则通过邻居接口的 IP 地址来标识邻居路由器。OSPFv3 取消了这种复杂性，即无论对于何种网络类型，都是通过 Router ID 来唯一标识邻居。Router ID 和 Area ID 仍然采用 32 位长度。
- **认证的变化**：OSPFv3 协议本身不再提供认证功能，而是通过使用 IPv6 提供的安全机制来保证自身报文的合法性。
- **报头的不同**：与 OSPFv2 报头相比，OSPFv3 报头长度从 24 字节变成 16 字节，去掉了认证字段，但加了 Instance ID 字段。Instance ID 字段用来支持在同一条链路上运行多个实例，且只在链路本地范围内有效，如果路由器接收到的 Hello 报文的 Instance ID 与当前接口配置的 Instance ID 不同，将无法建立邻居关系。
- **组播地址的不同**：OSPFv3 的组播地址为 FF02::5 和 FF02::6。

鉴于 OSPF 配置的复杂性，本书仅简单介绍单区域 OSPF 的配置。

实验 6-5　配置 OSPFv3

在 EVE-NG 中打开 "Chapter 06" 文件夹中的 "6-6 IPv6 OSPFv3 routing" 实验拓扑，该实验是 "Chapter 06" 文件夹中 "6-5 IPv6 RIPng routing" 实验的完成版。这里正确的做法应该是取消之前的默认和 RIPng 路由配置再配置 OSPF。为了配合下一节的讲解，本实验暂不取消，而是在前一实验的基础上继续下面的配置。完整的配置请参见配置包 "06\IPv6 OSPFv3 路由配置.txt"。

STEP 1 配置。Router-1 的配置如下：

Router-1(config)# ipv6 router ospf 1　　启用 OSPFv3 协议，这里的 1 代表进程号，只具有本地意义
Router-1(config-rtr)# router-id 1.1.1.1　　OSPFv3 中每台路由器的 Router ID 不会自动根据 IPv6 地址产生，需要手动指定。路由器上若是有 IPv4 的 IP 地址，也可不指定 Router

ID，Router ID 将由 IPv4 地址而来，生成的规则与 OSPFv2 相同

Router-1(config-rtr)#int e0/0
Router-1(config-if)# ipv6 ospf 1 area 0

OSPFv3 不同于 OSPFv2，不是在路由进程下通告所有的直连网络，而是在接口通告这个接口。这里的 1 代表 OSPF 进程号，其值需要与前面 ipv6 router ospf 命令配置的进程号一样。area 0 代表该接口所在的 OSPF 区域。鉴于 OSPF 配置的复杂性，本书仅介绍单区域 OSPF 的配置。这条命令后面还可以跟 Instance ID，若不设置，则默认是 0

Router-1(config-if)#int e0/1
Router-1(config-if)# ipv6 ospf 1 area 0
Router-1(config-if)#int loop 0
Router-1(config-if)# ipv6 ospf 1 area 0

Router-2 的配置如下：

Router-2(config)#ipv6 router ospf 1   这里的 1 同样只具有本地意义
Router-2(config-rtr)# router-id 2.2.2.2
Router-2(config-rtr)#int e0/0
Router-2(config-if)#ipv6 ospf 1 area 0
Router-2(config-if)#int e/1
Router-2(config-if)#ipv6ospf 1 area 0
Router-2(config-if)#int loop 0
Router-2(config-if)#ipv6ospf 1 area 0

Router-3 的配置如下：

Router-3(config)#ipv6 router ospf 1
Router-3(config-rtr)#router-id 3.3.3.3
Router-3(config-rtr)#int e0/0
Router-3(config-if)#ipv6 ospf 1 area 0
Router-3(config-if)#int e0/1
Router-3(config-if)#ipv6 ospf 1 area 0
Router-3(config-if)#int lo0
Router-3(config-if)#ipv6 ospf 1 area 0

STEP 2） 测试。配置完成后，在 Router-1、Router-2、Router-3 上任意 ping 图 6-11 中标出的所有 IPv6 地址，都可以 ping 通。在 Router-3 上执行 show ipv6 route 命令，路由条目显示如下：

```
IPv6 Routing Table - default - 13 entries
1    S     ::/0 [1/0]
2          via 2001:13::1
3    R     2001:1::/64 [120/2]
4          via FE80::A8BB:CCFF:FE00:110, Ethernet0/0
5    O     2001:1::1/128 [110/10]
6          via FE80::A8BB:CCFF:FE00:110, Ethernet0/0
```

7	R	2001:2::/64 [120/2]
8		via FE80::A8BB:CCFF:FE00:200, Ethernet0/1
9	**O**	**2001:2::1/128 [110/10]**
10		via FE80::A8BB:CCFF:FE00:200, Ethernet0/1
11	C	2001:3::/64 [0/0]
12		via Loopback0, directly connected
13	L	2001:3::1/128 [0/0]
14		via Loopback0, receive
15	**O**	**2001:12::/64 [110/20]**
16		via FE80::A8BB:CCFF:FE00:110, Ethernet0/0
17		via FE80::A8BB:CCFF:FE00:200, Ethernet0/1
18	C	2001:13::/64 [0/0]
19		via Ethernet0/0, directly connected
20	L	2001:13::3/128 [0/0]
21		via Ethernet0/0, receive
22	C	2001:23::/64 [0/0]
23		via Ethernet0/1, directly connected
24	L	2001:23::3/128 [0/0]
25		via Ethernet0/1, receive
26	L	FF00::/8 [0/0]
27		via Null0, receive

为了方便讲解，在输出路由表的左侧加入了行号。

第 5 行的 O 代表是 OSPF 的路由；2001:1::1/128 表示网络前缀，这里是 Router-1 环回接口的路由。OSPF 会自动识别环回接口，并直接显示 128 位的主机路由。若想恢复环回接口原来的前缀，需要配置下面的命令：

Router(config)#int loopback 0
Router(config-if)#ipv6 ospf network point-to-point

这里暂不配置该命令，下一章再进行配置。第 5 行的[110/10]中的 110 表示 OSPF 的管理距离是 110；10 表示 OSPF 的开销（Cost），该值是沿途上链路开销的总和，该值由带宽计算而来。

第 6 行是 OSPF 路由的下一跳地址和本路由器的外出接口，这里与 RIPng 相同，使用的仍然是邻居的链路本地地址。

第 9 行和第 10 行是 Router-2 环回接口的 OSPF 路由。

第 15、16、17 行是 Router-1 和 Router-2 互连网段的路由，这两条路由是等值链路，可以进行负载均衡。

感兴趣的读者可以像测试 RIPng 路由一样，断开某条链路，测试 OSPF 根据拓扑变化调整路由表的能力。大家会发现 OSPF 也可以根据拓扑变化动态调整路由表，并且收敛的速度比 RIPng 更快。

6.8 路由选路

路由器默认根据数据分组中的目标 IP 地址进行选路，本节将介绍在下面多种情况下，路由器如何进行选路：一个目标地址被多个目标网络包含时；一个目标网络的多种路由协议的多条路径共存时；一个目标网络同一种路由协议的多条路径共存时。

6.8.1 管理距离

管理距离（Administrative Distance，AD），是用来衡量路由可信度的一个参数。管理距离越小，路由越可靠，这意味着具有较小管理距离的路由将优于较大管理距离的路由，管理距离的取值范围为 0～255 的整数值，0 是最可信的，255 是最不可信的。如果一台路由器收到同一个网络的两个路由更新信息，那么路由器将把管理距离小的路由放入路由表中。表 6-3 列出了 Cisco 和华为设备上默认的管理距离值（这里仅对常用的直连、静态、RIP 和 OSPF 做了介绍）。

表 6-3　　　　　　　　　　Cisco 与华为设备的默认管理距离值

路由源	（Cisco 系列）默认管理距离值	（华为系列）默认管理距离值
直连接口	0	0
静态路由（使用下一跳 IP）	1	60
EIGRP 汇总路由	5	
外部 BGP	20	255
内部 EIGRP	90	
OSPFv3	110	OSPF 区域内和区域间是 10，OSPF 外部路由是 150
IS-IS	115	15
RIPng	120	100
EGP	140	255
外部 EIGRP	170	
内部 BGP	200	255
未知	255	

6.8.2 路由选路原则

1. 最长匹配优先

如果一个目标地址被多个目标网络包含，那么它将优先选择最长匹配的路由。比如实验 6-5 中 Router-3 如果去访问 Router-1 的环回接口 2001:1::1，下面的 3 条路由都满足。根据最长匹配原则，路由器将选择第 5 行的路由，这条路由匹配了 128 位，第 3 行的路由匹配了 64 位，第 1 行的路由匹配了 0 位（属于最不精确的匹配）。

1	S	::/0 [1/0]
2		via 2001:13::1
3	R	2001:1::/64 [120/2]
4		via FE80::A8BB:CCFF:FE00:110, Ethernet0/0
5	O	**2001:1::1/128 [110/10]**
6		via FE80::A8BB:CCFF:FE00:110, Ethernet0/0

2. 管理距离最小优先

当一个目标网络的多种路由协议的多条路径共存时，将按照下列顺序进行选路。

在子网掩码长度相同的情况下，路由器优先选择管理距离小的路由。实验 6-4 中 Router-3 通过 RIPng 学到了 2001:12::/64 的路由，在实验 6-5 中又配置了 OSPFv3 路由，Router-3 通过 OSPF 也学到了 2001:12::/64 的路由。由于 RIP 的管理距离是 120，OSPF 的管理距离是 110，对于同样的路由条目，管理距离小的路由进入路由表，管理距离大的路由被抑制。

看到这里读者可能会问，为什么第 3 行和第 7 行的 RIPng 路由没有被抑制呢？原因是 Router-3 通过 RIPng 学到 Router-1 环回接口的路由是 2001:1::/64，通过 OSPF 学到 Router-1 环回接口的路由是 2001:1::1/128，也就是第 3 行和第 5 行是不同的路由条目，所以第 5 行不能抑制第 3 行。同理，第 7 行也不会被第 9 行抑制。

3	R	2001:1::/64 [120/2]
4		via FE80::A8BB:CCFF:FE00:110, Ethernet0/0
5	O	**2001:1::1/128 [110/10]**
6		via FE80::A8BB:CCFF:FE00:110, Ethernet0/0
7	R	2001:2::/64 [120/2]
8		via FE80::A8BB:CCFF:FE00:200, Ethernet0/1
9	O	**2001:2::1/128 [110/10]**
10		via FE80::A8BB:CCFF:FE00:200, Ethernet0/1
11	C	2001:3::/64 [0/0]
12		via Loopback0, directly connected
13	L	2001:3::1/128 [0/0]

14		via Loopback0, receive
15	**O**	**2001:12::/64 [110/20]**
16		via FE80::A8BB:CCFF:FE00:110, Ethernet0/0
17		via FE80::A8BB:CCFF:FE00:200, Ethernet0/1

在 Router-1 和 Router-2 环回接口下，输入 ipv6 ospf network point-to-point 命令，恢复环回口的前缀路由，此时再查看 Router-3 的路由表，显示如下。

```
Router-3#show ipv6 route
```

1	S	::/0 [1/0]
2		via 2001:13::1
3	O	2001:1::/64 [110/11]
4		via FE80::A8BB:CCFF:FE00:110, Ethernet0/0
5	O	2001:2::/64 [110/11]
6		via FE80::A8BB:CCFF:FE00:200, Ethernet0/1
7	C	2001:3::/64 [0/0]
8		via Loopback0, directly connected
9	L	2001:3::1/128 [0/0]
10		via Loopback0, receive
11	O	2001:12::/64 [110/20]
12		via FE80::A8BB:CCFF:FE00:200, Ethernet0/1
13		via FE80::A8BB:CCFF:FE00:110, Ethernet0/0
14	C	2001:13::/64 [0/0]
15		via Ethernet0/0, directly connected
16	L	2001:13::3/128 [0/0]
17		via Ethernet0/0, receive
18	C	2001:23::/64 [0/0]
19		via Ethernet0/1, directly connected
20	L	2001:23::3/128 [0/0]
21		via Ethernet0/1, receive
22	L	FF00::/8 [0/0]
23		via Null0, receive

从输出中可以看到，Router-1 和 Router-2 环回接口的路由前缀长度都变成了 64 位，成功地抑制了 RIPng 路由。

这里的第 1 行是静态路由，管理距离是 1，第 3、5、11 行的 OSPF 路由管理距离是 110。假如有数据包的目标 IP 地址是 2001:2::1，则该数据包是走第 1 行的静态路由，还是走第 3 行的 OSPF 路由呢（这 2 条路由都包含 2001:2::1 地址）？答案是走第 3 行的 OSPF 路由。别忘了，选路原则的第一条是最长匹配优先，接下来比较的才是管理距离，而第 1 行仅匹配了 0 位，第 3 行匹配了 64 位。

3. 度量值最小优先

当一个目标网络同一种路由协议的多条路径共存时，将按照下列顺序进行选路。

如果路由的子网掩码长度相同，管理距离也相等（这往往是一种路由协议的多条路径），接下来比较的就是度量值。回想一下实验6-4，Router-1通过RIPng协议把2001:1::/64路由发给了Router-2和Router-3，稍后Router-2会把自己的路由表也发给Router-3。Router-3从Router-1和Router-2都收到了2001:1::/64路由，但从Router-1学到的跳数是2，从Router-2学到的跳数是3。下面需要比较从两处学来的路由：前缀长度相同，管理距离也相同。接下来比较的就是度量值，度量值小的路由进入路由表，度量值大的跳由被抑制。

篇幅所限，本章仅对IPv6路由协议进行了简单介绍。有关IPv6路由协议的细节，可参阅其他专业图书。

第 7 章
IPv6 安全

Chapter 7

IPv6 安全是一个系统工程，不能仅仅依赖于某个单一的系统或设备，而是需要仔细分析安全需求，利用各种安全设备和技术外加结合科学的管理，共筑网络安全。IPv6 安全涵盖的内容较广，本章仅从主机安全、局域网安全、网络互联安全和网络设备安全等几个方面阐述了 IPv6 安全。

通过对本章的学习，读者可以了解常用的 IPv6 安全技术，并用来提供网络安全。

7.1 IPv6 安全综述

在 IPv4 环境下，网络及信息安全涵盖的范围很广，从链路层到网络层再到应用层，都会有相应的安全威胁和防范技术。总体来说，网络安全威胁主要包括嗅探、阻断、篡改和伪造，相应的安全服务又主要包括保密性、完整性、不可抵赖性、可用性、访问控制和安全协议设计等。IPv6 技术虽然在保密性、完整性等方面有了较大的改进，但有些方面仍然面临着和 IPv4 同样的安全问题。本节简单介绍 IPv6 常见的安全问题，并适当地与 IPv4 安全进行比较。

- 嗅探侦测

嗅探侦测虽不能对网络安全造成直接的影响，却是各种攻击入侵的第一步。在 IPv4 环境中，攻击者很容易在较短时间内通过各种手段（比如黑客工具等）扫描出目标主机和目标端口，原因就是由 IPv4 地址空间相对较小。而 IPv6 地址空间太大，盲目地扫描一个网段所消耗的时间会非常多，从这方面讲，IPv6 要比 IPv4 安全。但在实际应用中，攻击人员并不一定是进行大范围扫描，而是可以借助 DNS 来解析出特定服务器的 IPv6 地址。也有一些 IPv6 服务器在配置 IPv6 地址时，为了便于记忆，其 64 位接口 ID 往往只使用很简单的几位或者使用兼容的 IPv4 地址，这样也容易被快速扫描到。网络系统管理员平时也要注意细节，尽量不使用易记的 IPv6 地址，同时还要做好 DNS 系统安全工作，及时修补系统漏洞，并尽量使用 IPSec，以减少因嗅探侦测而带来的进一步危害。

- 应用层攻击

当今多数的网络攻击和威胁针对的都是应用层而非 IP 层,所以在应用层攻击方面,IPv6 面临的安全问题和 IPv4 是完全一样的。针对诸如 SQL 注入、跨站脚本攻击、主页篡改等威胁,都要有相应的 WAF(Web Application Firewall,Web 应用防火墙)来实施防护,前提是 WAF 能识别出 IPv6 上的应用。

- DoS 攻击

DoS(Daniel of Service,拒绝服务)攻击以及分布式 DoS 攻击在 IPv6 中依然存在。这种攻击通过伪造看似合法的访问来消耗网络带宽或者系统资源,从而达到正常服务不可访问的目的。针对 DoS 攻击,一般只能部署专业的且能识别并屏蔽非法访问的专用设备,以减轻或避免该攻击带来的危害。

- 路由协议攻击

路由协议攻击主要是指在网络中冒充路由设备发送路由协议报文,以干扰正常的路由协议,从而达到非法入侵等目的。在 IPv4 中有相应的防范办法,主要是在路由更新报文中加入 MD5 认证,防止非法的路由欺诈设备接入网络中。在 IPv6 中情况则有一些变化:BGP 和 IS-IS 路由协议继续沿用 IPv4 的 MD5 认证,而 OSPFv3 和 RIPng 则建议采用 IPSec。路由协议攻击的防范已超出本书范围,感兴趣的读者可参考相关书籍和文章。

- 过渡技术带来的安全隐患

在 IPv4 向 IPv6 过渡期间,即在 IPv4 和 IPv6 并存的网络环境中,各种各样的过渡技术层出不穷,但很多过渡技术都只考虑了功能的实现,对安全的考虑有所欠缺。同时在过渡期间,不可避免地会出现各种复杂的网络结构,新的安全隐患也难以完全避免。

- IPv6 自身协议的缺陷

设计 IPv6 的初衷就是创建一个全新的 IP 层协议,而不是在 IPv4 的基础上修修补补。IPv6 的一个重要特征就是"即插即用",但在计算机网络领域,易用性和安全性存在一定程度的对立,只能在两者之间寻找一个可以接受的平衡点。从目前已知的情况来看,无状态自动配置、邻居发现协议等都存在被欺诈或"中间人"攻击的隐患。当然,IPv6 也在不断完善,这些因协议自身缺陷所导致的安全问题也越来越受到重视并加以修正。

- 非法访问

非法访问即未经授权的访问。在网络中,总是会对访问者的身份进行确认后才开放相应的访问权限。一般来说,服务器会设置自身开放的服务端口,以及设置允许访问的客户端 IP 范围,以尽可能达到防止非法访问的目的。这一般都是使用软硬件防火墙来实现,后文会有实例介绍。

- 扩展报头可能带来的安全问题

IPv6 定义了基本报头和多种类型的扩展报头,虽然这提升了处理效率,但可能存在一些安全问题。比如攻击者可构造多个连续无用的路由扩展报头,由此导致防火墙等安全设备难以找到有效的 TCP/UDP 报头,甚至会导致资源耗尽内存溢出。所以在一般情况下,建议在 IPv6 中禁止逐跳路由报头、路由报头(类似于 IPv4 的源路由)等扩展报头。

- 病毒和蠕虫

病毒和蠕虫也可以归为应用层安全问题,它与网络层是 IPv4 还是 IPv6 并无关系,因此 IPv6 中也存在这些安全问题。

在 IPv6 网络中,除了上面提到的几点外,还会有其他暂时未被发现的安全问题。这些问题也会随着 IPv6 的普及逐渐凸显出来,也会越来越受到人们的重视和防患。考虑到网络及信息安全领域涉及的内容太广,本书只介绍常一些常见的安全问题和实用的防范技术。

7.2 IPv6 主机安全

在信息时代,攻陷服务器等主机可以获取有价值的信息,而攻击路由器/交换机等网络基础设施则获取不到什么有价值的信息,因此攻击者将注意力更多地集中到有价值的主机上。当构建一个全面的 IPv6 安全策略时,不能只考虑使用专门的安全设备来增强网络安全,IPv6 主机的安全同样不容忽视。就 IPv6 主机安全而言,主要目标就是远离网络中的攻击行为,包括对本机开放的应用服务进行访问限制、关闭不必要的服务端口、对存在安全隐患的应用(包括操作系统)及时修复、对入站的接收包和出站的发送包进行严格的限制、定期对主机进行病毒扫描和查杀等。操作系统的安全加固能大大提升 IPv6 主机的安全。

在 IPv4 向 IPv6 过渡阶段,主机特别是服务器使用双栈的情况会长期存在,所以 IPv4 协议和 IPv6 协议的安全防护同等重要,不能厚此薄彼。否则,即便 IPv6 安全做得相当到位,一旦 IPv4 协议被攻陷,IPv6 也会功亏一篑。当然,本书只介绍 IPv6 主机的安全,更确切地说,是利用操作系统自身的一些系统管理应用程序对 IPv6 主机进行安全加固。

7.2.1 IPv6 主机服务端口查询

对 IPv6 主机特别是服务器来说,要判断自身是否安全,需要先知道自身运行了哪些应用程序,这些应用程序开放了哪些 TCP 或 UDP 端口,以及本机端口与其他主机的连接情况。TCP/IP 应用遵循客户端/服务器模型,作为服务器的主机在特定的 TCP 或 UDP 服务端口上监听,等待来自客户端的连接。通过查询本机哪些端口处于监听状态,也可以识别自身正在运行的网络应用程序。

1. 查看 Windows 主机的服务端口

对于 Windows 主机来说,可以使用命令 netstat 来查看本机开放的服务端口。这里有 3 个常用的选项:netstat –a 选项显示本机所有开放端口及端口与其他主机的连接情况;netstat –n 选项是以数字方式显示地址和端口号;netstat –o 选项显示端口号对应应用程序的进程 ID 号,通过在任务管理器中查询进程 ID 就可以知道是哪个应用程序。当然也可以直接使用命令 netstat –abn 来查看端口号与进程名的对应关系。在在实际应用中,或许只关心在 IPv6 上监听了哪些端口，为此可使用 netstat -an -p tcpv6 或 netstat -an -p udpv6 命令。

2. 查看 Linux 主机的服务端口

较新版的 Linux 内核默认都支持并开启了 IPv6 协议，对于基于 Linux 内核且支持 IPv6 的多种操作系统来说，可以使用命令 netstat -an -p -A inet6 查看 IPv6 地址上的监听端口。同 Windows 主机一样，也可以只查看 IPv6 地址上的 TCP 监听端口，命令是 netstat –lntp -A inet6。要查看本机在 IPv6 上监听的 UDP 端口，可以使用命令 netstat –lnup -A inet6。需要特别注意的是，CentOS 7.0 以上的版本已经用命令 ss 来替代 netstat。如果要继续使用 netstat 命令，可以先安装 net-tools。一个更好的命令是 nmap，不过需要事先通过 yum install nmap 等方式安装后才可用。要查看本机某个 IPv6 地址，如本地环回接口地址上监听的服务及端口，可以使用命令 nmap -6 -sT ::1。如果发现异常的监听端口和服务，可以通过 ps 命令查找到进程号，再通过 kill –9 命令结束进程。

7.2.2 关闭 IPv6 主机的数据包转发

服务器上一般都会配置多个网卡，目的主要有 3 个：网卡冗余，即当一块网卡发生故障时，可以切换到另一块网卡上；负载均衡，即通过某种算法在多块网卡上同时传输数据，类似于网卡捆绑，可以变向增加带宽，也有一定的冗余作用，这要求对端网络交换机对应的端口也要进行相应的捆绑配置；业务与管理分离，即管理使用的网卡与正常业务通信使用的网卡分离开来。

当主机拥有多个网卡时，也就拥有了多个网络接口，很多操作系统默认允许在多个网络接口上转发数据，变向地把主机当作网关。不过这样不仅会消耗主机资源，从安全角度来说也存在着隐患，即当 IPv6 主机被攻陷时，一些非法流量就会被当作正常流量转发到另一个接口所在的网络中。在一般情况下，推荐使用转发性能和安全服务性能更好的专业路由器或防火墙而不是普通主机来充当网关。

1. 在 Windows 主机上禁止 IPv6 转发

在 Windows 主机上可以先使用命令 netsh interface ipv6 show interface "接口 ID" 来查看某个接口的转发功能是否打开。如果 Windows 主机不需要启用 IPv6 转发，且端口转发状态处于开启状态时，可以使用命令 netsh interface ipv6 set interface "接口 ID" forwarding=disable advertise= disable store=persistent，永久禁止接口的 IPv6 转发功能，并禁止发送用来通告默认网关的 RA 报文。

2. 在 Linux 主机上禁止 IPv6 转发

对于 CentOS 发行版的 Linux 系统，可以通过命令 sysctl–a | grep forward 来查看本机是否启用了 IPv6 转发功能。如果 net.ipv6.conf.all.forwarding=0，则表示已经禁止了 IPv6 转发，否则可以通过下述多种办法禁用 IPv6 转发。

- 修改并确保接口相关的配置文件/etc/sysconfig/network-scripts/ifcfg-eth0 或者文件 etc/sysconfig/network-scripts/ifcfg-eth0 中有一项 IPV6FORWARDING=no。
- 修改并确保文件/proc/sys/net/ipv6/conf/all/forwarding 的内容为 0。
- 修改并确保文件/etc/sysctl.conf 中有一项 net.ipv6.conf.all.forwarding=0，再执行命令 sysctl–p，应用/etc/sysctl.conf 中的策略。

7.2.3 主机 ICMPv6 安全策略

在 IPv4 环境下，因为 ICMPv4 通常用来进行网络连通性的诊断，所以对主机特别是服务器来说，即便将所有的 ICMPv4 报文都禁止掉，也不会影响主机网络的连通性，服务器也可以被正常访问。但在 IPv6 环境下，ICMPv6 报文不仅仅用于网络连通性的测试和诊断，NDP、DAD 等协议都依赖于 ICMPv6 报文。因此，在过滤 IPv6 主机的 ICMPv6 报文时一定要谨慎，要确保对报文的操作（比如，禁止、放行等）准确无误，否则就可能造成预期之外的结果。

一般在对主机执行 ICMPv6 安全策略时，对于 NDP 用到的类型 134 的 NS、类型 135 的 NA、类型 133 的 RS、类型 134 的 RA 报文，都应该放行；用于网络连通性测试的类型 128 回声请求报文和类型 129 的回声应答报文一般也应该放行；组播侦听发现（MLD）用到的类型 130、132 和 143 报文类型需视情况而定；类型是 1、2、3、4 的 ICMPv6 消息报文等也应该放行。除了上述报文，其他的 ICMPv6 报文都可以禁止。主机 ICMPv6 的安全策略如表 7-1 所示。

表 7-1 主机 ICMPv6 安全策略

方向	ICMPv6 类型	报文用途描述	策略
入站	135、136	用于邻居发现、地址冲突检测等	放行
	134	用于接收默认网关、前缀等信息	
	129	用于网络可达性检测	
	1、2、3、4	目的不可达、数据包太大、超时、参数问题错误消息	
	130、132、143	组播应用中的 MLD 相关报文	待定
	其他类型	包括未分配、保留的、实验型等消息	禁止
出站	135、136	用于邻居发现、地址冲突检测等	放行
	133	用于请求发现默认网关、前缀等信息	
	128	用于网络可达性检测	
	1、2、3、4	目的不可达、数据包太大、超时、参数问题错误等消息	
	130、132、143	组播应用中的 MLD 相关报文	待定
	其他类型	包括未分配、保留的、实验型等消息	禁止

7.2.4 关闭不必要的隧道

当主机处于纯 IPv4 环境而又想接入 IPv6 网络时，需要创建一些隧道才能实现。就主机自身而言，可以创建的隧道包括 ISATAP 隧道、Teredo 隧道、6to4 中继隧道等（具体可参考第 8 章）。当处于双栈环境时，这些隧道就会成为通信障碍，甚至会成为潜在的可被利用的后门漏洞。所以，在确认不需要隧道时，有必要将系统自身能自动生成的一些隧道彻底关闭并禁用。

1. 在 Windows 上查看及禁用隧道

Windows 系统支持 3 种类型的隧道：ISATAP 隧道、Teredo 隧道和 6to4 隧道。这几种隧道的地址都有固定格式和规律：6to4 隧道地址一定是 2002::/16 开头的；ISATAP 隧道地址的第 65～95 位是 0000:5EFE，Teredo 隧道地址的前 32 位是 2001:0000::/32。通过查看 Windows 主机的接口地址，就基本上可以判断 Windows 启用了哪些隧道。查看地址的命令既可以是 netsh interface ipv6 show address，也可以是 ipconfig /all。

- 关闭 6to4 隧道

当确定不需要 6to4 隧道时（比如已经是双栈环境），就有必要将其关闭。在关闭之前，需要确认 6to4 隧道是否处于开启状态。除了查询本机是否有以 2002::/16 开头的地址和路由表外，也可以通过命令 netsh interface ipv6 show [interface | relay | routing | state]查看是否有 6to4 隧道处于开启和生效状态。当然，也可以直接使用命令 netsh interface ipv6 6to4 state disabled 关闭 6to4 隧道。

- 关闭 ISATAP 隧道

可以使用命令 netsh interface ipv6 isatap show [router | state | mode]查看系统是否已经启用了 ISATAP 隧道。当确定不需要使用 ISATAP 隧道时，可以使用命令 netsh interface ipv6 isatap set state disabled 或命令 netsh interface ipv6 isatap set mode offline 来关闭 ISATAP 隧道。

- 关闭 Teredo 隧道

相较于 ISATAP 隧道，Teredo 隧道的优点就是能穿越 NAT，所以应用场景更广泛。Teredo 隧道在 Windows 中默认是激活的。为了确定 Teredo 隧道是否已经启用并生效，可以使用命令 netsh interface ipv6 show teredo 查看。如果要禁止 Teredo 隧道，则执行命令 netsh interface teredo set state disabled 即可。也可以打开设备管理器，查看隐藏设备，如果在网络适配器下面发现了 Teredo 字样的接口，则选择禁用或者卸载即可。

2. 在 Linux 上禁用隧道

这里主要介绍如何在 RedHat 发行版的 Linux 系统（也包括 CentOS 等）上禁用各种隧道。一般情况下，可以使用命令 ip tunnel show 查看 Linux 主机上的所有隧道。显示的隧道接口类型主要分 sit、gre、tun、ipip 等。sit 代表是的是 6in4 隧道，gre 代表 gre 隧道，ipip 和 tun 都是 IPinIP 的隧道。可以再使用 ip link show 和 ip addr show 命令分别查看主机上的所有接口和接口上的地址，同样可再使用 ip -6 route 命令检查是否有相关隧道的路由。

在 Linux 上关闭隧道，一般分三步：删除与隧道相关的路由；再删除隧道上的地址；最后删除隧道接口本身。

STEP 1 删除隧道接口地址对应的默认网关（使用命令 ip route delete default via ipv6-address）。

STEP 2 删除隧道接口地址（使用命令 ip address del *ipv6-address* del 隧道接口）。

STEP 3 删除隧道接口（使用命令 ip tunnel del 隧道接口）。

7.2.5 主机设置防火墙

对于一些专业的有状态防火墙设备来说，一般会在入站方向和出站方向设置数据包访问和转发策略，且大多数策略都是白名单模式，即先是默认拒绝所有，然后再有条件地开启允许的程序或协议端口。一般的连接（比如 TCP 连接）都需要在不同方向上进行多次通信才能完成。对于有状态防火墙来说，只需要关心首次的主动连接，后续连接会被防火墙自动记录，在反方向自动放行。若不是有状态防火墙，就必须在每个方向设置好访问策略。这不容易设置，也容易出错。

1. Windows 防火墙的设置

Windows 操作系统很早就内置了安全防火墙，特别是在 Windows 2003 之后的版本中，内置的防火墙就开始支持 IPv6 数据包的过滤。从 Windows Vista 版本开始，Windows 内部的防火墙开始支持 IPv4 和 IPv6 的有状态防火墙，并提供图形界面对防火墙的入站和出站策略进行各种高级配置。

以 Windows 10 为例，可以采用如下两种办法打开"高级安全 Windows Defender 防火墙"设置界面。

第一种方法是打开"控制面板"。这可以在系统搜索框中直接输入"控制面板"，找到匹配项后将其打开。也可以将"控制面板"图标直接放置到桌面上，方法是右键单击桌面空白处，选择"个性化"，再选择"主题"，找到"桌面图标设置"并单击，选中"控制面板"复选框，单击"确定"，这样控制面板图标就出现在桌面上。

在"控制面板"窗口中单击"系统和安全"，打开"系统和安全"界面，如图 7-1 所示。

单击图 7-1 中"Windows Defender 防火墙"下面的"检查防火墙状态"链接，打开"Windows Defender 防火墙"界面，如图 7-2 所示。可以单击"启用或关闭 Windows Defender 防火墙"链接，进而开启或关闭防火墙；可以单击"高级设置"链接，打开"高级安全 WindowsDefender 防火墙"窗口。

第二种方法是，右键单击任务栏右下角的网络图标，选择"打开网络与 Internet 设置"，在出现的界面中单击"Windows 防火墙"，进入"Windows Defender 安全中心"，再单击"高级设置"链接，打开"高级安全 Windows Defender 防火墙"窗口。

图 7-1 "系统和安全"界面

图 7-2 "Windows Defender 防火墙"界面

在"高级安全 Windows Defender 防火墙"窗口中，可以分别建立入站和出站规则，比如至少允许 DNS、NDP 和 DHCPv6 等协议的相关报文通过。正常情况下，Windows 防火墙默认拒绝将一个接口的数据包转发到另一个接口。

实验 7-1 Windows 防火墙策略设置

本实验将根据主机 ICMPv6 安全策略表（见表 7-1）在主机上设置正确的与 ICMPv6 相关的入站和出站规则。同时，再设置相关的入站规则和出站规则来保证 DHCPv6（假定采用 DHCPv6 获取地址）与 DNS 的正常运行。其实 Windows 主机防火墙默认已经设置好了，可保证 IPv6 基本的正常通信，这里通过手动设置并与原防火墙规则做对比，可加深对防火墙设置的理解。

就 NDP 来说，对于普通主机，在出站方向需要允许发送 RS 报文，以寻求路由器默认网关；允许发送 NS 报文，以获取邻居的 MAC 地址和执行 DAD；允许发送 NA 报文，以通告主机在网络中的存在；允许发送 ICMPv6 请求报文，以检查到目的地址的连通性。另外如果需要通过 DHCPv6 获取地址，还必须允许发送目标 UDP 端口是 547 的报文，以寻找 DHCPv6 服务器。

STEP 1 在 EVE-NG 中打开 "Chaper07" 文件夹中的 "7-1 IPv6_Host_Security" 实验拓扑，开启所有节点。交换机的配置如下：

```
Switch#config terminal
Switch(config)#ipv6 unicast-routing
Switch(config)#interface vlan 1
Switch(config-if)#ipv6 enable
Switch(config-if)#ipv6 address 2019::1/64
Switch(config-if)#no ipv6 nd ra suppress
Switch(config-if)#no shutdown
```

STEP 2 打开 Win10 主机，禁用 IPv4 协议，查看 IP 地址，显示如图 7-3 所示。可以看到 Win10 通过 SLAAC 自动获取到 IPv6 地址。

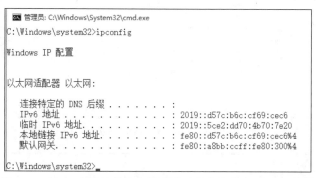

图 7-3 Win10 在默认的防火墙配置下能自动获取到 IPv6 地址

打开 "Windows 防火墙" 界面，可以看到 Windows 防火墙处于关闭状态（为了方便测试，EVE-NG 模拟器中提供的 Win10 模板默认关闭了 Windows 防火墙），如图 7-4 所示。

单击图 7-4 中的 "启用或关闭 Windows 防火墙" 链接，打开防火墙 "自定义设置" 界面，选中 "专用网设置" 和 "公用网设置" 中的 "启用 Windows 防火墙" 单选按钮，单击 "确定" 按钮启用 Windows 防火墙，如图 7-5 所示。重启 Win10 虚拟机，重启后仍然可以获得 IPv6 地址，这证明开启防火墙不会影响 Windows 计算机获取 IPv6 地址。

单击图 7-4 中的 "高级设置"，进入 "高级安全 Windows 防火墙" 设置窗口，如图 7-6 所示。

图 7-4 "Windows 防火墙"界面

图 7-5 启用 Windows 防火墙

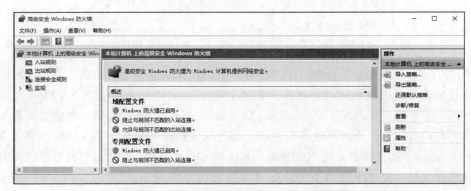

图 7-6 "高级安全 Windows 防火墙"设置窗口

第 7 章　IPv6 安全

首先在防火墙上进行设置，禁止主机发送 RS 报文，然后观察 Win10 主机是否还能获取地址。选中图 7-6 中的"出站规则"，单击右键，从快捷菜单中选择"新建规则"，进入"新建出站规则向导"界面，在"要创建的规则类型"中选择"自定义"单选按钮，如图 7-7 所示。单击"下一步"按钮，在"程序"选中中选择默认的"所有程序"，再单击"下一步"按钮。

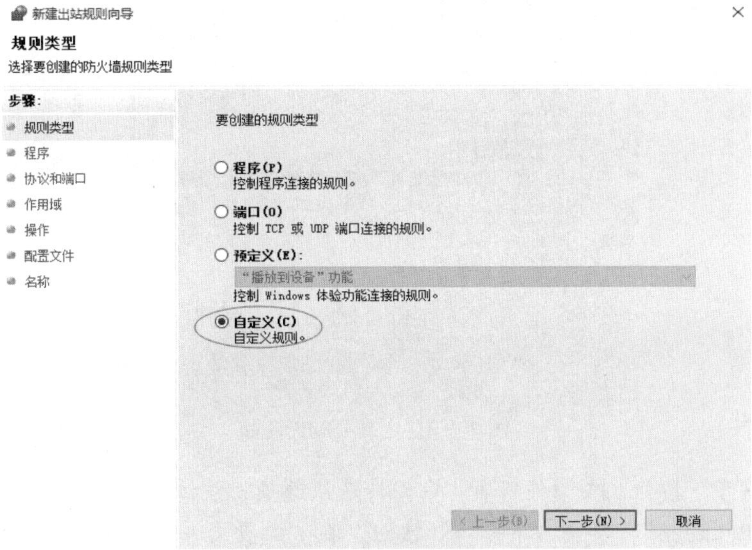

图 7-7　选择规则类型

在"协议和端口"中的"协议类型"下拉列表中选择 ICMPv6，如图 7-8 所示。

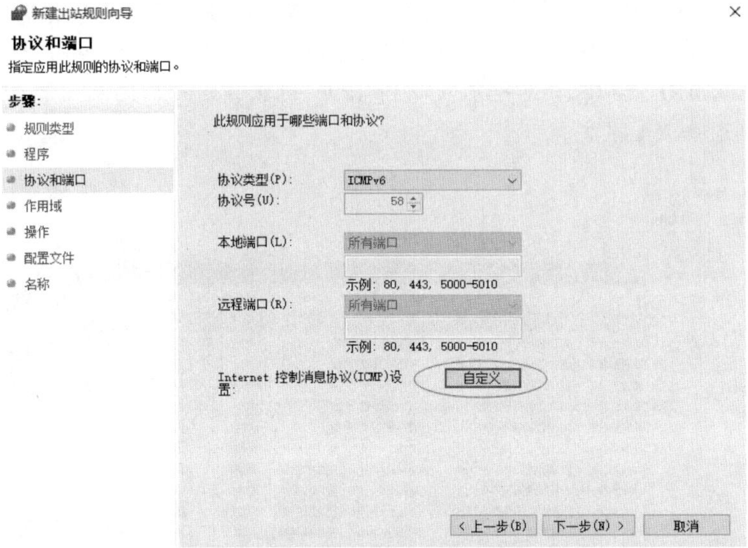

图 7-8　选择协议类型

单击图 7-8 中的"自定义"按钮,在弹出的对话框中选择"特定 ICMP 类型"单选按钮,再选中"路由器请求"复选框,单击"确定"按钮返回,如图 7-9 所示。

图 7-9　自定义 ICMP 设置

单击"下一步"按钮,在"作用域"中保持默认选项,继续单击"下一步"按钮。在"操作"中选择"阻止连接",单击"下一步"按钮。在"配置文件"中保持默认的域、专用和公用为选中状态,单击"下一步"按钮。最后一步将规则命名为"禁止发送 RS 报文",配置完成后如图 7-10 所示。设置完毕后,将 Win10 网卡禁用后再启用(实践发现,该操作很容易导致虚拟机死机。建议选择禁用 IPv6 协议,再启用 IPv6 协议)。在 Win10 主机上查看,发现它获取不到 IPv6 地址了。右键单击图 7-10 中的"禁止发送 RS 报文"规则,从快捷菜单中选择"禁用规则",再禁用并启用网卡,发现 Win10 主机又能自动获取 IPv6 地址了。其实,即使不禁用这条规则,Win10 虚拟机稍后也能获取到 IPv6 地址,这是因为路由器即使没有接收 RS 报文,也会定期通告 RA 报文。

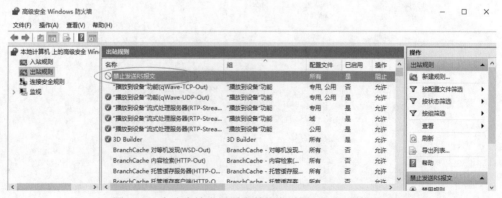

图 7-10　在防火墙上设置完禁止发送 RS 报文后的界面

可以在"入站规则"中添加阻止"RA 报文",这样路由器主动发送过来的 RA 报文将被阻止。但是主机为应答 RS 报文而发出的 RA 报文将不会被阻止(可以把 Windows 防火墙理解成有状态防火墙)。

若要彻底阻止 RA 报文,需要双管齐下,即在出站规则中阻止 RS 报文,在入站规则中阻止 RA 报文。彻底阻止 RA 报文后,主机将获取不到 IPv6 地址和默认网关,此时就需要静态配置 IPv6 地址和网关,这样也就可以防范 RA 报文攻击。

禁用添加的规则,继续后面的实验。

STEP 3 在网络中,可以通过 ping 命令来探测目标主机的可达性。出于安全考虑,我们并不希望能轻易发现目标主机,这个时候就要求不对 ping 命令进行回应。IPv6 的 ping 与 IPv4 的 ping 类似,发送类型是 128 的回显请求报文,期待收到类型是 129 的回显应答报文。所以只要禁止接收类型是 128 的 ICMPv6 报文即可达到目的。

启用 Windows 防火墙后,默认允许主机 ping 远程主机,但却不响应远程主机的 ping 请求。本步骤中添加一个特例。参照步骤 2,在图 7-6 所示的"高级安全 Windows 防火墙设置"窗口中新建入站规则,在图 7-9 所示的对话框中选择"回显请求"复选框,即在入站方向拒绝回显请求报文。在作用域界面中单击"添加"按钮,再输入 2019::/64,即只对远程主机地址段 2019::/64 生效,添加完成后,如图 7-11 所示。在"操作"界面选择"允许连接",即允许远程主机 2019::/64 的 ping 请求。

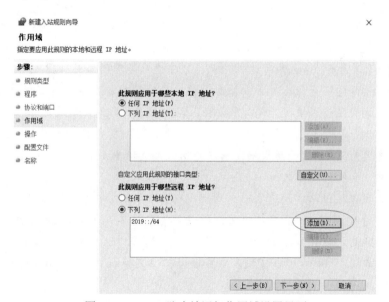

图 7-11 Win10 防火墙添加作用域设置界面

规则添加完成后,在交换机上测试到 Win10 主机的连通性,显示如下:

Switch#ping 2019::2
Type escape sequence to abort.

```
Sending 5, 100-byte ICMP Echos to 2019::2, timeout is 2 seconds:
!!!!!                           交换机默认使用 2019::1/64 去 ping 主机,可以 ping 通
Success rate is 100 percent (5/5), round-trip min/avg/max = 1/1/2 ms
Switch#conf t
Switch(config)#int loopback 0
Switch(config-if)#ipv6 enable
Switch(config-if)#ipv6 address 2021::1/64      在交换机上新增 loopback0,配置 IPv6 地址
Switch(config-if)#no shut
Switch(config-if)#end
Switch#ping 2019::2 source 2021::1             用 2021::1 的地址去 ping 主机,结果 ping 不通
Type escape sequence to abort.
Sending 5, 100-byte ICMP Echos to 2019::2, timeout is 2 seconds:
Packet sent with a source address of 2021::1
.....
Success rate is 0 percent (0/5)
Switch#
```

从上面的输出中可以看出,虽然 Win10 主机开启了防火墙,但从 2019::/64 网段仍然可以 ping 通主机,从其他 IPv6 地址段则无法 ping 通。

STEP 4 虽然可以在 Win10 主机的防火墙上建立入站规则和出站规则,但因为它是有状态防火墙,所以对触发通信的第一个报文进行控制即可,对通信的其他报文进行控制反而达不到效果。比如,类型 128 的 ICMPv6 回显请求报文和类型 129 的 ICMPv6 回显应答报文是成对依次出现的,如果要控制 ping 的可达性测试,只需也只能对类型为 128 的报文进行控制,然后再考虑是在入站方向还是在出站方向添加策略。在上一步骤中要允许交换机 ping 自己,对主机来说就是接收回显请求报文,所以需要在入站方向进行控制。如果是在入站方向允许类型 128 的 ICMPv6 回显请求报文,再在出站方向向禁止类型 129 的 ICMPv6 回显应答报文,实际上没效果。这是因为 Win10 的防火墙是有状态防火墙,既然放行了入站的请求报文,应答报文就不再受出站方向的控制了。

参照前面的步骤在出站方向建立出站访问规则,因为系统中预定义的 ICMPv6 报文类型并不包括类型 129 的 ICMPv6 回显应答报文,所以需要在图 7-9 的下方自行添加类型是 129,代码为"任何"的报文,如图 7-12 所示。在"操作"中选择"阻止连接",完成后再从交换机上 ping 主机。虽然禁止了所有出站 ICMP 应答报文,但交换机仍然能 ping 通主机,这再次证明 Windows 防火墙是有状态防火墙。

STEP 5 读者可以在入站规则、出站规则对话框中按协议排序(单击协议列),可以集中看到 ICMPv6 相关的访问控制规则,并且可以双击查看每一项的详细信息。图 7-13 所示为系统默认的与 ICMPv6 相关的入站规则。

删除前面添加的规则,继续后面的实验。

第 7 章　IPv6 安全

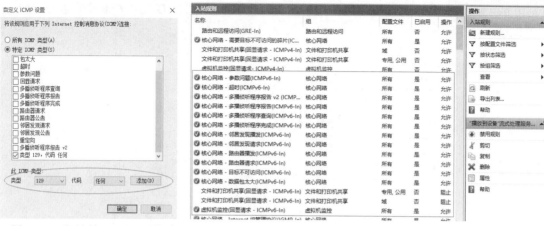

图 7-12　手动添加 ICMPv6 类型　　　　图 7-13　与 ICMPv6 相关的入站规则

STEP ⑥ Windows 防火墙除了可以针对 ICMPv6 协议进行访问控制外，也可以针对 TCP/UDP 协议层进行访问控制。这一步骤演示如何对 DHCPv6 进行访问控制，先对交换机进行如下配置：

```
Switch#config terminal
Switch(config)#default interface vlan 1        恢复 VLAN 1 接口至默认配置，也就是清除该接口的所有配置
Switch(config)#ipv6 unicast-routing
Switch(config)#service dhcp
Switch(config)#ipv6 dhcp pool dhcpv6
Switch(config-dhcpv6)#address prefix 2018::/96
Switch(config-dhcpv6)#interface vlan 1
Switch(config-if)#ipv6 enable
Switch(config-if)#ipv6 address 2018::1/64
Switch(config-if)#ipv6 address 2019::1/64
Switch(config-if)#ipv6 nd prefix 2018::/64 no-advertise    该前缀默认不通告，通过 DHCP 分配
Switch(config-if)#ipv6 nd managed-config-flag
Switch(config-if)#ipv6 dhcp server dhcpv6
Switch(config-if)#no shutdown
```

在 Win10 主机没有开启防火墙前，可通过 SLAAC 和 DHCPv6 获取到两种 IPv6 前缀的地址。在开启防火墙后，默认也能通过 SLAAC 和 DHCPv6 获取到两种 IPv6 前缀的地址。为了使主机只通过 SLAAC 获取地址，考虑到有状态防火墙的性质，需要对 Win10 主机的出站方向（而不是入站方向）进行访问控制，即禁止主机向目标 UDP 547 端口发送 DHCPv6 请求报文。

新建出站规则，在图 7-7 所示的"规则类型"中选择"端口"，在"协议和端口"中选择 UDP 端口，端口号 547，如图 7-14 所示。在"操作"中选择"阻止连接"。配置完成后，重启

243

Win10 的主机网卡，发现只能获取到 2019::/64 前缀的地址，通过 DHCPv6 下发的 2018::/64 前缀的地址不存在了。

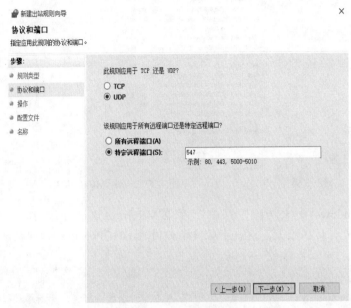

图 7-14　配置 UDP 端口

通过本实验可对 Win10 主机如何设置有状态防火墙的访问控制策略有了初步了解。对于有状态防火墙，一定要对第一个请求报文的方向（出站还是入站）进行访问控制，否则就可能出现预期之外的结果。上述实验中，Win10 扮演的是普通客户端的角色，如果是服务器，比如 Web 服务器，可以在入站方向进行访问控制。这一点与 IPv4 一样，只不过作用域（远程地址及端口和本地地址及端口）不一样而已，这里不再赘述，读者可自行实验。

2. Linux 防火墙的设置

在 Linux 系统中，防火墙功能主要由 iptables 和 ip6tables 服务来提供，前者针对的是 IPv4，后者针对的是 IPv6，但两者的底层仍然是系统内核的 Netfilter 模块。自 CentOS 7.0 版本起，系统默认用 firewalld 服务替代了 iptables/ip6tables。这里并不打算过多介绍 Linux 的防火墙细节，只介绍如何在 CentOS 7.3 上利用 firewalld 对外来连接进行访问控制。

首先要确保 CentOS7.3 上的 firewalld 服务进程处于运行状态。这可以通过以下命令确定：

Systemctl status firewalld	查看 firewalld 是否运行，是否是开机自启动
Systemctl start firewalld	开启 firewalld 服务
Systemctl enable firewalld	设置开机自启动

然后就可以通过命令 firewall-cmd 来设置访问控制策略了。如果只是开放服务端口，需要使用选项 add-service 来开放服务或者使用选项 add-port 来开放端口。如果需要对访问的源地址进行控制，需要使用选项 add-rich-rule 来实现。

实验 7-2　CentOS 7.3 防火墙策略设置

本实验将用交换机模拟客户端，试图通过 IPv6 协议栈远程 SSH 登录 CentOS 7.3 Linux 主机，再通过设置防火墙来限制来自客户端的登录访问，从而对如何在 CentOS 7.3 上设置防火墙规则有一个初步了解。

STEP 1 在 EVE-NG 中打开 "Chaper 07" 文件夹中的 "7-1 IPv6_Host_Security" 实验拓扑，开启所有节点，对交换机进行如下配置：

```
Switch#config terminal
Switch(config)#ipv6 unicast-routing
Switch(config)#default interface vlan 1
Interface Vlan1 set to default configuration
Switch(config)#interface vlan 1
Switch(config-if)#ipv6 enable
Switch(config-if)#ipv6 address 2018::1/64
Switch(config-if)#ipv6 address 2019::1/64    设置两个 IPv6 地址，便于对每个地址做访问控制
Switch(config-if)#no shutdown
```

STEP 2 打开 Linux 主机，使用用户名 root 和密码 eve@123 登录进系统中。首先确保 Linux 主机能获取到两个 IPv6 地址，且 firewalld 服务处于正常运行状态，如图 7-15 所示。

```
[root@localhost ~]# ifconfig eth0
eth0: flags=4163<UP,BROADCAST,RUNNING,MULTICAST>  mtu 1500
        inet6 fe80::f6a5:eb:54d7:ee58  prefixlen 64  scopeid 0x20<link>
        inet6 2018::f604:cba7:50a8:ebe  prefixlen 64  scopeid 0x0<global>
        inet6 2019::f5a:42b8:53a:843  prefixlen 64  scopeid 0x0<global>
        ether 00:50:00:00:02:00  txqueuelen 1000  (Ethernet)
        RX packets 206  bytes 21176 (20.6 KiB)
        RX errors 0  dropped 8  overruns 0  frame 0
        TX packets 130  bytes 25026 (24.4 KiB)
        TX errors 0  dropped 0 overruns 0  carrier 0  collisions 0

[root@localhost ~]# systemctl status firewalld
● firewalld.service - firewalld - dynamic firewall daemon
   Loaded: loaded (/usr/lib/systemd/system/firewalld.service; enabled; vendor preset: enabled)
   Active: active (running) since Tue 2016-03-15 04:00:27 CST; 21min ago
     Docs: man:firewalld(1)
 Main PID: 613 (firewalld)
   CGroup: /system.slice/firewalld.service
           └─613 /usr/bin/python -Es /usr/sbin/firewalld --nofork --nopid

Mar 15 04:00:26 localhost.localdomain systemd[1]: Starting firewalld - dynami...
Mar 15 04:00:27 localhost.localdomain systemd[1]: Started firewalld - dynamic...
Hint: Some lines were ellipsized, use -l to show in full.
```

图 7-15　查看 IPv6 地址和 firewalld 运行状态

从图 7-15 中可以看出，已经获取到两个 IPv6 地址，而且 firewalld 为开机自启动，且当前处于运行状态。

STEP 3 查看 Linux 的 SSH 服务是否在 IPv6 地址上开始监听，再确保防火墙策略放行了 SSH 服务，如图 7-16 所示。

```
[root@localhost ~]# netstat -lntp
Active Internet connections (only servers)
Proto Recv-Q Send-Q Local Address           Foreign Address         State       PID/Program name
tcp        0      0 0.0.0.0:22              0.0.0.0:*               LISTEN      976/sshd
tcp        0      0 127.0.0.1:25            0.0.0.0:*               LISTEN      1309/master
tcp6       0      0 :::22                   :::*                    LISTEN      976/sshd
tcp6       0      0 ::1:25                  :::*                    LISTEN      1309/master
[root@localhost ~]# firewall-cmd --list-all
public (active)
  target: default
  icmp-block-inversion: no
  interfaces: eth0
  sources:
  services: dhcpv6-client ssh
  ports:
  protocols:
  masquerade: no
  forward-ports:
  sourceports:
  icmp-blocks:
  rich rules:
```

图 7-16　查看 SSH 服务状态及防火墙是否放行了 SSH 服务

从图 7-16 中可以看出，SSH 服务（端口号 22）已经在本机所有 IPv6 地址上开始监听，且防火墙已经放行。如果 SSH 服务没在防火墙上放行，可执行如下命令：

Firewall-cmd –permanent –add-service=ssh
Firewall-cmd --reload

STEP 4 在交换机上远程登录 Linux 主机，结果如图 7-17 所示。

```
Switch#ssh -l root 2018::f604:cba7:50a8:ebe
Password:
Last failed login: Fri Mar 31 13:57:28 CST 2017 on tty1
There was 1 failed login attempt since the last successful login.
Last login: Tue Mar 15 04:17:05 2016 from 2019::1
[root@localhost ~]# exit
logout

[Connection to 2018::f604:cba7:50a8:ebe closed by foreign host]
Switch#ssh -l root 2019::f5a:42b8:53a:843
Password:
Last failed login: Fri Mar 31 13:57:28 CST 2017 on tty1
There was 1 failed login attempt since the last successful login.
Last login: Tue Mar 15 04:58:38 2016 from 2018::1
[root@localhost ~]# exit
logout
```

图 7-17　从交换机远程登录 Linux 主机

从图 7-17 中可以看出，交换机可利用 Linux 主机的两个 IPv6 地址进行远程登录。

STEP 5 在 Linux 主机上进行安全设置，即只允许使用 2019::/64 远程 SSH 登录，禁止使用 2018::/64 远程 SSH 登录。配置命令如下：

firewall-cmd --permanent --add-rich-rule='rule family=ipv6 source address=2018::/64 service name=ssh drop'
firewall-cmd --permanent --add-rich-rule='rule family=ipv6 source address=2019::/64 service name=ssh accept'
firewall-cmd --reload

如果要针对源地址进行细粒度的策略控制，必须通过添加 rich-rule 来实现。在 Linux 系统中，rich-rule 的优先级比 service 高。上述第一条命令的含义就是，添加规则，地址类型是 IPv6，源地址 2018::/64，服务名称是 ssh，采取的操作是直接丢弃。最后一条命令是使策略立马生效。最后再在交换机上远程 SSH 登录 Linux 主机，很明显 2018::/64 前缀的地址不再能通过 SSH 登录了。

本实验只是简单演示了如何在 CentOS 7.3 Linux 上通过 firewalld 服务设置防火墙规则，来达到安全访问的目的。关于 firewalld 的复杂设置，可参考相关资料。

7.3 IPv6 局域网安全

在 IPv4 局域网中，经常面临一些网络安全方面的问题，比如，广播风暴、发送伪造的 ARP 报文以冒充网关或邻居、私设 DHCP 服务器、针对 DHCP 服务器的地址池耗尽及 DoS 攻击等。在 IPv6 中，虽然协议自身的设计属性能减少一些安全问题，但并不能完全避免。IPv6 局域网的安全问题仍不容忽视。

7.3.1 组播问题

IPv6 使用组播替代了 IPv4 中的广播。同广播一样，组播也是一对多的通信，同样存在安全问题。从二层交换机转发层面上来看，如果从物理接口接收到的报文的目标 MAC 地址是 FF-FF-FF-FF-FF-FF 或者是未知的，那么交换机会进行广播处理，向其他接口转发此报文。从这个意义上来说，IPv6 仍然存在广播风暴的可能。针对这一情况，二层交换机就需要启用 IGMP Snooping 或组播侦听发现（Multicast Listener Discovery，MLD）。前者用于 IPv4 环境，后者用于 IPv6 环境，主要作用就是通过侦听局域网中的组播接收方，将对应的 MAC 地址写入端口转发表中，避免将组播报文转发到不应接收此组播报文的端口，从而降低网络风暴发生的可能性。但即便二层交换机支持并开启了 MLD，由于 IPv6 组播报文的目标 MAC 地址是前 16 位为固定的 3333 再加上组播地址的低 32 位（见第 3 章），所以理论上来说每 2^{32} 个组播地址就会发生一次 MAC 地址冲突。当然，这个冲突的可能性毕竟很小，实际应用中可以忽略。

IPv6 中存在大量的组播应用，特别是 NDP 涉及的类型为 133、134、135、136、137 的几种 ICMPv6 报文，大多采用组播地址作为目的地址进行通信。另外 DHCPv6 服务器及中继的发现使用的也是组播地址，以及执行 DAD 时使用的被请求节点组播地址等。正因为 IPv6 极度依赖组播，所以攻击者如果将流量发送到组播地址就会引发问题。通过向代表链路本地所有节点的组播地址 FF02::1 发送探测报文，本网段所有的节点都有可能回应此报文。在 Linux 系统中执行命令 ping6 –I eth0 ff02::1（假定接口是 eth0）时，本网段所有节点都会回应；执行命令 ping6 –I eth0 ff02::2，本网段所有路由器也都会回应。

向组播地址发送报文一般有两个目的，一是嗅探，攻击者可以很轻易地获取局域网中所有在线设备的信息，为进一步攻击奠定基础；二是简单的向一些组播地址，特别是标识 DHCPv6 服务器的组播地址 FF02::1:1 或 FF05::1:3，即使不需要返回流量，也会耗费路由器或服务器的系统资源，达到类似 DoS 攻击的目的。如果发往组播地址的报文中的源地址是伪造的，将会导致去往被伪造源地址的返回流量很大，安全隐患不可小视。

组播的安全问题一直以来都是一个挑战，这是因为组播的本质是从单一源发送到多个接收方，因此考虑到组播源可能会被接收方的反馈流量压垮，所以接收方只能被动接收信息，而不能进行消息确认。一般的保障机制都需要双向通信，所以组播的安全问题并不好解决。对于组播的安全问题，一般会采取如下措施去缓解。

- 使用安全设备等检测数据报文的源地址，如果源地址是组播地址，则直接丢弃。主机也不应该对源地址是组播地址的请求报文进行响应。
- 除了必需的比如 NDP、SLAAC、DAD 等会用到的组播地址外，其他组播地址尽可能禁止。
- 主机不应该对接收到的目的地址是组播地址的报文发送任何一条 ICMPv6 错误消息（不包括 ICMPv6 消息报文）。
- 对无法禁止的组播报文，可以限制 ICMPv6 消息的发送速率，以避免 DoS 攻击。

7.3.2 局域网扫描问题

扫描是攻击的前提。为了应对扫描问题，可以增加攻击者扫描 IPv6 子网的困难。尽管 IPv6 地址很多，以理论上来讲增加了扫描的难度，但在实际应用中，一些容易被忽略的地址分配和使用习惯却有可能降低扫描难度。这些不良习惯包括：

- 路由器网关使用接口标识符是"1"或者容易被猜到的 IPv6 地址；
- 为子网内主机分配 IPv6 地址时，按地址从小到大或者从大到小的顺序依次分配；
- 使用一些与 IPv4 兼容的 IPv6 地址，或内嵌 IPv4 地址信息的地址，如 2019::192.168.1.1。

上述不良的地址分配和使用习惯实际上都没有充分利用 IPv6 地址位数的优势，而是依然采用 IPv4 思维方式来规划和使用地址，由此增加了被扫描的概率。为了防范扫描攻击，随机化接口标识符会是一个较好的方法。完全随机化接口标识符，包括网关的接口标识符，而不是使用基于 EUI-64 格式的接口标识符，以及使用 DHCPv6 分配地址，其安全性也就会相应增强。当然，这也就增加了管理员的负担，需要在安全性和可管理性之间寻求一个相对合理的平衡点。

对于双栈主机来说，其 IPv4 地址比较容易被扫描到，但这并不意味着同时也会发现 IPv6 地址，除非 IPv6 地址太简单，或者内嵌了 IPv4 地址信息。此外，双栈主机上的某种应用服务同时在 IPv4 和 IPv6 上监听，且能通过 IPv4 的应用信息，探测出 IPv6 地址。因此，双栈主机如果一定要在 IPv4 地址和 IPv6 地址同时监听某种应用服务，除了 IPv6 地址的接口标识符尽可能随机化外，应用程序本身的安全性也要注意。

因为直接扫描局域网中的 IPv6 通常比 IPv4 困难，所以攻击者会通过攻击存有 IPv6 地址信息的其他主机，降低扫描难度。这些主机既可以是 DNS 服务器、DHCPv6 服务器，也可以是日志服务器，所以加强这些网络基础服务器的安全很重要。

7.3.3 NDP 相关攻击及防护

无论是在 IPv4 局域网中还是在 IPv6 局域网中，要想与邻居或外界通信，都必须知道邻居节点或默认网关的物理 MAC 地址。在 IPv4 中，是通过广播免费 ARP 报文来学习邻居的 MAC 地址。而在 IPv6 中，则是用 NDP 来取代 ARP，并用多播取代了广播，但这并不是说 NDP 比 ARP 安全，由于 NDP 并不提供相互认证机制，网络中任何不可信的节点都可以发送 NS/NA/RS/RA 等相关报文，因此攻击者可以利用上述漏洞对局域网造成破坏。一般说来，NDP 相关的安全威胁至少可以分为以下 4 种：

- MAC 地址欺骗攻击及防范；
- 非法 RA 报文威胁及防范；
- DAD 问题；
- 路由重定向问题。

1. MAC 地址欺骗攻击及防范

在 IPv6 局域网中，要与邻居或默认网关通信，都必须将它们的链路层 MAC 地址写入自己的邻居表中，以便将 IPv6 报文封装在二层链路层中发送。在 IPv4 中，是通过广播发送 ARP 报文来改变受害主机的 ARP 表，以达到阻断受害主机正常通信的目的。在 IPv6 中也是一样，虽然 IPv6 中不存在所谓免费 NA 的机制，但动态学习到的邻居缓存表的有效时间都很短暂，也就是 NS 与 NA 的报文的交互会很频繁，这使得攻击者很容易通过发送 NS/NA/RS/RA 等报文干预正常的交互通信，从而达到改写受害主机邻居表的目的。

MAC 地址欺骗的原理一般是，主机发送 NS 或 RS 报文来获取某个邻居或默认网关的 MAC 地址。攻击者截获该报文后，发送对应的 NA 或 RA 报文告诉请求者，所请求的邻居地址是自己伪造的 MAC 地址。请求者收到回应报文后，就会将错误的邻居或默认网关 MAC 地址写进自己的邻居表中，这样所有的报文都会发往错误的 MAC 地址。

为了防范这种攻击，一个比较笨拙的办法就是在主机上，将正确的邻居（包括默认网关）的 MAC 地址手动写入自己的邻居表中，并在默认的网关设备上手动将局域网中所有主机的 IP 地址和 MAC 地址的映射关系写入 IPv6 邻居表。很明显，这增加了管理工作量，在大型局域网中并不可取。需要注意的是，即使手动设置邻居表，也只是缓解了此类攻击，而不能完全杜绝 MAC 地址欺骗攻击，除非是在做好绑定后，再在局域网中禁止发送和接收所有可能导致欺骗的 NDP 报文。

MAC 地址欺骗攻击主要是由 NDP 先天的脆弱性造成的。如果无法在局域网中进行全部静态绑定，并禁止发送和接收 NDP 相关报文，那么，可以考虑对局域网中的所有 NDP 报文进行动态检测，在接入端口就对非法的 NDP 报文进行过滤。在 IPv4 中，可以在接入交换机上启用 DHCP Snooping 功能，即检测客户主机获取地址时的 DHCP 报文，根据报文信息形成 IP+MAC+端口+VLAN 这样的对应表项，然后再根据形成的动态表项，对接入端口的 ARP 报文进行检测。

只要与表项不符，就认为是恶意的攻击者在发送非法 ARP 报文，需将其丢弃。这就是 IPv4 中的 DHCP Snooping +DAI（Dynamic ARP Inspection，动态 ARP 检测）功能，它可以很好地防范 MAC 地址欺骗攻击。在 IPv6 中与之类似，只不过 DAI 换成了 ND 检测，因为 IPv6 中有两种自动获取地址的方法，即 SLACC 和 DHCPv6，所以 IPv6 ND 检测依赖的 IPv6 Snooping 就分为在 SLACC 和 DHCPv6 两种情况下的监听。

NDP 的安全问题之所以难以解决，主要是发送方与接收方之间并没有安全认证机制，没有可靠的信任关系，自然就存在欺骗的可能。虽然 NDP 报文内置的跳数限制是 255，且一些 NDP 报文的发送源限制为链路本地地址或非指定地址，但这只是将安全威胁范围限制在局域网之内，并没有从根本上解决。在 NDP 发送方和接收方之间建立一种认证信任机制，可有效地杜绝欺骗攻击。RFC 3971 定义的安全邻居发现（SEcurity Neighbor Discovery，SEND）以及 RFC 3972 定义的密码学产生的地址（Cryptographically Generated Addresses，CGA）正是防范邻居欺骗的机制。对这两种机制感兴趣的读者可自行参阅相关文档，这里不再赘述。

2. 非法 RA 报文威胁及防范

在 IPv6 中，RA 报文扮演着很重要的角色。没有 RA 报文，主机就没法通过 SLACC 获取地址和默认网关。即便使用 DHCPv6 获取地址，但默认网关的获取仍然要靠 RA 报文来实现，因为 DHCPv6 报文并不提供默认网关选项。所以，除非在全网中手动配置地址和网关，否则绝对不能完全禁止 RA 报文。但这样一来，网络中的任意节点都可以发送 RA 报文，网络中的主机节点收到 RA 报文后，都可能将 RA 报文中的前缀信息用于地址自动配置，同时也会将 RA 的发送方作为默认网关。

知道了非法 RA 报文的危害原理后，对付非法 RA 报文威胁的办法就是只允许合法的路由器发送 RA 报文，其他网络节点则禁止发送 RA 报文。但网络节点并不会这么听话，所以，只能在交换机等接入设备上，将连接路由器/交换机/主机等节点的端口设置成信任端口和非信任端口，只有信任端口才接收对端设备发送来的 RA 报文并转发，非信任端口则禁止接收 RA 报文。

在二层交换机上设置允许接收 RA 报文的信任端口和拒绝接收 RA 报文的非信任端口时，存在一个问题，就是一般的二层交换机只负责二层转发，即只关心每个端口的二层 MAC 地址。但 RA 报文是在 IPv6 之上的 ICMPv6 报文（IPv6 类型 58），要禁止 RA 报文，必须要检测类型是 134 的 ICMPv6 报文，而这是三层交换机的管理范畴。所以要在二层交换机上管理 RA 报文，就必须设置基于端口检测的 PACL。目前一些国产交换机（比如锐捷交换机）在二层交换机上可以在每个端口上检测和管控 RA 报文，即自定义基于 ICMPv6 的访问控制列表（Access Control List，ACL），再应用在二层交换机物理端口下。如果二层交换机并不支持基于端口的 ICMPv6 ACL，那么一种临时的替代办法就是使用 MAC ACL，这是因为 RA 报文的目的地址都是 FF02::1，对应的 MAC 地址是 3333.0000.0001，因此阻止非信任端口发送到此目标 MAC 地址的报文即可。当然，可以如此行事的前提是网络中的组播应用所使用的 IPv6 组播地址不会与该目标 MAC 地址相对应。

要禁止非法 RA 报文的威胁，还会面临这样一个问题，即如何确定一个 RA 报文是合法的还是非法的。前面描述的防范方法的前提是，知道哪个端口连接了合法路由器，因此剩下的端口都不应该收到 RA 报文。如果不确定二层交换机每个端口连接设备的情况，就需要在网络中部署入侵检测系统（Intrusion Detection System，IDS）等类似设备，以检测 RA 报文的源 MAC 或源 IP 地址匹配的情况，显然这需要前期做大量的配置工作。这里并不打算介绍非法 RA 报文的检测，因为对网络管理员来说，局域网内合法路由器的 IPv6 地址和 MAC 地址一般都是可知的。即便事先没设置防范措施，也可以很容易地手动查出非法 RA 报文的发送方。

3．DAD 问题

网络上节点的任何 IPv6 地址在生效前，都必须执行 DAD。如果 DAD 失败，则表明网络中已经有节点使用了该 IPv6 地址，自己必须放弃使用该地址。如果节点启用了私密性扩展地址功能，会继续产生新的地址，并继续 DAD 过程。在 DAD 过程中，攻击者可以发送 NS 或 NA 报文来通告地址已被占用，甚至会响应每一个 DAD，相当于本网络中的全部地址都被占用，这就使得受害主机无法通过 DAD，从而无法拥有任何 IPv6 地址。对于这类攻击，只能由网络管理员通过抓包分析等手段，找出攻击者对应的网络端口并将其封禁解决。设置 NA 等报文的发送速率，也可以减小威胁的影响。

4．路由重定向问题

路由重定向报文（类型是 137 的 ICMPv6 报文）也属于 NDP 的范畴。路由器使用路由重定向报文向本网段中充当默认网关的主机发送一条路由信息，在其中指出一个更优的路由下一跳。如果主机允许接收 ICMPv6 重定向报文，就会在路由缓存中将目标地址的下一跳从默认网关改为路由重定向报文中指示的新的更优的下一跳。同样，因为路由重定向没有相应的认证机制，因此可以伪造重定向报文。但是，重定向报文不能直接发送而被主机接收，因为重定向报文的内建机制是必须由主机首先向默认网关发送一个到达某目标的报文，才允许主机接收默认网关发来的重定向报文。因此，要发动重定向报文攻击，必须先伪造一个源地址（比如某网站的 IPv6 地址），向受害主机发送比如类型为 128 的 ICMPv6 回显请求报文，并假定受害主机必须对此回显请求报文回应一个类型为 129 的 ICMPv6 回显应答报文。然后，攻击者还得冒充默认网关向受害主机发送重定向报文，以改变受害主机的路由缓存表，从而使得受害主机无法访问某网站。

对于这种攻击，攻击者必须持续不断地触发受害主机向目标地址发送报文，并冒充默认网关向受害主机发送重定向报文，而且受害主机还必须接受重定向报文并修改路由缓存，缺少中间任何一个环节攻击都不一定成功。比如，若攻击者不持续攻击，则受害主机的路由缓存表在经历一段时间后会恢复正常。要想禁止路由重定向攻击，不妨关闭默认网关的路由重定向功能，并在网络中禁止类型为 137 的 ICMPv6 路由重定向报文，这样即便网络中真的有更优的下一跳，也直接忽略。

实验 7-3　非法 RA 报文的检测及防范

在 IPv6 中，客户主机如果是自动获取 IPv6 地址，则必然少不了 RA 报文的参与。RA 报文既可以用来通告默认网关角色的存在，也可以携带前缀信息，以便客户主机自动生成地址或修改前缀（路由）表。如果网络中有非法设备发送 RA 报文，其危害性可想而知。在本实验中，我们先观察在局域网中有两台路由器同时发送 RA 报文时，主机获取地址等信息的情况。然后通过相关信息查找到发送非法 RA 报文的物理端口，并将其封禁。最后用一种较为有效的方法来防范非法 RA 报文对局域网造成的影响。

STEP 1　在 EVE-NG 中打开 "Chaper 07" 文件夹中的 "7-2 LAN_SECURITY" 实验拓扑，如图 7-18 所示。开启所有节点。

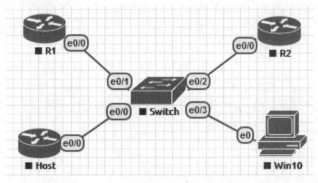

图 7-18　LAN_SECURITY 实验拓扑

STEP 2　分别对 R1（模拟合法路由器）和 R2（模拟非法路由器）做如下配置：
R1 的配置如下：

```
R1#config terminal
R1(config)#ipv6 unicast-routing
R1(config)#interface ethernet0/0
R1(config-if)#ipv6 enable
R1(config-if)#ipv6 address 2019::1/64
R1(config-if)#no ipv6 nd ra suppress        允许发送 RA 报文
R1(config-if)#no shutdown
```

R2 的配置如下：

```
R2#config terminal
R2(config)#ipv6 unicast-routing
R2(config)#interface ethernet0/0
R2(config-if)#ipv6 enable
R2(config-if)#ipv6 address 2020::1/64
R2(config-if)#no ipv6 nd ra suppress        允许发送 RA 报文
```

R2(config-if)#no shutdown

STEP 3 Host（路由器模拟的客户主机）的配置如下：

Host#config terminal
Host(config)#no ipv6 unicast-routing   模拟客户主机时，需关闭 IPv6 单播路由
Host(config)#interface ethernet0/0
Host(config-if)#ipv6 enable
Host(config-if)#ipv6 address autoconfig   接口采用 SLACC 自动获取地址
Host(config-if)#no shutdown

STEP 4 分别在 Win10 主机和 Host 上验证地址获取情况及默认网关的情况。Win10 主机的地址获取情况如图 7-19 所示。

图 7-19　两台路由器发送 RA 报文时，Win10 获取地址的情况

从图 7-19 中可以看出，Win10 主机同时获取到两个前缀的地址和两个默认网关。如果 R2 是非法路由器，Win10 主机与外界通信就可能不正常。

在 Host 上执行 show ipv6 routers 命令，显示如下：

Host#show ipv6 routers
Router FE80::A8BB:CCFF:FE00:100 on Ethernet0/0, last update 2 min
  Hops 64, Lifetime 1800 sec, AddrFlag=0, OtherFlag=0, MTU=1500
  HomeAgentFlag=0, Preference=**Medium**
  Reachable time 0 (unspecified), Retransmit time 0 (unspecified)
  Prefix 2019::/64 onlink autoconfig
    Valid lifetime 2592000, preferred lifetime 604800

```
Router FE80::A8BB:CCFF:FE00:200 on Ethernet0/0, last update 2 min
    Hops 64, Lifetime 1800 sec, AddrFlag=0, OtherFlag=0, MTU=1500
    HomeAgentFlag=0, Preference=Medium
    Reachable time 0 (unspecified), Retransmit time 0 (unspecified)
    Prefix 2020::/64 onlink autoconfig
        Valid lifetime 2592000, preferred lifetime 604800
```

从上面的输出中可以看出，路由器模拟的 Host 收到了两台路由器发送来的 RA 报文，其优先级都是 Medium。在 Host 上执行 show ipv6 interface brief ethernet0/0 命令，显示如下：

```
Host#show ipv6 interface brief ethernet0/0
Ethernet0/0                [up/up]
    FE80::A8BB:CCFF:FE00:300
    2019::A8BB:CCFF:FE00:300
    2020::A8BB:CCFF:FE00:300
```

从上面的输出中可以看出，Host 的接口也获取到了两个前缀的 IPv6 地址。在 Host 上执行 show ipv6 route ::/0 命令，显示如下：

```
Host#show ipv6 route ::/0
Routing entry for ::/0
    Known via "ND", distance 2, metric 0
    Route count is 1/1, share count 0
    Routing paths:
        FE80::A8BB:CCFF:FE00:100, Ethernet0/0
            Last updated 00:04:06 ago
```

从上面的输出中可以看出，Host 默认路由的下一跳只有一个 R1，对路由器来说，在多个 RA 报文的优先级相同的情况下，会随机选择其中一个作为默认网关。而 Win10 主机会同时选择两个默认网关，在优先级相同（可通过命令 route print-6 命令查看跃点数）的情况下，具体走哪个默认网关，可参见实验 3-12。

STEP 5 将合法路由器 R1 的 RA 报文的优先级调高，R1 配置如下：

```
R1#conf t
R1(config)#
R1(config)#int eth0/0
R1(config-if)#ipv6 nd router-preference ?        查看支持的优先级（只有3种）
    High      High default router preference
    Low       Low default router preference
    Medium    Medium default router preference
R1(config-if)#ipv6 nd router-preference high     优先级选择 High
```

从上面的输出中可以看出，RA 报文通告的路由优先级有 3 个，默认为 Medium。将合法路由器 R1 发出的 RA 报文的优先级调为 High 后，再分别查看 Host 和 Win10 主机的路由优先级。在 Host 上执行 show ipv6 route ::/0 命令，可以看到默认路由仍然是 R1。这里其实可以把

R2 发出的 RA 报文优先级调为 High，会发现默认路由变成了 R2（选择优先级高的默认路由）。在 Host 上查看默认路由的信息，显示如下：

```
Host#show ipv6 routers default
Router FE80::A8BB:CCFF:FE00:100 on Ethernet0/0, last update 1 min
  Hops 64, Lifetime 1800 sec, AddrFlag=0, OtherFlag=0, MTU=1500
  HomeAgentFlag=0, Preference=High, trustlevel = 0
  Reachable time 0 (unspecified), Retransmit time 0 (unspecified)
  Prefix 2019::/64 onlink autoconfig
    Valid lifetime 2592000, preferred lifetime 604800
```

从上面的输出中可以看到，默认路由的优先级是 High。

Win10 主机也一样。可以看到 Win10 主机同样有两个 IPv6 地址和两个默认网关。通过命令 route print -6 可以看到两个默认网关的跃点数（优先级）不一样了，R1 对应的跃点数的数值更低，如图 7-20 所示。

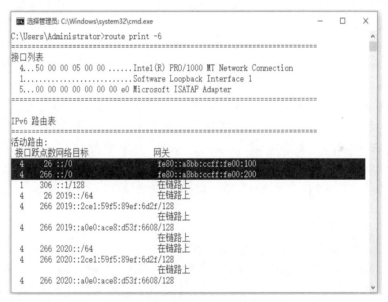

图 7-20 查看两个默认网关优先级

由上可知，调整合法路由器的路由优先级，可以改变客户主机的默认网关，但 RA 报文中携带的前缀信息仍然可以用来配置地址，而且非法路由器还可以调整为更高的优先级，所以这种方法不能彻底解决问题。

STEP 6　既然调整合法路由器的优先级不能彻底解决问题，就需要想一种方法将其彻底解决。为此，可以在连接非合法路由器的接口上拒绝接收任何 RA 报文。因为 RA 报文是类型为 134 的 ICMPv6 报文，在 IPv6 协议之上，而且一般的交换机可以定义高级扩展列表来拒绝 RA 报文。比如在 Cisco 交换机上可以定义如下访问列表来拒绝 RA 报文：

```
ipv6 access-list anti_RA
Deny icmp any any router-advertisement    拒绝所有的 ICMP RA 报文
Permit ipv6 any any
```

但这个访问控制列表无法应用在 Cisco 的二层交换机端口上（国产的锐捷等交换机是支持的），只能应用在三层接口上，所以这种方法在 Cisco 交换机上行不通。下面的配置来自国产的锐捷二层交换机（非常有实用价值）：

```
Ruijie-switch(config)#ipv6 access-list deny-ra
Ruijie-switch(config-ipv6-acl)#deny icmp any any router-advertisement
Ruijie-switch(config-ipv6-acl)#permit ipv6 any any
Ruijie-switch(config-ipv6-acl)#exit
Ruijie-switch(config)#int rang gi 0/1 – 23        1~23 号端口都没有连接合法路由器，拒绝接收 RA 报文
Ruijie-switch(config-if-range)#ipv6 traffic-filter deny-ra in    二层接口下调用访问控制列表
```

经过上面的配置后，交换机的上连线接在 gi0/24 号端口，gi0/1～gi0/23 号端口都可以获得合法路由器分配的 IPv6 地址，即使 gi0/1～gi0/23 号端口连接了非法的路由器，交换机也会拒绝接收该端口发出的 RA 报文。

Cisco 较高版本的 IOS 支持 IPv6 ND RA Guard 功能，可以在二层交换机的接口上，配置 IPv6 ND RA Guard，使其不再接收 RA 报文。使用 IPv6 nd raguard attach-policy policy-name 命令可以进行更高级的配置，比如可以过滤可接受的 IPv6 前缀。EVE-NG 实验平台中的 Cisco 交换机虽能支持该命令，但却没有效果（估计有 Bug），有实际需求的读者可以查询相关内容，并在真实 Cisco 交换机上配置。为了能在实验平台上展示拒绝 RA 报文的效果，这里采用第三种临时替代办法，即在二层交换机上配置 MAC ACL（即基于 MAC 地址的 ACL）。因为 RA 报文的目标地址是 FF02::1，其对应的目标 MAC 就是 3333.0000.0001，所以可以在非信任路由器的端口上拒绝所有目标 MAC 是 3333.0000.0001 的报文。

在交换机上做如下配置：

```
Switch#config terminal
Switch(config)#mac access-list extended deny-ra
Switch(config-ext-macl)#deny any host 3333.0000.0001    拒绝所有到 MAC 地址 3333.0000.0001 的数据
                                                        报文，也就是到 FF02::1 的报文
Switch(config-ext-macl)#permit any any
Switch(config-ext-macl)#interface ethernet 0/2          连接非法路由器 R2 的接口下应用
Switch(config-if)#mac access-group deny-ra in           在入方向应用，即接收数据报文时
```

然后将 Host 的 ethernet0/0 接口重启，以及将 Win10 主机网卡重启，两台客户端都只能获取到 R1 通告的 RA 报文，并用于地址自动配置和默认网关。

可以把此 MAC ACL 应用在所有非法路由器的端口上。但需要特别说明的是，如果网络中有组播应用，且组播地址对应的 MAC 地址恰好是 3333.0000.0001，比如组播地址 FF05::1:0:1，就不能使用这种 MAC ACL 了。好在一般很少遇到 MAC 地址是 3333.0000.0001 的情况，且几乎所有的二层可网管交换机都支持这种 MAC ACL。

7.3.4　IPv6 地址欺骗及防范

路由器或交换机在网络中转发数据包时，一般都只关心数据包的目标地址，即二层交换机只查找目标 MAC，路由器等三层设备只查找目标 IP 地址。只关心目标地址而忽略源地址的好处是，可以减轻网络设备的计算负担，从而提高数据包的转发效率。但这也带来了安全隐患。任何攻击者都可以精心伪造数据包的源 IPv6 地址，实现类似反射攻击等目的。

为了防范 IPv6 地址欺骗，路由器等网络设备在接收数据包时，必须检查源地址的合法性，只有源地址合法才进行路由转发。如果源地址是非法的，则直接丢弃该数据包，从而有效地拒绝 IPv6 地址欺骗攻击。一般而言，如果源地址是组播地址，应该直接判定为非法地址而丢弃数据包，因为这不符合组播地址的使用场景。

防范地址欺骗的关键是如何判断源地址是否合法。在 IPv4 中，在二层接入交换机上可以通过 DHCP Snooping 表来确定 IP+端口+VLAN 的对应关系，在端口接收到数据帧时，如果源地址与该表项不符，则会直接丢弃。当然，在确定某交换机端口只可能出现源自某些地址的数据帧时，也可以手动设置白名单，从而拒绝接收含有非法源地址的信息。IPv6 环境也是一样。我国清华大学下一代互联网技术研究团队提出的源地址验证改进（Source Address Validation Improvement，SAVI）技术在国际上是很先进的，不仅有正规的 RFC 文档，还得到了众多国产交换机厂商（如锐捷、中兴、华三、神州数码）的支持和实现。SAVI 的原理借鉴了 IPv4 中 DHCP Snooping 技术的做法，二层接入交换机启用 IPv6 Snooping，用来监听以 SLACC 或 DHCPv6 方法自动获取地址的过程中的通信报文，形成 IPv6 地址+端口+VLAN 对应关系的 Snooping 表，然后根据此表项，再在物理端口下启用源 IPv6 地址和源 MAC 地址检测，若接收到的数据包的源地址与表项不符，则直接丢弃。

除了在接入层交换机端口启用源地址检测外，在三层网络设备（如路由器）的接口下也可以启用源地址检测，这就是单播反向路径转发（Unicast Reverse Path Forwarding，URPF）技术。URPF 是一种用来防范基于源地址欺骗的攻击行为的技术，它的原理是，从某个接口接收到数据包时，抽取其源 IPv6 地址，再查找自身的路由表，查找结果通常会有 3 种情况：源地址在路由表中没有匹配项；源地址在路由表中有匹配项，但对应的出接口与收到此数据包的接口不一致；源地址在路由表中有匹配项，且对应的出接口与收到此数据包的接口一致。对于第一种情况，可以肯定收到的数据包的源地址是非法的，也就是没通过 URPF 检查，所以可以直接丢弃。对于后两种情况，则要看是严格的 URPF 还是松散的 URPF，如果是严格的 URPF，则只有第三种情况才能通过 URPF 检测。如果确定只可能通过单个出接口到达某地址，则可以执行严格的 URPF，这通常发生在最末端的接入网段。松散的 URPF 通常发生在网络中有冗余路径时，即允许来自某个源地址的数据包可以从多条路径到达。

实验 7-4 应用 URPF 防止 IPv6 源地址欺骗

防范 IPv6 源地址欺骗最好的办法是在接入层通过 SAVI 来实现，但因为本实验平台暂时还不能模拟国产交换机，所以退而求其次，选择用 URPF 来防止 IPv6 源地址欺骗。因为缺少源地址欺骗攻击软件，我们这里通过 ping 命令来验证效果。同时本实验还将演示严格 URPF 和松散 URPF 的区别。

STEP 1 在 EVE-NG 中打开"Chaper 07"文件夹中的"7-3 LAN_SECURITY"实验拓扑，如图 7-21 所示。开启所有节点。

图 7-21 URPF 实验拓扑图

STEP 2 路由器 R1 与路由器 R2 之间有两条直连链路，在 R1 上创建一个环回接口，并配置 IPv6 地址。R1 有一条默认路由指向 R2，走的是图 7-21 中的 e0/0 链路。R3 上的默认路由指向 R2。R2 上有一条去往 R1 的环回接口的路由，走的是图 7-21 的 e0/1 链路。即 R1 的环回接口与外界通信时，发送报文走的是 e0/0 接口，返回报文走的是 e0/1 接口，即存在不对称路由。

R1 的配置及说明如下：

```
R1#config terminal
R1(config)#ipv6 unicast-routing
R1(config)#interface ethernet0/0
R1(config-if)#ipv6 enable
R1(config-if)#ipv6 nd ra suppress
R1(config-if)#ipv6 address 2018:12::1/64
R1(config-if)#no shutdown
R1(config-if)#interface ethernet0/1
R1(config-if)#ipv6 enable
R1(config-if)#ipv6 nd ra suppress
R1(config-if)#ipv6 address 2018:12:1::1/64
R1(config-if)#no shutdown
R1(config-if)#interface loopback 0
R1(config-if)#ipv6 enable
R1(config-if)#ipv6 address 2017::1/128         给环回接口设置 IPv6 地址，供测试用
R1(config-if)#ipv6 route ::/0   2018:12::2     默认路由走 ethernet0/0 接口
```

R2 的配置及说明如下：

```
R2#config terminal
R2(config)#ipv6 unicast-routing
R2(config)#interface ethernet0/0
```

```
R2(config-if)#ipv6 enable
R2(config-if)#ipv6 nd ra suppress
R2(config-if)#ipv6 address 2018:12::2/64
R2(config-if)#no shutdown
R2(config-if)#interface ethernet0/1
R2(config-if)#ipv6 enable
R2(config-if)#ipv6 nd ra suppress
R2(config-if)#ipv6 address 2018:12:1::2/64
R2(config-if)#no shutdown
R2(config-if)#interface ethernet0/2
R2(config-if)#ipv6 enable
R2(config-if)#ipv6 nd ra suppress
R2(config-if)#ipv6 address 2019:23::2/64
R2(config-if)#no shutdown
R2(config-if)#ipv6 route 2017::1/128 2018:12:1::1        去往 R1 环回接口地址的路由
```

R3 的配置及说明如下：

```
R3#config terminal
R3(config)#ipv6 unicast-routing
R3(config)#interface ethernet 0/0
R3(config-if)#ipv6 enable
R3(config-if)#ipv6 nd ra suppress
R3(config-if)#ipv6 address 2019:23::3/64
R3(config-if)#no shutdown
R3(config-if)#ipv6 route ::/0 2019:23::2        设置默认路由，使其指向 R2
```

配置完以后，在路由器 R1 上使用环回接口的地址去 ping R3 的 ethernet0/0 的接口地址，显示如下：

```
R1#ping 2019:23::3 source 2017::1
Type escape sequence to abort.
Sending 5, 100-byte ICMP Echos to 2019:23::3, timeout is 2 seconds:
Packet sent with a source address of 2017::1
!!!!!
Success rate is 100 percent (5/5), round-trip min/avg/max = 1/5/21 ms
R1#
```

需要说明的是，R1 发送 ICMPv6 请求报文时，走的是默认路由，出接口为 ethernet0/0。R3 的应答报文走默认路由到达 R2 后，R2 查找路由表，发现目的地址 2017::1/128 有匹配的路由，下一跳到 R1，出接口是 ethernet0/1。也就是说，就路由器 R1 而言，请求报文是从 ethernet0/0 发送出去的，应答报文则是从 ethernet0/1 接口收到的。这种来回路径不一致的不对称路由并不会影响结果。

STEP 3 对 R2 而言，当从接口 ethernet0/0 收到 R1 发来的报文时，它并不检查源地址是什么以及源地址是否合法。假定从 R1 发过来的报文的源地址 2017::1 是一个伪造的地址，则可能会对网络造成影响。为了安全考虑，在接口下启用源地址检查，即启用 URPF。这里还要分为严格的 URPF 和松散的 URPF。如果是严格的 URPF，当 R2 从 ethernet0/0 接收到 R1 发送过来的请求报文后，检查后发现源地址是 2017::1，但这个地址在路由表中对应的出接口是 ethernet0/1，而不是 ethernet0/0，即 R2 认为源地址 2017::1 应该是从 ethernet0/1 接收到，现在却是从 ethernet0/0 接收到。R2 会认为这是一个非法的报文，从而将其丢弃。在 R2 上启用严格的 URPF 的配置如下：

R2(config)#interface ethernet 0/0	该接口下接收到的报文将执行源地址检查
R2(config-if)#ipv6 verify unicast source reachable-via rx	检查单播源地址时执行严格的 URPF

在 R2 上配置 URPF 后，再在 R1 上参照步骤 2 执行 ping 2019:23::3 source 2017::1，此时就 ping 不通了。

在实际环境中，源地址 2017::1 有可能从 R1 的 ethernet0/0 或 ethernet0/1 接口到达 R2，限制成某个接口就不合适了。此时应使用松散的 URPF。要应用松散的 URPF，只需执行如下命令：

R2(config)#interface ethernet 0/0	该接口下接收到的报文将执行源地址检查
R2(config-if)#ipv6 verify unicast source reachable-via any	检查单播源地址时执行松散的 URPF

所谓松散的 URPF，即检查源地址时，只要源地址在本地路由表中有对应条目即可（也可以包括默认路由），而不必关心其出接口与收到报文的接口是否一致。在 R2 上执行松散的 URPF 之后，再在 R1 上执行 ping 2019:23::3 source 2017::1，又可以 ping 通 R2 了。

一般情况下，如果是单接口链路的末梢网络，应该执行严格的 URPF，如图 7-21 中 R3 只有一条链路去往 R2，那么 R2 的 ethernet0/2 接口就应该执行严格的 URPF。在生产环境中使用 URPF 时一定要小心谨慎，否则有可能导致意外的通信故障。

7.3.5　DHCPv6 安全威胁及防范

DHCPv6 是客户端自动获取 IPv6 地址的一种方法。在网络中，自动获取 IPv6 地址的客户主端首先会发送 RS 报文，以试图接收 RA 报文并优先以 SLACC 的方式获取地址。如果没收到任何 RA 报文，或者 RA 报文并没有携带可用于自动配置的前缀列表，又或者 RA 报文设置了 O 位甚至 M 位，客户端都会改为使用 DHCPv6 自动获取 IPv6 地址。即客户端向组播地址 FF02::1:2 发送 DHCPv6 请求报文，以寻找局域网中可用的 DHCPv6 服务器，网络中的 DHCPv6 服务器或中继代理收到此报文后，会对客户端的请求进行响应，从而完成地址的分配和其他 DNS、NTP 等网络配置参数的下发。在这个过程中，攻击者可以冒充 DHCPv6 服务器来下发错误的网络配置参数，也可以故意发送大量的 DHCPv6 请求报文来耗尽合法 DHCPv6 服务器的可分配地址池，以及消耗服务器的 CPU 等资源，从而达到正常客户端无法获取 IPv6 地址的目的。总的说来，虽然 DHCPv6 与 DHCPv4 的工作机制有所不同，比如监听的服务端口不同（UDP 546/547）、身份标识符不同（DUID）等（见第 4 章），但 DHCPv6 面临的威胁与 DHCPv4

1. 伪造 DHCPv6 服务器及防患

在 IPv6 中，只要攻击者将自己加入 FF02::1:2 或 FF05::1:3 组播监听组，并在 UDP 端口 547 上监听，它就可以冒充 DHCPv6 服务器向网络中试图通过 DHCPv6 自动获取地址的客户端发送伪造的通告和响应报文，并进一步分配错误的地址和下发其他的甚至非法的 DNS 服务器等网络配置参数。因为 DHCPv6 中不存在默认网关选项，所以伪造 DHCPv6 服务器的攻击目的主要就是利用错误的 DNS 地址将客户端正常访问的流量引入到错误的服务器上。假定有这样一个场景，用户访问的是某个网银站点，但 DNS 服务器的地址却被解析到精心伪装的非法站点上，其危害性可想而知。当然分配到一个错误的全局单播地址，也会导致客户端的通信中断。

之所以能发生伪造 DHCPv6 服务器的攻击，其原因还是客户端和服务器之间缺乏相互认证机制。为此，RFC 3315 建议使用 IPSec 全程认证及加密，以保护服务器和中继之间的所有流量。其实对于这种伪造 DHCPv6 服务器的攻击，并不一定需要 IPSec 来防患。与 IPv4 环境一样，可以在接入交换机上启用 DHCPv6 Snooping，将接入交换机端口分为信任端口和非信任端口，就可以有效地拒绝伪造的 DHCPv6 发送通告和响应报文，从而消除了伪造 DHCPv6 服务器造成的影响。

2. 消耗 DHCPv6 服务器资源的 DoS 攻击及防范

DHCPv6 与 DHCPv4 一个明显的不同是，允许一个客户端请求多个 IPv6 地址，这也使得攻击者可以不断地发送 DHCPv6 请求，以申请大量的 IPv6 地址，最终耗光 IPv6 的地址池。当然，因为 IPv6 地址足够大，只要定义的地址池不是特别小，耗尽 IPv6 地址池的可能性并不大，但这会给服务器的 CPU、内存等资源造成极大消耗，导致无法再为合法的客户端分配 IPv6 地址，最终实现 DoS 攻击。

当前，应对 DHCPv6 服务器 DoS 攻击的唯一方法就是对每一个客户端发送请求报文的速率进行 QoS 策略限制，这与 DHCPv4 相同，即为每一个客户主端设置一个请求阈值，超过此值的报文将统统丢弃。一个 DHCPv6 速率限制的策略配置示例如下：

```
Router#Config terminal
Router(config)#IPv6 access-list request
Router(config-ipv6-acl)#Permit udp any eq 546 any eq 547     定义 IPv6 UDP 请求报文
Router(config-ipv6-acl)# exit
Router(config)#Class-map match-all dhcpv6     match-all 表示下面的 match 语句要同时满足
Router(config-cmap)#Match protocol ipv6
Router(config-cmap)#Match access-group name request     上一句是满足 IPv6 协议，本句是满足前面创建
                                                        的访问控制列表。两句的组合就是既满足 IPv6
                                                        协议，又满足 UDP 546 和 UDP 547 端口
Router(config-cmap)#Policy-map dhcpv6-limit     定义策略
```

```
Router(config-pmap)#Class dhcpv6
Router(config-pmap-c)#Police rate 6000 bps          定义DHCPv6流量带宽最大为6kbit/s
Router(config-pmap-c-police)#Conform-action transmit    只放行带宽限制范围内的流量
Router(config-pmap-c-police)#Exceed-action drop
Router(config-pmap-c-police)#Violate-action drop
Router(config-pmap-c-police)#Interface eth0/1
Router(config-if)#Ipv6 enable
Router(config-if)#Ipv6 address 2018::1/64
Router(config-if)#Ipv6 nd managed-config-flag
Router(config-if)#Ipv6 nd other-config-flag
Router(config-if)#Ipv6 dhcp relay destination 2019::1:3
Router(config-if)#Service-policy input dhcpv6-limit     在DHCPv6中继端口下应用QoS策略
```

遗憾的是，在三层接口下应用速率限制的办法只能缓解 DoS 攻击，并不能从根本上解决 DoS 攻击。截至目前，还没有交换机厂商能像在 IPv4 中那样，在二层接入交换机端口下对 DHCPv6 请求报文进行速率限制，相信以后会有交换机厂商支持此功能。

另外，如果确定 DHCPv6 服务器本身就性能不足，而负担还比较大，或者能确定 DHCPv6 服务器很容易遭受到 DoS 攻击，那么采用无状态 DHCPv6 或者改用 SLACC，将地址分配的任务交给路由器来完成，也不失为一个缓解 DoS 攻击的权宜之计。

3. DHCPv6 地址扫描

某些 DHCPv6 服务器（包括充当 DHCP 服务器的路由器/交换机）在分配地址时，会按照从小到大或从大到小的顺序依次分配地址，这样攻击者会很容易通过获取到的 IPv6 地址确定一个地址范围，对网络上的主机进行扫描以发现可攻击的目标主机。为此，建议在配置 DHCPv6 服务器时，尽量采用随机化的地址分配，并在服务器上做好已分配地址的记录（包含 IPv6 地址、DUID 等的对应关系），并保存好日志文件，便于事后溯源审计。

7.4　IPv6 网络互联安全

当网络之间相互通信时，特别是当局域网与国际互联网通信时，就需要使用路由器或防火墙等网络设备来实现网络之间的互联。而路由器等设备就可以称为网络边界设备，互联的网络，可以称为边界网络。通俗来讲，网络边界设备就是一个网络与另一个网络的连接中枢，它在保证两个网络正常连接的同时，还须充分考虑网络连接时的安全。

通常情况下，内网（如局域网）对外网（如互联网）的访问不会有太多限制，因为通常内网是可信任的网络，而外网是不可信和不安全的网络，因此在通过外网访问内网时都需要进行严格的限制。在实际环境中，还可能设置专门的 DMZ（Demilitarized Zone，隔离区/非军事化区），并将服务器等放置在 DMZ 中，对来自内网和来自外网的访问都进行严格限制。市场上常见的防火墙大多具有 Inside（trust）、Outside（untrust）和 DMZ 安全域的概念，且每个安全域具有不同的安全等级。

IPv6 网络互联的安全跟 IPv4 网络互联的安全实际是一样的。IPv4 网络中面临的安全问题在 IPv6 中也同样存在，比如在选路控制层面上对路由协议的攻击、伪造大量的垃圾报文消耗网络设备资源的 DoS 攻击、未授权的非法访问等。

7.4.1 IPv6 路由协议安全

路由器是实现网络互联的重要设备，在网络中扮演着为数据报文逐跳选路并实现转发的角色。路由器选路的主要依据就是路由表，路由表可以手动静态配置，但缺乏弹性和灵活性，所以大多数情况下都是采用动态路由协议来生成路由表。在配置动态路由协议时，如果缺少必要的安全措施和手段，就会给攻击者带来可乘之机。比如攻击者可以冒充路由器，发送非法的动态路由协议报文，与合法路由器建立邻居关系，从而不仅能获得现有网络的路由转发信息表，还可以对合法路由器的路由表进行更新篡改。

一个良好的配置习惯是，如果确定路由器接口所在的网络中不可能存在邻居时，需要将其接口配置为被动接口（passive interface），以确保该接口不发送任何动态路由协议报文，这样可以降低路由协议被攻击的可能性。

在 IPv6 中建立动态路由邻居关系时，应尽可能使用链路本地地址，这是因为链路本地地址的通信被限制在本地链路，不可能跨网段，这样可以防止非法的路由协议报文从其他网段发送过来。

大多数动态路由协议都支持路由条目的过滤，即预先定义好什么范围的路由条目以及什么样的路由类型允许从某个特定接口或者某个邻居接收到，其他的路由相关的更新报文都视为非法报文，可直接过滤掉。在 IPv6 动态路由中，一般用前缀列表（在 IPv4 中也可以用扩展访问列表）来定义过滤的范围，也可以根据路由类型进行过滤。

以上 3 种办法都能有效地防范或降低动态路由协议攻击的风险，但一些动态路由协议在当初设计时，就像服务器上的应用服务一样，难免会出现一些协议漏洞并可能被攻击者利用，所以动态路由协议本身并不安全。为此，在运行动态路由协议的路由器之间使用加密及认证机制，既可以防止攻击者随便与合法路由器建立邻居并交换路由协议报文，也可以防止或缓解中间人攻击和 DoS 攻击，从而可以更好地加强动态路由协议的安全。

在 IPv4 中，有很多路由协议都支持并可使用 MD5 和预共享秘钥来对路由器之间交互的路由协议报文进行加密和认证，在保证合法路由器身份相互认证的同时，还能对传输的路由协议报文信息的完整性、不可抵赖性提供一定的安全支持。就 IPv6 而言，目前主流的路由器对常见的动态路由协议 IS-IS、OSPFv3、BGP-4 等都已提供 MD5 认证支持，并且 OSPFv3 还可以使用 IPSec 对路由器邻居之间交换的路由协议报文进行加密传输。

在 IPv6 中，常用的内部路由协议主要是 RIPng、IS-IS 和 OSPFv3 等。在跳数不超过 15 跳的小型网络中，可能更多会选择 RIPng 协议，但遗憾的是 RIPng 并不支持 IPv6 的 MD5 认证，也不支持 IPSec 加密配置，所以在存在 IPv6 路由协议安全威胁的环境中，不推荐使用 RIPng。IS-IS 可以支持邻居之间的 MD5 认证，但暂时还不支持 IPSec 加密认证，其安全性比能同时支持 IPSec 认证和加密的 OSPFv3 还差一点。

实验 7-5 OSPFv3 的加密和认证

在使用 OSPFv3 作为 IPv6 内部动态路由协议时，一般都只关心路由协议的运行是否正常，往往会忽略网络中非法路由器与合法路由器建立邻居关系，进而导致网络混乱乃至崩溃的问题。本实验模拟一个运行 OSPFv3 路由协议的网络，在路由器未进行加密认证时，一台非法路由器可以与合法的路由器建立邻居关系，并发送路由更新报文。随后在合法路由器上配置 MD5 认证，使得非法路由器无法再与之建立 OSPFv3 邻居关系。最后再对 OSPFv3 的区域或接口进行加密，从而了解 OSPFv3 的加密和认证之间的异同。

STEP 1 在 EVE-NG 中打开"Chaper 07"文件夹中的"7-4 IPSEC_OSPFv3"实验拓扑，如图 7-22 所示。开启所有节点。

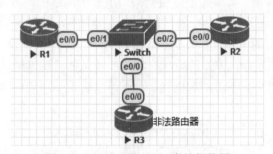

图 7-22 IPSEC_OSPFv3 实验拓扑图

STEP 2 对合法路由器 R1 和 R2 分别进行如下配置。
R1 的配置如下：

R1#config terminal
R1(config)#ipv6 unicast-routing
R1(config)#interface loopback 0
R1(config-if)#ipv6 enable
R1(config-if)#ipv6 address 2019:1::1/128
R1(config-if)#ipv6 ospf 100 area 0
R1(config-if)#interface ethernet0/0
R1(config-if)#ipv6 enable
R1(config-if)#ipv6 address 2019::1/64
R1(config-if)#ipv6 ospf 100 area 0
R1(config-if)#no shutdown

```
R1(config-if)#ipv6 router ospf 100
R1(config-rtr)#router-id 1.1.1.1
R1(config-rtr)#passive-interface loopback 0
```
环回接口连接的是末梢网段，将其设为被动接口，禁止发送 OSPFv3 报文

R2 的配置如下：

```
R2#config terminal
R2(config)#ipv6 unicast-routing
R2(config)#interface loopback 0
R2(config-if)#ipv6 enable
R2(config-if)#ipv6 address 2019:2::2/128
R2(config-if)#ipv6 ospf 100 area 0
R2(config-if)#interface ethernet0/0
R2(config-if)#ipv6 enable
R2(config-if)#ipv6 address 2019::2/64
R2(config-if)#ipv6 ospf 100 area 0
R2(config-if)#no shutdown
R2(config-if)#ipv6 router ospf 100
R2(config-rtr)#router-id 2.2.2.2
R2(config-rtr)#passive-interface loopback 0
```

配置完成后，可以使用命令 show ipv6 ospf neighbor 和 show ipv6 route ospf 查看路由情况，发现一切正常。

由于 R1 和 R2 并未进行安全认证，而 R1 和 R2 运行了 OSPFv3 协议的接口又都与 R3 相通，这导致 R3 完全可以无障碍地加入 OSPFv3 路由协议中，并可通告伪造的路由条目。对 R3 进行如下配置。

```
R3#config terminal
R3(config)#ipv6 unicast-routing
R3(config)#interface loopback 0
R3(config-if)#ipv6 enable
R3(config-if)#ipv6 address 2019:3::3/128
R3(config-if)#ipv6 ospf 100 area 0
R3(config-if)#interface ethernet0/0
R3(config-if)#ipv6 enable
R3(config-if)#ipv6 address 2019::3/64
R3(config-if)#ipv6 ospf 100 area 0
R3(config-if)#no shutdown
R3(config-if)#ipv6 router ospf 100
R3(config-rtr)#router-id 3.3.3.3
```

配置完成后，再在 R1 和 R2 上查看 OSPF 邻居，发现增加了 R3，同时也把 R3 的本地环回接口地址 2019::3:3 加入到了路由表中。这是 R1 和 R2 不希望看到的结果。

STEP 3 为了在 R1 和 R2 路由器上将非法的路由器 R3 剔除，可以在 R1 和 R2 之间添加 OSPFv3 认证。R1 和 R2 相互认证通过后才能建立 OSPFv3 邻居关系，因为 R3 并不知道 R1 和 R2 之间的认证秘钥，所以 R3 没法再与 R1 和 R2 建立邻居关系。Cisco 路由器中支持两种 OSPFv3 认证算法：MD5 和 SHA-1。这两个都是不可逆的散列算法，都是任意长度任意字符的输入产生固定长度的输出（关于 MD5 和 SHA-1 的算法介绍已经超出本书范围）。读者可以在任意版本的 Linux 主机上使用命令 echo input_string | md5sum 产生 MD5 输出，其结果是 32 位的十六进制数。或者使用命令 echo input_string | sha1sum 产生 SHA-1 输出，其结果是 40 位的十六进制数。之所以提到在 Linux 上使用 md5sum 或 sha1sm 工具，是因为在配置 OSPFv3 认证时，需要输入 32 位或者 40 位十六进制数的散列值。利用这两个工具的好处是可以输入一个简单的字符串，然后将产生的散列值直接复制在配置中。当然这并不是必需的，也可以手动输入 32 位或 40 位十六进制数。要启用 OSPFv3 认证，可在 R1 的 ethernet0/0 接口下和 R2 的 ethernet0/0 接口下分别增加一条命令：

```
ipv6 ospf authentication ipsec spi 256 md5 12345678123456781234567812345678
```

这条命令的意思是，使用 IPSec 认证，其 SPI（Security Parameter Index，安全索引参数）值是 256，这个 SPI 在 R1 和 R2 上要保持一致。MD5 散列值是 32 位十六进制数，其值在 R1 和 R2 上也要保持一致。配置完成后，在 R1 上的结果如图 7-23 所示。

```
R1#show ipv6 ospf neighbor

            OSPFv3 Router with ID (1.1.1.1) (Process ID 100)

Neighbor ID     Pri   State           Dead Time   Interface ID    Interface
2.2.2.2           1   FULL/DR         00:00:34    3               Ethernet0/0
3.3.3.3           1   INIT/DROTHER    00:00:35    3               Ethernet0/0
R1#show ipv6 ospf interface
Loopback0 is up, line protocol is up
  Link Local Address FE80::A8BB:CCFF:FE00:100, Interface ID 10
  Area 0, Process ID 100, Instance ID 0, Router ID 1.1.1.1
  Network Type LOOPBACK, Cost: 1
  Loopback interface is treated as a stub Host
Ethernet0/0 is up, line protocol is up
  Link Local Address FE80::A8BB:CCFF:FE00:100, Interface ID 3
  Area 0, Process ID 100, Instance ID 0, Router ID 1.1.1.1
  Network Type BROADCAST, Cost: 10
  MD5 authentication SPI 256, secure socket UP (errors: 0)
  Transmit Delay is 1 sec, State BDR, Priority 1
  Designated Router (ID) 2.2.2.2, local address FE80::A8BB:CCFF:FE00:200
  Backup Designated router (ID) 1.1.1.1, local address FE80::A8BB:CCFF:FE00:100
  Timer intervals configured, Hello 10, Dead 40, Wait 40, Retransmit 5
    Hello due in 00:00:04
```

图 7-23　配置完 OSPFv3 接口认证后的结果

从图 7-23 可以看出，R1 与 R3 不再能建立邻居关系，接口 ethernet0/0 启用了 MD5 认证，其 SPI 值是 256。在 R2 上看到的结果与 R1 一样。

STEP 4 除了为 OSPFv3 配置认证外，也可以配置加密。方法是在 R1 和 R2 的接口 ethernet0/0 下去掉 ipv6 ospf authentication 命令，而改用 ipv6 ospf encryption 命令（认证和加密只能选择其中一个）。命令如下：

```
R1(config)#interface ethernet0/0
R1(config-if)#no ipv6 ospf authentication ipsec spi 256
R1(config-if)#ipv6ospf encryption ipsec spi 256 esp aes-cbc 256 0123456789ABCDEF0123456789ABCDEF012
3456789ABCDEF0123456789ABCDEF md5 12345678123456781234567812345678
```

上述命令的意思是，使用 IPSec 加密，SPI 值是 256，认证报头类型为 ESP，加密算法为 AES-CBC，秘钥位数为 256，其值正是后面紧跟的 64 位十六进制数，散列算法仍是 MD5，其散列值是后面紧跟的 32 位十六进制数。在 R2 也进行相同配置后，再查看 R1 的结果，如图 7-24 所示。

```
R1#show ipv6 ospf interface
Loopback0 is up, line protocol is up
  Link Local Address FE80::A8BB:CCFF:FE00:100, Interface ID 10
  Area 0, Process ID 100, Instance ID 0, Router ID 1.1.1.1
  Network Type LOOPBACK, Cost: 1
  Loopback interface is treated as a stub Host
Ethernet0/0 is up, line protocol is up
  Link Local Address FE80::A8BB:CCFF:FE00:100, Interface ID 3
  Area 0, Process ID 100, Instance ID 0, Router ID 1.1.1.1
  Network Type BROADCAST, Cost: 10
  AES-CBC-256 encryption MD5 auth SPI 256, secure socket UP (errors: 0)
  Transmit Delay is 1 sec, State BDR, Priority 1
  Designated Router (ID) 2.2.2.2, local address FE80::A8BB:CCFF:FE00:200
  Backup Designated router (ID) 1.1.1.1, local address FE80::A8BB:CCFF:FE00:100
  Flush timer for old DR LSA due in 00:01:48
  Timer intervals configured, Hello 10, Dead 40, Wait 40, Retransmit 5
    Hello due in 00:00:04
```

图 7-24　配置完 OSPFv6 接口加密后的结果

从图 7-24 可以看出，接口 ethernet0/0 已经采用 256 位的 AES-CBC 加密算法进行了加密。接口从"认证"改为"加密"后，效果一样，都能有效拒绝非法路由器 R3 的接入。

STEP 5 从以上步骤可以看出，接口既可以做认证，也可以做加密，但两者只能选一种，不过两者达到的效果是一样的。如果 OSPFv3 域里的接口太多，针对每个接口配置认证或加密就显得有点烦琐。OSPFv3 支持对域进行加密或认证，这样域下的所有接口都会启用加密或认证。对域进行加密的配置命令如下：

```
R1(config)#interface etherne0/0
R1(config-if)#no ipv6 ospf encryption ipsec spi 256        需要先去掉接口下的加密配置
R1(config-if)#ipv6 router ospf 100
R1(config-rtr)# area 0 encryption ipsec spi 256 esp aes-cbc 256
0123456789ABCDEF0123456789ABCDEF012
3456789ABCDEF0123456789ABCDEF md5 12345678123456781234567812345678
```

配置完成后，使用命令查看结果，结果不变。

通过本实验可以看出，OSPFv3 路由协议要想安全运行，必须要求合法路由器之间启用认证或加密机制来建立邻接关系，这样可阻止非法路由器对正常 OSPFv3 路由协议的破坏和影响。

7.4.2　IPv6 路由过滤

IPv6 地址空间巨大，海量的地址数目看起来取之不尽用之不竭，比如本书中的所有实验用到的全局单播地址，因为并不与国际互联网相通，所以可以随便使用。但如果单位或者组织已经申请了合法的 IPv6 地址并接入了国际互联网，就要考虑哪些地址可用，哪些地址不可用。目前，负责 IPv6 地址分配及管理的 IANA 机构已分配的地址块并不多，也就是说在互联网上，有效的地址块只占少数，还有大量的未分配地址和一些特定用途的保留地址等，这些地址可以统称为虚假地址，不应该出现在路由表中，否则就可能导致在网络中存在大量的垃圾报文，从而耗费保费的路由器资源和带宽。在与 IPv6 国际互联网相连的路由器上使用默认路由目前来看并不是值得推荐的方法。就目前来说，全局单播地址的定义仅包括 2000::/3，所以不必在路由器上写出默认路由 ipv6 route ::/0 next-hop，书写为 ipv6 route 2000::/3 next-hop 更为合适。

1. IANA 保留的 IPv6 地址块

虽然 IPv6 地址空间巨大，但考虑到未来的用途，一些地址并未进行分配。目前来说，仅有 2000::/3 地址块用做全局单播地址分配空间，除非有新的标准出来，否则保留地址块空间中的地址不应该出现在 IPv6 国际互联网中，即源地址和目标地址都不允许使用保留地址块空间中的地址。

2. IPv6 已分配的地址块

从上文介绍的 IANA 保留地址块可以看出，已经分配的全局可路由地址块只能是 2000::/3，其中已分配的具体地址块，读者可以在 IANA 官网上进行查询。页面中状态是 ALLOCATED 的就是已经分配的地址块，由全球不同的组织单位再具体细分。

3. 需过滤的 IPv6 地址块

由于已经分配的地址块毕竟还比较少，所以应该将一些尚未分配的地址，或者在网络互联时不该出现的地址块在网络设备上进行过滤。一般情况下，应该尽可能地在路由控制层面而不是数据转发层面去进行地址块的过滤，即不允许将虚假地址不写入路由器的路由转发表中，这通常既可以通过在运行动态路由协议时使用前缀列表对路由条目进行过滤，也可以选择使用下一跳接口为 Null 0 的黑洞路由来直接丢弃。当然也可以采用白名单的方式，只将允许的 IPv6 地址块写入路由表中。不管是哪一种方法，都需要及时跟踪已分配的地址块的情况并及时在路由控制上进行更新。

在全局可路由单播地址块 2000::/3 中，还有部分地址块有特殊用途，在路由器上过滤路由条目也应考虑。比如 3ffe::/16 是当初的 6Bone 实验网使用的地址，2001:db8::/32 是归档用的地址等。一些需要明确在路由器上进行过滤的常见地址块如表 7-2 所示。

表 7-2　　　　　　　　　　　部分边界路由器需过滤的 IPv6 地址块

需过滤的地址块	说明
3ffe::/16	6Bone 实验网地址，已弃用
2001:db8::/32	RFC 3849 中定义，仅用于归档用途
fec0::/10	原站点本地地址，已弃用
::/0	默认路由，应尽可能避免使用
fc00::/7	不能发送到公网上的本地使用地址块
2002:e000::/20	常见的伪造的 6to4 地址块，因此类地址无法与合法的可路由的全局单播 IPv4 地址所对应
2002:7f00::/24	
2002:0000::/24	
2002:ff00::/24	
2002:0a00::/24	
2002:ac10::/28	
2002:c0a8::/32	
::0.0.0.0/96	不应该出现的兼容地址块
::224.0.0.0/100	
::127.0.0.0/104	
::255.0.0.0/104	

实验 7-6　IPv6 路由过滤

本实验将模拟一台路由器将本地所有的 IPv6 直连网段通过动态路由协议通告出去，其邻居路由器将这些路由条目进行安全过滤，只允许全局单播地址段写入路由表，并将过滤后的路由条目通告给自己的另一个邻居路由器。通过本实验，读者可掌握 IPv6 前缀列表的写法以及在 IPv6 路由条目中应用前缀列表进行过滤。

STEP 1　在 EVE-NG 中打开"Chaper 07"文件夹中的"7-5 IPv6_route-filter AND ACL"实验拓扑，如图 7-25 所示。开启所有节点。

图 7-25　IPv6 路由过滤及 ACL 实验拓扑

STEP 2　对 R1 和 R2 路由器进行单区域 OSPFv3 配置。
R1 的配置如下：

```
R1#config terminal
R1(config)#ipv6 unicast-routing
R1(config)#interface ethernet0/0
R1(config-if)#ipv6 enable
R1(config-if)#ipv6 address 2019:12::1/64
R1(config-if)#ipv6 ospf 100 area 0
R1(config-if)#no shutdown
R1(config-if)#ipv6 router ospf 100
R1(config-rtr)#router-id 1.1.1.1
```

R2 的配置如下:

```
R2#config terminal
R2(config)#ipv6 unicast-routing
R2(config)#interface ethernet0/0
R2(config-if)#ipv6 enable
R2(config-if)#ipv6 address 2019:12::2/64
R2(config-if)#ipv6 ospf 100 area 0
R2(config-if)#no shutdown
R2(config-if)#interface ethernet0/1
R2(config-if)#ipv6 enable
R2(config-if)#ipv6 address 2019:23::2/64
R2(config-if)#ipv6 ospf 100 area 0
R2(config-if)#no shutdown
R2(config-if)#ipv6 router ospf 100
R2(config-rtr)#router-id 2.2.2.2
```

在 R1 上启用多个环回接口，模拟多个地址块网段，并通告到 OSPFv3 中。

```
R1(config)#interface loopback0
R1(config-if)#ipv6 address 2019:1::1/64
R1(config-if)#ipv6 ospf network point-to-point    更改接口的 OSPF 网络类型,避免产生 128 位主机路由
R1(config-if)#ipv6 ospf 100 area 0
R1(config-if)#interface loopback1
R1(config-if)#ipv6 address 3ffe:1::1/80           6BONE 地址块 3ffe::/16 中的地址
R1(config-if)#ipv6 ospf network point-to-point
R1(config-if)#ipv6 ospf 100 area 0
R1(config-if)#interface loopback2
R1(config-if)#ipv6 address fd11::1/16             需过滤的本地地址块 Fc00::/7 中的地址
R1(config-if)#ipv6 ospf network point-to-point
R1(config-if)#ipv6 ospf 100 area 0
R1(config-if)#interface loopback3
R1(config-if)#ipv6 address 2002:e000::1/32        伪造的 6to4 地址块中的地址
R1(config-if)#ipv6 ospf network point-to-point
```

R1(config-if)#ipv6 ospf 100 area 0

然后再在 R2 上查看 OSPF 路由，结果如下：

```
R2#show ipv6 route ospf
IPv6 Routing Table - default - 9 entries
Codes: C - Connected, L - Local, S - Static, U - Per-user Static route
       B - BGP, HA - Home Agent, MR - Mobile Router, R - RIP
       H - NHRP, I1 - ISIS L1, I2 - ISIS L2, IA - ISIS interarea
       IS - ISIS summary, D - EIGRP, EX - EIGRP external, NM - NEMO
       ND - ND Default, NDp - ND Prefix, DCE - Destination, NDr - Redirect
       O - OSPF Intra, OI - OSPF Inter, OE1 - OSPF ext 1, OE2 - OSPF ext 2
       ON1 - OSPF NSSA ext 1, ON2 - OSPF NSSA ext 2, la - LISP alt
       lr - LISP site-registrations, ld - LISP dyn-eid, a - Application
O  2002:E000::/32 [110/11]
     via FE80::A8BB:CCFF:FE00:100, Ethernet0/0
O  2019:1::/64 [110/11]
     via FE80::A8BB:CCFF:FE00:100, Ethernet0/0
O  3FFE:1::/80 [110/11]
     via FE80::A8BB:CCFF:FE00:100, Ethernet0/0
O  FD11::/16 [110/11]
     via FE80::A8BB:CCFF:FE00:100, Ethernet0/0
```

从结果中可以看出，R1 上 4 个环回接口所在的网段都已经通过 OSPFv3 写入 R2 路由表中。

STEP 3 在 R2 和 R3 上运行 EBGP，R2 将 OSPFv3 路由重分发到 BGP 路由协议中，并最终写入 R3 的路由表。

R2 的配置如下：

```
R2(config)#router bgp 100
R2(config-router)#bgp router-id 2.2.2.2
R2(config-router)#no bgp default ipv4-unicast
R2(config-router)#neighbor 2019:23::3 remote-as 200
R2(config-router)#address-family ipv6
R2(config-router-af)#redistribute ospf 100      将 OSPFv3 路由重分发到 BGP 中
R2(config-router-af)#neighbor 2019:23::3 activate
```

R3 的配置如下：

```
R3(config)#router bgp 200
R3(config-router)#bgp router-id 3.3.3.3
R3(config-router)#no bgp default ipv4-unicast
R3(config-router)#neighbor 2019:23::2 remote-as 100
R3(config-router)#address-family ipv6
R3(config-router-af)#neighbor 2019:23::2 activate
```

然后再在 R3 上查看 IPv6 的路由表，结果如下：

```
R3#show ipv6 route bgp
IPv6 Routing Table - default - 8 entries
Codes: C - Connected, L - Local, S - Static, U - Per-user Static route
   B - BGP, HA - Home Agent, MR - Mobile Router, R - RIP
   H - NHRP, I1 - ISIS L1, I2 - ISIS L2, IA - ISIS interarea
   IS - ISIS summary, D - EIGRP, EX - EIGRP external, NM - NEMO
   ND - ND Default, NDp - ND Prefix, DCE - Destination, NDr - Redirect
   O - OSPF Intra, OI - OSPF Inter, OE1 - OSPF ext 1, OE2 - OSPF ext 2
   ON1 - OSPF NSSA ext 1, ON2 - OSPF NSSA ext 2, la - LISP alt
   lr - LISP site-registrations, ld - LISP dyn-eid, a - Application
B 2002:E000::/32 [20/11]
    via FE80::A8BB:CCFF:FE00:210, Ethernet0/0
B 2019:1::/64 [20/11]
    via FE80::A8BB:CCFF:FE00:210, Ethernet0/0
B 3FFE:1::/80 [20/11]
    via FE80::A8BB:CCFF:FE00:210, Ethernet0/0
B FD11::/16 [20/11]
    via FE80::A8BB:CCFF:FE00:210, Ethernet0/0
```

从结果中可以看出，R3 已经通过 BGP 学习到 R1 所有环回接口的地址段路由。

STEP 4 在本实验中，R2 和 R3 模拟的是真实环境下在不同自治区域之间运行的两台路由器，很显然，R1 上的环回接口地址段路由中，除了 2019:1::/64 是全局单播可路由地址外，其他地址段都不应该出现。其中 2002:E000::/32 是伪造的 6to4 网段，3FFE:1::/80 是已弃用的 6Bone 实验网段，FD11::/16 是本地网段 FC00::/7 中的地址块，它们都不应该发布在公网中，需要将这些非法网段进行过滤。在过滤前，先简单学习一下 IPv6 前缀列表相关的知识。

在表 7-2 中，需要过滤的地址块都是最大的地址块（前缀长度值已达最小值），IPv6 地址都是层次化的设计和分配，读者需要判断哪些地址块是在表 7-2 的范围内。以表 7-2 中的 FC00::/7 为例，其包括的子网地址块可以有很多，具体由前缀长度来决定。如果子网前缀长度是 8，那就有两个子网，分别是 FC00::/8 和 FD00::/8，每个子网又可以继续往下分，即 FD00::/8 又可以分为 FD00::/9 和 FD80::/9；依次类推。很明显，实验中的 FD11::/16 网段正好在这个地址块里面，所以需要过滤。

在本例中需要过滤的地址段对应的写法如下：

```
Ipv6 prefix-list valid_ipv6 deny 2002:E000::/32     定义的前缀列表名称是 valid_ipv6
Ipv6 prefix-list valid_ipv6 deny 3FFE:1::/80
Ipv6 prefix-list valid_ipv6 deny FD11::/16
Ipv6 prefix-list valid_ipv6 permit 2019:1::/64
```

但上述写法只能过滤具体的地址段路由，一旦又生成了新的需过滤的地址段，还得继续更新此前缀列表。所以一般直接写表 7-2 中的大地址块，后面跟上一个前缀长度值的大小范围，

第 7 章　IPv6 安全

只要前缀长度值小于等于 128 就能包括所有的子网地址块。所以前缀列表可改写为如下所示：

```
Ipv6 prefix-list valid_ipv6 deny 2002:E000::/20   le 128
Ipv6 prefix-list valid_ipv6 deny 3FFE::/16   le 128
Ipv6 prefix-list valid_ipv6 deny FC00::/7   le 128
Ipv6 prefix-list valid_ipv6 permit 2000::/3   le 128
```

关于 IPv6 前缀列表更详细的介绍可以参考相关书籍，本书只要求读者能掌握第一种写法即可。第一种写法简单清晰，需要过滤的路由就用 deny，需要允许的路由就用 permit。在本实验中，需要在路由器 R2 上对路由进行过滤，如果禁止将 R1 通告的非法网段写入 R2 的路由表，可以在 R2 的 OSPFv3 中进行过滤，这样再将 OSPFv3 路由重分发到 BGP 时，由于其路由条目已经过滤掉了，R3 也就不会学习到 R1 上的非法地址段路由了。R2 上的过滤配置如下：

```
R2(config)#Ipv6 prefix-list valid_ipv6 deny 2002:E000::/32
R2(config)#Ipv6 prefix-list valid_ipv6 deny 3FFE:1::/80
R2(config)#Ipv6 prefix-list valid_ipv6 deny FD11::/16
R2(config)#Ipv6 prefix-list valid_ipv6 permit 2019:1::/64
R2(config)#ipv6 router ospf 100
R2(config-rtr)#distribute-list prefix valid_ipv6 in      应用前缀列表进行过滤
```

配置完成后，在 R2 和 R3 上分别查看 IPv6 路由表，如图 7-26 所示。可以发现，不需要的地址段路由已经被过滤掉了。

```
R2#show ipv6 ro
*Mar 25 14:24:28.902: %SYS-5-CONFIG_I: Configured from console by console
R2#show ipv6 rout
R2#show ipv6 route ospf
IPv6 Routing Table - default - 6 entries
Codes: C - Connected, L - Local, S - Static, U - Per-user Static route
       B - BGP, HA - Home Agent, MR - Mobile Router, R - RIP
       H - NHRP, I1 - ISIS L1, I2 - ISIS L2, IA - ISIS interarea
       IS - ISIS summary, D - EIGRP, EX - EIGRP external, NM - NEMO
       ND - ND Default, NDp - ND Prefix, DCE - Destination, NDr - Redirect
       O - OSPF Intra, OI - OSPF Inter, OE1 - OSPF ext 1, OE2 - OSPF ext 2
       ON1 - OSPF NSSA ext 1, ON2 - OSPF NSSA ext 2, la - LISP alt
       lr - LISP site-registrations, ld - LISP dyn-eid, a - Application
O   2019:1::/64 [110/11]
     via FE80::A8BB:CCFF:FE00:100, Ethernet0/0
R2#
```

图 7-26　进行了 OSPFv3 过滤后的路由表

STEP 5 在实际应用中，可能还是允许在同一个自治域内网中的 R1 和 R2 之间能全互通，并不需要进行路由过滤，只有当向别的自治域中的 R3 进行路由通告时才需要过滤。为此就不能在 R2 上对 OSPFv3 进行过滤，而应该在 BGP 中执行过滤。只不过在过滤时，不能直接引用前缀列表，而是需要定义一个 route-map（路由映射），由 route-map 去引用前缀列表。

```
R2(config)#route-map valid_ipv6                              创建路由映射，名称为 valid_ipv6
R2(config-route-map)#match ipv6 address prefix valid_ipv6    引用此前定义的前缀列表
R2(config-route-map)#ipv6 router ospf 100
R2(config-rtr)#no distribute-list prefix valid_ipv6 in       去掉在 OSPFv3 中执行的过滤
R2(config-rtr)#router bgp 100
```

```
R2(config-router)#address-family ipv6
R2(config-router-af)#redistribute ospf 100 route-map valid_ipv6
```
　　　　　　　　　　　　　　　　　　　　　　　　　重分发路由时启用路由映射过滤

配置完后，在 R2 上查看效果，如图 7-27 所示。

```
R2#show ipv6 route ospf
IPv6 Routing Table - default - 9 entries
Codes: C - Connected, L - Local, S - Static, U - Per-user Static route
       B - BGP, HA - Home Agent, MR - Mobile Router, R - RIP
       H - NHRP, I1 - ISIS L1, I2 - ISIS L2, IA - ISIS interarea
       IS - ISIS summary, D - EIGRP, EX - EIGRP external, NM - NEMO
       ND - ND Default, NDp - ND Prefix, DCE - Destination, NDr - Redirect
       O - OSPF Intra, OI - OSPF Inter, OE1 - OSPF ext 1, OE2 - OSPF ext 2
       ON1 - OSPF NSSA ext 1, ON2 - OSPF NSSA ext 2, la - LISP alt
       lr - LISP site-registrations, ld - LISP dyn-eid, a - Application
O   2002:E000::/32 [110/11]
     via FE80::A8BB:CCFF:FE00:100, Ethernet0/0
O   2019:1::/64 [110/11]
     via FE80::A8BB:CCFF:FE00:100, Ethernet0/0
O   3FFE:1::/80 [110/11]
     via FE80::A8BB:CCFF:FE00:100, Ethernet0/0
O   FD11::/16 [110/11]
     via FE80::A8BB:CCFF:FE00:100, Ethernet0/0
R2#show bgp ipv6 unicast
BGP table version is 18, local router ID is 2.2.2.2
Status codes: s suppressed, d damped, h history, * valid, > best, i - internal,
              r RIB-failure, S Stale, m multipath, b backup-path, f RT-Filter,
              x best-external, a additional-path, c RIB-compressed,
Origin codes: i - IGP, e - EGP, ? - incomplete
RPKI validation codes: V valid, I invalid, N Not found

     Network          Next Hop              Metric LocPrf Weight Path
 *>  2019:1::/64      FE80::A8BB:CCFF:FE00:100
                                                 11         32768 ?
```

图 7-27　在 BGP 协议中执行过滤后的结果

从图 7-27 中可以看出，R2 路由表依然有所有路由信息，只是在重分发到 BGP 时因为执行了过滤，所以只有一条路由通告给了 R3。在 R3 上可以使用命令 show ipv6 route bgp 查看路由表进行验证。

STEP ⑥　在上一步中，是 R2 在向 R3 通告路由时主动进行的过滤，在实际应用场景中，对于 R3 而言，不能期望邻居 R2 主动进行路由过滤，所以 R3 在与 R2 建立 BGP 邻居时需进行路由过滤，其做法也是先创建路由映射再在 BGP 中做过滤。R3 的配置如下：

```
R3(config)#ipv6 prefix-list valid_ipv6 seq 5 deny 2002:E000::/32
R3(config)#ipv6 prefix-list valid_ipv6 seq 10 deny 3FFE:1::/80
R3(config)#ipv6 prefix-list valid_ipv6 seq 15 deny FD11::/16
R3(config)#ipv6 prefix-list valid_ipv6 seq 20 permit 2019:1::/64
R3(config)#route-map valid_ipv6
R3(config-route-map)#match ipv6 address prefix valid_ipv6
R3(config-route-map)#router bgp 200
R3(config-router)#address-family ipv6
R3(config-router-af)#neighbor 2019:23::2 route-map valid_ipv6 in
```
　　　　　　　　　　　　　　　　　　　　　在与邻居 R2 的入方向进行路由过滤

配置完成后，执行命令 clear bgp ipv6 unicast *，重启 BGP 协议进程，再验证结果，发现与预期一致。读者可以自行验证。

7.4.3　IPv6 访问控制列表

在使用路由器等设备将多个网络互联后，在路由控制层面可以在网络设备上进行路由过滤操作，将网络中无用的甚至有害的路由条目清除掉，这样可以有效地减少网络中的垃圾报文对网络造成的威胁。但这样做还不够，即便网络中报文的源 IPv6 地址和目的 IPv6 地址都是合法的，这也只能保证网络层是可信任的。因为网络中提供服务的节点，并不希望总是暴露在网络中让任何节点随意访问，所以需要在数据转发层面，对通信的数据报文进行安全过滤。对于网络设备来说，就是需要在接口的入方向或出方向应用访问控制列表（Access Control List，ACL）。对于接收到的数据报文，需根据该接口入方向的 ACL 规则来判断是否接收该报文。或者在接收报文后，在选择从某个出接口转发报文之前，根据该接口出方向的 ACL 规则来判断是否转发该数据报文。

除了上面说的报文过滤外，ACL 还有其他用途，比如用于流分类等，这里不再赘述。

一个 ACL 可以有多条规则，规则的顺序很重要，路由器等设备在用 ACL 进行安全过滤时，都是在收到数据报文后与规则依次去做计算匹配。如果一条规则不匹配，则继续与下一条规则做匹配，一旦找到匹配项，就不再与后续规则做匹配，并按规则中指定的操作允许或拒绝转发数据报文。

三层交换机、路由器和传统防火墙等都是基于网络三层/四层去进行规则匹配。ACL 规则一般由协议类型、协议号、源地址、目标地址、源端口、目标端口和时间等组成。但这几项都不是必需的，比如若不进行第四层的包过滤，源端口/目标端口就可以不存在。在 IPv4 ACL 中，两个接口之间通过 ARP 协议来相互学习到对方的 MAC 地址，因为 ARP 协议并不是运行在 IPv4 协议之上，所以 IPv4 的 ACL 无法限制 ARP 报文，这也保证邻居之间可以直接互相学习。在 IPv6 中情况有所不同，邻居之间的学习是通过 NS 和 NA 报文进行的，而 NS 和 NA 报文是 ICMPv6 报文，运行在 IPv6 协议报文之上，所以在配置 IPv6 ACL 时，运行动态路由协议的两台路由器之间的 NS 和 NA 报文一定要放行，否则邻居会不可达。Cisco 等路由器的 IPv6 ACL 在末尾有隐藏的默认的 3 条规则，在创建自己的 IPv6 ACL 时一定要考虑到这 3 条隐藏规则：

permit icmp any any nd-na	NA 报文默认允许，除非之前的规则明确 deny
permit icmp any any nd-ns	NS 报文默认允许，除非之前的规则明确 deny
deny ipv6 any any	每条 ACL 中的最后一条规则默认就是拒绝所有，这与 IPv4 ACL 一样

虽然创建 IPv6 ACL 的主要目的是对网络中的服务器进行访问控制，但在创建 IPv6 ACL 时还需要考虑必须放行某些必要的协议，比如类型为 2 的 ICMPv6 报文。它表示数据包太大，主要用于 PMTU 的发现，如果不明确允许，就可能对网络的正常通信造成影响。

另外，路由器不是有状态防火墙，在路由器上创建 IPv6 ACL 时，它并不关心哪个源地址从哪个接口发起连接，也不跟踪和维持会话的状态信息，而且对于标准的 ACL，还不支持 TCP 连接时的 SYN、ACK、RST、FIN 等状态。所以在路由器上建立与 TCP 或 UDP 相关的 ACL 时，必须考虑通信的两个方向都要做好 ACL 控制。这与有状态防火墙不同，在防火墙上配置 ACL 时，通常只需关心发起通信连接的第一个报文即可。比如一个客户端要访问一台在 TCP 80 端口上监听的 Web 服务器，在发起主动连接时，目标端口固定，源端口是随机产生的，所以在服务器向客户端返回报文时，再想通过目的端口（接收到的报文的源端口）来进行 ACL 控制时，规则就不好写了，因此只能改为用 TCP 状态来控制，比如 TCP 的 ACK 或 ESTABLISHED。但这样也并不是总能满足实际的需求，幸好 Cisco 等路由器还支持反射（reflect）ACL。

在没有反射 ACL 之前，一般只能在客户端访问服务器的方向应用 ACL，在反方向只能允许所有流量通过，否则访问就可能不正常。而有了反射 ACL 之后，就可以在双向应用 ACL，这样可以做到更细粒度更精确的访问控制。之所以叫反射 ACL，就是在基于客户端访问服务器方向上的 ACL，自动产生的从服务器向客户端方向上的 ACL。原 ACL 为手动配置，用来控制客户端向服务器端的访问，而反射 ACL 是动态产生的，应用在服务器向客户端的路径上。反射 ACL 因为是动态临时产生的，所以具有生命周期（可以手动设置），一旦超过了生命周期，这个临时的反射 ACL 就会被清除。

在实际应用中，可能还需要设置基于时间的 ACL，即在指定的时间里生效。例如可以配置服务器，使其每天晚上 11 点到早晨 8 点拒绝访问，在其他时间可以访问，此时就能用到基于时间的 ACL。

实验 7-7　应用 IPv6 ACL 限制网络访问

本实验将在 Cisco 路由器上应用 IPv6 ACL 来限制远程 Telnet 访问。通过本实验，读者可以了解基本的 IPv6 ACL 的原理。反射 ACL 和基于时间的 ACL 在本实验中也会出现，对实际应用会有一定的帮助。

STEP 1 在 EVE-NG 中打开"Chaper 07"文件夹中的"7-5 IPv6_route-filter AND ACL"实验拓扑。先关闭所有节点（不保存前一个实验 7-6 配置的情况下；如果保存过配置，则需要先执行 Wipe 操作），再开启所有节点，以快速清空配置。

STEP 2 对 3 台路由器进行单区域 OSPFv3 路由配置。

R1 的配置如下：

```
R1(config)#ipv6 unicast-routing
R1(config)#interface loopback0
R1(config-if)#ipv6 address 2019:1::1/128
R1(config-if)#ipv6 ospf 100 area 0
R1(config-if)#interface ethernet0/0
R1(config-if)#ipv6 enable
R1(config-if)#ipv6 address 2019:12::1/64
R1(config-if)#ipv6 ospf 100 area 0
R1(config-if)#no shutdown
R1(config-if)#ipv6 router ospf 100
R1(config-rtr)#router-id 1.1.1.1
```

R2 的配置如下：

```
R2(config)#ipv6 unicast-routing
R2(config)#interface loopback0
R2(config-if)#ipv6 address 2019:2::2/128
R2(config-if)#ipv6 ospf 100 area 0
R2(config-if)#interface ethernet0/0
R2(config-if)#ipv6 enable
R2(config-if)#ipv6 address 2019:12::2/64
R2(config-if)#ipv6 ospf 100 area 0
R2(config-if)#no shutdown
R2(config-if)#interface ethernet0/1
R2(config-if)#ipv6 enable
R2(config-if)#ipv6 address 2019:23::2/64
R2(config-if)#ipv6 ospf 100 area 0
R2(config-if)#no shutdown
R2(config-if)#ipv6 router ospf 100
R2(config-rtr)#router-id 2.2.2.2
```

R3 的配置如下：

```
R3(config)#ipv6 unicast-routing
R3(config)#interface loopback0
R3(config-if)#ipv6 address 2019:3::3/128
R3(config-if)#ipv6 ospf 100 area 0
R3(config-if)#interface ethernet0/0
R3(config-if)#ipv6 enable
R3(config-if)#ipv6 address 2019:23::3/64
R3(config-if)#ipv6 ospf 100 area 0
R3(config-if)#no shutdown
R3(config-if)#ipv6 router ospf 100
R3(config-rtr)#router-id 3.3.3.3
R3(config-rtr)#line vty 0 4
R3(config-line)#password cisco         设置远程 Telnet 密码
R3(config-line)#login
R3(config-line)#transport input telnet    开启 Telnet 服务
```

可以分别在 R1、R2、R3 上验证路由是否已经收敛。然后在 R1 上远程 Telnet 到 R3，出现登录界面后，输入密码 cisco，其结果是正常的。

```
R1#telnet 2019:3::3
Trying 2019:3::3 ... Open
User Access Verification
Password:
R3>
```

STEP 3 在中间路由器 R2 上设置 ACL，只允许来自 R1 的环回接口地址 2019:1::1 的远程 Telnet 服务，拒绝来自其他地址的 Telnet。可以在 R2 上对直连 R1 的接口 ethernet0/0 的入方向设置 ACL，其配置如下：

```
R2(config)#ipv6 access-list telnet_prohibit
R2(config-ipv6-acl)#permit tcp host 2019:1::1 any eq telnet
R2(config-ipv6-acl)#deny tcp any any eq telnet
R2(config-ipv6-acl)#permit ipv6 any any
R2(config-ipv6-acl)#interface ethernet0/0
R2(config-if)#ipv6 traffic-filter telnet_prohibit in     在接口的入方向应用 ACL
```

注意，定义 ACL 时一定要有最后一条规则 permit ipv6 any any，否则因为隐藏 ACL 规则的原因，会导致无法建立 OSPF 邻居。然后在 R1 上重新登录 R3，结果如图 7-28 所示。

```
R1#telnet 2019:3::3
Trying 2019:3::3 ...
% Destination unreachable; gateway or host down

R1#telnet 2019:3::3 /source-interface loopback 0
Trying 2019:3::3 ... Open

User Access Verification

Password:
R3>
```

图 7-28　应用 ACL 后，使用不同的源地址进行访问的结果

从图 7-28 可以看出，直接 Telnet R3 的环回接口地址时，默认是使用出接口的地址 2019:12::1，而这个地址已被 R2 的 ACL 拒绝掉，而改用 R1 的环回接口 0 的地址作为源地址远程登录时，就可以正常访问了。

STEP 4 上面应用的 ACL 比较宽松，最后有一条 permit ipv6 any any。对于严格的网络来说，这样做就不合适了。现在要限制从 R1 出去的流量只能去往 TCP 80 端口的 Web 服务，别的流量都要禁止，那么该 ACL 又该如何写呢？

因为最后要禁止所有流量，那么就必须先考虑要放行一些必须的流量。首先用于邻居发现的 ND 和 NS 报文需要放行，类型为 2 的 ICMPv6 报文也需要放行。通常还需要放行类型为 1～4 的 ICMPv6 报文，便于网络诊断。类型为 128 和 129 的 ICMPv6 报文也可以考虑放行。OSPFv3 运行涉及的报文也需要放行，来自组播地址 FF02::5 和 FF02::6 的流量也要放行，类型是 89 的 IPv6 报文也要放行（推荐方法），剩下就是允许任何源到目的端口为 TCP 80 的访问，最后就是禁止所有 IPv6 的报文通行。具体如下：

```
ipv6 access-list permit_www_only
permit 89 fe80::/10 any                             放行 OSPFv3 相关的报文
permit icmp fe80::/10 any nd-na                     放行源地址是链路本地地址的 NA 报文
permit icmp fe80::/10 any nd-ns                     放行源地址是链路本地地址的 NS 报文
permit icmp any any 2                               放行类型是 2 的 ICMPv6 报文
permit icmp any any destination-unreachable         放行目标不可达的 ICMPv6 报文
permit tcp any any eq 80
deny ipv6 any any
```

ACL 建立后应该用在哪个接口的哪个方向呢？IPv6 ACL 有个特点，就是路由器自身发出的数据报文不受本身接口出方向的 ACL 控制。所以，为了限制 R1 访问外网，所建立的 ACL 就不能应用在 ethernet0/0 的出方向上，而是要在 R1 直连的下一跳路由器 R2 的 ethernet0/0 接口的入方向上应用此 ACL。读者可以自行验证。

STEP 5 在将 ACL 应用到 R2 的 ethernet0/0 的入方向后，可以看到每一条规则的匹配数据，如图 7-29 所示。再从 R1 远程 Telnet 到 R3，就会提示目标不可达，这是因为 Telnet 并没有被放行。为了也允许 R1 远程登录到 R3，则需要在原 ACL 中添加一条规则。从图 7-29 中可以看出，ACL 的每一条规则都有一个序号，序号按照从小到大的顺序排列，即 sequence 10 到 sequence 70。要插入一条规则，只需要为插入的规则设置一个序号，其序号的值决定了访问规则所在的位置。新插入的序号的值一定介于所插入位置前后两个规则的序号之间。如果写规则的时候忽略序号，则默认是原规则最大序号值加 10（即往后添加）。这里要允许 R1 远程登录 R3 的环回接口 0，其插入的位置要保证在序号 70 之前。比如想插入到第二行，只需将序号设置成 10~20 之间的一个值，比如 15，其写法如下：

R2(config)#ipv6 access-list permit_www_only
R2(config-ipv6-acl)#sequence 15 permit tcp 2019:12::/64 host 2019:3::3 eq telnet 允许 R1 用 eth0/0 口登录
R2(config-ipv6-acl)#sequence 16 permit tcp host 2019:1::1 host 2019:3::3 eq telnet 允许 R1 用环回口 0 登录

配置完以后，读者可自行验证结果。

```
R2#show access-lists
IPv6 access list permit_www_only
    permit 89 FE80::/10 any (267 matches) sequence 10
    permit icmp FE80::/10 any nd-na (2 matches) sequence 20
    permit icmp FE80::/10 any nd-ns (2 matches) sequence 30
    permit icmp any any packet-too-big sequence 40
    permit icmp any any destination-unreachable sequence 50
    permit tcp any any eq www sequence 60
    deny ipv6 any any (25 matches) sequence 70
R2#show run int e0/0
Building configuration...

Current configuration : 147 bytes
!
interface Ethernet0/0
 no ip address
 ipv6 address 2019:12::2/64
 ipv6 enable
 ipv6 traffic-filter permit_www_only in
 ipv6 ospf 100 area 0
end
```

图 7-29　R2 应用仅允许访问 Web 服务的 ACL

STEP 6 现在再要求 R1 只能在每天的 8:00-18:00 远程 Telnet 到 R3，其他时间则不允许。这就要用到基于时间的 ACL 了。预先定义好时间范围 time-range，其内容为每天的 8:00~18:00，然后在对应的 ACL 规则末尾加上时间限制，即表示只有在指定的时间内该条规则才生效，在非指定时间里，相当于没有此条规则。配置如下：

R2(config)#time-range duty_time
R2(config-time-range)#periodic daily 8:00 to 18:00
R2(config-time-range)#ipv6 access-list permit_www_only
R2(config-ipv6-acl)#sequence 15 permit tcp 2019:12::/64 host 2019:3::3 eq telnet time-range duty_time
R2(config-ipv6-acl)#sequence 16 permit tcp host 2019:1::1 host 2019:3::3 eq telnet time-range duty_time

配置好以后，可以执行命令 show time-range 查看设置的时间段是否处于活跃状态（active），只有处于活跃状态，其规则才有效。另外，在设置 IPv6 ACL 时，如果需要修改某条规则，可以先查看该规则的序号，然后直接写上需要修改的规则的序号，再直接进行修改。如果要删除某条规则，直接在 ACL 配置模式下 "no sequence 序号" 即可。

STEP 7 前面的步骤都是对 R1 访问 R3 进行控制，在应用 ACL 时，也是从 R1 通往 R3 的方向做控制，但反方向即 R3 访问 R1 的方向并没有做任何 ACL 控制。这样会有一个问题，即当 R3 要主动远程 telnet 登录到 R1 时，虽然请求报文可以顺利到达 R1（因为没有 ACL 控制），但回应报文却受到 ACL 的控制，导致连接不成功。在图 7-25 中，如果 R2 是有状态防火墙，防火墙只会关心第一个连接报文是否允许，如果允许，则会跟踪此连接的后续状态，在反方向自动放行。对于 Cisco 路由器等设备来说，在设置 IPv6 ACL 时是无状态的，即针对每一个报文都需要查询 ACL 来决定是允许还是拒绝，而不管此报文是一个连接的首个报文还是后续报文。Cisco 路由器也支持反射 ACL，在建立 ACL 规则时，针对的是连接发生时的首个报文，再使用关键字 reflect 产生一个源和目的相反的临时 ACL 规则，最后再在反方向的 ACL 中直接使用 evaluate 关键字调用此临时 ACL 规则。

在前面的步骤中，在 R2 上设置 ACL，允许 R1 远程 telnet 登录 R3，其目的端口为固定的 TCP 23 端口，源端口是 R1 随机产生的端口。在应用 ACL 规则时，其实只关心了目的端口，源端口即使想关注也没法确定，所以在反方向设置 ACL 时，源端口和目的端口发生了转换，目的端口没法确定，ACL 规则也就不好写了。有了反射 ACL 后，此问题迎刃而解。

将 R2 上的 ACL 相关配置进行如下修改：

R2(config)#ipv6 access-list R1-R3

R2(config-ipv6-acl)#exit

R2(config)#ipv6 access-list R1-R3

R2(config-ipv6-acl)#permit 89 any any

R2(config-ipv6-acl)#permit icmp any any

R2(config-ipv6-acl)#permit tcp host 2019:1::1 host 2019:3::3 eq telnet reflect outbound

R2(config-ipv6-acl)#deny ipv6 any any

R2(config-ipv6-acl)#ipv6 access-list R3-R1

R2(config-ipv6-acl)#permit 89 any any

R2(config-ipv6-acl)#permit icmp any any

R2(config-ipv6-acl)#evaluate outbound

R2(config-ipv6-acl)#deny ipv6 any any

R2(config-ipv6-acl)#interface ethernet0/0

R2(config-if)#ipv6 traffic-filter R1-R3 in

R2(config-if)#ipv6 traffic-filter R3-R1 out

配置完后，在 R2 上执行 show ipv6 access-list 命令。

R2#show ipv6 access-list

IPv6 access list R1-R3

```
    permit 89 any any sequence 10
    permit icmp any any sequence 20
    permit tcp host 2019:1::1 host 2019:3::3 eq telnet reflect outbound sequence 30
    deny ipv6 any any sequence 40
IPv6 access list R3-R1
    permit 89 any any sequence 10
    permit icmp any any sequence 20
    evaluate outbound sequence 30
    deny ipv6 any any sequence 40
```

如图 7-28 所示，在 R1 上使用环回接口 0 作为源 Telnet R3，触发"R1-R3" ACL 中序号为 30 的规则，然后再在 R2 上执行 show ipv6 access-list 命令，其结果如下：

```
R2#show ipv6 access-list
IPv6 access list R1-R3
    permit 89 any any (26 matches) sequence 10
    permit icmp any any (3 matches) sequence 20
    permit tcp host 2019:1::1 host 2019:3::3 eq telnet reflect outbound (17 matches) sequence 30
    deny ipv6 any any sequence 40
IPv6 access list R3-R1
    permit 89 any any sequence 10
    permit icmp any any sequence 20
    evaluate outbound sequence 30
    deny ipv6 any any sequence 40
IPv6 access list outbound (reflexive) (per-user)
    permit tcp host 2019:3::3 eq telnet host 2019:1::1 eq 55652 timeout 300 (14 matches) (time left 296) sequence 1
```

从上述输出中可见，多了最后一条临时产生的访问规则，该规则指明刚才登录时，R1 的源端口是 55652，现在反方向变为目标端口。正是有了这条规则，R1 才可以远程 Telnet 到 R3。

虽然本实验使用反射 ACL 达到了有状态防火墙的防护效果，但路由器毕竟不是防火墙，针对一些非常规应用，如被动模式 FTP，因为后续主动连接的数据传输端口无法确定，路由器的反射访问列表也就无能为力了。

此外，ACL 也可以用在三层交换机的 VLAN 接口上，用来提供局域网内的安全保障。

7.5 网络设备安全

因为网络中的服务器拥有更多攻击者感兴趣的信息，所以一般情况下，服务器才是攻击者的主要目标。路由器作为网络互联设备，不但保障网络的稳定运行，而且还拥有整个网络的拓扑信息以及一些重要的管理维护信息。攻击者可以通过嗅探路由器自身或转发的数据报文来获取有用信息，甚至利用路由器等网络设备系统自身或者管理上的漏洞攻破路由器等设备。网络设备自身的安全不容忽视。

网络设备的安全至少从以下 4 个方面来加强。

- 网络设备系统本身的漏洞要及时修补或升级,当暂时无法提供补丁或新版本时,也需采用临时解决办法或手段。在漏洞危害性大于因网络中断造成的影响时,可强制将网络设备下线。
- 路由器等网络设备需关闭不必要的服务。对于必须开放的服务,也应做好安全访问限制。如必须开放 SNMP 协议,应尽量采用可认证的 SNMPv3,设置好允许访问的主机范围。
- 网络配置应尽量简洁,对过时的无用的配置要及时删除,特别是在更改网络配置时,配置不能越来越繁杂。一些看似无用的网络配置可能就存在网络安全隐患。
- 路由器等网络设备也必须放在不能随便进入的机房等场所,而且要避免设备上的网络连线被嗅探到。网络设备的 console 口也应设置不易破解的密码,关闭并按需启用暂时还没有连接到网络的端口。在启用远程管理的情况下,尽量使用认证加密的 SSH 和 HTTPS,而避免使用 Telnet 和 HTTP 远程登录方式,建议使用非标准协议端口,并设置好允许远程访问的主机范围。

实验 7-8 对路由器的远程访问进行安全加固

本实验先通过抓包查看路由器的远程 Telnet 密码,展示路由器通过 Telnet 远程管理的安全隐患,再禁止路由器的远程 Telnet 登录方式,改用 SSH 协议,最后设置可远程登录主机的 IPv6 地址范围。通过本实验,读者可以掌握对路由器等网络设备的远程访问进行安全加固的方法。

STEP 1 继续使用图 7-25 所示的实验拓扑,将路由配通,其接口配置如表 7-3 所示。

表 7-3 实验 7-8 路由器接口配置

设备	接口	IPv6 地址
R1	ethernet0/0	2019:12::1/64
	loopback0	2019:1::1/128
R2	ethernet0/0	2019:12::2/64
	ethernet0/1	2019:23::2/64
	loopback0	2019:2::2/128
R3	ethernet0/0	2019:23::3/64
	loopback0	2019:3::3/128

STEP 2 参考实验 7-7 中的第二步,设置 R3,使其能以远程 Telnet 方式登录,登录密码设为 cisco。

STEP 3 参考实验 7-7 中的第三步,从 R1 远程登录 R3,同时在 R2 的 ethernet0/1 口进行抓包分析。先单击 Protocol 列,以快速找到所有的 Telnet 协议报文,再找到有密码数据的 Telnet 报文,如图 7-30 所示。

第 7 章　IPv6 安全

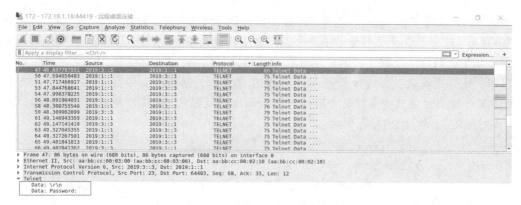

图 7-30　抓取 Telnet 协议报文

然后在此报文的基础上依次往下找，出现的第一个 Data 字符 "c" 就是密码的第一个报文，如图 7-31 所示。

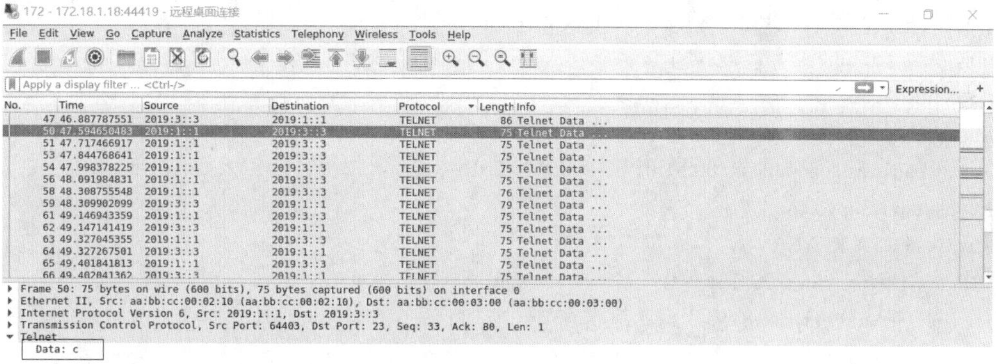

图 7-31　抓取到的 Telnet 登录密码的第一个字符

再继续往下找，依次记录下来，直到出现的 Data 字符是 "\r\n" 为止，如图 7-32 所示。

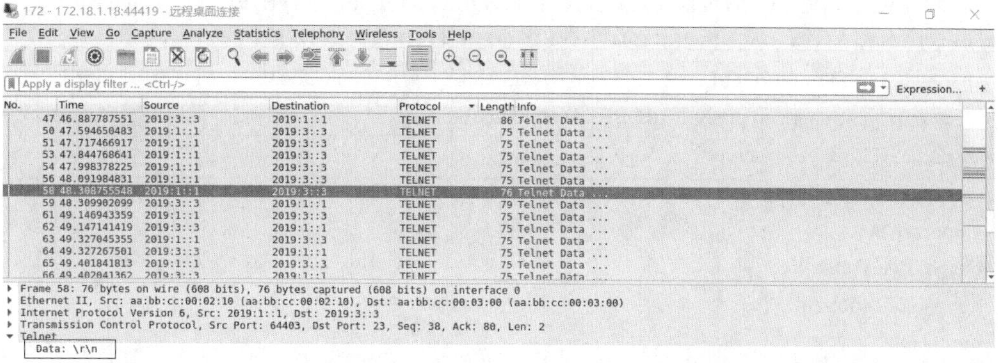

图 7-32　抓取到 Telnet 登录密码的结束标志

这样依次出现的字符"cisco"就是 Telnet 登录密码。由此可见，Telnet 远程登录是不安全的。

STEP 4 既然 Telnet 远程登录不安全，那么可以使用 SSH 来替代 Telnet 远程登录，并同时限制远程登录的地址范围（前面介绍过在中间路由器用 ACL 进行限制，这里用路由器本身进行限制，这样更高效。因为如果将 ACL 配置在接口上，路由器会检查流经接口的所有数据包，而这里介绍的方法只检查对路由器的远程登录访问数据包，而不检查流经路由器接口的数据包）。先在 R3 上配置 RSA 密钥对：

```
R3(config)#ip domain-name cisco.com
R3(config)#crypto key generate rsa
The name for the keys will be: R3.ipv6.com
Choose the size of the key modulus in the range of 360 to 4096 for your
  General Purpose Keys. Choosing a key modulus greater than 512 may take
  a few minutes.

How many bits in the modulus [512]: 1024
% Generating 1024 bit RSA keys, keys will be non-exportable...
[OK] (elapsed time was 0 seconds)
R3(config)#end
R3#show crypto key mypubkey rsa
% Key pair was generated at: 00:51:01 EET Mar 28 2016
Key name: R3.ipv6.com
Key type: RSA KEYS
 Storage Device: not specified
 Usage: General Purpose Key
 Key is not exportable.
 Key Data:
  30819F30 0D06092A 864886F7 0D010101 05000381 8D003081 89028181 00CF7A69
  F04CD07B 998CA305 D71B4CBA 132A16AC E402F2D2 12E18201 DD81E6EE 4A16FEF6
  C7228A92 0811F58E 42D3CDA6 A51182FD 3F2B9BE4 8301D073 A1FB7EE3 0621F3F6
  96481675 BF551CC5 A2CE22EF D947B484 B1C75B2D D15E1275 DFA8CF67 CE153686
  93630503 E0FE6860 D2605CA2 7201FB07 71C3A80A E37B5F80 6D6439DE AF020301 0001
% Key pair was generated at: 00:51:02 EET Mar 28 2016
Key name: R3.ipv6.com.server
Key type: RSA KEYS
 Temporary key
 Usage: Encryption Key
 Key is not exportable.
 Key Data:
  307C300D 06092A86 4886F70D 01010105 00036B00 30680261 00C9C2DA 6F047664
  ED112684 0FF4AF00 BF3E513C EA5AB6C4 55FB0C6E DD1D5234 26B2D40D 16D3F8CD
```

```
59E4CD4E 1DEA801C D43C9683 1E0B6CEB 5B39473A 2C9AE65E AD147125 808FC464
 E181677E E96B50CB 5900E314 F1F06F53 771199BE FEC543E1 13020301 0001
```

为了启用 SSH，必须先创建 RSA 密钥对，而创建 RSA 密钥对则要先指定域名。所以这里先设置域名为 ipv6.com，再使用命令 crypto key generate rsa 产生秘钥对，长度值默认为 512 位，秘钥对的长度值至少大于 768 位才能启用 SSH 版本 2，这里设置为 1024 位。设置秘钥对后，使用命令 show crypto key mypubkey rsa 可以看到产生了一个公钥和一个私钥。

然后继续设置，如下所示：

```
R3(config)#ipv6 access-list client
R3(config-ipv6-acl)#permit ipv6 host 2019:12::1 any     创建 ACL，只允许 R1 远程登录
R3(config-ipv6-acl)#ip ssh version 2                    设置 SSH 版本为 2
R3(config)#username admin password cisco                设置登录用户名和密码
R3(config)#aaa new-model                                启用 AAA，使用用户名和密码认证
R3(config)#line vty 0 4                                 配置远程登录虚拟终端
R3(config-line)#ipv6 access-class client in             应用 IPv6 ACL 来限制可访问的 IPv6 客户主机范围
R3(config-line)#transport input none                    去掉所有允许的远程登录协议
R3(config-line)#transport input ssh                     再添加 SSH 登录协议（仅允许 SSH）
```

STEP 5 最后在 R1 上验证 SSH 远程登录到 R3 的结果，如图 7-33 所示。

```
R1#ssh -l admin -p 22 2019:3::3
Password:
R3>
```

图 7-33 路由器 SSH 远程登录

从本实验可以看出，因为 Telnet 远程登录的信息是明文传输，很容易被嗅探，所以应该尽量避免 Telnet，而使用 SSH 来远程管理。由于本实验中的路由器版本暂不支持修改 SSH 端口号，所以还是使用的默认的 TCP 22 端口登录。但并不是说这不安全，因为 SSH 本来就是加密传输，使用标准端口不会有什么影响。

第 8 章
IPv6 网络过渡技术

Chapter 8

从 IPv4 过渡到 IPv6 就像是"打破一个旧世界,创建一个新世界",注定要经历一个长期的过程,但终究会实现。本章主要对双栈技术、多种隧道技术和协议转换技术进行介绍,并通过实验演示各种网络过渡技术的实现。

通过对本章的学习,读者可以根据实际情况和需求,选择适合的网络过渡技术。

8.1 IPv6 网络过渡技术简介

8.1.1 IPv6 过渡的障碍

目前互联网上还是以 IPv4 设备为主,不可能迅速过渡到 IPv6,这主要受制于以下几个方面:
- 网络中仍有些设备尚不支持 IPv6,短时间内无法全部更换;
- 网络的升级换代会中断现有的业务;
- 有些传统的应用基于 IPv4 开发,不支持 IPv6;
- 缺乏技术人才,很多技术人员缺乏足够的 IPv6 知识;
- 主观惰性,得过且过的思想。

针对上述存在问题,下面给出了一些见解。
- 目前的操作系统基本都支持 IPv6,近几年的三层及三层以上的网络设备(比如三层交换机、路由器、防火墙等)基本都支持 IPv6。网络中使用最多的是二层交换机,当前新旧二层交换机都支持 IPv6。这样看来,设备对 IPv6 的制约有限。
- 合理的网络规划,比如采用双栈同时支持 IPv4 和 IPv6 访问,或者使用 NAT64 临时转换等,这样业务中断的时间完全可控。
- 针对应用不支持 IPv6 的情况(这一点是最难解决的),可以采用多种方案:修改应用程序代码或重新开发,使之支持 IPv6(尽管费时费力,但一劳永逸);采用 NAT-PT

（Network Address Translation-Protocol Translation，网络地址转换—协议转换）技术，通过硬件或软件实现 IPv4 和 IPv6 地址之间的转换（应用不需做任何调整，但本质上仍是基于 IPv4，将来终将被淘汰）。
- 加强学习，做好知识储备，本书就是一本很好的学习资料。
- 据权威数据显示，截至 2018 年 12 月，中国大陆地区 IPv6 用户的普及率为 0.67%，排在世界第 71 位，已经远远落后发达国家。国家多部委近来也是密集发文，督促加快 IPv6 建设的步伐。

8.1.2　IPv6 发展的各个阶段

从 IPv4 过渡到 IPv6 需要经历多个阶段，大致如下。
- IPv6 发展的初期阶段：如图 8-1 中的阶段①所示，这时 IPv4 网络仍占据主要地位，IPv6 网络多是一些孤岛，多数应用仍是基于 IPv4。
- IPv6 发展的中期阶段：如图 8-1 中的阶段②所示，此时已经建成了 IPv6 互联网，IPv6 平台上已运行了大量的业务，但 IPv4 互联网仍然存在，且仍然存在着一些 IPv6 孤岛。
- IPv6 发展的后期阶段：如图 8-1 中的阶段③所示，此时 IPv6 互联网已经普及，IPv4 互联网不复存在，但一些 IPv4 孤岛继续存在。

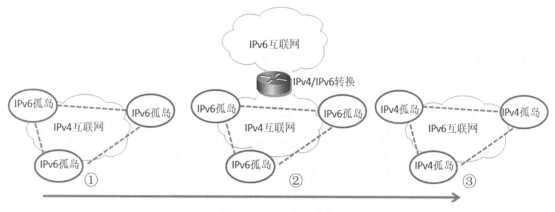

图 8-1　IPv6 发展阶段

8.1.3　IPv4 和 IPv6 互通问题

IPv4 和 IPv6 相互间不兼容，在 IPv6 发展的不同阶段，需要解决 IPv4 和 IPv6 网络之间的互联互通问题，具体说有下面几类：
- IPv6 孤岛之间的互通；

- 通过 IPv4 网络访问 IPv6 网络；
- 通过 IPv6 网络访问 IPv4 网络；
- IPv4 孤岛之间的互通。

图 8-1 的各个阶段都存在着 IPv4 网络与 IPv6 网络互连互通的问题，其中阶段①和阶段②还存在 IPv6 孤岛之间的互通问题；阶段③还存在 IPv4 孤岛之间的互通问题。

8.1.4　IPv6 过渡技术概述

IPv6 过渡技术大体上可以分为三类：
- 双栈技术；
- 隧道技术；
- 协议转换技术。

1. 双栈技术

双栈技术（dual-stack）是使网络中的节点同时支持 IPv4 和 IPv6 协议栈的技术，其中源节点根据目的节点的不同选用不同的协议栈，而网络设备根据报文的协议类型选择不同的协议栈进行处理和转发。连接双栈网络的接口必须同时配置 IPv4 地址和 IPv6 地址。双栈技术是 IPv6 过渡技术中应用最广泛的一种，遂道技术和协议转换技术的实现也需要双栈技术的支持。8.2 节将通过实验演示双栈的配置。

2. 遂道技术

隧道技术（tunnel）是一种封装技术。它利用一种网络协议来传输另一种网络协议，即利用一种网络传输协议，将其他协议产生的数据报文封装在自身的报文中，然后在网络中传输。隧道是一个虚拟的点对点连接。一个隧道提供了一条使封装的数据报文能够传输的通路，并且在一个隧道的两端可以分别对数据报文进行封装及解封装。隧道技术就是指包括数据封装、传输和解封装在内的全过程。隧道技术是 IPv4 向 IPv6 过渡的一个重要手段。8.3 节将通过实验演示各种常用隧道的配置。

3. 协议转换技术

协议转换技术也称为地址转换技术，在以往的 IPv4 网络中，可通过 NAT 技术把内网中的私有 IPv4 地址转换成公网 IPv4 地址。正是因为 NAT 使用得太成功，导致 IPv4 地址短缺显得没那么迫切，由此延缓了 IPv6 的实现步伐。这里要介绍的是 NAT-PT（Network Address Translation-Protocol Translation，网络地址转换-协议转换），是一种可以让纯 IPv6 网络和纯 IPv4 网络相互通信的过渡机制。NAT-PT 主要是利用 NAT 进行 IPv4 地址和 IPv6 地址的相互转换。

通过使用 NAT-PT，用户无须对现有的 IPv4 网络进行任何改变，就能实现 IPv6 网络和 IPv4 网络的相互通信。

NAT-PT 和 NAT64 都是有状态的协议转换技术，后面要介绍的 IVI（IV 是罗马数字 4，VI 是罗马数字 6，IVI 即是 IPv4 和 IPv6 转换技术）是无状态的协议转换技术。所谓的有状态和无状态，用通俗的话解释就是，在无状态地址转换时，IPv4 地址和 IPv6 地址存在紧密关系，通过某种映射算法来唯一确定，同一个地址在任何时间转换后的结果都是一样的，转换设备（防火墙或路由器等协议转换设备）不需要记录任何会话信息（会话映射表），仅需要维护映射算法即可。在有状态地址转换时，IPv4 地址和 IPv6 地址不存在固定关系，需要根据目前的使用状态选择可用地址和端口进行映射，同一个地址在不同时间转换后的结果不一定相同，转换设备需要记录用户转换时的会话信息。简而言之，如果转换设备需要记录地址转换前后的映射情况即为有状态地址，反之为无状态转换。

8.4 节将通过实验演示 NAT-PT 和 NAT64 的配置。

8.2　双栈技术

双栈技术是 IPv4 向 IPv6 过渡时使用的一种常见技术。网络中的节点可同时支持 IPv4 和 IPv6 协议栈，源节点根据目的节点的不同选用不同的协议栈，而网络设备根据报文的协议类型选择不同的协议栈进行处理和转发。双栈可以在一个单一的设备上实现，也可以存在一个双栈骨干网。对于双栈骨干网，其中的所有设备必须同时支持 IPv4/IPv6 协议栈，连接双栈网络的接口必须同时配置 IPv4 地址和 IPv6 地址。

实验 8-1　配置 IPv6 双栈

在实验 2-1 的配置基础上，继续完成图 8-2 中 Switch-1、Switch-2、HillStoneSG6000V6、Router 等网络设备的 IPv6 配置，使所有网络设备都支持双栈。启用图 8-2 中 Windows 计算机的 IPv6 协议，使计算机也支持 IPv6。配置图 8-2 中的 2 台 DNS 服务器 Winserver2016-DNS-Web 和 Winserver2016-DNS-Web2，分别配置 A 记录和 AAAA 记录，经测试得知，会优先使用 IPv6 的 AAAA 记录。

STEP 1 恢复实验 2-1 的配置。为了节省时间，这里提供了 4 台网络设备的配置，具体参见配置包 "08\IPv4 配置.txt"，读者只需要直接粘贴配置就可以了。如果读者在这些网络设备上保存了别的配置，需先将其清除，再粘贴提供的配置。所有计算机的 IP 地址配置如图 8-2 中所示，网关的地址是每个网络中第 1 个可用的 IP 地址，内网计算机的 DNS 地址配置为 10.2.2.2，外网中计算机的 DNS 地址配置为 218.1.2.3。

IPv6 网络部署实战

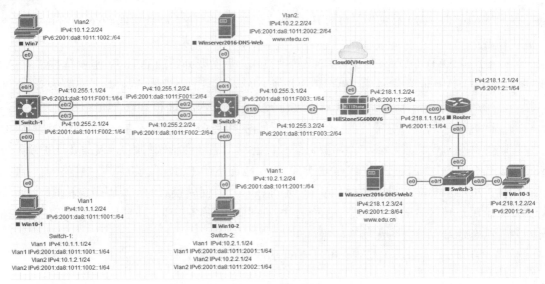

图 8-2 双栈配置

STEP 2 配置 IPv6 双栈。配置包 "08\IPv6 配置.txt" 提供了下面的配置脚本。Switch-1 的配置如下：

Switch-1(config)#ipv6 unicast-routing
Switch-1(config)#interface Ethernet0/2
Switch-1(config-if)#ipv6 address 2001:DA8:1011:F001::1/64　　该接口原来配置了 IPv4 地址，现在又配置了 IPv6 地址，相当于 Switch-1 和 Switch-2 交换机之间的互联网络既支持 IPv4 也支持 IPv6

Switch-1(config-if)# ipv6 enable
Switch-1(config-if)#interface Ethernet0/3
Switch-1(config-if)#ipv6 address 2001:DA8:1011:F002::1/64
Switch-1(config-if)# ipv6 enable
Switch-1(config-if)#interface Vlan1　　该 VLAN 接口原来配置了 IPv4 地址，现在又配置了 IPv6 地址，该 VLAN 中的终端设备既可以是 IPv4，也可以是 IPv6（也可以同时配置 IPv4 和 IPv6 地址）

Switch-1(config-if)#ipv6 address 2001:DA8:1011:1001::1/64
Switch-1(config-if)# ipv6 enable
Switch-1(config-if)#interface Vlan2
Switch-1(config-if)#ipv6 address 2001:DA8:1011:1002::1/64
Switch-1(config-if)# ipv6 enable
Switch-1(config-if)#ipv6 route ::/0 2001:DA8:1011:F001::2
Switch-1(config)#ipv6 route ::/0 2001:DA8:1011:F002::2 2

Switch-2 的配置如下：

Switch-2(config)#ipv6 unicast-routing

```
Switch-2(config)#interface Ethernet0/2
Switch-2(config-if)#ipv6 address 2001:DA8:1011:F001::2/64
Switch-2(config-if)# ipv6 enable
Switch-2(config-if)#interface Ethernet0/3
Switch-2(config-if)#ipv6 address 2001:DA8:1011:F002::2/64
Switch-2(config-if)# ipv6 enable
Switch-2(config-if)#interface Ethernet1/0
Switch-2(config-if)#ipv6 address 2001:DA8:1011:F003::1/64
Switch-2(config-if)# ipv6 enable
Switch-2(config-if)#interface Ethernet1/1
Switch-2(config-if)# switchport access vlan 2
Switch-2(config-if)#interface Vlan1
Switch-2(config-if)#ipv6 address 2001:DA8:1011:2001::1/64
Switch-2(config-if)# ipv6 enable
Switch-2(config-if)#interface Vlan2
Switch-2(config-if)#ipv6 address 2001:DA8:1011:2002::1/64
Switch-2(config-if)# ipv6 enable
Switch-2(config-if)#ipv6 route 2001:DA8:1011:1000::/52 2001:DA8:1011:F001::1
Switch-2(config)#ipv6 route 2001:DA8:1011:1000::/52 2001:DA8:1011:F002::1 2
Switch-2(config)#ipv6 route ::/0 2001:DA8:1011:F003::2
```

Router 的配置如下：

```
Router(config)#ipv6 unicast-routing
Router(config)#interface Ethernet0/0
Router(config-if)#ipv6 address 2001:1::1/64
Router(config-if)# ipv6 enable
Router(config-if)#interface Ethernet0/1
Router(config-if)#ipv6 address 2001:2::1/64
Router(config-if)# ipv6 enable
Router(config-if)#ipv6 route 2001:DA8:1011::/48 2001:1::2
```

HillStoneSG6000V6 的配置如下：

```
SG-6000(config)# interface ethernet0/2
SG-6000(config-if-eth0/2)#     ipv6 enable
SG-6000(config-if-eth0/2)#     ipv6 address 2001:DA8:1011:F003::2/64      防火墙接口配置 IPv6 地址
SG-6000(config-if-eth0/2)# exit
SG-6000(config)# interface ethernet0/1
SG-6000(config-if-eth0/1)#     ipv6 enable
SG-6000(config-if-eth0/1)#     ipv6 address 2001:1::2/64
SG-6000(config-if-eth0/1)# exit
SG-6000(config)# ip vrouter "trust-vr"
```

```
SG-6000(config-vrouter)# ipv6 route 2001:DA8:1011::/48 2001:DA8:1011:F003::1
SG-6000(config-vrouter)# ipv6 route ::/0 2001:1::1
SG-6000(config-vrouter)# exit
SG-6000(config)# rule id 4              这条规则会放行所有从内网到外网的 IPv6 流量
SG-6000(config-policy-rule)# action permit
SG-6000(config-policy-rule)# src-zone "trust"
SG-6000(config-policy-rule)#dst-zone "untrust"
SG-6000(config-policy-rule)# src-addr "IPv6-any"
SG-6000(config-policy-rule)#dst-addr "IPv6-any"
SG-6000(config-policy-rule)# service "Any"
SG-6000(config-policy-rule)# name "trust-to-untrust"
SG-6000(config-policy-rule)# exit
SG-6000(config)# rule id 5              这条规则会放行所有从外网到内网 2001:DA8:1011:2002::2 的访问。根
                                        据实验要求，需放开 HTTP 和 DNS，这里直接放开了所有服务，出于
                                        安全考虑，在生产环境中需严格限定放开的端口
SG-6000(config-policy-rule)# action permit
SG-6000(config-policy-rule)# src-zone "untrust"
SG-6000(config-policy-rule)#dst-zone "trust"
SG-6000(config-policy-rule)# src-addr "IPv6-any"
SG-6000(config-policy-rule)#dst-ip 2001:DA8:1011:2002::2/128
SG-6000(config-policy-rule)# service "Any"
SG-6000(config-policy-rule)# name "permit-all"
SG-6000(config-policy-rule)# exit
SG-6000(config)# rule id 6              这条规则会放行所有从外网到内网 2001:DA8:1011:1001::2 的远程桌面访问
SG-6000(config-policy-rule)# action permit
SG-6000(config-policy-rule)# src-zone "untrust"
SG-6000(config-policy-rule)#dst-zone "trust"
SG-6000(config-policy-rule)# src-addr "IPv6-any"
SG-6000(config-policy-rule)#dst-ip 2001:DA8:1011:1001::2/128
SG-6000(config-policy-rule)# service "remote-desktop"
SG-6000(config-policy-rule)# name "permit-win10-1-remote-desktop"
SG-6000(config-policy-rule)# exit
```

STEP 3 配置静态 IPv6 地址。给两台 Windows Server 2016 服务器 Winserver2016-DNS-Web 和 Winserver2016-DNS-Web2 配置静态 IPv6 地址。

STEP 4 配置 DNS 服务器。在两台 Windows Server 2016 服务器上安装 DNS 服务器。在 Winserver2016-DNS-Web 服务器上添加一条 A 记录 www.ntedu.cn，指向的 IPv4 地址是 218.1.1.2；添加一条 AAAA 记录 www.ntedu.cn，指向的 IPv6 地址是 2001:DA8:1011: 2002::2。在 Winserver2016-DNS-Web2 服务器上添加一条 A 记录 www.edu.cn，指向的 IPv4 地址是 218.1.2.3；添加一条 AAAA 记录 www.edu.cn，指向的 IPv6 地址是 2001:2::8。

在两台 DNS 服务器上配置 DNS 转发器，使它们能够把彼此未知的域名转发给对方，Winserver2016-DNS-Web2 向 Winserver2016-DNS-Web 转发未知的域名时，要填对应的公网 IP 地址，即 218.1.1.2。

STEP ⑤ 配置 Web 服务器。参照实验 2-1 的配置，在两台 Windows Server 2016 服务器上添加 Web 服务器。这里将搭建一个通讯录登记的网站，把配置包"08\通讯录登记"文件夹复制到 Winserver2016-DNS-Web 服务器的 C 盘根目录下。可以把 EVE-NG 虚拟机的网卡临时连接到 Cloud0 网络，并为其配置一个 IP 地址，该 IP 地址与真实计算机 VMnet8 网卡的 IP 地址处于同一网段（即配置成 172.18.1.0/24），然后通过网络共享或远程桌面连接的方式，把文件复制到虚拟机上，最后再恢复虚拟机的网络连接。

在 Winserver2016-DNS-Web 服务器的"服务器管理"窗口中，单击菜单"工具"→"Internet Information Services(IIS)管理器"，打开"Internet Information Services(IIS)管理器"窗口，展开左侧的各项，可以看到 Default Web Site 选项，如图 8-3 所示。

图 8-3　IIS 管理器窗口

在 Default Web Site 上右键单击，从快捷菜单中选择"删除"，删除默认的 Default Web Site 站点。在图 8-3 所示的 IIS 管理器窗口中右键单击"网站"，从快捷菜单中选择"添加网站"，弹出"添加网站"对话框。在"网站名称"中填入网站的描述性名称，如果一台服务器运行了多个网站，通过添加描述可以很容易地区别每个站点的用途。单击"物理路径"右侧的"浏览"按钮，定位到"C:\通讯录登记"（这里也可以直接输入该路径）。"绑定"区域的"类型"中保持默认的 http，http 对应的默认端口是 TCP 的 80。这里也可以从"类型"下拉列表中选择 https，采用 https 的网站称为安全套接层（Secure Socket Layer, SSL）网站，默认的端口是 TCP 的 443；"IP 地址"字段保留默认的"全部未分配"，也就是通过本机配置的所有 IP 地址（包括 IPv4 地址和IPv6地址）都可以访问到该站点。如果为计算机分配了多个IP地址（若一台服务器上运行多个Web站点，就可以为此服务器配置多个IP地址），在"IP地址"下拉列表中选择要指定给此Web站点的IP地址，只有访问该IP地址才能对应到该网站。"主机名"字段暂且保持为空。单击"确定"按钮完成网站的添加，如图8-4所示。

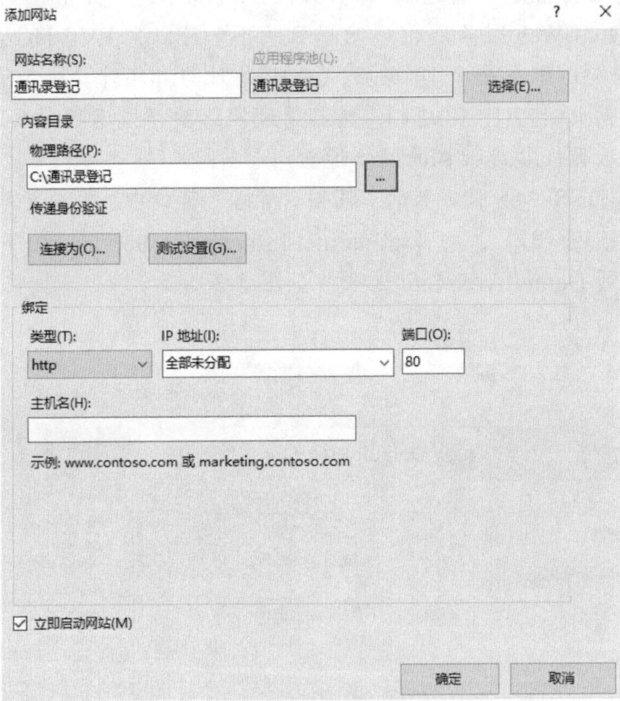

图8-4 添加网站

单击图8-3中间栏下方的"默认文档"，打开"默认文档"页面，如图8-5所示。可以看到访问该网站时，首先寻找的文档是Default.htm。如果找到就打开该网页，如果找不到，则继续找Default.asp，如果仍找不到，继续往下找。若所有文件都没有找到，且又没有启用网站"目录浏览"，将提示错误"403 - 禁止访问：访问被拒绝"。这里添加index.asp文档，并上移到最上面。

启用Access支持。因为通讯录登记的后台数据库是Access，要在应用程序池中设置，使其支持32位应用程序，这样才能支持Access数据库。单击图8-3中左侧列表栏中的"应用程序池"，在中间栏中可看到"通讯录登记"应用程序池，如图8-6所示。右键单击"通讯录登记"，选择"高级设置"，弹出"高级设置"对话框，从"常规"项中找到"启用32位应用程序"，把值从False改成True，如图8-7所示。

此时在内网计算机的IE浏览器中输入网址http://www.test.com，即可打开通讯录登记网页，如图8-8所示。单击"查看已经提交的通讯录"，可以看到所有已经登记的用户。

第 8 章　IPv6 网络过渡技术

图 8-5　默认文档

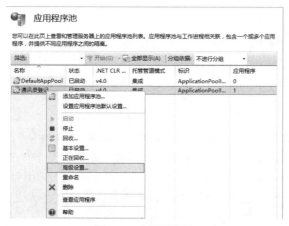

图 8-6　应用程序池

图 8-7　启用 32 位应用程序

295

IPv6 网络部署实战

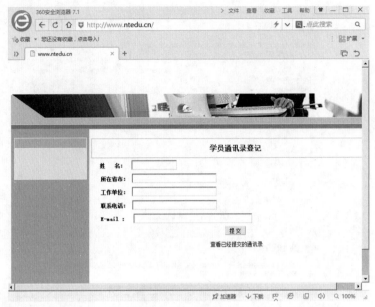

图 8-8　通讯录测试页

在网页中任意填入信息,然后单击"提交"按钮,结果提示"添加失败"。也就是说,这个通讯录登记程序只能查看,不能添加。这是由权限问题导致的。单击图 8-9 右侧列表栏中的"编辑权限"链接,打开"通讯录登记 属性"对话框,选择"安全"选项卡,在"组或用户名"中选择 Users(匿名访问网站的用户默认属于 Users 组),如图 8-10 所示,可以看出 Users 组的用户并没有修改权限,在 Access 数据中添加记录相当于修改数据文件。由于没有授予 Users 组对文件夹的修改权限,所以添加新记录失败。

图 8-9　编辑权限

296

单击图 8-10 中的"编辑"按钮,打开"通讯录登记的权限"对话框,在"组或用户名"中选择 Users,然后选中"修改"复选框,如图 8-11 所示。

图 8-10　查看用户权限　　　　　　　　图 8-11　增加修改权限

单击"确定"按钮返回。此时添加新的记录,提示添加成功。查看已经提交的通讯录,显示如图 8-12 所示。

图 8-12　查看已经提交的通讯录

读者可能注意到"联系电话"被隐藏了,这是出于安全考虑。管理员可以直接打开后台数据库查看电话号码。如需显示出来,可以用记事本打开 list.asp 文件,把"临时隐藏"替换成"<%=rs(2)%>"。

Winserver2016-DNS-Web2 服务器上保持默认的 Web 页设置,即 IIS 的开始页。

STEP 6　IPv6 测试。Win7、Win10-1、Win10-2、Win10-3 中的任一台计算机都可访问

http://www.edu.cn 和 http://www.ntedu.cn。打开 DOS 命令窗口，分别 ping 这两个域名，显示如图 8-13 所示。

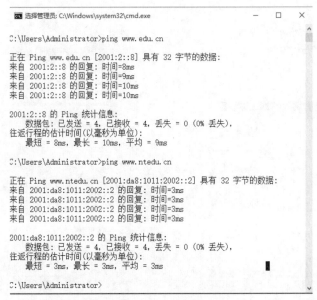

图 8-13　IPv6 域名测试

为 Win10-1 计算机配置静态的 IPv6 地址 2001:DA8:1011:1001::2，然后启用"远程桌面"，在 Win10-3 计算机上通过远程桌面程序连接 2001:DA8:1011:1001::2，然后输入用户名和密码，即可打开远程桌面，如图 8-14 所示。

通过 IPv6 访问内网时，不需要做 NAT 静态映射，因此相当方便。

图 8-14　IPv6 远程桌面

STEP 7 IPv4 测试。在 Win7、Win10-1、Win10-2、Win10-3 中的任一台计算机禁上用 IPv6 协议，仍然可以访问 http://www.edu.cn 和 http://www.ntedu.cn。打开 DOS 命令窗口，分别 ping 这两个域名，发现显示的是 IPv4 地址。

至此，双栈配置完成。

保存这个实验结果，后面实验需要在此实验的基础上继续。

8.3 隧道技术

隧道技术是一种封装技术，可以使用隧道技术把分隔的 IPv6 或 IPv4 孤岛连通起来。本节介绍下面多种隧道技术：

- GRE（Generic Routing Encapsulation，通用路由封装）隧道；
- IPv6 in IPv4 手动隧道；
- IPv4 兼容 IPv6 自动隧道；
- 6to4 隧道；
- ISATAP 隧道；
- 6PE；
- 6over4。

8.3.1 GRE 隧道

1. GRE over IPv4

在 IPv6 发展的初期阶段，存在被 IPv4 互联网分隔的 IPv6 孤岛。可以借助于 GRE 隧道来连通 IPv6 孤岛，如图 8-15 所示。

图 8-15　GRE over IPv4

实验 8-2　GRE 隧道互连 IPv6 孤岛

在 EVE-NG 中打开"Chapter 08"文件夹中的"8-2 IPv6 GRE"网络拓扑。在图 8-16 中，R1 和 R2 之间是纯 IPv6 网络，R2、R3 和 R4 之间是纯 IPv4 网络，R4 和 R5 之间是纯 IPv6 网络。R1 和 R5 是纯 IPv6 路由器，R3 是纯 IPv4 路由器，R2 和 R4 是双栈路由器。在 R2 和 R4 之间建立一条 GRE 隧道，R1 和 R5 之间的纯 IPv6 流量被封装在 IPv4 协议中，数据包流经路由器 R3 时，R3 只查看最外层的 IPv4 报头，并转发数据包到下一跳路由器，由此实现了 IPv6 流量跨 IPv4 网络的传输。

IPv6 网络部署实战

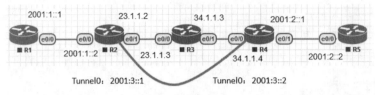

图 8-16　GRE over IPv4

STEP 1 路由器基本配置。配置包 "08\IPv6 GRE 基本配置.txt" 提供了配置脚本。R1 的配置如下：

```
Router>enable
Router#conf t
Router(config)#host R1
R1(config)#ipv6 unicast-routing
R1(config)#int e0/0
R1(config-if)#ipv6 add 2001:1::1/64
R1(config-if)#no shut
R1(config-if)#exit
R1(config)#ipv6 route ::/0 2001:1::2
```

R2 的配置如下：

```
Router>enable
Router#conf t
Router(config)#host R2
R2(config)#ipv6 unicast-routing
R2(config)#int e0/0
R2(config-if)#ipv6 add 2001:1::2/64
R2(config-if)#no shut
R2(config-if)#int e0/1
R2(config-if)#ip add 23.1.1.2 255.255.255.0
R2(config-if)#no shut
R2(config-if)#exit
R2(config)#ip route 34.1.1.0 255.255.255.0 23.1.1.3
```

R3 的配置如下：

```
Router>enable
Router#conf t
Router(config)#host R3
R3(config)#int e0/0
R3(config-if)#ip add 23.1.1.3 255.255.255.0
R3(config-if)#no shut
R3(config-if)#int e0/1
R3(config-if)#ip add 34.1.1.3 255.255.255.0
R3(config-if)#no shut
```

R4 的配置如下：

Router>enable
Router#conf t
Router(config)#host R4
R4(config)#ipv6 unicast-routing
R4(config)#int e0/0
R4(config-if)#ip add 34.1.1.4 255.255.255.0
R4(config-if)#no shut
R4(config-if)#int e0/1
R4(config-if)#ipv6 add 2001:2::1/64
R4(config-if)#no shut
R4(config-if)#exit
R4(config)#ip route 23.1.1.0 255.255.255.0 34.1.1.3

R5 的配置如下：

Router>enable
Router#conf t
Router(config)#host R5
R5(config)#ipv6 unicast-routing
R5(config)#int e0/0
R5(config-if)#ipv6 add 2001:2::2/64
R5(config-if)#no shut
R5(config-if)#exit
R5(config)#ipv6 route ::/0 2001:2::1

STEP 2 GRE 隧道配置。R2 的配置如下：

R2(config)#int tunnel 0	创建隧道接口 tunnel 0
R2(config-if)#tunnel source 23.1.1.2	隧道接口的源 IP 地址是 23.1.1.2
R2(config-if)#tunnel destination 34.1.1.4	隧道接口的目标 IP 地址是 34.1.1.4，要求路由可达
R2(config-if)#ipv add 2001:3::1/64	隧道接口配置 IPv6 地址
R2(config-if)#tunnel mode gre ip	隧道的类型是 GRE over IPv4
R2(config-if)#exi	
R2(config)#ipv6 route 2001:2::/32 2001:3::2	让去往 2001:2::/32 网段的 IPv6 路由经由隧道传输

R4 的配置如下：

R4(config)#int tunnel 0	
R4(config-if)#tunnel source 34.1.1.4	R2 隧道接口的目标地址，这里是源 IP 地址，隧道两端接口的源和目标 IP 地址相反
R4(config-if)#tunnel destination 23.1.1.2	
R4(config-if)#ipv add 2001:3::2/64	
R4(config-if)#tunnel mode gre ip	
R4(config-if)#exit	
R4(config)#ipv6 route 2001:1::/32 2001:3::1	让去往 2001:1::/32 网段的 IPv6 路由经由隧道传输

STEP 3 测试。在 R1 上 ping R5 路由器的 IPv6 地址，可以 ping 通。IPv6 的流量穿越了 IPv4 网络（该实验中的 R3 路由器是纯 IPv4 网络）。

2．GRE 隧道工作原理

R1 去往 R5 的 IPv6 报文是如何传递的呢？R1 的 ping 包到达 R2，R2 查找路由表得知去往 2001:2::2 的数据包要通过隧道接口，该数据包被送往隧道接口进行封装。图 8-17 所示为在路由器 R3 的 E0/0 接口上捕获的数据包。当前显示的这个数据包是 R1 去往 R5 的 ping 包，为了方便讲解，图中加了编号。

编号 1 是帧的基本信息描述，比如帧的字节数。

编号 2 是 TCP/IP 参考模型的第一层，即网络访问层。这里是 Ethernet Ⅱ（以太网类型Ⅱ）的帧，因为是以太网，所以会有数据帧的源和目标 MAC 地址。

编号 3 是 TCP/IP 参考模型的第二层，即网络层，这里的源和目标 IP 地址是隧道的两端 IP 地址。

编号 4 是 GRE 协议。

编号 5 是 IPv6 数据报头，源 IPv6 地址是 R1 的地址，目标 IPv6 地址是 R5 的地址。

编号 6 是 ICMPv6 的报文。

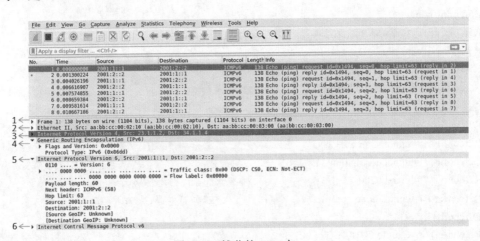

图 8-17　捕获的 GRE 包

图 8-17 的数据包可抽象成如图 8-18 所示的示意图。对路由器 R3 来说，把"GRE 报头+IPv6 报头+IPv6 有效数据"作为 IPv4 的有效数据，只要根据 IPv4 报头就可以实现正常的数据包转发了。

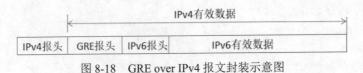

图 8-18　GRE over IPv4 报文封装示意图

路由器 R4 收到数据包后将其解封装，得到 IPv6 报头+IPv6 有效数据。由于 R4 是双栈路由器，因此会根据 IPv6 报头转发数据包。R5 向 R1 返回数据包的过程也是按照"隧道起点封装→IPv4 网络中的路由→隧道终点解封装"进行的。

3．GRE 隧道的特点

GRE 隧道通用性好，易于理解。但 GRE 隧道是手动隧道，每个隧道都需要手动配置。试想一下，如果一个 IPv6 孤岛要与很多 IPv6 孤岛相连，就需要手动建立多条隧道。如果多个 IPv6 孤岛彼此间都要互连，管理员配置和维护 GRE 隧道的难度将陡增。

4．GRE over IPv6

在 IPv6 发展的后期阶段，需要在 IPv6 互联网上建立隧道用来传输 IPv4 的流量，以解决 IPv4 孤岛问题，如图 8-19 所示。

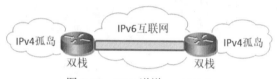

图 8-19　GRE 遂道 over IPv6

实验 8-3　GRE 隧道互连 IPv4 孤岛

在 EVE-NG 中打开"Chapter 08"文件夹中的"8-3 IPv4 GRE"网络拓扑。在图 8-20 中，R1 和 R2 之间是纯 IPv4 网络，R2、R3 和 R4 之间是纯 IPv6 网络，R4 和 R5 之间是纯 IPv4 网络。R1 和 R5 是纯 IPv4 路由器，R3 是纯 IPv6 路由器，R2 和 R4 是双栈路由器。在 R2 和 R4 之间建立一条 GRE 隧道，R1 和 R5 之间的纯 IPv4 流量被封装在 IPv6 协议中，数据包流经路由器 R3 时，R3 只查看最外层的 IPv6 报头，并转发数据包到下一跳路由器，由此实现了 IPv4 流量跨 IPv6 网络的传输。

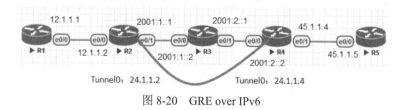

图 8-20　GRE over IPv6

STEP 1　路由器基本配置。配置包"08\IPv4 GRE 基本配置.txt"提供了配置脚本。R1 的配置如下：

```
Router>enable
Router#conf t
```

Router(config)#host R1

R1(config)#int e0/0

R1(config-if)#ip add 12.1.1.1 255.255.255.0

R1(config-if)#no shut

R1(config-if)#exit

R1(config)#ip route 0.0.0.0 0.0.0.0 12.1.1.2

R2 的配置如下：

Router>enable

Router#conf t

Router(config)#host R2

R2(config)#ipv6 unicast-routing

R2(config)#int e0/0

R2(config-if)#ip add 12.1.1.2 255.255.255.0

R2(config-if)#no shut

R2(config-if)#int e0/1

R2(config-if)#ipv6 add 2001:1::1/64

R2(config-if)#no shut

R2(config-if)#exit

R2(config)#ipv6 route 2001:2::/32 2001:1::2

R3 的配置如下：

Router>enable

Router#conf t

Router(config)#host R3

R3(config)#ipv6 unicast-routing

R3(config)#int e0/0

R3(config-if)#ipv6 add 2001:1::2/64

R3(config-if)#no shut

R3(config-if)#int e0/1

R3(config-if)#ipv6 add 2001:2::1/64

R3(config-if)#no shut

R4 的配置如下：

Router>enable

Router#conf t

Router(config)#host R4

R4(config)#ipv6 unicast-routing

R4(config)#int e0/0

R4(config-if)#ipv6 add 2001:2::2/64

R4(config-if)#no shut

R4(config-if)#int e0/1

R4(config-if)#ip   add 45.1.1.4 255.255.255.0
R4(config-if)#no shut
R4(config-if)#exit
R4(config)#ipv6 route 2001:1::/32 2001:2::1

R5 的配置如下：

Router>enable
Router#conf t
Router(config)#host R5
R5(config)#int e0/0
R5(config-if)#ip add 45.1.1.5 255.255.255.0
R5(config-if)#no shut
R5(config-if)#exit
R5(config)#ip route 0.0.0.0 0.0.0.0 45.1.1.4

STEP 2 GRE 隧道配置。R2 的配置如下：

R2(config)#int tunnel 0	创建隧道接口 tunnel 0
R2(config-if)#tunnel source 2001:1::1	隧道接口的源 IPv6 地址是 2001:1::1
R2(config-if)#tunnel destination 2001:2::2	隧道接口的目标 IP 地址是 2001:2::2，要求 IPv6 路由可达
R2(config-if)#ip add 24.1.1.2 255.255.255.0	隧道接口配置 IPv4 地址
R2(config-if)#tunnel mode gre ipv6	隧道的类型是 GRE over IPv6
R2(config-if)#exit	
R2(config)# ip route 45.1.1.0 255.255.255.0 24.1.1.4	让去往 45.1.1.10 网段的 IPv4 路由经由隧道传输

R4 的配置如下：

R4(config)#int tunnel 0	
R4(config-if)#tunnel source 2001:2::2	R2 隧道接口的目标地址，这里是源 IPv6 地址，隧道两端接口的源和目标 IPv6 地址相反
R4(config-if)#tunnel destination 2001:1::1	
R4(config-if)#ip add 24.1.1.4 255.255.255.0	
R4(config-if)#tunnel mode gre ipv6	
R4(config-if)#exit	
R4(config)#ip route 12.1.1.0 255.255.255.0 24.1.1.2	

STEP 3 测试。在 R1 上 ping R5 路由器的 IPv4 地址，可以 ping 通。IPv4 的流量穿越了 IPv6 网络（该实验中的 R3 路由器是纯 IPv6 网络）。

对路由器 R3 来说，把"GRE 报头+IPv4 报头+IPv4 有效数据"作为 IPv6 的有效数据，只要根据 IPv6 报头就可以实现正常的数据包转发了，如图 8-21 所示。

图 8-21   GRE over IPv6 报文封装示意图

实验 8-4　IPv4 客户端使用 PPTP VPN 隧道访问 IPv6 网络

实验 8-1 使用双栈解决了用户访问 IPv4 网络和 IPv6 网络的问题，在有些情况下可能不具备配置双栈的条件。比如在图 8-22 中，一个出差在外的员工想要访问公司的 IPv6 网络（公司网络是双栈接入），但他当前只能访问 IPv4 网络，此时就可以通过 VPN 接入公司，获取 IPv6 地址，然后再访问 IPv6 网络。同时，公司内网中也有些区域不支持 IPv6，比如三层交换机不支持 IPv6，内网中的用户也可以通过 VPN 连接到内网中的 VPN 服务器获得 IPv6 地址，使用 IPv6 服务。

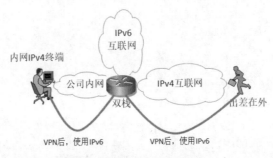

图 8-22　VPN 后使用 IPv6

STEP 1　搭建拓扑。本实验需要在实验 8-1 的基础上继续。如图 8-23 所示，为了节省资源，关闭不用的 Win10-1 和 Win10-2 计算机。添加 1 台 Windows Server 2016 计算机用来提供 VPN 服务，它的 IPv4 地址是 10.2.2.3/24，IPv6 地址是 2001:da8:1011:2002::3/64。HillStoneSG6000V6 是公司的出口防火墙，有双栈接入。内网中的 Win7 禁用 IPv6 协议，它通过连接 VPN 后来获得 IPv6 服务。外网中的 Win10-3 禁用 IPv6 协议，用来模拟出差在外的 IPv4 客户，它通过连接公司的 VPN 服务器获得 IPv6 服务。

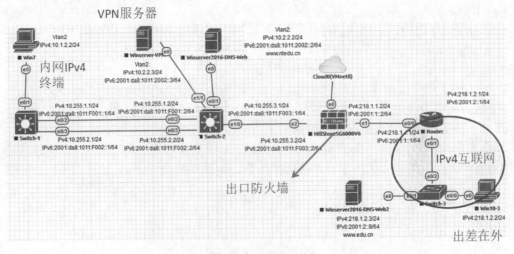

图 8-23　VPN GRE

STEP 2 防火墙配置。在防火墙上配置端口映射，把公网 IPv4 地址的 PPTP（Point to Point Tunneling Protocol，点对点隧道协议）服务映射到内网 VPN 服务器（10.2.2.3）的 1723 端口，如图 8-24 所示。PPTP 服务默认使用的是 TCP 1723 端口。

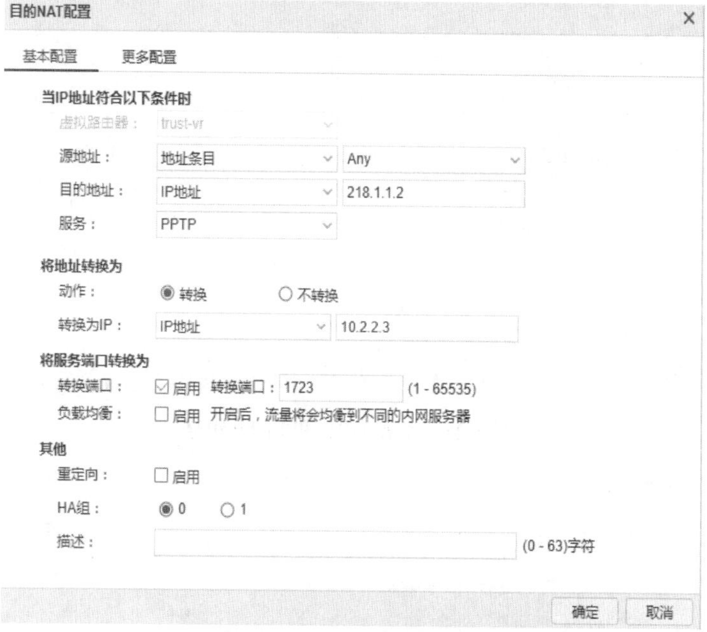

图 8-24　配置 PPTP 端口映射

配置策略，允许外网访问 IPv4 地址 218.1.1.2 的 PPTP 和 GRE 服务，如图 8-25 所示。

STEP 3　VLAN 和 IPv6 路由配置。Switch-2 的配置如下：

Switch-2(config)#int e1/1
Switch-2(config-if)#switchport mode access
Switch-2(config-if)#switchport access vlan 2　　　*把 VPN 服务器划入 VLAN 2*
Switch-2(config-if)#exit
Switch-2(config)#ipv6 route 2001:da8:1011:2008::/64 2001:da8:1011:2002::3　　*在 IPv4 VPN 中，VPN 用户可以使用 VPN 服务器所在网段的 IPv4 地址，但在 IPv6 VPN 中，VPN 用户不能使用 VPN 服务器所在网段的 IPv6 地址，需要另分一段，本实验中计划分配的是 2001:da8:1011:2008::/64 这段 IPv6 地址，所以需要在三层交换机上配置路由，把去往 2001:da8:1011:2008::/64 网段的 IPv6 路由发往 VPN 服务器（2001:da8:1011:2002::3）*

STEP 4　配置 VPN 服务器。
1. 为 VPN 服务器配置 IPv4 和 IPv6 地址。
2. 添加服务器角色。在 Winserver-VPN 服务器上运行"添加角色和功能向导"，在"选择服务器角色"界面中选中"远程访问"，如图 8-26 所示。此时系统可能会提示"此计算机和目标服务器或 VHD 之间可能存在版本不匹配的问题"，不用理会，单击"下一步"按钮。

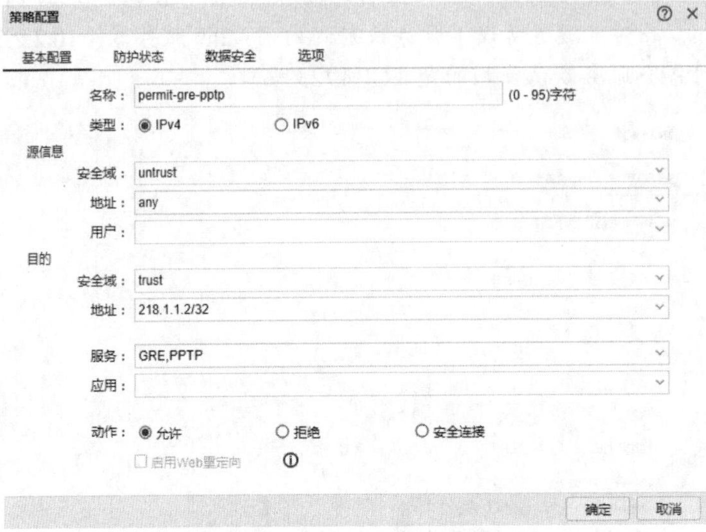

图 8-25　配置 GRE 和 PPTP 策略

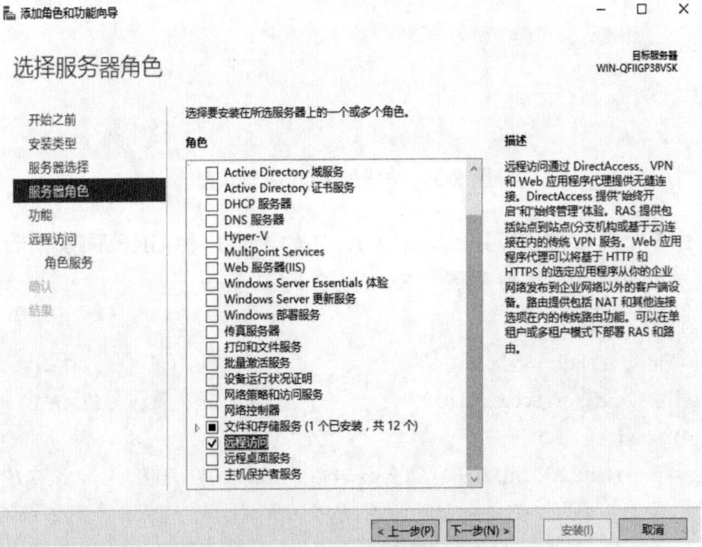

图 8-26　添加远程访问

接下来为远程访问选择角色服务,如图 8-27 所示,选中"DirectAccess 和 VPN"和"路由"复选框,弹出"添加路由所需功能"对话框,单击"添加功能"返回,继续"下一步",开始安装"远程访问"功能。

3. 开始配置"路由和远程访问"。在"服务器管理器"窗口中,单击菜单"工具"→"路由和远程访问",打开"路由和远程访问"窗口,如图 8-28 所示。

第 8 章　IPv6 网络过渡技术

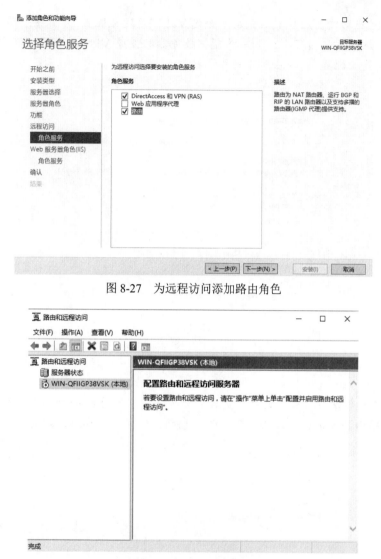

图 8-27　为远程访问添加路由角色

图 8-28　路由和远程访问

4. 运行"路由和远程访问服务器安装向导"。在图 8-28 左侧栏的计算机名上单击鼠标右键，选择"配置并启用路由和远程访问"，弹出"路由和远程访问服务器安装向导"，单击"下一步"按钮。

"路由和远程访问服务器安装向导"接下来询问要启用下列哪些服务，也可以自定义配置，如图 8-29 所示。第一个选项是配置"远程访问（拨号或 VPN）"，但需要服务器上配有两块网卡，本实验的 VPN 服务器是旁路型 VPN，只配有一块网卡，因此不适合这个选项。第二个选项是配置"网络地址转换"，一般用在出口，可以替代防火墙或路由器提供 NAT 服务。第三个选项是配置"虚拟专用网络（VPN）访问和 NAT"。第四个选项是"两个专用网络之间的安全连接",相当于充当路由器的功能。最后一个选项是"自定义配置",需要手动来配置。比如,在服务器只有一块网卡的情况下,如果希望把服务器配置成VPN服务器,就需要手动配置。本实验选择"自定义配置",单击"下一步"按钮。

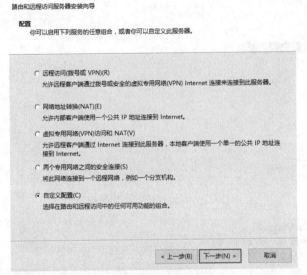

图 8-29 选择服务

安装向导接下来会询问自定义配置要启用哪些服务,如图 8-30 所示。这里选择"VPN 访问"和"LAN 路由"复选框,单击"下一步"按钮,完成安装向导的配置。

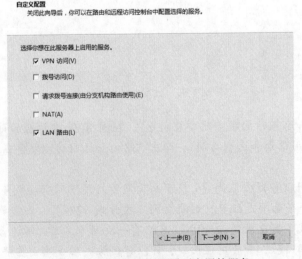

图 8-30 选择自定义配置要启用的服务

安装向导完成后，会提示是否启动服务。单击"启动服务"，启动 VPN 服务。

5. 自定义配置 VPN 其他选项。VPN 向导完成后，还需要一些手动配置，在计算机名上单击鼠标右键，在弹出的快捷菜单中选择"属性"，如图 8-31 所示。

图 8-31 VPN 服务器属性配置

在 VPN 属性的"常规"选项卡下，选中"IPv6 路由器"复选框以及该复选框下的"局域网和请求拨号路由"单选按钮，选中"IPv6 远程访问服务器"复选框，如图 8-32 所示。

图 8-32 VPN 属性的常规设置

在VPN属性的"IPv4"选项卡中，选择"静态地址池"，然后单击"添加"按钮，起始IP地址（从）填入10.2.2.240，结束IP地址（到）填入10.2.2.250，第一个IP地址10.2.2.240被VPN服务器占用，除此之外还有10个IP地址可用，可以满足10个VPN用户的接入。这11个IP地址既然被VPN使用，在局域网环境中不要再使用了。这里也可以分配局域网中没有使用的另一段IP地址，但需要在三层交换机上配置路由，把这段IP地址段的路由指向VPN服务器。配置完成后的界面如图8-33所示。

在VPN属性的"IPv6"选项卡中，在"IPv6前缀分配"中填入2001:da8:1011:2008::，如图8-34所示。前面已经解释过，VPN用户分配的IPv6地址前缀不能与本地网段相同，所以这里另外配置了一段，并在三层交换机上把这段路由指向VPN服务器。

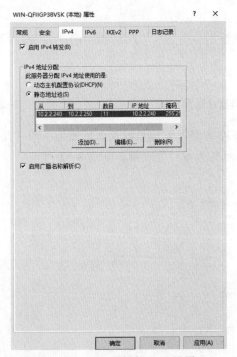
图8-33　VPN属性的IPv4设置

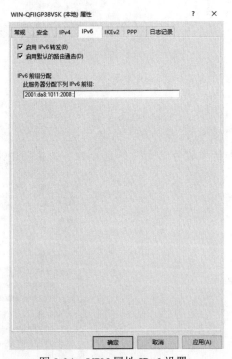
图8-34　VPN属性IPv6设置

VPN属性配置完成后，单击"确定"按钮，提示"需要重新启路由器"，如图8-35所示。单击"是"按钮，重启"路由和远程访问"服务。

STEP ⑤　建立VPN用户。在VPN服务的"服务器管理器"窗口中，单击菜单"工具"→"计算机管理"→"本地用户和组"→"用户"，新建一个test用户。然后编辑该用户属性，在"拨入"选项卡的"网络访问权限"中选择"允许访问"，如图8-36所示。

STEP ⑥　内网测试。Win7是内网中的一台计算机，用来模拟没有IPv6接入的情况，在配置并启用VPN后可以使用IPv6。

1. 禁用IPv6协议。在网卡的本地连接属性中，取消选中IPv6。

图 8-35　重启路由和远程访问　　　　图 8-36　设置 VPN 用户允许拨入

2. 建立 VPN 连接。在状态栏的网络图标上右键单击，选择"打开网络和共享中心"，打开"网络和共享中心"窗口，如图 8-37 所示。

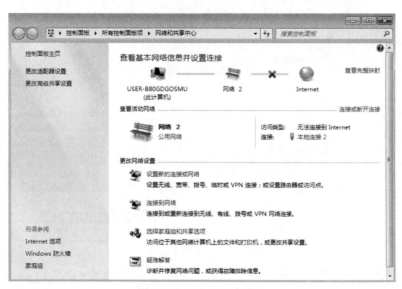

图 8-37　网络和共享中心

单击"设置新的连接或网络"链接，打开"设置连接或网络"配置向导，选择"连接到工作区"，如图 8-38 所示。

图 8-38　连接到工作区

单击"下一步"按钮，在接下来出现的"您想如何连接"对话框中选择"使用我的 Internet 连接（VPN）"。配置向导继续问"您想在继续之前设置 Internet 连接吗？"，这里选择"我将稍后设置 Internet 连接"。配置向导询问要连接的 Internet 地址，也就是询问 VPN 服务器的 IP 地址，这里输入 10.2.2.3，如图 8-39 所示。单击"下一步"按钮。

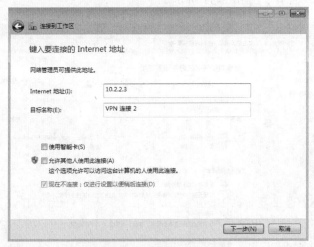

图 8-39　VPN 连接地址

接下来要"键入您的用户名和密码"，也就是 VPN 服务器上刚才配置的 test 用户和对应的密码。单击"创建"按钮，完成 VPN 连接的创建。

3. 测试。在 Win7 计算机的 DOS 命令行窗口中输入 ipconfig 命令，确认当前只有 IPv4 的 IP 地址。在图 8-37 所示的左侧列表栏中选择"更改适配器设置"，打开"网络连接"窗口，如图 8-40 所示。

第 8 章　IPv6 网络过渡技术

图 8-40　网络连接窗口

双击"VPN 连接"图标，打开"连接 VPN 连接"对话框，如图 8-41 所示。单击"连接"按钮，稍后提示 VPN 连接成功。

图 8-41　连接 VPN

打开 DOS 命令行，执行 ipconfig 命令，显示如图 8-42 所示。可以看到多出一个"PPP 适配器 VPN 连接"，被分配了 IPv4 地址 10.2.2.243 和前缀是"2001:da8: 1011:2008::"的 IPv6 地址，这个前缀是在前面的 VPN 服务器中指定的。

继续测试 IPv6 和 IPv4 的连通性。在 DOS 窗口中分别执行 tracert –d www.edu.cn 和 tracert -d 218.1.2.3 命令，显示如图 8-43 所示。www.edu.cn 这个域名分别对应了 IPv4 地址 218.1.2.3 和 IPv6 地址 2001:2:8，这里显示的 IPv6 地址证明在默认情况下优选 IPv6。IPv6 第一跳对应的 IPv6 地址是 VPN 服务器上"PPP 适配器 RAS（Dial In）Interface"虚接口的 IPv6 地址，可以在 VPN 服务器上使用 ipconfig 命令验证；第二跳是 VPN 服务器所在 VLAN 接口的 IPv6 网关；最后显示到 2001:2::8 可达。

IPv4 第一跳对应的 IPv4 地址是 VPN 服务器上"PPP 适配器 RAS（Dial In）Interface"虚接口的 IPv4 地址，可以在 VPN 服务器上使用 ipconfig 命令验证；第二跳是 VPN 服务器所在 VLAN 接口的 IPv4 网关；最后显示到 218.1.2.3 可达。

STEP 7　外网测试。Win10-3 是外网中的一台计算机，用来模拟没有 IPv6 接入的情况，在配置并启用 VPN 后可以使用 IPv6。

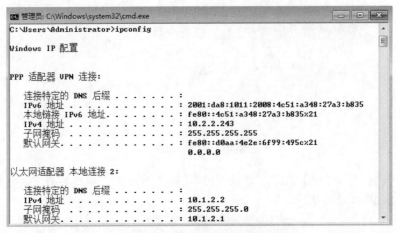

图 8-42　IPv6 地址获取验证

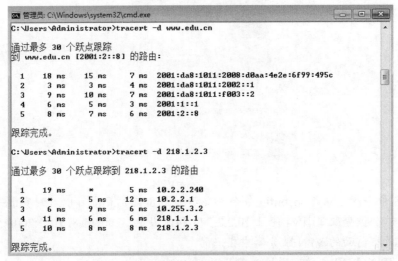

图 8-43　VPN 路径测试

1. 禁用 IPv6 协议。在网卡的本地连接属性中，取消选中 IPv6。
2. 建立 VPN 连接。在 Win10-3 上建立 VPN 连接的方式与 Win7 大致相同，这里不详细演示。在类似图 8-39 所示的 Internet 地址中要填入公网 IP 地址 218.1.1.2。
3. 测试。在 Win10-3 计算机的 DOS 命令行窗口中输入 ipconfig 命令，确认当前只有 IPv4 的 IP 地址。双击"VPN 连接"图标，打开"连接 VPN 连接"对话框，如图 8-44 所示。单击"连接"按钮，稍后提示 VPN 连接成功。

打开 DOS 命令行，执行 ipconfig 命令，显示如图 8-45 所示。可以看到多出一个"PPP 适配器 VPN 连接"，被分配了 IPv4 地址 10.2.2.244 和前缀是"2001:da8:1011:2008::"的 IPv6 地址，这个前缀是在前面的 VPN 服务器中指定的。

图 8-44　连接 VPN

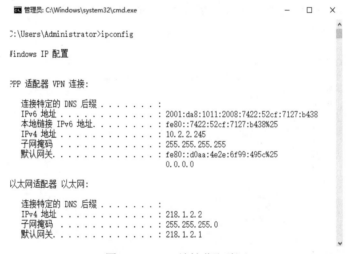

图 8-45　IPv6 地址获取验证

继续测试 IPv6 和 IPv4 的连通性。在 DOS 窗口中分别执行 tracert –d www.edu.cn 和 tracert -d 10.2.2.2 命令，显示如图 8-46 所示。Win10-3 虽没有 IPv6 接入，但经过 VPN 进入公司网络后，也可以使用 IPv6 访问内外网的 IPv6 服务。无论员工以后去哪儿出差，也不用担心没有 IPv6 接入了。

经过 VPN 连接后，Win10-3 到内网的 IPv4 地址（比如 10.2.2.2）也直接可达了。

STEP 8　配置 IPv4 地址优先。计算机默认是 IPv6 地址优先，能不能改成 IPv4 地址优先呢？当然可以，RFC 6724 对此有专业的解答。这里仅是演示一下效果，在实际使用中建议保持默认的 IPv6 优先。

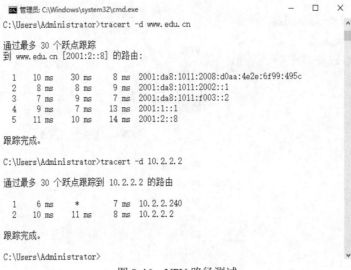

图 8-46　VPN 路径测试

在 Win10-3 计算机的管理员命令窗口中执行 netsh interface ipv6 show prefixpolicies 命令，显示前缀策略项，如图 8-47 所示。

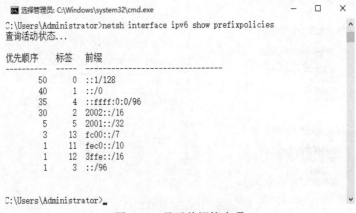

图 8-47　显示前缀策略项

执行 netsh interface ipv6 set prefixpolicy ::ffff:0.0.0.0/96 100 0 active 命令修改前缀策略项后，再次查看前缀策略项，然后测试域名解析，发现此时是 IPv4 优先了，显示如图 8-48 所示。

这里配置的 IPv4 优先仅在计算机重启前有效，若想一直有效，需要把参数 active 替换成 persistent（也可以不加参数，此时默认的就是 persistent）。

暂不要关闭实验 8-4，实验 8-5 需要在此基础上继续进行。

图 8-48　配置 IPv4 优先

实验 8-5　IPv6 客户端使用 L2TP VPN 访问 IPv4 网络

在实验 8-4 中，IPv4 用户借助于 PPTP VPN 通过 IPv4 互联网连接到公司，进而获得 IPv6 地址，访问 IPv6 网络中的服务。在 IPv6 发展的后期阶段，只有 IPv6 互联网，IPv4 网络则成为孤岛。本实验将演示如何通过 IPv6 互联网连接到公司，获得 IPv4 地址，进而访问公司内或外的 IPv4 网络上的服务。

STEP 1　搭建拓扑。这里仍然使用图 8-23 所示的拓扑，只是互联网变成了 IPv6 互联网，且 Win10-3 只配 IPv6 地址。

STEP 2　防火墙配置。L2TP/IPSec VPN 涉及的协议有：L2TP（Layer 2 Tunneling Protocol，第二层隧道协议，使用的是 UDP 的 1701 端口）、IPSec（Internet Protocol Security，Internet 安全协议，使用的是 ESP［Encapsulated Security Payload，封装安全负载］和 AH［Authentication Header，认证头部］协议）、IKE（Internet key exchange，Internet 密钥交换协议，使用的是 UDP 的 500 和 4500 端口）。在防火墙上配置策略，允许外网 IPv6 地址访问 VPN 服务器（IPv6 地址是 2001:da8:1011:2002::3）的 IKE、L2TP、IPSec 服务，如图 8-49 所示。PPTP VPN 使用的是 TCP 的 1723 端口，L2TP/IPSec VPN 使用的是 UDP 协议。有些时候，尤其是不清楚防火墙配置且 PPTP VPN 不成功的情况下，可以换为 L2TP/IPSec VPN 尝试。

STEP 3　VPN 客户端配置。Win10-3 充当 IPv6 的 VPN 客户端。

1. 禁用 IPv4 协议。在网卡的本地连接属性中，取消选中 IPv4。
2. 建立 VPN 连接。方法与前面相同，只不过 Internet 地址中填入的是 VPN 服务器 IPv6 的地址 "2001:da8:1011:2002::3"。

图 8-49　配置 IPv6 策略

3. 编辑 VPN 属性。右键单击新建的"VPN 连接 2",从快捷菜单中选择"属性",打开"VPN 连接 2 属性"对话框,选择"安全"选项卡,如图 8-50 所示。

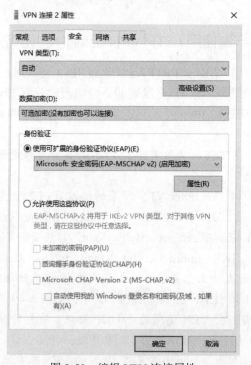

图 8-50　编辑 VPN 连接属性

单击"VPN 类型"下拉列表,选择"使用 IPSec 的第 2 层隧道协议（L2TP/IPSec）"选项。通过对比前面建立的 VPN 连接可以发现,前面建立的 VPN 连接下拉列表中有"点到点隧道协议（PPTP）"，而这里没有。由于不支持 PPTP，所以只好选 L2TP 了。单击图 8-50 中的"高级设置"按钮，弹出"高级属性"对话框，选择"使用预共享的密钥作身份验证"单选按钮，并在"密钥"中输入"cisco@123"，如图 8-51 所示。该密钥要与 VPN 服务器中的配置一致。单击"确定"按钮，完成 VPN 客户端的配置。

STEP 4 配置 VPN 服务器。打开"路由和远程访问"窗口，在计算机名上单击鼠标右键，在弹出的快捷菜单中选择"属性"，打开 VPN 属性配置对话框，选择"安全"选项卡，如图 8-52 所示。选中"允许 L2TP/IKEv2 连接使用自定义 IPsec 策略"复选框，并在"预共享的密钥"中输入"cisco@123"（与 VPN 客户中输入的密钥保持一致），单击"确定"按钮，完成 VPN 服务器的设置。

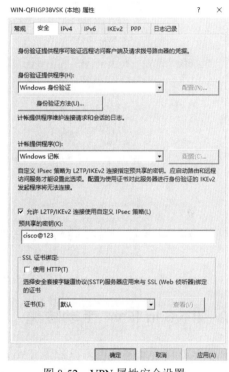

图 8-51　VPN 连接高级属性设置　　　　图 8-52　VPN 属性安全设置

STEP 5 连通性测试。Win10-3 是外网中的一台计算机，用来模拟没有 IPv4 接入的情况，在配置并启用 VPN 后可以使用 IPv4。

1. 禁用 IPv4 协议。在网卡的本地连接属性中，取消选中 IPv4。
2. 建立 VPN 连接。双击刚建立的"VPN 连接2"，稍后 VPN 连接成功。
3. 测试。在 Win10-3 计算机的 DOS 命令行窗口中输入 ipconfig 命令，显示如图 8-53 所示。可以看到多出一个"PPP 适配器 VPN 连接2"，它被分配了 IPv4 地址 10.2.2.244 和前缀是"2001:da8:1011:2008::"的 IPv6 地址。ping 内网的 10.2.2.2 服务器，发现可以 ping 通。IPv6 的

321

VPN 客户端可以访问 IPv4 服务了。

至此，IPv4 客户端可以使用 PPTP VPN 隧道访问 IPv6 网络，也可以使用 L2TP/IPSec VPN 隧道访问 IPv6 网络。IPv6 客户端可以使用 L2TP/IPSec VPN 隧道访问 IPv4 网络。由于 IPv6 客户端中的 VPN 属性中没有 PPTP 选项，只能使用 L2TP/IPSec VPN。这两个实验在 IPv6 过渡期间非常有实用价值，尤其是员工经常出差在外时，可以通过这种方式使用 IPv4 或 IPv6 访问公司内外的 IPv6 或 IPv4 网络，很是方便。

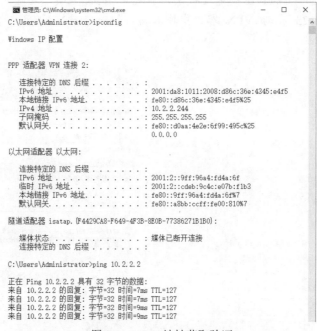

图 8-53 IPv6 地址获取验证

8.3.2 IPv6 in IPv4 手动隧道

IPv6 in IPv4 手动隧道也可以称为 IPv6 over IPv4 手动隧道，是把 IPv6 报文直接封装到 IPv4 报文中去。IPv6 in IPv4 手动隧道比 GRE 隧道少了一层封装协议，如图 8-54 所示。

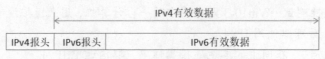

图 8-54 IPv6 in IPv4 报文封装示意图

IPv6 in IPv4 手动隧道与 GRE 隧道一样，也是需要手动配置每一条隧道，且配置命令与 GRE 隧道配置基本一样，区别就是改变隧道的封装协议。以实验 8-2 为例，针对 R2 路由器的配置进行改动。

原 GRE 隧道的配置如下：

R2(config-if)#tunnel mode gre ip　　　　　　　　隧道的类型是 GRE over IPv4

在 IPv6 in IPv4 手动隧道中，只需把上面的隧道封装模式改为如下所示：

R2(config-if)#tunnel mode ipv6ip　　　　　　　　隧道的类型是 IPv6 over IPv4

8.3.3　6to4 隧道

1．6to4 隧道介绍

6to4 隧道是一种自动隧道，它使用内嵌在 IPv6 地址中的 IPv4 地址建立，其 IPv6 地址格式如图 8-55 所示。

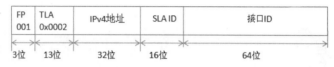

图 8-55　6to4 地址格式

- FP：可聚合全球单播地址的格式前缀（Format Prefix），其值为 001。
- TLA：顶级聚集符（Top Level Aggregator），其值为 0x0002。
- IPv4 地址：转换成十六进制的 IPv4 地址，占 32 位。
- SLA ID：站点级聚集符（Site Level Aggregator）ID。
- 接口 ID：接口标识符，占位 64 位。

6to4 地址可以表示为 2002::/16，接下来的 32 位是 IPv4 地址，这样前 48 位固定了。接下来 16 位的 SLA 是用户可以自定义的。比如用户 6to4 网络内部有多个网段，前 48 位相同，接下来的 16 位不同，可用以区分不同的网段。

6to4 隧道的封装与图 8-54 一样，只不过隧道的建立是动态的。6to4 路由器或主机根据要访问的目标 IPv6 地址（6to4 地址），从中取出 17~48 位将其转换成 IPv4 地址。6to4 路由器或主机用自己的公网 IPv4 地址作为隧道源地址，用目标公网 IPv4 地址作为目标地址，建立 IPv4 隧道，在隧道内传输 IPv6 数据。

在图 8-56 中，若是配置 IPv6 in IPv4 手动隧道，在全互联的情况下每台路由器需配置 3 条隧道，尽管路由器的配置复杂些，但还是可以配置，而一般计算机不支持 IPv6 in IPv4 手动隧道配置。6to4 网络采用了特殊的 IPv6 地址格式，若是与标准 IPv6 网络相连，需要配置 6to4 中继路由器。

在 EVE-NG 中打开 "Chapter 08" 文件夹中的 "8-5 6to4 Tunnel" 网络拓扑，如图 8-57 所示。路由器 R3、R4、R5、R7 和计算机 Win10 组成一个 IPv4 骨干网。R1、R2 和 R6 是 6to4 网络中的普通路由器。R3 和 R5 是 6to4 路由器，把 6to4 网络和 IPv4 网络相连。R7 是 6to4 中继路由器，把 6to4 网络和标准 IPv6 网络相连。Win10 是一台 6to4 网络的计算机。

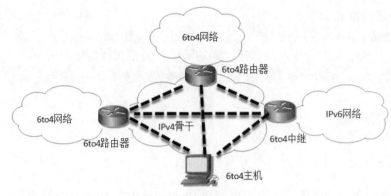

图 8-56　全互联 6to4 网络

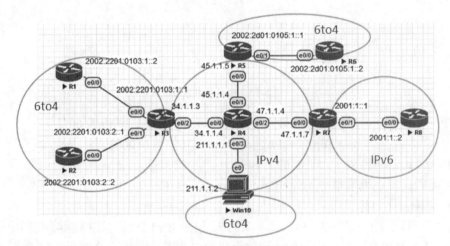

图 8-57　6to4 实验拓扑

路由器 R3 只有一个公网 IPv4 地址 34.1.1.3，只能用于一个 6to4 隧道的源地址。R3 连接了 2 段内部网段（这里用 R1 和 R2 来表示），并通过使用 6to4 地址中的 SLA ID 来区分，即 2002:2201:0103:**1**::/64 和 2002:2201:0103:**2**::/64。其中 2002 是 6to4 地址的前缀，34.1.1.3l 转换成十六进制是 2201:0103，接下来的 1 和 2 就是 SLA ID，用来区分内部不同网段。访问外部 IPv6 时，这两个网段共用一个隧道。

路由器 R5 的公网 IPv4 地址是 45.1.1.5，6to4 的 IPv6 地址前缀是 2002:2d01:0105，SLA ID 为 1（随意取的），完整 6to4 的 IPv6 地址前缀是 2002:2d01:0105:1::/64。

路由器 R7 连接的是标准 IPv6 网络，其他 6to4 网络通过 R7 访问标准 IPv6 网络，R7 也称为 6to4 中继路由器。所谓 6to4 中继，就是通过 6to4 隧道转发的 IPv6 报文的目的地址不是 6to4 地址，但转发的下一跳是 6to4 地址，这个下一跳路由器称之为 6to4 中继。隧道的 IPv4 目的地址依然从下一跳的 6to4 地址中获得。6to4 中继路由器可以解决普通 IPv6 网络与 6to4 网络通过 IPv4 网络的互通问题。

Win10 是一台具有公网 IPv4 地址的计算机,IPv4 地址是 211.1.1.2,对应的 6to4 IPv6 地址前缀是 2002:D301:0102::/48。

实验 8-6　6to4 隧道配置

采用 6to4 隧道配置技术,完成图 8-57 中所有 IPv6 网络之间的互通。配置和测试步骤如下。

STEP 1　IP 地址配置。配置所有设备的 IPv4 和 IPv6 地址。配置详见配置包 "08\6to4 IP 配置.txt"。

STEP 2　基本路由配置。R1 的配置如下:

```
R1(config)#ipv6 unicast-routing
R1(config)#ipv6 route ::/0 2002:2201:0103:1::1     R1 去往所有 IPv6 的路由都发往 R3
```
R2 的配置如下:
```
R2(config)#ipv6 unicast-routing
R2(config)#ipv6 route ::/0 2002:2201:0103:2::1
```
R3 的配置如下:
```
R3(config)#ipv6 unicast-routing
R3(config)# ip route 0.0.0.0 0.0.0.0 34.1.1.4      这里配的是 IPv4 路由,实现 IPv4 全网全通
```
R4 不需要配置路由。

R5 的配置如下:
```
R5(config)#ipv6 unicast-routing
R5(config)#ip route 0.0.0.0 0.0.0.0 45.1.1.4
```
R6 的配置如下:
```
R6(config)#ipv unicast-routing
R6(config)#ipv6 route ::/0 2002:2d01:0105:1::1
```
R7 的配置如下:
```
R7(config)#ipv6 unicast-routing
R7(config)#ip route 0.0.0.0 0.0.0.0 47.1.1.4
```
R8 的配置如下:
```
R8(config)#ipv6 unicast-routing
R8(config)#ipv6 route ::/0 2001:1::1
```
Win10 计算机的 IP 地址是 211.1.1.2,网关 IP 地址是 211.1.1.1。

STEP 3　6to4 隧道配置。R3 的配置如下:

```
R3(config)#int tunnel 0                            创建隧道接口
R3(config-if)#tunnel source 34.1.1.3               隧道源地址是路由器的公网 IPv4 地址
R3(config-if)#tunnel mode ipv6ip 6to4              隧道的模式是 6to4 隧道
R3(config-if)#ipv6 add 2002:2201:0103:0::1/64      隧道接口的 IP 地址,这个 IPv6 地址要满足 6to4 的 IPv6
                                                   地址前缀,SLA ID 可以随意取值,这里取最小的值 0
R3(config-if)#exit
```

R3(config)#ipv6 route 2002::/16 tunnel 0	配置路由，让去往 6to4 的 IPv6 地址（也就是 2002::/16 前缀的地址）的路由通过隧道接口传输
R3(config)#ipv6 route ::/0 2002:2f01:0107:0::1	配置其他标准 IPv6 路由。由于网络中还有其他标准 IPv6 地址，所以这里需要配置具体路由（这里直接配了默认路由）。如果网络中有多个标准 IPv6 网络以及多个 6to4 中继路由器，这里就需要添加具体路由了。2002:2f01:0107:0::1 是 6to4 中断路由器的隧道接口 IPv6 地址，这里是 R7 路由器 6to4 隧道接口的 IPv6 地址

R5 的配置如下：

R5(config)#interface tunnel 0
R5(config-if)#tunnel source 45.1.1.5
R5(config-if)#tunnel mode ipv6ip 6to4
R5(config-if)#ipv add 2002:2d01:0105:0::1/64
R5(config-if)#exit
R5(config)#ipv6 route 2002::/16 tunnel 0
R5(config)#ipv6 route ::/0 2002:2f01:0107:0::1

R7 的配置如下：

R7(config)#int tunnel 0 R7(config-if)#tunnel source 47.1.1.7 R7(config-if)#tunnel mode ipv6ip 6to4 R7(config-if)#ipv6 add 2002:2f01:0107:0::1/64	隧道接口的 IP 地址，这个 IPv6 地址要满足 6to4 的 IPv6 地址前缀，SLA ID 可以随意取值，这里取最小的值 0
R7(config-if)#exit R7(config)#ipv6 route 2002::/16 tunnel 0	仅配置 6to4 IPv6 地址的路由（当然也可以配置默认路由，因为这个标准 IPv6 网络中并没有复杂的路由

Win10 计算机的配置如下：

C:\Users\Aadministrator>netsh interface 6to4 set state enable	启用 6to4（把 enable 改成 disable 就是禁用 6to4 隧道）
C:\Users\Aadministrator>route add ::/0 2002:2f01:0107:0::1	如果只有 6to4 的 IPv4 地址，则不需要添加路由，但由于存在其他的 IPv6 地址，所以需要添加具体路由（这里直接使用了默认路由）

在计算机上的执行结果如图 8-58 所示。

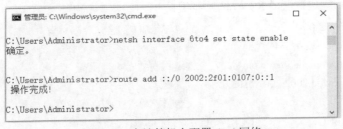

图 8-58　在计算机上配置 6to4 网络

STEP 4 测试。在 Win10 和 IPv6 路由器上 ping 图 8-57 中的任何 IPv6 地址都可以 ping 通。

2. 6to4 隧道工作原理

这里通过实验来讲解 6to4 隧道的工作原理。

实验测试 1：在路由器 R1 上 ping 2002:2d01:0105:1::2。路由器 R1 上配置了默认路由，把数据包发往路由器 R3。路由器 R3 收到 R1 发过来的数据包，看到数据包的目标 IP 地址是 2002:2d01:0105:1::2。R3 查找自己的路由表，知道去往该地址的数据包要从隧道接口发出，这是一个 6to4 的隧道接口。R3 从目标 IPv6 地址中取出 2d01:0105，将其转换成 IPv4 地址 45.1.1.5。R3 用隧道接口的源 IPv4 地址 34.1.1.3 和目标 IPv4 地址 45.1.1.5 对 IPv6 数据包进行封装并发出。路由器 R4 收到 R3 发过来的数据包，根据数据包的目标 IPv4 地址查找路由表并转发到 R5。路由器 R5 收到数据包后，发现这个数据包的目标 IPv4 地址就是自己，于是解封装，在看到 IPv6 的数据报头后进一步查找 IPv6 路由表，然后把 IPv6 的数据包发往路由器 R6。数据包从 R6 返回 R1 的过程基本上与发送过程类似，这里不再细述。

实验测试 2：在路由器 R1 上 ping 2001:1::2。路由器 R1 把数据包发往路由器 R3。路由器 R3 收到 R1 发过来的数据包，看到数据包的目标 IP 地址是 2001:1::2。R3 查找自己的路由表，知道去往该地址的数据包要发往 2002:2f01:0107:0::1，这个下一跳地址属于路由 2002::/16，而去往 2002::/16 的路由要走 6to4 的隧道接口。R3 从下一跳 IPv6 地址中取出 2f01:0107，将其转换成 IPv4 地址 47.1.1.7。R3 用隧道接口的源 IPv4 地址 34.1.1.3 和目标 IPv4 地址 47.1.1.7 对 IPv6 数据包进行封装并发出。路由器 R4 收到 R3 发过来的数据包，根据数据包的目标 IPv4 地址查找路由表并转发往 R7。路由器 R7 收到数据包后，发现这个数据包的目标 IPv4 地址就是自己，于是解封装，在看到 IPv6 的数据报头后进一步查找 IPv6 路由表，然后把 IPv6 的数据包发往路由器 R8。数据包从 R8 返回 R1 的过程与从 R8 返回 R1 的过程类似，这里不再细述。

3. 6to4 隧道的特点

前面介绍的 GRE 隧道、IPv6 in IPv4 隧道都是手动隧道，每条隧道都需要单独建立和维护。6to4 隧道是自动建立隧道，因此维护方便。6to4 隧道的缺点是必须使用规定的 6to4 地址格式。为了使用标准 IPv6 网络访问 6to4 网络，需要将 6to4 具体路由通告到 IPv6 网络中，而一般管理员的权限不够，只能通告到有限的 IPv6 网络中。假如管理员有权限，可以把 6to4 具体路由注入到 IPv6 骨干网中，但众多明细的 6to4 具体路由条目会破坏 IPv6 路由的全球可聚合性，这限制了 6to4 隧道的使用。

8.3.4 ISATAP 隧道

1. ISATAP 隧道介绍

ISATAP（Intra-Site Automatic Tunnel Addressing Protocol，站点内自动隧道寻址协议）

不仅是一种自动隧道技术，而且可以对 IPv6 地址进行自动配置。ISATAP 典型的用法就是把运行 IPv4 协议的 ISATAP 主机连接到 ISATAP 路由器，这台主机再利用分配的 IPv6 地址接入 IPv6 网络。

ISATAP 隧道的地址也有特定的格式，ISATAP 主机的前 64 位是通过向 ISATAP 路由器发送请求得到的，后 64 位是接口 ID，有固定的格式：

::200:5EFE:a.b.c.d

其中 200:5EFE 是 IANA 规定的格式；a.b.c.d 是单播 IPv4 地址嵌入到 IPv6 地址的最后 32 位。与 6to4 地址类似，ISATAP 地址中也嵌入了 IPv4 地址，ISATAP 隧道可以根据目标 ISATAP 地址中的 IPv4 建立。

ISATAP 隧道属于 NBMA（Non-Broadcast Multiple Access，非广播多路访问网络）网络，在前面的学习中得知，IPv6 主机向路由器发送组播报文 RS，然后从路由器收到组播报文 RA，获取路由器分配的 IPv6 前缀。由于 NBMA 网络不支持组播，因此 ISATAP 主机通过发送单播报文到 ISATAP 路由器的链路本地地址来获取 IPv6 前缀。ISATAP 路由器的链路本地地址有固定的格式：

Fe80::0:5EFE:a.b.c.d

其中 0:5EFE 是 IANA 规定的格式；a.b.c.d 是单播 IPv4 地址嵌入到 IPv6 地址的最后 32 位。ISATAP 主机通过源 IPv6 地址 Fe80::200:5EFE:a.b.c.d 将目标是 Fe80::0:5EFE:a.b.c.d 的 RA 报文发送出去。ISATAP 主机完成数据的封装，中间路由器看到的都是 IPv4 地址。

在图 8-59 中，两台 ISATAP 主机通过 ISATAP 隧道连接到 ISATAP 路由器，获得 IPv6 前缀，再结合本地的 64 位的接口 ID "200:5EFE:a.b.c.d" 形成 IPv6 地址，然后就可以访问 IPv6 网络了。因为两台 ISATAP 主机的链路本地地址和 IPv6 地址都包含了 IPv4 地址，所以它们之间的 ISATAP 隧道也是自动建立的，两台 ISATAP 主机之间可以直接通过链路本地地址和 IPv6 地址互访。

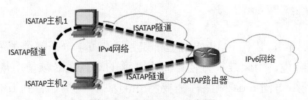

图 8-59　ISATAP 示意图

实验 8-7　ISATAP 隧道配置

在 EVE-NG 中打开 "Chapter 08" 文件夹中的 "8-6 ISATAP Tunnel" 网络拓扑，如图 8-60 所示。ISATAP 主机 Win10-1 和 Win10-2 通过 IPv4 网络连接到 ISATAP 路由器 R2，获取 IPv6 地址，进而访问 IPv6 网络。配置和测试步骤如下。

STEP 1　IP 地址配置。配置所有设备的 IPv4 和 IPv6 地址，配置详见配置包 "08\ISATAP IP 配置.txt"。

第 8 章 IPv6 网络过渡技术

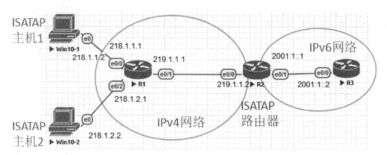

图 8-60 ISATAP 实验拓扑

STEP 2 基本路由配置。R1 不需要配置路由。

R2 的配置如下：

R2(config)#ipv6 unicast-routing
R2(config)#ip route 218.1.0.0 255.255.0.0 219.1.1.1

R3 的配置如下：

R3(config)#ipv6 unicast-routing
R3(config)# ipv6 route ::/0 2001:1::1

Win10-1 主机的 IP 地址是 218.1.1.2，网关 IP 地址是 218.1.1.1。Win10-2 主机的 IP 地址是 218.1.2.2，网关 IP 地址是 218.1.2.1。

STEP 3 ISATAP 隧道配置。

R2 的配置如下：

R2(config)#interface Tunnel0	创建一个隧道接口
R2(config-if)# ipv6 address 2001:2::1/64	配置 IPv6 地址（可以随意配置，没有特殊要求）
R2(config-if)# no ipv6 nd ra suppress	以太网接口下隐式含有这条命令。隧道接口隐含的命令是 ipv6 nd ra suppress，即隧道接口默认抑制 RA 报文，这里关闭抑制
R2(config-if)# tunnel source 219.1.1.2	隧道接口的源地址
R2(config-if)# tunnel mode ipv6ip isatap	隧道的模式是 ISATAP

Win10-1 主机的配置如下：

C:\Users\Aadministrator>netsh interface ipv6 isatap set state enabled　　　　启用 ISATAP，Win10 主机上默认启用 ISATAP 隧道，有时做了改动后不能马上生效，可以把这里的 enable 改成 disable，禁用 ISATAP，然后再重新启用，使新配置马上生效

　　　C:\Users\Aadministrator> netsh interface ipv6 isatap set router 219.1.1.2　　　　配置 ISATAP 路由器的 IPv4 地址。大家可能会困惑，ISATAP 隧道不是自动的吗，怎么还要配目标地址呢？这里配置 ISATAP 路由器，是为了让 ISATAP 主机请求到 IPv6 前缀。

Win10-2 主机上的执行结果如图 8-61 所示。从中可以看到 Win10-2 已经获取 IPv6 地址 2001:2::200:5efe:218.1.2.2，前缀是 2001:2::/64，接口 ID 是 200:5efe:218.1.2.2，默认网关是 ISATAP 路由器 R2 隧道接口的链路本地地址。

STEP 4 测试。在 Win10-1 和 Win10-2 上 ping 路由器 R3 的 IPv6 地址 2001:1::2，都可以 ping 通。Win10-1、Win10-2、R2 彼此 ping 对方的 IPv6 地址和链路本地地址都可以成功。

断开路由器 R2 后，Win10-1 和 Win10-2 仍可以 ping 通，原因是 ISATAP 主机之间会自动建立 ISATAP 遂道。

图 8-61　计算机上配置 6to4 网络

2．ISATAP 隧道工作原理

这里通过实验来讲解 ISATAP 隧道的工作原理。

实验测试 1：测试 Win10-1 和 Win10-2 链路本地地址之间的连通性。启用 ISATAP 后，Win10-1 生成链路本地地址 fe80::200:5efe:218.1.1.2，Win10-2 也生成了链路本地地址 fe80::200:5efe:218.1.2.2。有了 IPv6 的链路本地地址后，Win10-1 和 Win10-2 就有了 IPv6 连接功能，在 Win10-1 上 ping Win10-2 的链路本地地址 fe80::200:5efe:218.1.2.2 时，数据包从 Win10-1 发出去，经由 IPv4 封装，IPv4 的源 IP 地址是 218.1.1.2，目标 IP 地址是 218.1.2.2。中间的 IPv4 路由器会正常转发这个 IPv4 数据包。最后 IPv4 数据包到达 Win10-2 并解封装，看到 IPv6 的报头和数据。Win10-2 根据 IPv6 地址 fe80::200:5efe:218.1.1.2 得知 ISATAP 返回数据包要封装的 IPv4 地址是 218.1.1.2。

实验测试 2：在 Win10-2 上 ping IPv6 地址 2001:1::2。启用 ISATAP 后，Win10-2 生成链路本地地址 fe80:: 200:5efe:218.1.2.2，转换成十六进制是 fe80::200:5efe:da01:202。Win10-2 主机上配置了 ISATAP 路由器的 IPv4 地址 219.1.1.2，根据这个 IPv4 地址计算出 ISATAP 路由器的隧道接口的链路本地地址是 fe80::0:5efe:219.1.1.2，转换成十六进制是 fe80::5efe:db01:102，由于隧道属于 NBMA 网络，不支持组播，Win10-2 向 fe80::5efe:db01:102 发出 RS 报文。图 8-62 所示为在 Win10-2 上捕获的报文，编号 103 的报文是 Win10-2 发出的 RS 报文，源地址和目标地址与上面的分析一致。编号 104 的报文是 ISATAP 路由器返回的 RA 报文。图 8-62 最下方显示了路由器返回的前缀是 2001:2::/64，再结合 Win10-2 的接口 ID 值 200:5efe:da01:202，形成

完整的 IPv6 地址 2001:2::200:5efe:218.1.2.2。图 8-61 中验证了这个 IPv6 地址。

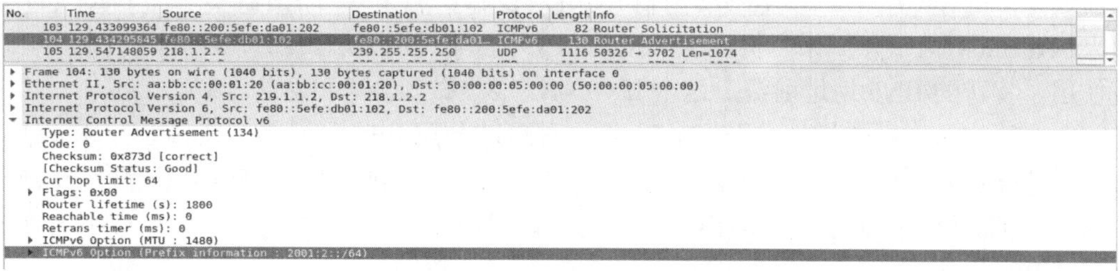

图 8-62　ISATAP RS/RA 报文

在 Win10-2 上 ping IPv6 地址 2001:1::2，该地址与本地 IPv6 地址 2001:2::200:5efe:218.1.2.2 不在同一个网络内，需要把数据包发给网关，也就是 fe80::0:5efe:219.1.1.2。从这个链路本地地址可以知道隧道的目标 IPv4 地址是 219.1.1.2。图 8-63 所示为在 Win10-2 上捕获的 ping 包，验证了上面的分析。

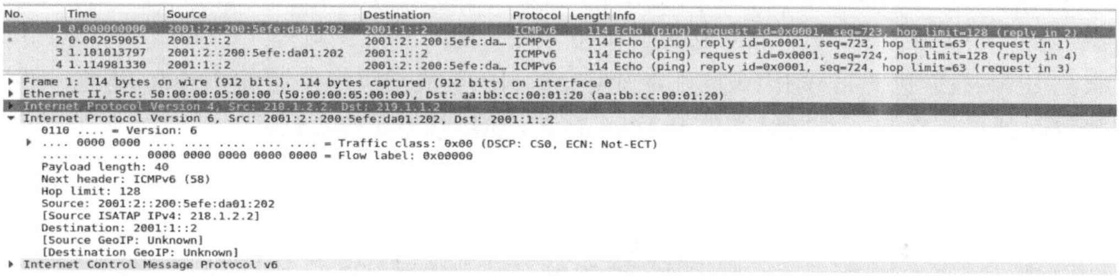

图 8-63　ISATAP 通信报文

3. ISATAP 隧道的特点

ISATAP 隧道的优点是解决了 IPv4 主机访问 IPv6 网络的问题，并且对 IPv6 地址前缀没有特别的要求；缺点是很多 NAT 设备不支持 IPv6 in IPv4 报文的穿越，导致 ISATAP 路由器和 ISATAP 主机之间的 IPv4 地址要直接可达。比如，如果 ISATAP 路由器用在公网上，则 ISATAP 主机需要有公网的 IPv4 地址，且不能经过 NAT 转换，因此在现阶段 IPv4 地址短缺的情况下实际应用的困难较大。如果 ISATAP 路由器用在内网，内网中的 ISATAP 主机则可以使用私有 IPv4 地址与 ISATAP 路由器通信，进而访问 IPv6 网络，这还是比较实用的。

8.3.5　Teredo 隧道

1. Teredo 隧道介绍

Teredo 隧道又称为面向 IPv6 的 IPv4 NAT 穿越隧道，在 IPv4 主机位于一个或多个 IPv4 NAT

设备之后时，用来为 IPv4 主机分配 IPv6 地址和自动隧道。

前面介绍的 6to4 隧道技术也是一种自动隧道技术，但 6to4 路由器使用一个公网的 IPv4 地址来构建 6to4 前缀，如果主机没有公网的 IPv4 地址，则无法使用 6to4 隧道。另外，6to4 隧道使用了特殊的 IPv6 地址前缀，这个 IPv6 前缀很难做到全球可达。

前面介绍的另一种隧道技术 ISATAP，是一种自动分配 IPv6 地址的自动隧道技术，对 IPv6 前缀没有特殊要求，但仍要求 IPv4 主机要具有公网 IPv4 地址。目前 IPv4 地址严重短缺，除服务器外，互联网上的大多数终端都没有公网 IPv4 地址，需要通过一次或多次 NAT 转换后才具有公网 IPv4 地址。

6to4 隧道和 ISATAP 隧道都无法解决私有 IPv4 地址访问 IPv6 网络的问题，而 Teredo 隧道很好地解决了这个问题。为了使 IPv6 数据包能够通过单层或多层 NAT 设备传输，它需要封装成 IPv4 的 UDP 数据，UDP 数据能够被众多的 NAT 设备解析并最终穿越多层 NAT 设备。

Teredo 隧道要想正常工作，除了需要 Teredo 服务器和 Teredo 终端外，还需要 Teredo 中继。在图 8-64 中，IPv4 网络中没有公网 IP 地址的私网终端通过 Teredo 隧道连接到 Teredo 服务器，获得了 IPv6 地址。私网终端的 IPv6 数据包被封装在 Teredo 隧道中到达 Teredo 服务器，Teredo 服务器解开 IPv4 封装，把 IPv6 数据包发往 IPv6 网络。IPv6 的返回流量到达 Teredo 中继，Teredo 中继根据 IPv6 数据包的目标 IPv6 地址，知道这个 IPv6 数据包需要通过 Teredo 隧道，然后将数据包返回到私网终端。私网终端解开 IPv4 封装，得到 IPv6 的数据。

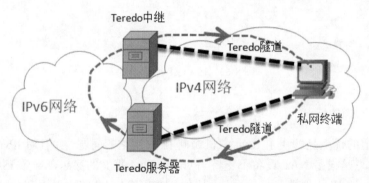

图 8-64 Teredo 示意图

实验 8-8 Teredo 隧道配置

在 EVE-NG 中打开"Chapter 08"文件夹中的"8-7 Teredo Tunnel"网络拓扑，如图 8-65 所示。私网主机 Win10-2 的 IPv4 地址是 192.168.1.2，通过 NAT 设备路由器 R2 访问互联网。搭建 Teredo 服务器和 Teredo 中继，使私网主机 Win10-2 可以访问纯 IPv6 主机 Win10-1。配置和测试步骤如下。

STEP 1 IP 地址配置。配置所有设备的 IPv4 和 IPv6 地址。路由器 R1 和 R2 的配置详见配置包"08\Teredo IP 配置.txt"。Win10-1 的 IPv6 地址为 2001:2::2，网关 IP 地址为 2001:2::1。

Win10-2 的 IPv4 地址 192.168.1.2，网关 IP 地址为 192.168.1.1。Teredo 服务器和 Teredo 中继都是双栈主机，配置 2 块网卡，既有 IPv6 地址，也有 IPv4 地址。在做实验时，要确认把 IPv4 或 IPv6 配置在正确的网卡上，可以通过 ping 进行验证。Teredo 服务器的 e1 网卡配置的 IPv6 地址是 2001:1::2，网关 IP 地址是 2001:1::1；e0 网卡配置的 IPv4 地址是 211.1.1.2 和 211.1.1.3（Teredo 服务器需要配置 2 个连续的 IPv4 公网 IP 地址，以测试隧道），网关 IP 地址 211.1.1.1。Teredo 中继的 e1 网卡配置的 IPv6 地址是 2001:1::3，网关 IP 地址是 2001:1::1；e0 网卡配置的 IPv4 地址是 211.1.1.4，网关 IP 地址是 211.1.1.1。

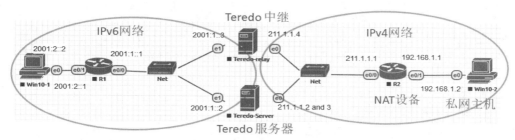

图 8-65　Teredo 实验拓扑

STEP 2　NAT 配置。NAT 设备 R2 的配置如下：

```
R2(config)#int e0/0
R2(config-if)#ip nat outside                            NAT 对外接口
R2(config-if)#int e0/1
R2(config-if)#ip nat inside                             NAT 对内接口
R2(config-if)#exit
R2(config)#access-list 1 permit any                     允许内网所有 IP
R2(config)#ip nat inside source list 1 interface e0/0 overload    所有私网主机使用 e0/0 接口的 IP 共享上网
```

STEP 3　配置 Teredo 服务。

在 Teredo 服务器上右键单击"开始"菜单，选择"命令提示符（管理员）"，打开管理员命令提示窗口，输入 netsh interface teredo set state type=server 命令，执行如下：

```
C:\Windows\system32>netsh interface teredo set state type=server
```

使用 netsh interface teredo show state 命令查看 Teredo 状态，显示如下：

```
C:\Windows\system32>netsh interface teredo show state
Teredo 参数
---------------------------------------------
类型                    : server
虚拟服务器 IP           : 0.0.0.0
客户端刷新间隔：30 秒
状态                    : offline
错误                    : 一般系统故障
错误代码                : 11001
```

使用 netsh interface teredo set state servername=211.1.1.2 命令改变服务器为本服务器，执行如下：

```
C:\Windows\system32>netsh interface teredo set state servername=211.1.1.2
```

再次使用 netsh interface teredo show state 命令查看 Teredo 状态，显示如下：

```
C:\Windows\system32>netsh interface teredo show state
Teredo 参数
-----------------------------------------
类型                        : server
虚拟服务器 IP               : 0.0.0.0
客户端刷新间隔 : 30 秒
状态                        : online
接收服务器的数据包          : 0
……
```

注意到服务器的状态变成了 online。

STEP 4 配置 Teredo 中继。Teredo 中继的配置如下：

```
C:\Windows\system32>netsh interface teredo set state enterpriseclient
C:\Windows\system32>netsh interface teredo set state servername=211.1.1.2
```

在 Teredo 中继服务器中使用 ipconfig 命令查看 IP 配置，显示如图 8-66 所示。

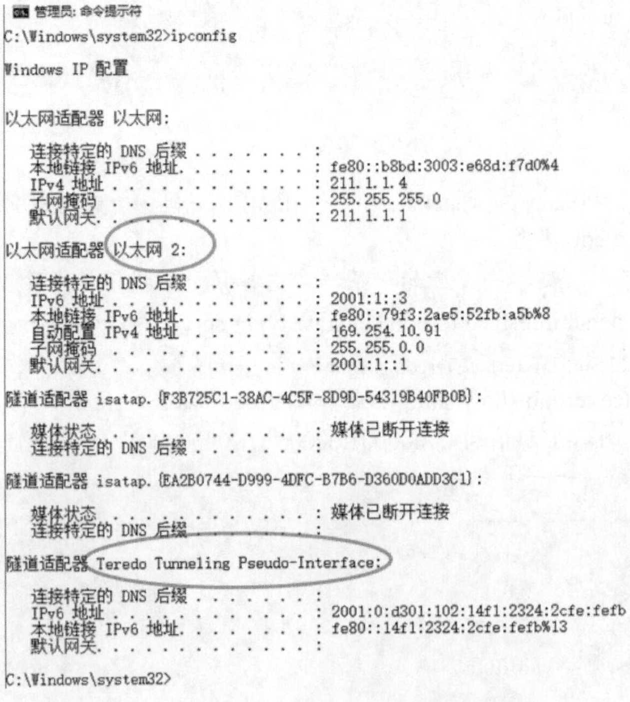

```
C:\Windows\system32>ipconfig

Windows IP 配置

以太网适配器 以太网:

   连接特定的 DNS 后缀 . . . . . . . :
   本地链接 IPv6 地址. . . . . . . . : fe80::b8bd:3003:e68d:f7d0%4
   IPv4 地址 . . . . . . . . . . . . : 211.1.1.4
   子网掩码  . . . . . . . . . . . . : 255.255.255.0
   默认网关. . . . . . . . . . . . . : 211.1.1.1

以太网适配器 以太网 2:

   连接特定的 DNS 后缀 . . . . . . . :
   IPv6 地址 . . . . . . . . . . . . : 2001:1::3
   本地链接 IPv6 地址. . . . . . . . : fe80::79f3:2ae5:52fb:a5b%8
   自动配置 IPv4 地址. . . . . . . . : 169.254.10.91
   子网掩码  . . . . . . . . . . . . : 255.255.0.0
   默认网关. . . . . . . . . . . . . : 2001:1::1

隧道适配器 isatap.{F3B725C1-38AC-4C5F-8D9D-54319B40FB0B}:

   媒体状态  . . . . . . . . . . . . : 媒体已断开连接
   连接特定的 DNS 后缀 . . . . . . . :

隧道适配器 isatap.{EA2B0744-D999-4DFC-B7B6-D360D0ADD3C1}:

   媒体状态  . . . . . . . . . . . . : 媒体已断开连接
   连接特定的 DNS 后缀 . . . . . . . :

隧道适配器 Teredo Tunneling Pseudo-Interface:

   连接特定的 DNS 后缀 . . . . . . . :
   IPv6 地址 . . . . . . . . . . . . : 2001:0:d301:102:14f1:2324:2cfe:fefb
   本地链接 IPv6 地址. . . . . . . . : fe80::14f1:2324:2cfe:fefb%13
   默认网关. . . . . . . . . . . . . :

C:\Windows\system32>
```

图 8-66　Teredo 中继的 IP 配置

使用下面的命令在 IPv6 接口和 Teredo 隧道接口上启用转发功能：

C:\Windows\system32>netsh interface ipv6 set interface "以太网 2" forwarding=enabled

C:\Windows\system32>netsh interface ipv6 set interface "Teredo Tunneling Pseudo-Interface" forwarding=enabled

STEP 5 Teredo 客户端配置。Teredo 客户端的配置如下：

C:\Windows\system32>netsh interface teredo set state enterpriseclient

C:\Windows\system32>netsh interface teredo set state servername=211.1.1.2

使用 netsh interface teredo show state 命令查看 Teredo 状态，显示如图 8-67 所示。

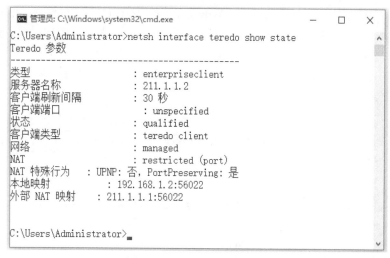

图 8-67　Teredo 客户端状态

使用 ipconfig 命令查看 Teredo 客户端 Teredo 隧道接口的 IPv6 地址，显示为 2001:0:d301:102:24c0:2529:2cfe:fefe。

其中 2001:0/32 是 Teredo 地址的固定前缀；d301:102 是 Teredo 服务器 IPv4 地址 211.1.1.2 的十六进制格式；24c0 是随机部分；2529 是图 8-67 中外部 NAT 映射的端口 56022 与 FFFF 的异或值（56022 换成二进制是 11011010.11010110，异或后是 00100101.00101001，换成十六进制是 25.29）；2cfe:fefe 是图 8-67 中外部 NAT 映射 IP 地址 211.1.1.1 与 FFFF.FFFF 的异或值（211.1.1.1 换算成二进制是 11010011.00000001.00000001.00000001，异或后是 00101100.11111110.11111110.11111110，换成十六进制是 2c.fe.fe.fe）。

STEP 6 IPv6 路由配置。路由器 R1 的配置如下：

R1(config)#ipv6 unicast-routing

R1(config)#ipv6 route 2001:0:d301:102::/64 2001:1::3　　IPv6 路由器把 Teredo 的路由指向 Teredo 中继。在真实 IPv6 环境中，Teredo 中继可以有很多个，发往 Teredo 中继的路由是 2001:0::/32，众多的 Teredo 中继可以采用动态路由，IPv6 路由器会选择最近的 Teredo 中继。本实验中 Teredo 客户端和 Teredo 中继使用了同一台 Teredo 服务器，在真实环境中，它们可以指向不同的 Teredo 服务器。

STEP 7 连通性测试。在 Win10-2 上 ping Win10-1 的 IPv6 地址 2001:2::2，可以 ping 通，远程桌面也可以连接。在 Win10-1 上 ping Win10-2 的 IPv6 地址 2001:0:d301:102:24c0:2529:2cfe:fefe，可以 ping 通，远程桌面也可以连接。Teredo 中继也可以 ping 通 Win10-2 的 IPv6 地址。

2. Teredo 隧道工作原理

这里通过实验来讲解 Teredo 隧道的工作原理。

在 Win10-2 上 ping IPv6 地址 2001:2::2。启用 Teredo 隧道后，Win10-2 生成了 Teredo 的 IPv6 地址 2001:0:d301:102:24c0:2529:2cfe:fefe。Win10-2 根据 Teredo 隧道的配置，把 IPv6 的数据包封装后发给 Teredo 服务器 211.1.1.2。图 8-68 所示为在 Teredo 服务器的 e0 接口捕获的数据包。可以看到 IPv4 之上是 UDP 协议，源端口是 56022（与 Teredo 的 IPv6 地址有关），目标端口是 3544（Teredo 服务器的固定端口），UDP 之上是 Teredo 隧道，可以看到源和目的 IPv6 地址，再往上是 ICMPv6 的报文。

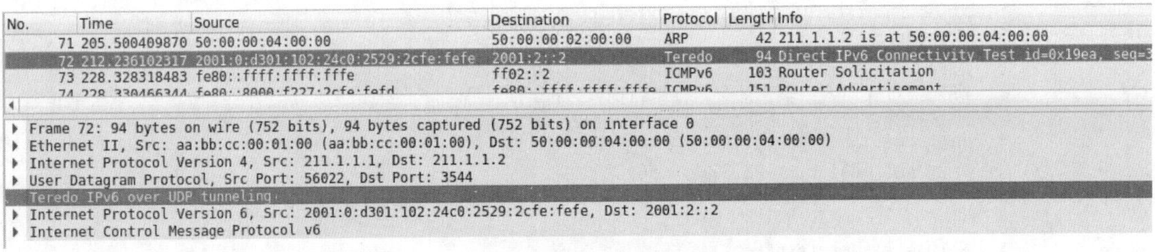

图 8-68　Teredo 客户端到 Teredo 服务器的报文

Teredo 服务器解封装后，把 IPv6 数据发往 IPv6 网络（这里是发往 R1），R1 再发往 Win10-2。Win10-2 返回 2001:0:d301:102:24c0:2529:2cfe:fefe 的数据包发往 R1，R1 根据路由表发往 Teredo 中继。Teredo 中继根据目的 IPv6 地址知道这个数据包要通过 Teredo 隧道发送，也知道外部 NAT 映射的公网 IPv4 地址和端口，于是将 IPv6 数据包封装进 IPv4 后发往路由器 R2。图 8-69 所示为捕获的 Teredo 中继发往 Teredo 客户端的报文。这个报文并没有像 Teredo 客户端发往 Teredo 服务器的报文那样显示出上层协议和内容，而只显示了 Data。至于 Data 有什么内容，需要由上层协议去分析处理。

图 8-69　Teredo 中继到 Teredo 客户端的报文

路由器 R2 查看 NAT 转换表，根据目的 UDP 端口 56022 得知是发往 192.168.1.2 的数据包，于是把目的 IP 由 211.1.1.1 转换成 192.168.1.2 并发往 Win10-2。Win10-2 收到 R2 发过来的 IPv4 数据包后将其解封装，然后交由上层协议继续处理。Teredo 客户端到 2001:2::2 的后续数据包不再通过 Teredo 服务器，而是 Teredo 客户端和 Teredo 中继之间直接通信，图 8-69 中进一步验证了这个结论。由此可见，Teredo 服务器还是比较轻松的，只需指路即可，后面的工作都由 Teredo 中继来完成。

3. Teredo 隧道的思考

目前可用且易用的 Teredo 服务器并不多，推荐大家试一下 teredo-debian.remlab.net。连接成功后，在 DOS 命令行窗口中输入 ping -6 www.njau.edu.cn -t 命令，连续 ping 多个包，幸运的话可以 ping 通。

为了便于读者测试，作者搭建了一个 Teredo 服务器，域名是 teredo.njtech.edu.cn。出于安全考虑，仅承诺该服务器可以访问 cbl6.njtech.edu.cn。读者可以访问 http://cbl6.njtech.edu.cn:8088 来测试 IPv6。针对该网站也搭建了专门的 Teredo 中继，Teredo 用户从互联网访问 cbl6.njtech.edu.cn 时，数据包不会被转发到国外的 Teredo 中继，速度和效率都更有保障。

4. Teredo 隧道的特点

Teredo 隧道解决了 IPv4 终端 NAT 后访问 IPv6 网络的问题，但由于 Teredo 隧道离开不 Teredo 中继，互联网去往 Teredo 中继 2001::/32 的路由都是指向国外，即使国内搭了 Teredo 服务器，最后还得通过国外的 Teredo 中继来提供服务，因此效率不高。如果既搭建了 Teredo 服务器，又搭建了 Teredo 中继，但要访问的资源不在本地，在访问资源时依然会选择就近的 Teredo 中继，访问的效率仍不高。除非搭建自己 Teredo 服务器和 Teredo 中继，并且要访问的资源也在本地，为此可以调整路由表，把资源的返回路径调整到自己的 Teredo 中继。前面介绍的 Teredo 服务器 teredo.njtech.edu.cn 和资源网站 cbl6.njtech.edu.cn 采用的就是这种方式。

5. Teredo 隧道的优化研究

南京工业大学 teredo.njtech.edu.cn 域名对应的 IPv4 地址是 210.28.203.198，转换成十六进制是 d21c:cbc6，对应的 Teredo 前缀路由是 2001:0: d21c:cbc6::/64。经与南京教育网中心沟通，南京教育网把 2001:0:d21c:cbc6::/64 的路由指向了南京工业大学。国内互联网用户把 Teredo 服务器配置成 teredo.njtech.edu.cn 后，在访问南京高校 IPv6 网站时，返回的流量将被发往南京工业大学的 Teredo 中继，南京工业大学的 Teredo 中继通过 IPv4 网络把封装的 IPv6 流量返回到最终用户。这样一来，整个数据流没有经过国外，效率更高也更安全。如果能把 2001:0: d21c:cbc6::/64 路由注入 IPv6 骨干网，国内互联网用户把 Teredo 服务器配置成 teredo.njtech.edu.cn 后，再访问国内所有的 IPv6 资源，数据流都不会流经国外，效率更高也更安全。

由于 Teredo 实现的复杂性，尤其是 Teredo 路由的不确定性，导致 Teredo 效率不佳。如果有其他的隧道可以用，就没必要使用 Teredo。随着技术的发展，有些 IPv4 NAT 设备经过升级后可以支持 6to4，Teredo 将会使用得越来越少。

8.3.6 其他隧道技术

1. 6PE

6PE（IPv6 Provider Edge，IPv6 供应商边缘）是一种 IPv6 过渡技术，可以让支持 IPv6 的 CE（Customer Edge，用户边缘）路由器穿过当前已存在的 IPv4 MPLS（Multiprotocol Label Switching，多协议标签交换）网络，使用 IPv6 进行通信。这是运营商级的技术，多数读者用不到，本书不做介绍。

2. Tunnel Broker

Tunnel Broker（隧道代理）的主要目的是简化用户的隧道配置，以方便接入 IPv6 网络。Tunnel Broker 通过 Web 方式为用户分配 IPv6 地址、建立隧道，以提供和其他 IPv6 站点之间的通信。Tunnel Broker 的特点是灵活，可操作性强，可针对不同用户提供不同的隧道配置。目前互联网上有些公司提供了免费的 Tunnel Broker 服务，感兴趣的读者可以在网上搜索 Tunnel Broker，然后自行配置。

8.3.7 隧道技术对比

本章介绍了多种隧道技术。表 8-1 从多个维度进行了对比。

表 8-1　　　　　　　　　　多种隧道技术的对比

隧道技术	网络到网络	主机到网络	服务端是否需要公网 IPv4	客户端是否需要公网 IPv4	IPv6 前缀有无要求	是否支持验证	实用性
GRE	支持	不支持	是	是	无	否	中
VPN GRE	不支持	支持	是	否	无	是	强
IPv6 in IPv4	支持	不支持	是	是	无	否	中
6to4	支持	支持	是	是	2002::/16	否	弱
ISATAP	不支持	支持	是	否	无	否	弱
Teredo	不支持	支持	是	否	2001:0::/32	否	弱

由表 8-1 可知，如果是 PC 终端要访问 IPv6 网络，推荐使用 VPN GRE，也就是实验 8-4 和实验 8-5 演示的方法。GRE 不仅对 IPv6 前缀没有特殊要求，还支持验证。搭建了这样一台 VPN 服务器，可以有针对性地对某些用户提供服务。6to4 隧道技术不仅需要 PC 端有公网的 IPv4 地址，还要求使用特殊的 IPv6 前缀，几乎没有实用价值。ISATAP 同样需要 PC 端要有公网的 IPv4 地址，条件很难满足。Teredo 虽对 PC 端的 IPv4 地址没有要求，但却要求特殊的 IPv6 前缀，而且还需要 Teredo 中继，Teredo 中继又因路由问题而效率低下，实用价值也不大。在 6to4、ISATAP 和 Teredo 中，如果不配置验证，谁都可以使用因此安全性欠缺，不适合用来提供服务。

如果只是实现网络到网络的互通，GRE、IPv6 in IPv4 和 6to4 都可以，前两种虽是手动隧道，但对 IPv6 前缀没有特殊要求，一般单位也不会建立很多条隧道，因此比较可行。

8.4 协议转换技术

前文介绍的隧道技术归根结底是双栈技术，主要用于实现分离的 IPv6 或 IPv4 网络之间的互通。本节要介绍的协议转换技术用来实现不同网络间的访问，比如在无须配置另外一种协议的情况下，让客户端使用 IPv4 来访问 IPv6 网络，反之亦然。采用协议转换实现 IPv4 到 IPv6 过渡的优点是不需要进行 IPv4、IPv6 节点的升级改造，缺点是用来实现 IPv4 节点和 IPv6 节点相互访问的方法比较复杂，网络设备进行协议转换、地址转换所需的开销较大，一般在其他互通方式无法使用的情况下使用。

8.4.1 NAT-PT 转换技术

NAT-PT 由 SIIT（Stateless IP/ICMP Translation，无状态 IP/ICMP 转换）技术和动态地址转换（NAT）技术结合和演进而来，SIIT 提供 IPv4 和 IPv6 之间的一对一的映射转换，NAT-PT 支持在 SIIT 基础上实现多对一或多对多的地址转换。

NAT-PT 分为静态和动态两种。

1. 静态 NAT-PT

静态 NAT-PT 提供 IPv6 地址和 IPv4 地址之间的一对一的映射，一般用于需要提供稳定服务的场合。IPv6 单协议网络内的节点要访问 IPv4 单协议网络内的每一个 IPv4 地址，都必须先在 NAT-PT 设备中配置。在 NAT-PT 设备中，把要与 IPv6 网络通信的 IPv4 地址映射成 IPv6 地址；把要与 IPv4 网络通信的 IPv6 地址映射成 IPv4 地址。比如，当 IPv4 设备访问 IPv6 网络时，它访问的是 IPv6 映射后的 IPv4 地址。IPv4 数据包发往 NAT-PT 设备后，NAT-PT 设备根据映射表的配置，把源 IPv4 和目的 IPv4 地址转换成对应的 IPv6 地址，然后将数据包发往目的 IPv6 设备。IPv6 设备根据源 IPv6 地址进行回应，IPv6 数据包被发往 NAT-PT 设备，NAT-PT 设备再把源和目的 IPv6 地址转换成相应的 IPv4 地址，返回到 IPv4 设备。

NAT-PT 并不是转换所有 IPv6 数据包的地址，而是只转换满足特定前缀的 IPv6 地址，转换方法是使用命令 ipv6 nat prefix，后面跟上要转换的 IPv6 前缀和固定长度 96，比如 ipv6 nat prefix 2001:2::/96。

实验 8-9　静态 NAT-PT 配置

在 EVE-NG 中打开 "Chapter 08" 文件夹中的 "8-8 Static NAT-PT" 网络拓扑，如图 8-70 所示。配置图中的设备，使纯 IPv4 设备路由器 R1 可以与纯 IPv6 设备路由器 R3 能信。

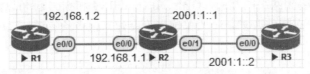

图 8-70　静态 NAT-PT 配置

STEP 1　基本配置。该部分的配置可见配置包 "08\Static NAT-PT.txt"。

R1 的配置如下：

```
Router>enable
Router#conf t
Router(config)#host R1
R1(config)#int e0/0
R1(config-if)#ip add 192.168.1.2 255.255.255.0
R1(config-if)#no shut
R1(config-if)#exit
R1(config)#ip route 0.0.0.0 0.0.0.0 192.168.1.1
```

R2 的配置如下：

```
Router>enable
Router#conf t
Router(config) # ipv6 unicast-routing
Router(config)#host R2
R2(config)#int e0/0
R2(config-if)#ip add 192.168.1.1 255.255.255.0
R2(config-if)#no shut
R2(config-if)#int e0/1
R2(config-if)#ipv6 add 2001:1::1/64
R2(config-if)#no shut
```

R3 的配置如下：

```
Router>
Router>enable
Router#conf t
Router(config)# ipv6 unicast-routing
```

```
Router(config)#host R3
R3(config)#int e0/0
R3(config-if)#ipv6 add 2001:1::2/64
R3(config-if)#no shut
R3(config-if)#exit
R3(config)#ipv6 route ::/0 2001:1::1
```

STEP 2 NAT-PT 配置。

路由器 R2 的配置如下：

```
R2(config)#interface Ethernet0/0
R2(config-if)# ipv6 nat            这个接口上启用 NAT-PT
R2(config-if)#interface Ethernet0/1
R2(config-if)# ipv6 nat            这个接口上启用 NAT-PT
R2(config-if)#exit
R2(config)#ipv6 nat v4v6 source 192.168.1.2 2001:2::1    配置 IPv4 向 IPv6 的转换（192.168.1.2 转换
                                                          成 2001:2::1）
R2(config)#ipv6 nat v6v4 source 2001:1::2 192.168.2.2    配置 IPv6 向 IPv4 的转换（2001:1::2 转换成
                                                          192.168.2.2）
R2(config)#ipv6 nat prefix 2001:2::/96    满足 2001:2::/96 前缀的 IPv6 地址都将被转换成 IPv4 地址。
```
IPv6 的前缀必须是 96 位，剩余的 32 位可用于将所有 IPv4 的 IP 地址映射到 IPv6 网络中的 2001:2::/96 网段中

STEP 3 测试。在 R1 上 ping 192.168.2.2 和在 R3 上 ping 2001:2::1，结果出现了奇怪的现象，即 ping 包都是一个通一个不通。经过不同尝试，发现在 R2 上执行下述命令后，所有的 ping 包都可以 ping 通了：

```
R2(config)#no ip cef
```

CEF（Cisco Express Forwarding，Cisco 快速交换）是 Cisco 的一种快速交换技术，可以将其理解成缓存技术，比如前一个 ping 包成功 ping 通了，后一个 ping 不用经过耗时的路由进程处理，而且去往之前的数据包的交换路径。由于这里要经过 IPv4 和 IPv6 的转换，因此每一个数据包都要经过路由进程处理。no ip cef 命令会关闭 Cisco 的快速交换，强制所有数据包都经路由进程处理。

2. 动态 NAT-PT

在动态 NAT-PT 中，IPv6 到 IPv4 的地址映射是动态生成的、可变的。NAT-PT 网关定义了 IPv4 地址池，它从地址池中取出一个地址来替换 IPv6 报文的源地址，从而完成从 IPv6 地址到 IPv4 地址的转换。动态 NAT-PT 支持将多个 IPv6 地址映射为一个 IPv4 地址，节省了 IPv4 地址空间。

实验 8-10　动态 NAT/NAPT-PT 配置

在 EVE-NG 中打开"Chapter 08"文件夹中的"8-9 Dynamic NAT-PT"网络拓扑。配置图中的设备，使纯 IPv4 设备路由器 R1 可以与纯 IPv6 设备路由器 R3 通信。

STEP 1 基本配置与实验 8-9 相同，这里不再赘述。

STEP 2 NAT-PT 配置。

路由器 R2 的配置如下：

```
R2(config)#no ip cef                                关闭 Cisco 快速交换
R2(config)#int e0/0
R2(config-if)#ipv6 nat
R2(config-if)#int e0/1
R2(config-if)#ipv6 nat
R2(config-if)#exit
R2(config)#ipv6 access-list v6v4                    创建 IPv6 的访问控制列表
R2(config-ipv6-acl)#permit ipv6 2001:1::/64 any     放行 2001:1::/64 前缀的 IPv6 地址
R2(config-ipv6-acl)#exit
R2(config)#ipv6 nat v6v4 pool v4-pool 192.168.2.2 192.168.2.3 prefix-length 24   配置 IPv4 地址池，实现
                                                                                 IPv6 到 IPv4 的映射
R2(config)#ipv6 nat v6v4 source list v6v4 pool v4-pool    配置 2001:1::/64 前缀的 IPv6 地址，使其在访
                                                          问 IPv4 网络时被动态转换为地址池中的 IPv4
                                                          地址（这种对应关系不是固定的，是临时的）
R2(config)#ipv6 nat v4v6 source 192.168.1.2 2001:2::1     配置 IPv4 向 IPv6 的转换（192.168.1.2 转换成
                                                          2001:2::1，在动态 NAT-PT 中，仍然需要配置
                                                          静态的 IPv4 到 IPv6 的映射）
R2(config)#ipv6 nat prefix 2001:2::/96
```

STEP 3 测试。从前面的配置中可以看到，动态 IPv4 地址池中有 2 个 IP 地址，可并没有具体的 IPv6 地址和 IPv4 地址的映射，从 IPv4 网络中无法主动发起到 IPv6 网络的连接。从 IPv6 网络中主动发起到 IPv4 网络的连接，在 R3 上 ping 2001:2::1，源 IPv6 地址是 2001:1::2，目的 IPv6 地址是 2001:2::1，该数据包到达 NAT-PT 设备。NAT-PT 设备从 IPv4 动态地址池中取一个 IPv4 地址（一般是未使用的最小的 IPv4 地址，这里在初次使用时是 192.168.2.2）替换数据包的源 IPv6 地址。根据配置的静态映射，NAT-PT 设备用 192.168.1.2 替换数据包中的目的 IPv6 地址。测试的结果是 R3 可以 ping 通 R1，此时在 R2 上查看 NAT 映射关系，显示如下：

```
R2#sho ipv6 nat translations         查看 IPv6 地址转换表
Prot   IPv4 source            IPv6 source
       IPv4 destination       IPv6 destination
1      ---                    ---
2      192.168.1.2            2001:2::1
3  icmp 192.168.2.2,6377      2001:1::2,6377
4       192.168.1.2,6377      2001:2::1,6377
5      ---  192.168.2.2       2001:1::2
6                             ---
```

为了方便解释，在输出的前面添加了行号。第 1 行和第 2 行是配置的 IPv4 到 IPv6 的静态映射，由于是静态配置的，会一直有效。第 3 行和第 4 行是在 R3 上 ping 2001:2::1 产生的，显

示的是 IPv6 的源和目的 IPv6 地址，以及转换成 IPv4 后的源的目的 IPv4 地址。这个条目在生存时间过后会自动删除。第 5 行和第 6 行是生成的静态条目，这个条目也会一直存在。它们与第 1 行和第 2 行的区别在于，第 5 行和第 6 行是通过数据包触发生成的，而第 1 行和第 2 行一直存在。使用下面的命令可以删除第 5 行和第 6 行，但第 1 行和第 2 行不受影响。

```
R2#clear ipv6 nat translation *
```

将路由器 R3 的 e0/0 接口的 IPv6 地址改为 2001:1::3/64，再次 ping 2001:2::1，也可以 ping 通。一段时间后在 R2 上执行 sho ipv6 nat translations 命令，显示如下：

```
R2#sho ipv nat translations
Prot    IPv4 source              IPv6 source
        IPv4 destination         IPv6 destination
---     ---                      ---
        192.168.1.2              2001:2::1

---     192.168.2.2              2001:1::2
        ---                      ---

---     192.168.2.3              2001:1::3
        ---                      ---
```

从上面的输出中看到，2001:1::2 被转换成 192.168.2.2，2001:1::3 被转换成 192.168.2.3。2001:1::2 改变成 2001:1::3 后，转换条目依然存在。有了这个转换表后，就可以主动从 IPv4 端发起到 IPv6 端的连接了，比如 R1 访问 192.168.2.3，就相当于访问 2001:1::3。

把路由器 R3 的 e0/0 接口的 IPv6 地址更改为 2001:1::4/64 后，ping 2002:2::1 时发现不通了，这是因为 IP 地址池中的两个 IP 地址都用完了，现在没有地址可用。这种转换虽然是动态的，但 IPv4 和 IPv6 地址仍然是一对一的转换。

STEP 4 配置 NAPT-PT。NAPT-PT 类似于 IPv4 中的超载，在转换条目后添加 overload 参数，启用端口转换，这样多个 IPv6 地址就可以转换成一个 IPv4 地址了。具体命令如下：

```
R2(config)#ipv6 nat v6v4 source list v6v4 pool v4-pool    overload
```

在执行该命令进行修改时，可能会提示"IPv6 NAT: %Dynamic mapping in use, cannot change"信息，显示映射正在被使用，不能修改。可以使用命令 clear ipv6 nat translation *清除映射后再修改。

STEP 5 测试 NAPT-PT。将路由器 R3 的 e0/0 接口更改为多个 IPv6 地址后，都可以 ping 通 R1。执行命令 sho ipv6 nat translations，可以发现只生成了端口转换条目，不存在 IP 转换条目。假如 R1 是 IPv4 网络上的某个应用服务器，通过 NAPT-PT 配置后，应用服务器不用做任何改动，就可以支持多个 IPv6 地址直接访问 IPv4 应用了。

实验 8-11　防火墙上的 NAPT-PT 配置

在真实环境中，公司一般都是通过防火墙连接互联网。本实验以山石防火墙为例来演示如何配置 NAPT-PT。在 EVE-NG 中打开"Chapter 08"文件夹中的"8-10 Firewall NAPT-PT"网络拓扑，如图 8-71 所示。防火墙连接 IPv4 和 IPv6 网络，配置动态 NAPT-PT，使 IPv4 网络中的所有主机都可以主动访问 IPv6 网络中的 2001:1::2 服务器，被映射后的服务器 IPv4 地址是192.168.2.2；使 IPv6 网络中的所有主机都可以主动访问 IPv4 网络中的 192.168.1.2 服务器，被映射后的服务器 IPv6 地址是 2001:2::1。

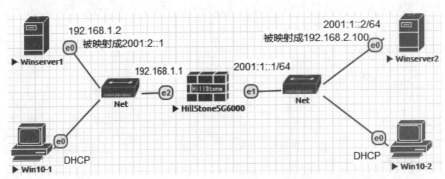

图 8-71　防火墙上的 NAPT-PT 配置

STEP 1　基本配置。配置 Winserver1 服务器的 IPv4 地址和网关，配置 Winserver2 服务器的 IPv6 地址和网关。

STEP 2　防火墙配置。防火墙配置如下，该部分的配置可见配置包"08\Firewall NAPT-PT 防火墙配置.txt"：

```
SG-6000# Configure
SG-6000(config)# interface ethernet0/2
SG-6000(config-if-eth0/2)#    zone   "trust"
SG-6000(config-if-eth0/2)#    ip address 192.168.1.1 255.255.255.0
SG-6000(config-if-eth0/2)# exit
SG-6000(config)# interface ethernet0/1
SG-6000(config-if-eth0/1)#    zone   "untrust"
SG-6000(config-if-eth0/1)#    ipv6 enable
SG-6000(config-if-eth0/1)#    ipv6 address 2001:1::1/64
SG-6000(config-if-eth0/1)#    no ipv6 nd ra suppress        接口默认抑制 RA 报文，使用此命令关闭抑制
SG-6000(config-if-eth0/1)# exit
SG-6000(config)# ip vrouter "trust-vr"
SG-6000(config-vrouter)#    snatrule from "any" to "192.168.2.100"    service "Any" trans-to 2001:2::100
mode dynamicport            配置源地址转换，任何 IPv4 地址访问 192.168.2.100 时，把源 IPv4 地址转换成 IPv6
                            地址 2001:2::10
SG-6000(config-vrouter)#    snatrule from "IPv6-any" to "2001:2::1"    service "Any" trans-to 192.168.2.2
mode dynamicport            配置源地址转换，任何 IPv6 地址访问 2001:2::1 时，把源 IPv6 地址转换成 IPv4
                            地址 192.168.2.2
```

```
SG-6000(config-vrouter)#     dnatrule from "any" to "192.168.2.100"   service "Any" trans-to "2001:1::2"
配置目的地址转换，任何IPv4地址访问192.168.2.100时，把目的IPv4地址转换成IPv6地址2001:1::2
SG-6000(config-vrouter)#     dnatrule from "IPv6-any" to "2001:2::1"   service "Any" trans-to "192.168.1.2"
配置目的地址转换，任何IPv6地址访问2001:2::1时，把目的IPv6地址转换成IPv4地址192.168.1.2
SG-6000(config-vrouter)# exit
SG-6000(config)# rule                创建策略，允许IPv4地址从信任区域访问非信任区域
SG-6000(config-policy-rule)#     action permit
SG-6000(config-policy-rule)#     src-zone "trust"
SG-6000(config-policy-rule)#     dst-zone "untrust"
SG-6000(config-policy-rule)#     src-addr "any"
SG-6000(config-policy-rule)#     dst-addr "any"
SG-6000(config-policy-rule)#     service "Any"
SG-6000(config-policy-rule)#     name "ip any any"
SG-6000(config-policy-rule)# exit
SG-6000(config)# rule                创建策略，允许IPv6地址从非信任区域访问信任区域
SG-6000(config-policy-rule)#     action permit
SG-6000(config-policy-rule)#     src-zone "untrust"
SG-6000(config-policy-rule)#     dst-zone "trust"
SG-6000(config-policy-rule)#     src-addr "IPv6-any"
SG-6000(config-policy-rule)#     dst-addr "IPv6-any"
SG-6000(config-policy-rule)#     service "Any"
SG-6000(config-policy-rule)#     name "ipv6 any any"
SG-6000(config-policy-rule)# exit
SG-6000(config)# dhcp-server pool ipv4     创建名称为ipv4的DHCP地址池
SG-6000(config-dhcp-server)# address 192.168.1.100 192.168.1.200
SG-6000(config-dhcp-server)# netmask 255.255.255.0
SG-6000(config-dhcp-server)# gateway 192.168.1.1
SG-6000(config-dhcp-server)# exit
SG-6000(config)# interface eth0/2
SG-6000(config-if-eth0/2)# dhcp-server enable pool ipv4     在接口下调用DHCP地址池
```

STEP 3) 测试。在IPv4网络中的Win10-1和Winserver-1上主动ping 192.168.2.100（实际上是Winserver-2），都可以ping通。在IPv6网络中的Win10-2和Winserver-2上主动ping 2001:2::1（实际上是Winserver-1），也都可以ping通。

本实验的配置更全面，不仅IPv4网络中的任意主机可以访问IPv6网络中的服务，而且IPv6网络中的任意主机也可以访问IPv4网络中的服务。

3．动态NAT-PT优缺点

NAT-PT不必修改现有网络即可实现IPv4与IPv6网络之间的互通。在NAPT-PT中，仅使

用一个 IPv4 地址，即可实现多个 IPv6 主机与 IPv4 网络的通信，从而节省了宝贵的 IPv4 地址。NAT-PT 原理与 IPv4 中的 NAT 原理类似，是一种非常好的 IPv4 向 IPv6 过渡技术。NAT-PT 的缺点是：属于同一会话的请求和响应都必须通过同一 NAT-PT 设备才能进行转换，不适合多出口的环境；不能转换 IPv4 报文头的可选项部分；由于地址在传输过程中发生了变化，端到端的安全性很难实现。

8.4.2　NAT64 转换技术

NAT-PT 通过 IPv6 与 IPv4 的网络地址与协议转换，实现了 IPv6 网络与 IPv4 网络的互连互通。但 NAT-PT 在实际的网络应用中面临各种缺陷。为了解决 NAT-PT 中的各种缺陷，同时实现 IPv6 与 IPv4 之间的网络地址与协议转换技术，IETF 重新设计了新的解决方案：NAT64 与 DNS64 技术。

NAT64 是一种有状态的网络地址与协议转换技术，一般只支持通过 IPv6 网络侧发起连接来访问 IPv4 网络侧的资源。NAT64 也支持手动配置静态映射关系，让 IPv4 网络主动发起去往 IPv6 网络的连接。NAT64 可实现 TCP、UDP、ICMP 协议下的 IPv6 与 IPv4 网络地址与协议转换。

当 IPv6 客户端进行 DNS 查询时，如果没有得到 IPv6 DNS 服务器的响应，可使用 DNS64 向 IPv4 DNS 服务器发起 DNS 请求，并将从 IPv4 DNS 中返回的 A 记录（IPv4 地址）合成到 AAAA 记录（IPv6 地址）中，然后将合成的 AAAA 记录返回到 IPv6 客户端。

NAT64 执行 IPv4 与 IPv6 有状态的地址与协议转换，DNS64 用来解析域名地址，两者协同工作，不需要在 IPv6 客户端或 IPv4 服务器端进行任何修改。

实验 8-12　NAT64 配置

在 EVE-NG 中打开 "Chapter 08" 文件夹中的 "8-11 NAT64" 网络拓扑，如图 8-72 所示。公司内配置的是纯 IPv6 网络，但公司内的 IPv6 主机也需要访问 IPv4 网络。配置 NAT64，使公司内网的 IPv6 主机可以主动访问 IPv4 互联网络中的所有设备。

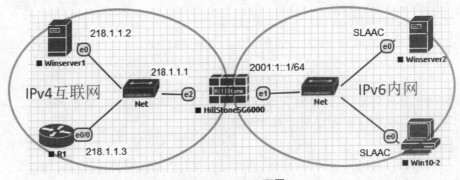

图 8-72　NAT64 配置

STEP 1 基本配置。配置 Winserver1 服务器的 IPv4 地址和路由器 R1 接口的 IPv4 地址。

STEP 2 防火墙配置。防火墙配置如下。该部分的配置可见配置包"08\NAT64 配置.txt"：

```
SG-6000# Configure
SG-6000(config)# interface ethernet0/2
SG-6000(config-if-eth0/2)#      zone    "untrust"
SG-6000(config-if-eth0/2)#      ip address 218.1.1.1 255.255.255.0
SG-6000(config-if-eth0/2)# exit
SG-6000(config)# interface ethernet0/1
SG-6000(config-if-eth0/1)#      zone    "trust"
SG-6000(config-if-eth0/1)#      ipv6 enable
SG-6000(config-if-eth0/1)#      ipv6 address 2001:1::1/64
SG-6000(config-if-eth0/1)#      no ipv6 nd ra suppress          接口默认抑制 RA 报文，使用此命令关闭抑制
SG-6000(config-if-eth0/1)# exit
SG-6000(config)# ip vrouter "trust-vr"
SG-6000(config-vrouter)#    snatrule from "IPv6-any" to "2001:2::/96"   service "Any" trans-to 218.1.1.1
mode dynamicport         配置源地址转换，任何 IPv6 地址访问 2001:2::/96 时，把源 IPv6 地址转换成 IPv4
                         地址 218.1.1.1
SG-6000(config-vrouter)#    dnatrule from "IPv6-any" to "2001:2::/96"   service "Any" v4-mapped
                         配置目的地址转换，任何 IPv6 地址访问"2001:2::/96"时，直接从报文的目的
                         IPv6 地址中抽取最后 32 位作为目的 IPv4 地址
SG-6000(config-vrouter)# exit
SG-6000(config)# rule                    创建策略，允许 IPv6 地址从非信任区域访问信任区域
SG-6000(config-policy-rule)#    action permit
SG-6000(config-policy-rule)#    src-zone "trust"
SG-6000(config-policy-rule)#    dst-zone "untrust"
SG-6000(config-policy-rule)#    src-addr "IPv6-any"
SG-6000(config-policy-rule)#    dst-addr "IPv6-any"
SG-6000(config-policy-rule)#    service "Any"
SG-6000(config-policy-rule)#    name "ipv6 any any"
SG-6000(config-policy-rule)# exit
```

STEP 3 测试。在 Win10-2 和 Winserver2 上 ping 2001:2::218.1.1.2 和 2001:2::218.1.1.3，显示如图 8-73 所示。218.1.1.2 转换成十六进制是 da01:102，218.1.1.3 转换成十六进制是 da01:103，这里直接 ping 十六进制和十进制组合后的 IPv6 地址（计算机会自动进行地址转换）。

在路由器 R1 上执行 debug ip icmp 命令，验证 ping 2001:2::da01:103 时就是 ping 218.1.1.3。

不要关闭该实验，在本实验的基础上继续完成实验 8-13。

图 8-73　NAT64 测试结果

实验 8-13　DNS64 配置

完成实验 8-12 的配置后，内网中的 IPv6 主机通过访问特定前缀的 IPv6 地址，进而可以直接与 IPv4 互联网上的 IPv4 地址通信。在真实环境中，域名解析往往都是通过 DNS 进行的。图 8-72 中，把 Winserver1 配置成 IPv4 网络中的 DNS 服务器，新建正向区域 test.com，添加一条 A 记录 www.test.com，指向 IPv4 地址 218.1.1.3。

配置 DNS64，使 Win10-2 和 Winserver2 可以 ping 通 www.test.com。

实验步骤如下。

STEP 1 完成实验 8-12。DNS64 需要与 NAT64 结合使用，本实验在实验 8-12 完成的基础上继续。

STEP 2 DNS 服务器配置。在 Winserver1 上添加 DNS 服务，新建正向区域 test.com，添加一条 A 记录 www.test.com，指向 IPv4 地址 218.1.1.3。

STEP 3 IPv6 客户端 DNS 配置。配置 Win10-2 和 Winserver2 的"Internet 协议版本 6"，仍然采用"自动获取 IPv6 地址"，首选 DNS 服务器中填入防火墙的 IPv6 地址，即"2001:1::1"。

STEP 4 DNS64 配置。防火墙配置如下：

```
SG-6000# configure
SG-6000(config)# interface ethernet0/1
SG-6000(config-if-eth0/1)#      dns-proxy         在此接口上启用 DNS 代理，此接口的 IPv6 地址是
                                                  2001:1::1。Win10-2 和 Winserver2 的 DNS 要使用此接口
                                                  IPv6 地址
SG-6000(config-if-eth0/1)# exit
```

SG-6000(config)# ip name-server 218.1.1.2	配置要使用的DNS服务器
SG-6000(config)# ip dns-proxy domain any name-server 218.1.1.2	查找所有域名时都使用DNS服务器218.1.1.2（这里也可以针对不同的域名使用不同的DNS服务器）
SG-6000(config)# ipv6 dns64-proxy id 1 prefix 2001:2::/96	指定IPv6前缀及长度，DNS64使用此前缀进行IPv4地址到IPv6地址的合成，IPv4地址被转换成IPv6地址的最后32位

STEP 5 测试。在Win10-2和Winserver2上执行ping www.test.com，显示如下：

```
C:\Users\Administrator> ping www.test.com
正在 Ping www.test.com [2001:2::da01:103] 具有 32 字节的数据:
来自 2001:2::da01:103 的回复: 时间=44ms
来自 2001:2::da01:103 的回复: 时间=36ms
来自 2001:2::da01:103 的回复: 时间=14ms
来自 2001:2::da01:103 的回复: 时间=18ms
2001:2::da01:103 的 Ping 统计信息:
    数据包: 已发送 = 4，已接收 = 4，丢失 = 0 (0% 丢失)，
往返行程的估计时间(以毫秒为单位):
    最短 = 0ms，最长 = 0ms，平均 = 0ms
```

至此，IPv6网络可以无感知地访问IPv4网络。

NAT64和DNS64工作流程如下。

STEP 1 IPv6主机（这里以Win10-2为例）发起到DNS服务器（IPv6地址是2001:1::1，也就是DNS64设备）的IPv6域名解析请求，解析域名为www.test.com。

STEP 2 DNS64设备触发到DNS服务器（218.1.1.2）的IPv6地址查询。若能查询到则返回域名对应的IPv6地址；若查询不到，则返回空。这里的DNS服务器（218.1.1.2）上只有A记录，没有AAAA记录，所以返回空。

STEP 3 DNS64设备再次触发到DNS服务器（218.1.1.2）的IPv4地址查询。DNS服务器返回的IPv4地址是218.1.1.3。

STEP 4 DNS64设备用配置的前缀2001:2::/96再加32位的IPv4地址（218.1.1.3，转化成十六进制是da01:103）组合成IPv6地址，即2001:2::da01:103，DNS64设备把这个IPv6地址返回给Win10-2主机。

STEP 5 Win10-2主机发起目的地址为2001:2::da01:103的IPv6数据包，这个数据包被转发给NAT64设备。

STEP 6 NAT64执行地址转换和协议转换，目的地址转换为218.1.1.3，源地址转换为218.1.1.1。该数据包在IPv4网络内被路由到目的地（218.1.1.3）。

STEP 7 IPv4数据包返回，目的地址为218.1.1.1。该数据包返回到NAT64设备。

STEP 8 NAT64设备根据已有的转换记录表进行转换，目的地址转换为Win10-2的IPv6地址，源地址为加了IPv6前缀的IPv4地址2001:2::da01:103。

STEP 9 Win10-2 收到 www.test.com 返回的数据包，至此数据往返通信成功。

8.4.3 其他转换技术

1. IVI 技术

IVI 是一种基于运营商路由前缀的无状态 IPv4/IPv6 转换技术，是由 CERNET2 的研究人员、清华大学李星教授等提出的，发布于 RFC 6052 中。IVI 的主要思路是从全球 IPv4 地址空间中取出一部分地址映射到全球 IPv6 地址空间中，其映射规则是在 IPv6 地址中插入 IPv4 地址。地址的 0~31 位为 ISP 的/32 位的 IPv6 前缀，32~39 位设置为 FF，表示这是一个 IVI 映射地址。40~71 位表示插入的全局 IPv4 空间的地址格式，72~128 位全为 0。

为了便于讲解，这里以图 8-74 为例。假如某公司申请了 IPv4 公网地址 218.1.1.0/24，申请了 IPv6 地址 2001:1::/32。

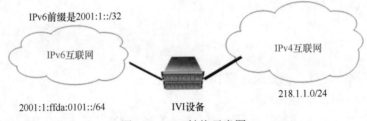

图 8-74 IVI 转换示意图

公司现在所有业务都运行在纯 IPv6 网络上，但有些业务仍要支持 IPv4 访问。服务器配置的 IPv6 网络前缀是 2001:1:ffda:0101::/64，其中 da:0101 由 IPv4 地址 218.1.1 转换而来。假如 IPv4 网络中的 1.1.1.1 要访问 218.1.1.2，数据包被路由到 IVI 设备（IVI 是双栈）。IVI 根据映射规则，把源 IPv6 地址转换成 2001:1:ff01:0101:0100::/128，2001:1/32 是公司 IPv6 前缀，接下来的 ff 表示 IVI 映射地址，后面的 01:0101:01 由 IPv4 地址转换而来。IVI 根据映射规则把目的 IPv6 地址转换成 2001:1:ffda:0101:0200::/128，该数据包经 IVI 设备被发往 IPv6 网络。IPv6 网络根据路由，把返回的数据包发回到 IVI 设备，IVI 设备把源和目的 IPv6 地址根据 IVI 映射规则转换成 IPv4 地址，然后把数据包发往 IPv4 网络。这种 IPv4 和 IPv6 的转换是固定的一对一的转换，所以不需要记录转换关系（即无状态协议转换）。

IVI 除了进行地址映射外，还根据标准规定实现 IPv4/ICMP 协议各字段的对译，同时更新 TCP/UDP 协议的相关字段，完成整个数据包的转换操作。IVI 在可扩展性和安全性方面优于 NAT64，缺点是 IVI 的支持设备较少，本书没有办法进行演示。

2. Smart6 和 Space6

Smart6 和 Space6 类似于 NAT64 技术，都是用来解决 IPv6 用户访问 IPv4 资源的问题。通过将 Smart6/Space6 网关部署在 IDC（Internet Data Center，互联网数据中心）出口，可以使 IPv6 用户访问 IPv4 的 ICP/ISP（Internet Content Provider/Internet Service Provider，互联网内容提供商/互联网服务提供商）资源，从而达到迁移 IPv6 流量，促进用户向 IPv6 演进的目的。

8.5　过渡技术选择

每种过渡技术都有各自的优缺点，因此需结合实际需求在不同的场景下选择不同的过渡技术：

- 对于新建业务系统的场景，推荐采用双栈技术，同时支持 IPv4 和 IPv6；
- 对于多个孤立 IPv6 网络互通的场景，如多个 IPv6 数据中心的互联，可以采用隧道技术，让 IPv6 数据封装到 IPv4 网络上传输，以减少部署的成本和压力；
- 对于已经上线的业务系统，若不方便改造成双栈，可以采用地址协议转换技术。

第 9 章
IPv6 应用过渡

Chapter 9

IPv6 网络过渡技术只是用来临时解决 IPv4 与 IPv6 共存的问题，互联网终将会转换到纯 IPv6 网络，一些不支持 IPv6 的应用终将被淘汰。本章介绍一些常用应用的 IPv6 过渡技术，在通过升级或改造后，这些应用可以支持 IPv6，包括远程登录服务、Web 应用服务、FTP 应用服务、数据库应用服务和网络管理系统等。对一些转换难度比较大的 IPv4 应用，比如基于 IPv4 开发的应用程序，如果要想支持 IPv6，则需要修改源代码，而修改源代码又比较困难，此时除了使用 IPv6 网络过渡技术中的协议转换技术外，也可使用本章介绍的反向代理技术。

9.1 远程登录服务

远程登录是指本地计算机通过 Internet 连接到一台远程主机上，登录成功后本地计算机完全成为对方主机的一个远程仿真终端。这时本地计算机和远程主机的普通终端一样，本地计算机能够使用的资源和工作方式完全取决于该远程主机的系统。

远程登录的应用十分广泛，它不仅可以用来管理远程主机，还可以提高本地计算机的功能。比如通过登录计算机，用户可以直接使用远程计算机的各种资源，也可以把在本地计算机上不能完成的复杂任务交给远程计算机完成，从而大大提高了本地计算机的处理功能。远程登录也扩大了计算机系统的通用性，有些软件系统只能在特定的计算机上运行，通过远程登录可以让不能运行这些软件的计算机使用这些软件，从而扩大了它们的通用性。

9.1.1 远程登录的主要方式

本地计算机需要借助于远程登录应用程序来实现远程登录。此外，还必须是远程主机的合法用户，即通过注册或者系统管理取得一个指定的用户名，它包括登录标识（login identifier）和口令（password）两部分。

目前远程登录的主要方式有以下几种：
- Telnet；
- SSH；
- 远程桌面。

1. Telnet

Telnet 协议是 TCP/IP 协议簇中的一员，是位于 OSI 模型第 7 层（应用层）上的一种协议，也是 Internet 远程登录服务的标准协议和主要方式。Telnet 协议的目的是提供一个相对通用的双向的面向八位组的通信方法，允许界面终端设备和面向终端的过程能通过一个标准过程进行交互。

Telnet 是基于客户端/服务器模式的服务系统，它由客户端软件、服务器软件以及 Telnet 通信协议三部分组成。远程计算机又称为 Telnet 主机或服务器，本地计算机用作 Telnet 客户端，充当远程主机的一台虚拟终端（仿真终端），用户可以通过 Telnet 客户端与主机上的其他用户共同使用该主机提供的服务和资源。

使用 Telnet 协议进行远程登录时需要满足一些条件：
- 本地计算机上必须装有包含 Telnet 协议的客户程序；
- 必须知道远程主机的 IP 地址或域名；
- 必须知道登录标识与口令（即登录账户与密码）。

2. SSH

SSH（Secure Shell，安全外壳）是由 IETF 制定的建立在应用层基础上的安全网络协议。由于该协议会将登录信息进行加密处理，因此成为互联网安全的一个基本解决方案，并迅速在全世界获得推广。SSH 协议目前已经成为 Linux 系统的标准配置。

SSH 是专为远程登录会话和其他网络服务提供安全性的可靠协议。常用于网络设备、各类服务器平台等的远程登录管理。SSH 协议的加密机制可以有效防止远程管理过程中的信息泄露问题。SSH 协议存在多种实现，既有商业实现，也有开源实现。几乎所有 UNIX/Linux 系统，包括 HP-UX、Linux、AIX、Solaris、Irix 以及其他平台，都默认支持 SSH。

SSH 登录远程主机的主要流程如下。
1. 远程主机收到用户的登录请求，将自己的公钥发给用户。
2. 用户使用这个公钥将登录密码加密后，发送给远程主机。
3. 远程主机用自己的私钥解密登录密码，如果密码正确，就同意用户登录。

3. 远程桌面

远程桌面最早是微软公司为了方便网络管理员管理维护服务器而在 Windows Server 2000 版本中引入的一项服务。后来 Linux 系统也可以通过安装相关的软件服务来实现远程桌面管理。通过远程桌面的方式，管理员可通过合法授权连接到网络中任意一台开启了远程桌面控制功能的计算机上，并在其上运行程序、维护数据库等。

远程桌面连接主要使用两种协议，第一种是 Windows 上的 RDP（Remote Desktop Protocol，远程桌面协议），第二种是 VNC（Virtual Network Console，虚拟网络控制台）协议。

与"终端服务"相比，微软的"远程桌面"在功能、配置、安全等方面有了很大的改善。它由 Telnet 发展而来，属于 C/S（客户端/服务器）模式，在建立连接前需要配置好连接的服务器端（被控端）和客户端（主控端）。

在 Linux 上，可以安装 Rdesktop 等客户端软件，然后通过 RDP 协议远程登录 Windows 系统。在 Windows 上，也可以通过 VNC、XRDP 或 Xdmcp 等 3 种远程桌面方式登录到 Linux 系统。这 3 种方式都要求先在 Linux 系统安装服务端。比如，通过 VNC 远程桌面的方式登录 Linux 系统时，在登录之前必须在 Linux 上安装 VNC 服务端。如果通过 RDP 方式远程登录到 Linux 系统，就需要在 Linux 上安装 xrdp 服务。

9.1.2　IPv6 网络中的 Telnet 服务

在 Windows Vista 和 Windows Server 2008 以后的操作系统中，其附带的 Telnet 服务器和 Telnet 客户端版本都支持 TCP/IP 版本 6，允许将主机名称解析为 IPv6 地址，并可以在连接命令中指定 IPv6 地址。除此之外，用户使用 Telnet 的方式与以往并无不同。

可以借助下面两种方式，使用 IPv6 连接到 Telnet 服务器：
- 在命令提示符下；
- 在 Microsoft Telnet>命令提示符下。

在命令提示符下使用 IPv6 地址连接到 Telnet 服务器的步骤如下所示。

1. 在任何命令提示符下输入命令 telnet ipv6address [port]。
2. 如果看到提示输入用户名和密码或者看到 Telnet 服务器上的欢迎消息，则说明连接成功。

目前比较新的 Linux 系统（比如 CentOS 6 以上的版本）都能够很好地支持 IPv6。在服务器端安装配置好 telnet-server 后，Telnet 客户端就可以通过 IPv6 网络登录访问该服务器。

实验 9-1　在 CentOS 7 系统上配置 Telnet 双栈管理登录

在 EVE-NG 中打开"Chapter 09"文件夹中的"9-1 Basic"网络拓扑，如图 9-1 所示。读者也可以在自己的 Linux CentOS 7 服务器或者虚拟机上完成。通过本实验，读者不仅能知道如何在 Linux 上安装配置 Telnet 服务，还能了解 CentOS 7 针对 Telnet 服务的防火墙配置，以及通过 Telnet 远程登录服务器系统的操作流程。本实验主要完成了以下功能：

- 在 Linux CentOS 7 系统下安装配置 Telnet 软件服务；
- 配置 Telnet 服务软件的启动方式和防火墙的基本配置；
- Telnet 服务的启动方式和建立用户；

- 在 Win10 上启用 Telnet 并远程测试。

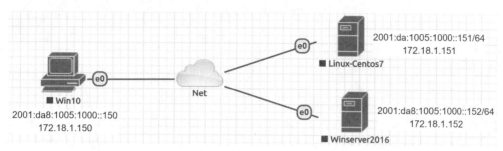

图 9-1 实验 9-1 拓扑图

以下是安装配置步骤。

STEP 1 开启拓扑中 Win10 和 Linux-Centos7 设备。为了便于后面的测试，为 Linux-Centos7 配置 IPv4 和 IPv6 地址，为此可修改/etc/sysconfig/network-scripts/ifcfg-ens33 配置文件，分别将系统的 IPv4 和 IPv6 地址修改为 172.18.1.151 和 2001:da8:1005:1000::151。然后通过 systemctl restart network 命令重新启动网络服务（修改网卡的方法请参考实验 5-1）。

提示：本章所有实验中涉及的命令和配置文件的内容，详见配置包"09\操作命令和配置.txt"。

STEP 2 安装和配置 Telnet 服务，因为 Telnet 服务需要 xinetd 的支持，所以安装 Telnet 之前必须安装 xinetd 服务。xinetd（extended internet daemon）是新一代的网络守护进程服务程序，又叫超级 Internet 服务器，常用来管理多种轻量级 Internet 服务。xinetd 提供类似于 inetd+tcp_wrapper 的功能，但是更加强大和安全。原则上任何系统服务都可以使用 xinetd，然而最适合使用 xinetd 的应该是那些常用的网络服务，并且这些服务的请求数目和频繁程度不会太高。比如 DNS 和 Apache 就不适合使用 xinetd，而 FTP、Telnet、SSH 等就比较适合使用。下面通过 rpm –qa 命令检查是否安装了 telnet-server 和 xinetd。

```
[root@localhost ~]# rpm -qa telnet-server         查看是否安装 telnet-server 服务
[root@localhost ~]# rpm -qa xinetd                查看是否安装 xinetd 服务
[root@localhost ~]# yum list |grep telnet         查看 telnet 软件包信息，以方便后面通过 yum 方式在线安装
Repodata is over 2 weeks old. Install yum-cron? Or run: yum makecache fast
telnet.x86_64                         1:0.17-60.el7                base
telnet-server.x86_64                  1:0.17-60.el7                base
[root@localhost ~]# yum list |grep xinetd         查看 xinetd 软件包信息，以方便后面通过 yum 方式在线安装
Repodata is over 2 weeks old. Install yum-cron? Or run: yum makecache fast
xinetd.x86_64                         2:2.3.15-13.el7              base
```

在查询得到软件包名称后，可通过 yum 方式在线安装 Telnet 及相关软件包。安装前必须保证服务器能够连接外网，安装过程中会有大量提示信息，等出现"Completed!"字样时表示安装完成。

```
[root@localhost ~]# yum -y install xinetd.x86_64
……
```

Completed!

[root@localhost ~]#yum -y install telnet-server.x86_64

……

Completed!

[root@localhost ~]#yum -y install telnet.x86_64

……

Completed!

STEP 3 对安装好的 telnet 和 xinetd 服务进行配置。首先通过 systemctl enable xinetd.service 和 systemctl enable telnet.socket 命令将 xinetd 和 telnet 分别加入到系统服务中，这样服务器在重新启动时这两项服务也随之自动启动。然后配置系统防火墙，打开 telnet 默认的 23 端口，重新启动防火墙服务。然后通过 systemctl start telnet.socket 和 systemctl start xinetd 命令分别启动 telnet 和 xinetd 服务：

[root@localhost ~]# systemctl enable xinetd.servic   将服务加入到系统服务中以便自动启动

[root@localhost ~]# systemctl enable telnet.socket   将服务加入到系统服务中以便自动启动

Created symlink from /etc/systemd/system/sockets.target.wants/telnet.socket to /usr/lib/systemd/system/telnet.socket.开启 service:

[root@localhost ~]# firewall-cmd --permanent --add-port=23/tcp   配置系统防火墙，打开 23 端口

success

[root@localhost ~]# firewall-cmd --reload

success

//启动 telnet 和 xinetd 服务

[root@localhost ~]# systemctl start telnet.socket

[root@localhost ~]#systemctl start xinetd

由于系统安全方面的限制，默认不允许 root 用户通过 Telnet 远程登录到服务器。为了方便测试，可以建立一个普通用户 test，并设置密码为 test@123。

[root@localhost ~]# adduser test   建立测试用户 test

[root@localhost ~]# passwd test   为测试用户 test 设置密码

Changing password for user test.

New password: 输入密码 test@123

BAD PASSWORD: The password contains the user name in some form

Retype new password: 输入密码 test@123

passwd: all authentication tokens updated successfully

STEP 4 测试。为 Win10 虚拟计算机配置静态 IPv6 地址 2001:da8:1005:1000::150/64。Win10 默认情况下无法使用 telnet 命令，需要手动安装。鼠标右键单击"开始"，从快捷菜单中选择"程序和功能"，打开"程序和功能"窗口，如图 9-2 所示。

在"程序和功能"窗口中单击"启用或关闭 Windows 功能"链接，弹出"Windows 功能"对话框，选中"Telnet 客户端"并单击"确定"，开始安装 Telnet 客户端，如图 9-3 所示。

第 9 章　IPv6 应用过渡

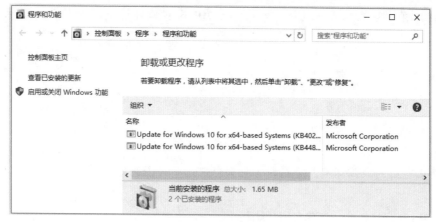

图 9-2　程序和功能

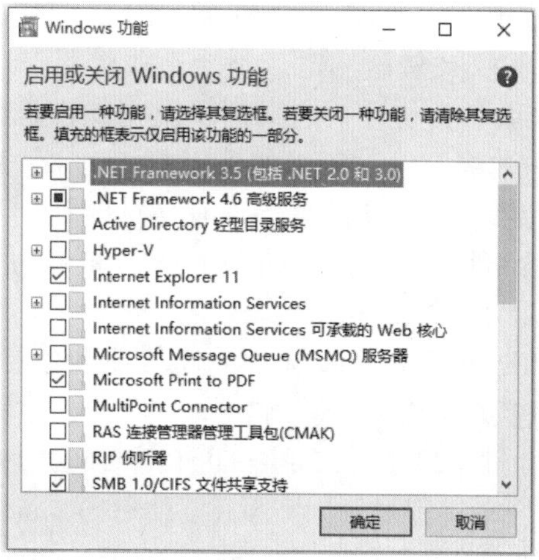

图 9-3　安装 Windows Telnet 客户端功能

输入 telnet 命令，打开命令行提示符，在终端窗口中输入 telnet 2001:da8:1005:1000::151。输入完成以后，按回车键就会出现如图 9-4 所示的界面，提示用户登录。

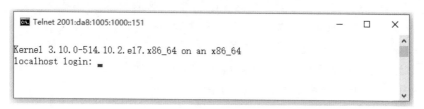

图 9-4　在 Win10 中测试 IPv6 下的 telnet 服务

在提示窗口中输入 Linux CentOS 系统的用户名 test 和密码 test@123，按回车键后就可以登录到远程服务器系统了，如图 9-5 所示。同样，在命令提示符下输入 telnet 172.18.1.151

357

也可以达到同样的登录效果。这样,就在 IPv4/IPv6 双栈环境下通过 Telnet 方式实现了远程登录。

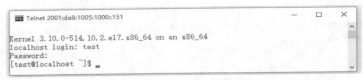

图 9-5 通过 test 用户远程 Telnet 登录 Linux CentOS 系统

暂不退出当前的操作环境,后面的实验需要在此基础上继续。

9.1.3 IPv6 网络中的 SSH 服务

由于 Telnet 在传输数据时使用的是明文机制,因此并不安全。如果在网络上截取到 Telnet 传输的数据,而且数据又比较敏感时,将会造成重要信息的泄露。SSH 是比较可靠的用于远程登录和其他安全服务的协议,它采用了数据加密机制,能够防止 DNS 欺骗和 IP 欺骗。而且 SSH 传输的数据是经过压缩的,因此相对来说传输速度也得以提升。IPv6 网络下的 SSH 服务和 IPv4 网络下的 SSH 服务没有什么区别,只要主机能够支持 IPv6 访问并安装了 SSH 服务端程序就可以。较新版本的 Linux 一般能直接支持 IPv6 的 SSH 访问,防火墙默认也是开放的。

要在 Windows 下通过 SSH 登录 IPv6 远程主机,可以通过客户端软件 PuTTY 或 SecureCRT 来实现,只需在主机 IP 地址栏填上 IPv6 地址就可以。如果使用的不是默认的 22 端口,则必须用中括号"[ ]"把 IPv6 地址括起来,如[2001:da8:1005:1000::191]等。

要在 Linux 下通过 SSH 登录远程 IPv6 主机,只要使用的 Linux 版本较新(比如 CentOS 7),就可以直接使用命令登录,如在终端下输入 ssh root@2001:da8:1005:1000::191 命令,然后按回车键,会出现一个警告提示,输入 yes 后按回车键,再输入密码即可登录。

实验 9-2 在 CentOS 7 系统上配置 SSH 双栈管理登录

在 EVE-NG 中打开"Chapter 09"文件夹中的"9-1 Basic"网络拓扑,读者也可以在自己的 Linux CentOS 7 服务器或者虚拟机上完成。通过本实验,读者不仅能知道如何在 Linux 上配置 SSH 服务,还能了解 CentOS 7 针对 SSH 服务的端口配置和防火墙配置等,以及如何通过 Win10 系统在 IPv4/IPv6 双栈网络进行远程测试。本实验主要完成了以下功能:

- 在 Linux CentOS 7 系统下配置 SSH 服务;
- 安装 SElinux 配置工具 semanage;
- 修改默认的 SSH 服务端口;
- 通过 Win10 系统进行远程测试。

以下是安装配置步骤。

第 9 章　IPv6 应用过渡

STEP 1　在实验 9-1 上的基础上继续，在 Linux-Centos7 虚拟机上，通过 rpm -qa |grep ssh 命令查看已经安装的 SSH 文件。

```
[root@localhost ~]# rpm -qa |grep ssh
libssh2-1.4.3-10.el7_2.1.x86_64
openssh-6.6.1p1-33.el7_3.x86_64
openssh-server-6.6.1p1-33.el7_3.x86_64
openssh-clients-6.6.1p1-33.el7_3.x86_64
```

STEP 2　安装 SElinux 配置工具 semanage，将 SSH 的默认端口由 22 修改成 60022，以增加系统的安全性。在防火墙上打开 60022 端口。

```
[root@localhost ~]#yum provides semanage           查找哪个软件包中包含 semanage
Loaded plugins: fastestmirror
Loading mirror speeds from cached hostfile
 * base: mirrors.tuna.tsinghua.edu.cn
 * extras: mirrors.huaweicloud.com
 * updates: mirrors.tuna.tsinghua.edu.cn
policycoreutils-python-2.5-29.el7.x86_64 : SELinux policy core python utilities
Repo        : base
Matched from:
Filename    : /usr/sbin/semanage
policycoreutils-python-2.5-29.el7_6.1.x86_64 : SELinux policy core python utilities
Repo        : updates
Matched from:
Filename    : /usr/sbin/semanage
policycoreutils-python-2.5-29.el7_6.1.x86_64 : SELinux policy core python utilities
Repo        : @updates
Matched from:
Filename    : /usr/sbin/semanage
[root@localhost ~]# yum -y install policycoreutils-python-2.5-29.el7_6.1.x86_64    执行安装
… …
Complete!
  [root@localhost ~]# semanage port -l|grep ssh    安装完成后，通过下面的命令查看 SSH 默认开放端口
ssh_port_t                     tcp      22
  [root@localhost ~]# semanage port -a -t ssh_port_t -p tcp 60022    将 SSH 默认端口 22 改成 60022
[root@localhost ~]#firewall-cmd --permanent --add-port=60022/tcp    修改系统防火墙规则，开放 60022 端口
success
[root@localhost ~]# firewall-cmd --reload
Success
```

注意

SELinux（Security Enhanced Linux，安全增强的 Linux）是 MAC（Mandatory Access Control，强制访问控制）系统的一个实现，旨在明确地指明某个进程可以访问哪些资源（文件、网络端口等）。SElinux 极大地增强了 Linux 系统的安全性，能将用户权限"关在笼子里"。比如针对 httpd 服务，Apache 默认只能访问/var/www 目录，并只能监听 80 和 443 端口，因此能有效得防范 0day 类的攻击。通过 semanage 可以很方便地修改 SElinux 相关端口的安全配置。

STEP 3 修改默认配置文件/etc/ssh/sshd_config，将配置中下面几行前面的"#"全部去除，具体如下所示：

#Port 22
#AddressFamily any
#ListenAddress 0.0.0.0
#ListenAddress ::

然后将 SSH 的默认服务端口改成 60022，并使其同时支持 IPv4 和 IPv6 访问。保存后退出。具体如下：

Port 60022
AddressFamily any
ListenAddress 0.0.0.0
ListenAddress ::

注意

有时为了安全管理考虑，也可以关闭 IPv6 网络访问，只允许以 IPv4 方式访问，为此只要把配置中的 ListenAddress :: 注释掉就可以（即在行前加#号），如下所示。

Port 60022
AddressFamily any
ListenAddress 0.0.0.0
#ListenAddress ::

STEP 4 在系统命令行提示符下输入 systemctl restart sshd 命令，启动 SSH 服务，然后通过 netstat -an | grep 60022 命令查看 SSH 服务的启动和端口状态。

```
[root@localhost ~]# systemctl restart sshd
[root@localhost ~]# netstat -an | grep 60022
tcp        0      0 0.0.0.0:60022           0.0.0.0:*               LISTEN
tcp6       0      0 :::60022                :::*                    LISTEN
```

STEP 5 测试。因为 Windows 系统没有自带支持 SSH 的工具软件，因此需要借助于 PuTTY 软件来实现。在下载并安装完 PuTTY 之后，将其打开，在主界面的 Host Name 字段中输入 Linux CentOS 的 IPv6 地址"[2001:da8:1005:1000::151]"。注意 IPv6 地址一定要用"[]"括起来才能正确识别，而 IPv4 地址则不需要。在 Port 字段中输入 60022，具体如图 9-6 所示。

输完之后单击 Open 按钮，打开远程管理窗口。在第一次登录系统会有警告提示，询问是否信任该主机，如图 9-7 所示。

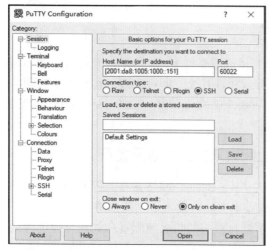

图 9-6　通过 PuTTY 软件以 SSH 的方式登录
Linux CentOS 系统

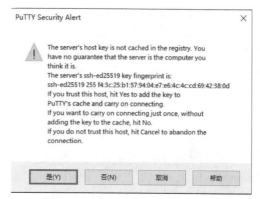

图 9-7　通过 PuTTY 软件以 SSH 的方式
登录时出现安全提示

单击"是"按钮，软件会弹出远程主机的 SSH 登录认证窗口，如图 9-8 所示。

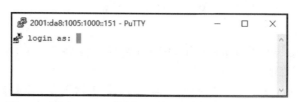

图 9-8　通过 PuTTY 软件以 SSH 方式登录时的提示信息

在"login as:"后面输入 Linux CentOS 系统的用户名 root，按回车键；然后输入默认的管理密码 eve@123，继续按回车键，就可以登录 IPv6 服务器系统了，如图 9-9 所示。

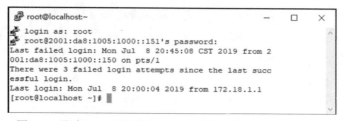

图 9-9　通过 PuTTY 软件以 SSH 方式登录 Linux CentOS 系统

这样，支持 IPv4/IPv6 双栈的 SSH 服务就配置完成了。另外，出于安全管理要求，SSH 服务一般会在配置文件中禁止 root 用户直接登录，在使用其他用户身份登录系统时，如果需要用到 root 权限，则可通过 su 的方式来切换。

暂不退出，后面的实验需要在此基础上继续。

9.1.4 IPv6 网络下的远程桌面服务

Windows 7 以上版本的操作系统的远程桌面连接程序支持 IPv6，所以打开远程桌面连接程序后，直接在地址栏输入被控端的 IPv6 地址连接远程计算机，即可实现远程桌面的应用。也可以在命令窗口下输入 mstsc -v:2001:da9:1005:1000::152 命令，其中 2001:da9:1005:1000::152 为远程受控端计算机的 IPv6 地址。

实验 9-3　在 Windows Server 2016 上配置双栈远程桌面登录

在 EVE-NG 中打开"Chapter 09"文件夹中的"9-1 Basic"网络拓扑，读者也可以在自己的 Windows Server 2016 或者虚拟机上完成。通过本实验，读者不仅能知道如何在 Windows Server 2016 上安装配置远程桌面服务，还能了解针对服务的防火墙配置和如何修改远程桌面的端口。本实验主要完成了以下功能：

- Windows Server 2016 启用远程桌面服务；
- 修改 Windows 2016 Server 远程桌面服务端口；
- 修改服务器防火墙配置；
- 通过 Win10 远程登录服务器 IPv6 地址进行测试。

以下是安装配置步骤。

STEP 1　开启拓扑图中的 Winserver 2016 虚拟机，根据拓扑所示，为 Winserver 2016 配置静态的 IPv4 和 IPv6 地址。

STEP 2　右键单击"开始"，从快捷菜单中选择"系统"。打开"系统"窗口，单击"远程设置"链接，打开"系统属性"的"远程"选项卡，如图 9-10 所示。

选中图 9-10 中的"允许远程连接到此计算机"单选按钮，弹出如图 9-11 所示的对话框，提示远程桌面防火墙例外将被启用，也就是说防火墙已经允许了远程桌面连接。单击"确定"按钮返回。

若选中图 9-10 中的"仅允许运行使用网络级别身份验证的远程桌面的计算机连接"复选框，则 Windows XP 等系统不能使用远程桌面连接该计算机，因此最好不要选中该复选框。在 Windows 10 中，这个选项有些不同，但意思一样，在 Windows 10 中建议选择"允许运行任意版本远程桌面的计算机连接"。

STEP 3　可以在"专用网络设置"和"公用网络设置"中有选择地启用或关闭防火墙，如图 9-12 所示。在不清楚网络设置的情况下，可以在两种网络设置中同时开启或关闭防火墙。在 Windows Server 2016 中，可以在"服务器管理器"中单击"工具"→"本地安全策略"，在"本地安全策略"窗口中单击"网络列表管理器策略"→"网络"，在打开的"网络属性"对话框中选择"网络位置"选项卡，进而选择"专用"或"公用"网络。

第 9 章 IPv6 应用过渡

图 9-10 "远程"选项卡

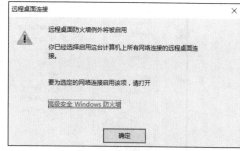

图 9-11 远程桌面连接安全提醒

图 9-12 自定义各类网络的设置

363

STEP 4 远程桌面连接默认使用 TCP 3389 端口，有时为了系统安全考虑，需要修改默认的端口，为此可以通过修改注册表文件来实现。在"开始"菜单中运行 regedit，进入注册表，修改 HKEY_LOCAL_MACHINE\SYSTEM\CurrentControlSet\Control\Terminal Server\Wds\rdpwd\Tds\tcp 和 HKEY_LOCAL_MACHINE\SYSTEM\CurrentControlSet\Control\Terminal Server\WinStations\RDP-Tcp 的 PortNumber 键值，将其都修改为 9833。修改时要注意选择十进制，如图 9-13 和图 9-14 所示。

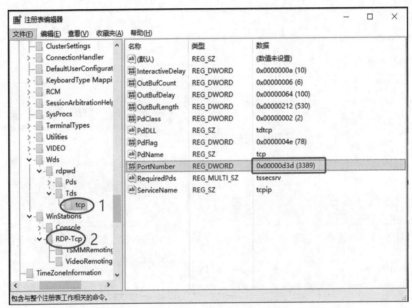

图 9-13　修改 Windows Server 2016 系统注册表

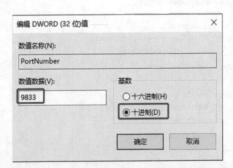

图 9-14　修改 Windows Server 2016 系统注册表的远程桌面端口

STEP 5 修改好远程端口后，还需要修改防火墙设置，让其放行修改之后的端口。在"服务器管理器"窗口中单击菜单"工具"→"高级安全 Windows 防火墙"，如图 9-15 所示。

在"高级安全 Widows 防火墙"窗口中选中左侧的"入站规则"，然后单击右侧的"新建规则"。在"规则类型"中选择"端口"，如图 9-16 所示。

第 9 章 IPv6 应用过渡

图 9-15 修改 Windows Server 2016 系统防火墙

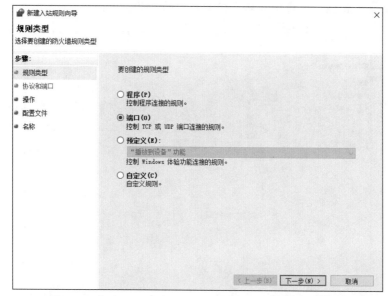

图 9-16 修改 Windows Server 2016 系统防火墙的开放端口

在"协议和端口"中选择 TCP 协议,在"特定本地端口"中输入修改后的远程桌面端口 9833,如图 9-17 所示。单击"下一步"按钮。

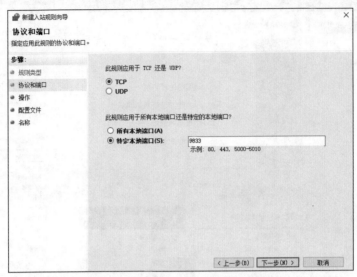

图 9-17 修改 Windows Server 2016 系统防火墙开放 9833 端口

在"操作"中选中"允许连接"单选按钮,单击"下一步"按钮。在"配置文件"中保持默认的"域""专用"和"公用"都选中,单击"下一步"按钮。在"规则的名称和描述"中,为方便日后查看,在"名称"中输入"远程桌面","描述"中输入"9833 端口",如图 9-18 所示。单击"完成"按钮,完成防火墙自定义端口的开放。

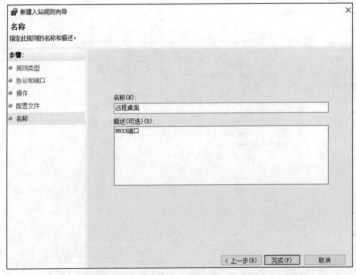

图 9-18 给防火墙规则设定名称

修改远程端口并在防火墙中放行之后，还需要重启远程桌面服务，让远程桌面服务使用新的端口。在"服务器管理器"中单击"工具"，选择"服务"，打开"服务"窗口。在服务窗口找到 Remote Desktop Service 服务，然后右键单击，从快捷菜单中选择"重新启动"，重新启动远程桌面服务，如图 9-19 所示。

图 9-19　重新启动远程桌面服务

STEP ⑥　测试。在 Win10 虚拟机上，右键单击"开始"→"运行"，在"运行"栏中输入 mstsc 命令，打开远程桌面连接窗口。若使用 IPv6 地址进行远程连接，如果不修改端口，IPv6 地址可以不加中括号，因为此次实验将 3389 端口修改为 9833，所以 IPv6 地址必须使用中括号，在"计算机"文本框中输入"[2001:da8:1005:1000::152]:9833"，如图 9-20 所示。单击"连接"按钮，输入用户名和密码后，成功连接到 Winserver2016。

图 9-20　远程桌面连接

9.2 Web 应用服务

简单来讲，Web 服务就是以 HTTP 协议为基础，利用浏览器进行网站访问。Web 应用服务是由完成特定任务的各种 Web 组件（component）构成的，通过浏览器将内容展示给用户。在实际应用中，Web 应用主要由 Servlet、JSP 页面、HTML 文件以及图像文件等组成，所有这些组件相互协调，为用户提供一组完整的服务。Web 应用服务离不开 Web 服务器。随着 IPv6 的普及和推广，各类 Web 应用也需要能够支持 IPv6 访问，这可以通过配置支持 IPv6 的 Web 服务器来实现。

9.2.1 常用的 Web 服务器

Web 服务器也称为 WWW 服务器、HTTP 服务器，主要功能是提供网上信息浏览服务。UNIX 和 Linux 平台下常用的服务器有 Apache、Nginx、Lighttpd、Tomcat、IBM WebSphere 等，其中应用最广泛的是 Apache、Tomcat 和 Nginx。而 Windows 2008/2012/2016 操作系统下最常用的服务器是 IIS。

- Apache 是世界上应用最广泛的 Web 服务器。它的主要优势在于源代码开放、开源社区活跃度高、支持跨平台应用以及可移植性强等。Apache 的支持模块非常丰富，但是在速度和性能上不及其他轻量级 Web 服务器，所消耗的内存也比其他 Web 服务器多。
- Tomcat 的源代码也是开放的，且比绝大多数商用应用软件服务器要好，但是，Tomcat 对静态文件和高并发的处理比较弱。
- IIS 是一种 Web 服务组件，其中包括 Web 服务器、FTP 服务器、NNTP 服务器和 SMTP 服务器，分别用于网页浏览、文件传输、新闻服务和邮件发送等方面。因为 IIS 使用图形化界面进行配置，所以相对来说比较简单，初学者更容易上手。IIS 的缺点就是只能在 Windows 中使用。
- Nginx 是一款高性能的 HTTP 和反向代理服务器，同时也可以作为 IMAP/POP3/SMTP 代理服务器。它使用高效的 epoll、kqueue、eventport 作为网络 I/O 模型，在高连接并发的情况下，能够支持高达数万个并发连接数的响应，而内存、CPU 等系统资源消耗却非常低。Nginx 的运行相当稳定，目前在互联网上得到了大量的使用。

9.2.2 IPv6 环境下的 Web 服务配置

随着国家对 IPv6 网络的积极推广，越来越多的网站需要同时支持 IPv4/IPv6 的双栈访问。目前主流的 Web 服务器的最新版本都可以很好地支持 IPv6，有些早期的 Web 服务器软件在安装编译时需要加上 IPv6 支持选项，然后在配置文件里面加上监听 IPv6 地址端口的选项。

在 Apache2 的默认配置文件/etc/httpd/conf/httpd.conf 中加上 IPv6 地址的监听，方法如下：

```
Listen 0.0.0.0:80
Listen [::]:80
```

最新版本的 Tomcat 和 Nginx 的配置比较简单，在支持 IPv6 的系统上安装完后，默认就可以支持 IPv6 网络访问。其他 Web 服务器也可以根据不同的配置参数来实现 IPv6 的访问。

实验 9-4　在 CentOS 7 下配置 Apache IPv6/IPv4 双栈虚拟主机

在 EVE-NG 中打开"Chapter 09"文件夹中的"9-2 Webserver"网络拓扑，如图 9-21 所示。读者也可以在自己的 Linux CentOS 7 服务器或者虚拟机上完成。通过本实验，读者不仅能知道如何在 Linux 上安装配置 Apache Web 服务，还能了解 CentOS 7 针对 Apache Web 服务的防火墙和虚拟主机配置。本实验主要完成了以下功能：

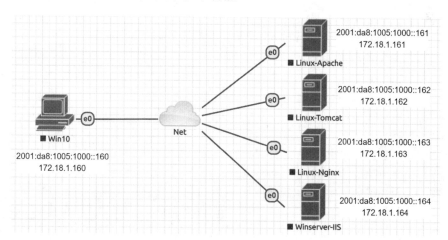

图 9-21　Web 服务器双栈配置实验拓扑图

- 在 Linux CentOS 7 系统下安装配置 Apache Web 服务器软件；
- 配置 Apache，使其同时支持 IPv4/IPv6 网络；
- 建立网站目录和配置 Apache 虚拟主机；
- 通过 Win10 进行远程测试。

安装配置和测试步骤如下。

STEP 1　开启拓扑图中的 Win10 和 Linux-Apache 虚拟机。为了便于后面的测试，需要为 Linux-Apache 配置 IPv4 和 IPv6 地址。可修改/etc/sysconfig/network-scripts/ifcfg-ens33 配置文件，分别将系统的 IPv4 和 IPv6 地址修改为 172.18.1.161 和 2001:da8:1005:1000::161，然后通过 systemctl restart network 命令重新启动网络服务（修改网卡方法参考实验 5-1）。

STEP 2　通过 yum -y install httpd 命令安装 Apache 文件，在终端下输入 yum -y install httpd 命令并按回车键。这个命令会让系统通过 yum 方式连接到外网的应用服务器来安装 Apache 所有相关的软件，"-y"表示当安装过程提示选择时全部为"yes"。请确保本机系统能够连接和访问外网，运行后屏幕会显示大量的安装信息，所有的软件安装成功后会出现"Complete!"字样：

```
[root@localhost ~]# yum -y install httpd
Loaded plugins: fastestmirror
Repodata is over 2 weeks old. Install yum-cron? Or run: yum makecache fast
base                              | 3.6 kB     00:00:00
extras                            |  4 kB      00:00:00
updates                           | 3.4 kB     00:00:00
(1/4): base/7/x86_64/group_gz     | 166 kB     00:00:00
(2/4): extras/7/x86_64/primary_db | 205 kB     00:00:00
(3/4): base/7/x86_64/primary_db   | 6.0 MB     00:00:01
(4/4): updates/7/x86_64/primary_db| 6.4 MB     00:00:07
… …
Complete!
```

安装完成后，可以通过 rpm -qi httpd 命令查看安装好的 Apache 信息：

```
[root@localhost ~]# rpm -qi httpd
Name            : httpd
Version         : 2.4.6
Release         : 89.el7.CentOS
Architecture: x86_64
Install Date: Sun 30 Jun 2019 02:21:44 PM CST
Group           : System Environment/Daemons
Size            : 9817301
License         : ASL 2.0
Signature       : RSA/SHA256, Mon 29 Apr 2019 11:45:07 PM CST, Key ID 24c6a8a7f4a80eb5
Source RPM      : httpd-2.4.6-89.el7.CentOS.src.rpm
Build Date      : Wed 24 Apr 2019 09:48:37 PM CST
Build Host      : x86-02.bsys.CentOS.org
Relocations : (not relocatable)
Packager        : CentOS BuildSystem <http://bugs.CentOS.org>
Vendor          : CentOS
URL             : http://httpd.apache.org/
Summary         : Apache HTTP Server
Description :
The Apache HTTP Server is a powerful, efficient, and extensible
web server.
```

STEP 3 查看和修改默认配置文件/etc/httpd/conf/httpd.conf，同时监听 IPv4 和 IPv6 的 80 端口，然后在系统防火墙上开放 Apache 服务端口，配置如下：

```
[root@localhost ~]# cd /etc/httpd/conf
```

```
[root@localhost conf]# ls -a
.  ..  httpd.conf   magic
[root@localhost conf]# cp httpd.conf   httpd.conf.default        备份原有配置文件
[root@localhost conf]#more httpd.conf                查看配置文件，下面列出部分内容
DocumentRoot"/var/www/html"                         默认的网站文件所在目录
                              特别是要注意下面这段配置，这是 Apache 2.4 中一个新的默认值，
                              会拒绝所有的请求！

<Directory />
    AllowOverride none
    Require all denied
</Directory>
```

通过 vim 文本编辑工具修改配置文件 httpd.conf，将配置文件里面的监听端口 Listen 80 改成如下配置，并将服务设置为自动启动。

```
Listen 0.0.0.0:80
Listen [::]:80
```

将 Apache 的应用服务设置为系统自动启动，注意，在 CentOS 7 中，chkconfig httpd on 命令被替换成 systemctl enable httpd：

```
[root@localhost conf]# systemctl enable httpd.service
Created symlink from /etc/systemd/system/multi-user.target.wants/httpd.service to /usr/lib/systemd/system/httpd.service
```

在系统防火墙中打开 http 服务，然后重新启动防火墙服务：

```
[root@localhost conf]# firewall-cmd --zone=public --permanent --add-service=http
[root@localhost conf]#    firewall-cmd --reload
success
```

STEP 4　配置 Web 虚拟主机站点，建立虚拟主机的网站主目录（假设使用/var/www/webtest 目录下的文档），创建虚拟主机网站的目录结构及测试用的页面文件：

```
[root@localhost httpd]# cd /var/www/
下面建立虚拟主机网站目录
[root@localhost www]# mkdir   webtest
[root@localhost www]# echo "apahce.test.com" >/var/www/webtest/index.html      建立测试页面
下面配置虚拟机主机
[root@localhost www]# cd /etc/httpd/
[root@localhost httpd]# mkdir vhost-conf.d
[root@localhost httpd]# echo "Include vhost-conf.d/*.conf" >> conf/httpd.conf
```

下面是在/etc/httpd/vhost-conf.d/目录下新建虚拟主机文件，并添加针对 IPv4 和 IPv6 的两个虚拟主机：

```
[root@localhost httpd]#vim /etc/httpd/vhost-conf.d/vhost-test.conf
添加如下内容：
下面是 IPv4 虚拟主机
<VirtualHost 172.18.1.161:80>
```

ServerName   apache.test.com
DocumentRoot /var/www/webtest
</VirtualHost>

下面是 IPv6 虚拟主机

<VirtualHost [2001:da8:1005:1000::161]:80>
ServerName   apache.test.com
    DocumentRoot /var/www/webtest
</VirtualHost>

保存配置后重新启动 Apache 服务：

[root@localhost conf]# systemctl restart httpd.service

STEP ⑤ 测试。为 Win10 配置 IPv4 地址 172.18.1.160 和 IPv6 地址 2001:da8:1005:1000::160/64，打开桌面的 360 安全浏览器，在地址栏输入 172.18.1.161，可以正常访问 IPv4 的虚拟主机网页，如图 9-22 所示。

图 9-22　通过 IPv4 地址测试虚拟主机

测试 IPv6 虚拟主机：打开 360 安全浏览器，在地址栏输入[2001:da8:1005:1000::161]，可以正常访问 IPv6 的虚拟主机网页，如图 9-23 所示。

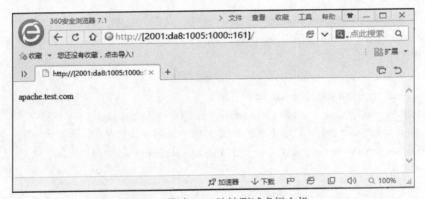

图 9-23　通过 IPv6 地址测试虚拟主机

这两个虚拟主机是根据 IP 地址来配置的。管理员也可以为 IPv4 和 IPv6 网络设定不同的站点目录。用户通过域名 apache.test.com 访问时会自动根据网络的不同切换到不同的站点页面，实现了动态域名的效果。

为了方便管理，Apache 也支持以通配符加主机域名的方式来配置虚拟主机，这样就可以真正实现通过一次配置来自动适应 IPv4/IPv6 的双栈网络访问了。修改 /etc/httpd/vhost-conf.d/vhost-test.conf 配置文件，删除里面的内容并加上以下内容：

[root@localhost httpd]# vim /etc/httpd/vhost-conf.d/vhost-test.conf
//基于域名的 IPv4/IPv6 双栈虚拟主机配置内容：
<VirtualHost *:80>
ServerName   apache.test.com
    DocumentRoot /var/www/webtest
</VirtualHost>
//保存配置后重新启动 Apache 服务

为了方便在 win10 中测试，需修改 C:\Windows\System32\drivers\etc 下的 hosts 文件。添加测试的域名，操作步骤为进入 C:\Windows\Windows32\drivers\etc\hosts 目录，打开 hosts 文件，把 IP 地址和对应域名添加进去（IP 地址+Tab 键隔开+域名），在 hosts 文件里加入以下内容，如图 9-24 所示：

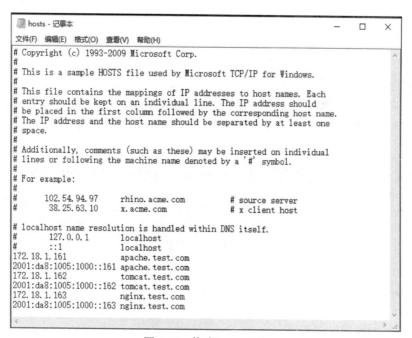

图 9-24　修改 hosts 文件

172.18.1.161   apache.test.com
2001:da8:1005:1000::161   apache.test.com

172.18.1.162   tomcat.test.com
2001:da8:1005:1000::162   tomcat.test.com
172.18.1.163   nginx.test.com
2001:da8:1005:1000::163   nginx.test.com
172.18.1.164   iis.test.com
2001:da8:1005:1000::164   iis.test.com

在 Win10 下测试 IPv4/IPv6 双栈虚拟主机。打开 360 安全浏览器，在地址栏输入 apache.test.com，可以打开网页，如图 9-25 所示。Win10 上配置了与 IPv4 和 IPv6 地址对应的域名 apache.test.com，且 IPv6 地址优先。Win10 是通过 IPv6 地址访问的 apache.test.com。

图 9-25　通过域名访问来测试 Apache 的 Web 服务

通过测试可以看出配置的 Apache 能够支持 IPv4/IPv6 双栈网络访问。Apache 虚拟主机配置还有很多策略，包括限制目录访问权限和针对目录实施不同策略等，这里不再介绍，感兴趣的读者可以自行查阅相关文档。

实验 9-5　在 CentOS 7 下配置 Tomcat IPv6/IPv4 双栈虚拟主机

在 EVE-NG 中打开"Chapter 09"文件夹中的"9-2 Webserver"网络拓扑。通过本实验，读者不仅能知道如何在 Linux 上安装配置 Tomcat Web 服务，还能了解在 CentOS 7 上对 Tomcat 服务的防火墙和虚拟主机配置。本实验主要完成了以下功能：

- 在 Linux CentOS 7 系统下配置安装 Tomcat 软件；
- Tomcat 服务的端口配置系统防火墙配置；
- Tomcat 虚拟主机的配置；
- Win10 下的远程访问测试。

安装配置和测试步骤如下。

STEP 1　开启拓扑图中的 Win10 和 Linux-Tomcat 虚拟机。为了便于后面的测试，修改 Linux-Tomcat 虚拟机的/etc/sysconfig/network-scripts/ifcfg-ens33 配置文件，为系统配置静态 IP

地址。分别将系统的 IPv4 和 IPv6 地址修改为 172.18.1.162 和 2001:da8:1005:1000::162，然后通过 systemctl restart network 命令重新启动网络服务（修改网卡方法参考实验 5-1）。

如果命令执行后没有报错，再通过 ifconfig 命令查看网卡配置信息。

STEP 2 通过 yum -y install tomcat 命令安装 Tomcat 文件，在终端下输入 yum -y install tomcat 命令并按回车键。这个命令会让系统通过 yum 方式连接到外网的应用服务器来安装 Tomcat 所有相关的软件，"-y" 表示当安装过程提示选择时全部为 "yes"。运行后屏幕会显示大量的安装信息，软件安装成功后会出现 "Complete!" 字样。

```
[root@localhost ~]# yum install -y tomcat
Loaded plugins: fastestmirror
Repodata is over 2 weeks old. Install yum-cron? Or run: yum makecache fast
base                                              | 3.6 kB   00:00:00
extras                                            | 3.4 kB   00:00:00
updates                                           | 3.4 kB   00:00:00
(1/4): base/7/x86_64/group_gz        | 166 kB   00:00:00
(2/4): extras/7/x86_64/primary_db    | 205 kB   00:00:00
(3/4): base/7/x86_64/primary_db      | 6.0 MB   00:00:00
(4/4): updates/7/x86_64/primary_db   | 6.4 MB   00:00:08
Determining fastest mirrors
 * base: mirrors.njupt.edu.cn
 * extras: mirrors.njupt.edu.cn
 * updates: mirrors.cn99.com
Resolving Dependencies
--> Running transaction check
---> Package tomcat.noarch 0:7.0.76-9.el7_6 will be installed
……
Complete!
```

通过 rpm -qi tomcat 命令查看安装好的 Tomcat 相关信息，包括版本信息等：

```
[root@localhost ~]# rpm -qi tomcat
Name        : tomcat
Epoch       : 0
Version     : 7.0.76
Release     : 9.el7_6
Architecture: noarch
Install Date: Sun 30 Jun 2019 06:27:11 PM CST
Group       : System Environment/Daemons
Size        : 310266
License     : ASL 2.0
Signature   : RSA/SHA256, Mon 18 Mar 2019 11:46:18 PM CST, Key ID 24c6a8a7f4a80eb5
```

```
Source RPM    : tomcat-7.0.76-9.el7_6.src.rpm
Build Date    : Tue 12 Mar 2019 06:12:50 PM CST
Build Host    : x86-01.bsys.CentOS.org
Relocations   : (not relocatable)
Packager      : CentOS BuildSystem <http://bugs.CentOS.org>
Vendor        : CentOS
URL           : http://tomcat.apache.org/
Summary       : Apache Servlet/JSP Engine, RI for Servlet 3.0/JSP 2.2 API
Description   :
Tomcat is the servlet container that is used in the official Reference
Implementation for the Java Servlet and JavaServer Pages technologies.
The Java Servlet and JavaServer Pages specifications are developed by
Sun under the Java Community Process.

Tomcat is developed in an open and participatory environment and
released under the Apache Software License version 2.0. Tomcat is intended
to be a collaboration of the best-of-breed developers from around the world.
```

STEP 3 配置 Tomcat 服务并将其设置为随系统自动启动。

```
[root@iocalhost tomcat]#systemctl enable tomcat      将服务设置为自动启动
Created symlink from /etc/systemd/system/multi-user.target.wants/tomcat.service to
/usr/lib/systemd/system/tomcat.service
```

STEP 4 将 Tomcat 默认的监听端口由 8080 改为 80 端口，并配置防火墙服务，在 /etc/firewalld/services/ 目录下新建一个名为 tomcat.xml 的文件，内容如下：

```
[root@localhost tomcat]# vi /etc/firewalld/services/tomcat.xml
<service>
<short>Tomcat Webserver</short>
<description>Tomcat Webserver port of 8080</description>
<port protocol="tcp" port="8080"/>
</service>
```

保存配置后，然后把此服务加入系统防火墙规则中：

```
[root@localhost tomcat]# firewall-cmd --reload
success
[root@localhost tomcat]# firewall-cmd --add-service=tomcat
success
[root@localhost tomcat]# firewall-cmd --permanent --add-service=tomcat
Success
```

由于非 root 用户不能侦听 1023 以下的端口，而 Tomcat 默认使用的是 8080 端口，所以这里采用一个变通的方法，就是利用 firewalld 在数据包被路由之前进行端口转发，把所有发往 80 的 TCP 包转发到 8080 即可。

```
[root@localhost tomcat]# firewall-cmd --add-forward-port=port=80:proto=tcp:toport=8080
success
[root@localhost tomcat]# firewall-cmd --permanent --add-forward-port=port=80:proto= tcp:toport=8080
Success
[root@localhosttomcat]# firewall-cmd --reload
```
此后 Tomcat 就相当于同时侦听 80 和 8080 两个端口了。

STEP ⑤ 配置 Web 虚拟主机站点（假设使用/var/www 目录下的文档），用 yum 安装的 Tomact 的主目录是/usr/share/tomcat 文件夹。/usr/share/tomcat/conf/server.xml 文件指定了虚拟主机的域名、虚拟主机指向的文件夹；虚拟机主机中还可以包含虚拟目录和虚拟目录指向的文件夹。

server.xml 文件可以含有下面的内容：

```
<Host name="localhost" appBase="webapps" unpackWARs="true" autoDeploy="true">
<Context path="" docBase="/home/Tomcat"    reload="true"></Context>
</Host>
```

其中，每一个<Host>标签可以对应一个域名，多个域名就对应多个 Host 标签；name 属性代表该虚拟主机对应的域名；appBase 属性代表该虚拟主机对应的根目录（可写入绝对路径进行自定义）。

有两点需要说明：

- 如果有两个域名同时对应一个目录，可以使用<Alias>...</Alias>表示别名，将新的域名填入其中即可；
- 配置虚拟目录需要使用< Context >标签。

其中 path 属性代表虚拟目录，就是在< Host >定义的域名后的路径。比如<Host>定义的域名是 tomcat.test.com，path 的虚拟目录名是 virtual path，则可以通过 http://tomcat.test.com/virtual path 访问到该虚拟目录。docBase 属性代表文件路径，可以使用绝对路径，如果使用相对路径，则是相对于<Host>中定义的 appBase 路径。reload 属性代表是否自动加载（自动部署），设置为 true 时，Tomcat 则会自动解压 war 文件。

可写入多个< Context >以实现多个虚拟目录的效果。

在本实验中创建网站目录及测试用的页面文件，命令如下：

```
[root@localhost ~]# mkdir /var/www                              建立虚拟主机网站目录
[root@localhost ~]# echo "tomcat.test.com" > /var/www/index.html        建立测试页面
```

编辑/usr/share/tomcat/conf/server.xml 文件，在倒数第 4 行的</Host>后新建一个虚拟主机 tomcat.test.com，内容如下：

```
<Host name="tomcat.test.com" appBase="/var/www" unpackWARs="true" autoDeploy="true"><Context path="" docBase="/var/www"    reload="true"></Context></Host>
```

保存 server.xml 文件，使用命令 systemctl restart tomcat 重启 Tomcat。

STEP ⑥ 测试。在 Win10 上测试虚拟主机，打开 360 安全浏览器，在地址栏输入 tomcat.test.com，如图 9-26 所示。

图 9-26　通过域名访问来测试 Tomcat 的 Web 服务

在地址栏输入 http://tomcat.test.com:8080，也可以正常访问，如图 9-27 所示。

图 9-27　通过域名访问来测试 Tomcat 的 8080 端口服务

实验 9-6　在 CentOS 7 下配置 Nginx IPv6/IPv4 双栈虚拟主机

在 EVE-NG 中打开"Chapter 09"文件夹中的"9-2 Webserver"网络拓扑。读者也可以在自己的 Linux CentOS 7 服务器或者虚拟机上完成。通过本实验，读者不仅能知道如何在 Linux 上安装配置 Nginx Web 服务，还能了解在 CentOS 7 上配置 Nginx Web 服务时，防火墙和虚拟主机该如何配置。本实验主要完成了以下功能：
- 在 Linux CentOS7 系统下安装配置 Nginx 软件；
- 系统防火墙针对 Nginx 服务的配置；
- Nginx 虚拟主机的配置；
- Win10 下远程的访问测试。

以下是安装配置步骤。

STEP 1 开启拓扑图中的 Win10 和 Linux-Nginx 虚拟机。为了便于后面的测试，修改 Linux-Nginx 虚拟机的/etc/sysconfig/network-scripts/ifcfg-ens33 配置文件，为系统配置静态 IP 地址。分别将系统的 IPv4 和 IPv6 地址修改为 172.18.1.163 和 2001:da8:1005:1000::163，然后通过 systemctl restart network 命令重新启动网络服务（修改网卡方法参考实验 5-1）。

如果命令执行后没有报错，再通过 ifconfig 命令确认网卡的配置信息。

STEP 2 通过 yum -y install nginx 命令安装 Nginx 文件，CentOS 7 中默认设有 Nginx 的源，因此这种安装会失败。Nginx 官网提供了 CentOS 的源地址，可以如下执行命令添加源：

```
[root@localhost ~]# rpm -Uvh http://nginx.org/packages/centos/7/noarch/RPMS/nginx-release-centos-7-0.el7.ngx.noarch.rpm
Retrieving http://nginx.org/packages/CentOS/7/noarch/RPMS/nginx-release-CentOS-7-0.el7.ngx.noarch.rpm
warning: /var/tmp/rpm-tmp.BGyb0p: Header V4 RSA/SHA1 Signature, key ID 7bd9bf62: NOKEY
Preparing...                          ################################# [100%]
Updating / installing...
   1:nginx-release-CentOS-7-0.el7.ngx ################################# [100%]

[root@localhost ~]# yum search nginx            查看源是否添加成功
……
```

此时再执行 yum -y install nginx，该命令会让系统通过 yum 方式连接到外网的应用服务器来安装 Nginx 所有相关的软件，"-y"表示当安装过程提示选择时全部为"yes"。运行后屏幕会显示大量的安装信息，软件安装成功后会出现"Complete!"字样。

```
[root@localhost ~]# yum -y install nginx
Loaded plugins: fastestmirror
……
Complete!
```

安装完之后，在/etc 下面默认生成一些文件和目录，如下所示。

- /etc/nginx/：Nginx 配置路径。
- /var/run/nginx.pid：PID 目录。
- /var/log/nginx/error.log：错误日志。
- /var/log/nginx/access.log：访问日志。
- /usr/share/nginx/html：默认站点目录。

在管理过程中，可以通过 Nginx 配置路径来查找这些文件或目录所在的位置，其他文件或目录的路径也可在/etc/nginx/nginx.conf 以及/etc/nginx/conf.d/default.conf 中查询到。

STEP 3 配置系统防火墙，打开 Nginx 服务的默认端口。CentOS 7 默认关闭 80 端口，可以通过 firewall-cmd 配置命令来实现。运行以下命令以允许 HTTP 和 HTTPS 通信：

```
[root@localhost ~]# firewall-cmd --permanent --zone=public --add-service=http
success
[root@localhost ~]# firewall-cmd --permanent --zone=public --add-service=https
```

success

[root@localhost ~]# firewall-cmd --reload

success

[root@localhost ~]# firewall-cmd --list-services   查看防火墙开放的服务

dhcpv6-client http ssh https

STEP 4 配置完之后重新启动系统防火墙服务：

[root@localhost ~]# systemctl restart firewalld.service

通过命令把 Nginx 服务加入到系统自动启动服务中：

[root@localhost ~]# systemctl enable nginx.service
Created symlink from /etc/systemd/system/multi-user.target.wants/nginx.service to /usr/lib/systemd/system/nginx.service.

通过 systemctl start nginx 启动 Nginx 服务：

[root@localhost ~]#systemctl start nginx

查看 80 端口的监听情况：

[root@localhost ~]# netstat -lnp | grep 80
tcp   0   0 0.0.0.0:80   0.0.0.0:*   LISTEN   11141/nginx: master

STEP 5 配置 Web 虚拟主机站点（假设使用/usr/share/nginx/webtest 目录下的文档）。创建网站的目录结构及测试用的页面文件：

[root@localhost ~]# cd /usr/share/nginx

[root@localhost nginx]# mkdir webtest   建立虚拟主机网站目录

[root@localhost nginx]#echo "nginx.test.com" > /usr/share/nginx/webtest/index.html   建立测试页面

配置虚拟主机，编辑/etc/nginx/conf.d/default.conf 文件，在文件的最后加入下面的内容：

```
# vim /etc/nginx/conf.d/default.conf
//添加如下内容
server {
        listen       80;
        server_name  nginx.test.com;
        access_log   /var/log/nginx/access.log  main;
        location / {
            root   /usr/share/nginx/webtest;
            index  index.html index.htm;
        }
}
```

使用 systemctl restart nginx 重新启动 Nginx 服务。

STEP 6 测试。在 Win10 中打开 360 安全浏览器，在地址栏输入 nginx.test.com，可以成功访问，如图 9-28 所示。

不要清除该实验配置，实验 9-11 需要在此实验基础上继续。

图 9-28　通过域名访问来测试 Nginx 的 Web 服务

实验 9-7　在 Windows Server 2016 下配置 IPv6/IPv4 双栈虚拟主机

在 EVE-NG 中打开"Chapter 09"文件夹中的"9-2 Webserver"网络拓扑，读者也可以在自己的 Winserver-IIS 服务器或者虚拟机上完成。通过本实验，读者不仅能知道如何在 Windows Server 2016 上安装配置 IIS 服务，还能了解 Windows 2016 Server 的虚拟主机配置。本实验主要完成了以下功能：

- 在 Windows Server 2016 系统下配置 IIS；
- IIS 基于双栈的虚拟主机配置；
- 远程访问测试。

STEP 1 开启拓扑图中的 Win10 和 Winserver-IIS 虚拟机。为 Winserver-IIS 配置静态 IP 地址，分别将系统的 IPv4 和 IPv6 地址修改为 172.18.1.164 和 2001:da8:1005:1000::164。为 Winserver-IIS 安装 IIS 服务，详见"实验 2-1"的步骤 7。

STEP 2 在 C 盘建立 www 文件夹，打开记事本工具，在记事本中输入"iis.test.com"，另存为 index.html 文件，"保存类型"选择"所有文件"，如图 9-29 所示。

图 9-29　在 Windows Srever 2016 中建立网站目录和页面

STEP 3 打开 Internet Information Services（IIS）管理器，右键单击"网站"，从快捷菜单中选择"添加网站"，如图 9-30 所示。

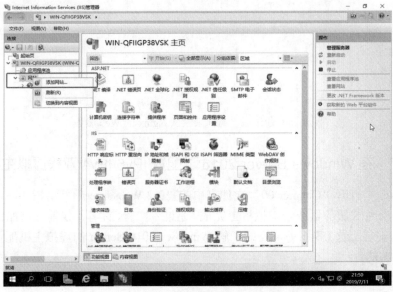

图 9-30 添加网站

首先添加 IPv4 虚拟机站点，按照如图 9-31 所示进行填写。

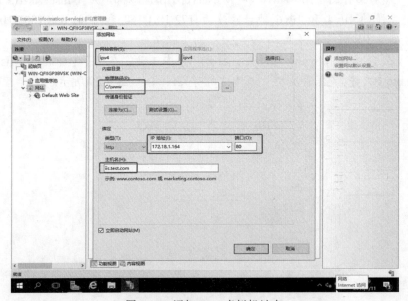

图 9-31 添加 IPv4 虚拟机站点

继续添加 IPv6 虚拟机站点，按照如图 9-32 所示进行填写。

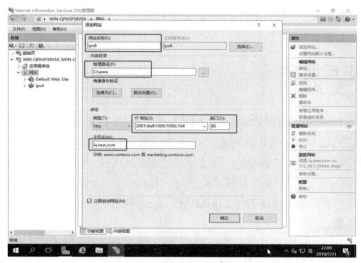

图 9-32　添加 IPv6 虚拟机站点

STEP 4　测试。在 Win10 中打开 360 安全浏览器，在地址栏中输入 iis.test.com，可以成功打开网页。从实验中可以看出，具有 IPv4 和 IPv6 的双栈主机可以分别建立 IPv4 和 IPv6 虚拟主机站点，并把两个站点指向同一个网站目录。如果服务器只有一个 IPv4 地址和一个 IPv6 地址，可以用更简单的办法，即在建立主机网站时，默认不绑定任何 IPv4 地址和 IPv6 地址，这样网站就默认同时支持 IPv4/IPv6 的双栈访问了。

在 Internet Information Services（IIS）管理器中删除刚才建立的 IPv4 和 IPv6 站点，重新添加一个站点，在"IP 地址"下拉列表中选择"全部未分配"，如图 9-33 所示。在 Win10 中再次测试 iis.test.com，可以成功访问。

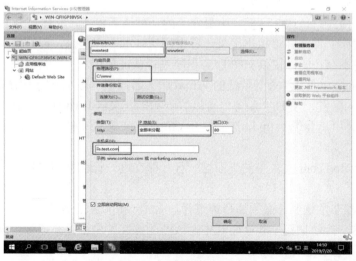

图 9-33　重新添加站点

不要清除该实验配置，实验 9-11 需要在此实验基础上继续。

9.3　FTP 应用服务

文件传输协议（File Transfer Protocol，FTP）是早期的 TCP/IP 应用协议之一，是一种基于 C/S 结构的双通道协议。目前，在互联网上可以作为 FTP 服务器的软件有很多，比如 WU-FTPD、ProFTPD、PureFTPd、Serv-U、IIS 等。除了 FTP 服务器软件，还有很多 FTP 客户端软件，例如在 Linux 平台上的 FTP 客户端工具有 ftp、lftp、lftpget、wget、curl 等。在 Windows 上也有很多的图形界面客户端，如 CuteFTP、FlashFXP、LeapFTP 等。可以通过浏览器或资源管理器直接访问 FTP 服务器。

FTP 服务默认使用 20、21 端口，其中端口 20（FTP 处于主动模式时服务器使用的数据端口，FTP 处于被动模式时服务器使用的数据端口则不定）用于进行数据传输，端口 21（命令端口）用于接受客户端发出的相关 FTP 命令与参数。FTP 服务器普遍部署于局域网中，具有容易搭建、方便管理的特点，有些 FTP 客户端工具还可以支持文件的多点下载以及断点续传技术。

vsftpd 介绍

vsftpd 服务器是 Linux 下普遍使用的 FTP 服务器端软件，大部分 Linux 发行版默认带有 vsftp 服务器软件，该软件具有很高的安全性和传输速度。

vsftpd 主要有以下 3 种认证模式。

- **匿名开放模式**：是一种最不安全的认证模式，任何人都可以无需密码验证而直接登录。
- **本地用户模式**：是利用 Linux 系统本地的账户密码信息进行认证的模式；它比匿名开放模式更安全，而且配置起来也简单。
- **虚拟用户模式**：是这 3 种模式中最安全的一种认证模式，它需要为 FTP 服务单独建立用户数据库文件，并虚拟出用来进行密码认证的账户信息，而这些账户信息在服务器系统中是不存在的，仅供 FTP 服务程序进行认证使用。

在早期的 Linux 软件版本中，默认的 vsftpd 服务器配置一般不支持 IPv6 访问，需要 vsftpd 服务器进行相应的配置，使 FTP 服务器可以监听和接受来自 IPv6 地址的访问与连接。

首先，以 root 用户登录 vsftpd，然后打开 vsftpd.conf 配置文件，该文件通常位于/etc/vsftpd 目录中。

1. 注释掉 vsftpd.conf 文件中的下面这一行（即在这一行前面加#号）：

listen=yes

注意，此步骤非常重要，必须注释掉该行，否则 vsftpd 服务器将无法正常运行。

2. 将下面这一行添加到 vsftpd.conf 中，或若配置文件中已存在该行，则取消前面的注释符#即可：

listen_ipv6=yes

第 9 章 IPv6 应用过渡

至此 vsftpd 服务器已经同时支持 IPv6 与 IPv4 的双栈访问了（前提是操作系统是双栈，否则就是 IPv6 单栈）。

3．重新启动 vsftpd 服务器。

使用 service vsftpd restart 命令或者新版本的 systemctl restart vsftpd 命令重新启动服务。

在不同的 Linux 发行版下，该命令可能不一样，请根据自己的服务器环境确定即可。

实验 9-8　在 CentOS 7 下安装配置 vsftpd FTP 双栈服务

本实验通过在 CentOS 7 下安装 vsftpd，来配置 IPv4 和 IPv6 双栈网络环境下的 FTP 服务。本实验实现了以下功能：

- 在 Linux CentOS 7 系统下安装 vsftpd 软件；
- vsftpd 服务的常用配置；
- 系统防火墙对 FTP 服务的配置；
- 通过 Win10 远程测试 FTP 的双栈解析。

安装配置和测试步骤如下。

STEP 1 在 EVE-NG 中打开 "Chapter 09" 文件夹中的 "9-3 Ftpserver"，如图 9-34 所示。开启 Win10 和 Linux-Ftp 虚拟机。为便于后面测试，修改 /etc/sysconfig/network-scripts/ifcfg-ens33 配置文件，为 Linux-Ftp 虚拟机配置 IPv4 和 IPv6 地址，分别将系统的 IPv4 和 IPv6 地址修改为 172.18.1.171 和 2001:da8:1005:1000::171，然后通过 systemctl restart network 命令重新启动网络服务（修改网卡方法参考实验 5-1）。将 Win10 的 IPv4 和 IPv6 地址分别配置为 172.18.1.170 和 2001:da8: 1005:1000::170。

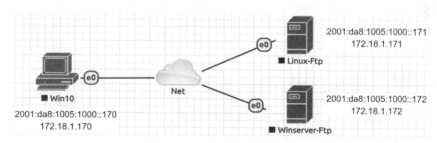

图 9-34　FTP 双栈实验拓扑图

STEP 2 在终端下输入 yum -y install vsftpd 命令并按回车键，这个命令会让系统通过 yum 方式连接到外网的应用服务器来安装 vsftpd 所有相关的软件，"-y" 表示当安装过程提示选择时全部为 "yes"。请确保本机系统能够连接和访问外网，运行后屏幕会显示大量的安装信息，软件安装成功后会出现 "Complete!" 字样：

```
[root@localhost ~]# yum install -y vsftpd
Loaded plugins: fastestmirror
Repodata is over 2 weeks old. Install yum-cron? Or run: yum makecache fast
base                                              | 3.6 KB   00:00:00
```

385

```
extras                                    |  4 KB    00:00:00
updates                                   | 3.4 KB   00:00:00
(1/4): base/7/x86_64/group_gz             | 166 KB   00:00:00
(2/4): extras/7/x86_64/primary_db         | 205 KB   00:00:00
(3/4): base/7/x86_64/primary_db           | 6.0 MB   00:00:01
(4/4): updates/7/x86_64/primary_db        | 6.4 MB   00:00:07
……
Installed:
vsftpd.x86_64 0:3.0.2-25.el7
Complete!
```

安装完成后,可以通过 rpm -qi vsftpd 命令查看安装好的 vsftpd 信息。

系统会自动联网更新和下载 vsftpd 所需要的软件包,并自动安装,同时在 Linux 系统中自动建立 vsftp 用户,用于启动 FTP 服务进程。安装成功后会在/etc 下面生成 vsftpd 目录。

STEP 3 修改防火墙和 SElinux 配置,打开 FTP 应用服务端口和目录权限:

```
[root@localhost ~]# firewall-cmd --list-services         查看防火墙允许的服务
dhcpv6-client ssh
[root@localhost ~]# firewall-cmd --add-service=ftp --permanent    永久开放 FTP 服务
success
[root@localhost ~]# firewall-cmd --add-port=20/tcp --permanent    允许外网访问 20 端口
success
[root@localhost ~]# firewall-cmd --add-port=21/tcp --permanent    允许外网访问 21 端口
Success
[root@localhost vconf]# firewall-cmd --zone=public --add-port=40000-40999/tcp --permanent
success
  [root@localhost ~]# firewall-cmd --reload              重新载入防火墙配置
Success
[root@localhost vconf]#firewall-cmd --list-services
ftp dhcpv6-client ssh
```

列出与 FTP 相关的设置。以下是显示出来的权限,off 表示关闭权限,on 表示打开权限。将包含 tftp_home_dir 和 ftpd_full_access 相关的项都设置为 1。

```
root@localhost ~]# getsebool -a|grep ftp
ftpd_anon_write --> off
ftpd_connect_all_unreserved --> off
ftpd_connect_db --> off
ftpd_full_access --> off
ftpd_use_cifs --> off
ftpd_use_fusefs --> off
ftpd_use_nfs --> off
ftpd_use_passive_mode --> off
httpd_can_connect_ftp --> off
```

```
httpd_enable_ftp_server --> off
tftp_anon_write --> off
tftp_home_dir --> off
```

通过命令配置 SELinux，设置 FTP 权限：

```
[root@localhost ~]#setsebool –P ftpd_full_access 1
[root@localhost ~]#setsebool -P allow_ftpd_anon_write 1
[root@localhost ~]#setsebool -P tftp_home_dir 1
[root@localhost ~]#setsebool -P ftpd_connect_all_unreserved 1
```

大部分情况下，在访问 FTP 时会被 SELinux 拦截，可以关闭该服务。方式如下：

```
[root@localhost ~]#setenforce 0            暂时让 SELinux 进入 permissive 模式
```

如果要彻底关闭 SElinux 服务，可以通过修改配置文件来实现：

```
[root@localhost ~]#vim /etc/selinux/config
# SELINUX=enforcing          在 SELINUX=enforcing 这行最前面加#，将其注释掉
SELINUX=disabled             在后面增加该行
```

修改完成后保存，重启系统后生效！

STEP 4) 修改 vsftpd 默认配置文件/etc/vsftpd/vsftpd.conf：

```
[root@localhost ~]# vim /etc/vsftpd/vsftpd.conf
//显示文件行号，便于定位修改
:set number
//修改 12 行，关闭匿名访问
anonymous_enable=NO
//修改 33 行，去掉前面的注释"#"，允许建立目录
anon_mkdir_write_enable=YES
//修改48 行，去掉前面的注释"#"，允许文件上传
chown_uploads=YES
//修改72 行，去掉前面的注释"#"
async_abor_enable=YES
//修改83 行，去掉前面的注释"#"
ascii_upload_enable=YES
//修改84 行，去掉前面的注释"#"
ascii_download_enable=YES
//修改87 行，去掉前面的注释"#"
ftpd_banner=Welcome to blah FTP service.
//修改 101 行，去掉前面的注释"#"
chroot_local_user=YES
//添加下列内容到 vsftpd.conf 末尾
use_localtime=YES
listen_port=21
idle_session_timeout=300
guest_enable=YES
```

guest_username=vsftpd
user_config_dir=/etc/vsftpd/vconf
data_connection_timeout=1
virtual_use_local_privs=YES
pasv_min_port=40000
pasv_max_port=40010
accept_timeout=5
connect_timeout=1
allow_writeable_chroot=YES

STEP 5 创建并编辑虚拟用户文件和 FTP 测试账号：

vim /etc/vsftpd/virtusers
#第一行为用户名，第二行为密码。不能使用 root 作为用户名
ftptest
eve123
设定 PAM 验证文件，并指定对虚拟用户数据库文件进行读取
[root@localhost ~]# db_load -T -t hash -f /etc/vsftpd/virtusers /etc/vsftpd/virtusers.db
[root@localhost ~]#chmod 600 /etc/vsftpd/virtusers.db
修改/etc/pam.d/vsftpd 文件，修改前先备份：
[root@localhost ~]# cp /etc/pam.d/vsftpd /etc/pam.d/vsftpd.bak
[root@localhost ~]#vi /etc/pam.d/vsftpd

先将配置文件中原有的 auth 及 account 的所有配置行注释掉，修改后文件内容如下：

#%PAM-1.0
session   optional   pam_keyinit.so   force revoke
#auth   required   pam_listfile.so item=user sense=deny file=/etc/vsftpd/ftpusers onerr=succeed
#auth   required   pam_shells.so
#auth   include   password-auth
#account   include   password-auth
session   required   pam_loginuid.so
session   include   password-auth
auth sufficient /lib64/security/pam_userdb.so db=/etc/vsftpd/virtusers
account sufficient /lib64/security/pam_userdb.so db=/etc/vsftpd/virtusers

新建系统用户 vsftpd，用于 FTP 用户目录权限控制，目录为/home/vsftpd，用户登录终端设为/bin/false（即不能登录系统）：

[root@localhost ~]#useradd vsftpd -d /home/vsftpd -s /bin/false
[root@localhost ~]#chown -R vsftpd:vsftpd /home/vsftpd

建立虚拟用户个人配置文件，同时建立一个测试用户账号 ftptest：

[root@localhost ~]#mkdir /etc/vsftpd/vconf
[root@localhost ~]#cd /etc/vsftpd/vconf
[root@localhost vconf]# touch ftptest   建立虚拟用户 ftptest 配置文件

编辑 ftptest 用户配置文件，内容如下（其他用户配置文件与之类似）：

```
[root@localhost ~]#vi ftptest
local_root=/home/vsftpd/ftptest/
write_enable=YES
anon_world_readable_only=NO
anon_upload_enable=YES
anon_mkdir_write_enable=YES
anon_other_write_enable=YES
```

建立 ftptest 用户根目录：

```
[root@localhost vconf]# mkdir -p /home/vsftpd/ftptest/
[root@localhost vconf]# mkdir    /home/vsftpd/ftptest/testfile      测试文件夹
[root@localhost vconf]#chmod -R 777 /home/vsftpd/ftptest/testfile    设置权限
```

STEP 6 将 FTP 服务加到自动启动项中，并开放 vsftpd 服务和修改系统防火墙配置：

```
[root@localhost vconf]# systemctl enable vsftpd.service
Created symlink from /etc/systemd/system/multi-user.target.wants/vsftpd.service to /usr/lib/systemd/system/vsftpd.service.
[root@localhost ~]# systemctl start vsftpd
[root@localhost ~]# firewall-cmd --reload
success
```

查看系统防火墙已经开放的服务，确认防火墙已经开放 FTP 服务：

```
[root@localhost ~]# firewall-cmd --zone=public --permanent --list-services
ftp      dhcpv6-client          dns
```

STEP 7 测试。在 Win10 中，双击桌面上的"此电脑"图标，在"此电脑"窗口的地址栏中输入 ftp://172.18.1.171/，然后按回车键，系统会弹出输入用户名和密码的窗口，在"用户名"中输入 ftptest，在"密码"中输入 eve123，然后单击"登录"按钮，如图 9-35 所示。

图 9-35　登录 FTP

FTP 登录成功后，显示如图 9-36 所示。可以双击 testfile 文件夹，然后测试文件或文件夹的上传、下载和删除等操作。

图 9-36　IPv4 成功登录 FTP

继续通过 IPv6 地址访问 FTP，在地址栏输入 ftp://[2001:da8:1005:1000::171]，同样会弹出登录框，输入用户名和密码后，可以成功登录，如图 9-37 所示。

图 9-37　IPv6 成功登录 FTP

实验 9-9　在 Windows Server 2016 下配置 IPv6 FTP 双栈服务

在 EVE-NG 中打开 "Chapter 09" 文件夹中的 "9-3 Ftpserver" 网络拓扑。通过本实验，读者不仅能知道如何在 Windows server 2016 上安装配置 FTP 服务，还能了解 Windows Server 2016 针对 FTP 服务如何配置防火墙和以及如何进行 FTP 的双栈配置。本实验主要完成了以下功能：

- 在 Windows Server 2016 系统下配置 FTP 组件；
- FTP 基于双栈的文件传输服务配置；
- 系统防火墙的配置；
- 通过 Win10 远程访问测试。

STEP 1　开启网络拓扑中的 Win10 和 Winserver-Ftp 虚拟机，按图中所示给两台虚拟机配置 IPv4 和 IPv6 地址。在 Winserver-Ftp 的 "服务器管理器" 中单击 "添加角色和功能"，然后一直单击 "下一步" 按钮，在 "服务器角色" 中选择 "Web 服务器（IIS）"，然后继续单击 "下一步" 按钮，直至出现如图 9-38 所示的 "选择角色服务" 界面，然后选中 "FTP 服务器" "FTP 服务" "FTP 扩展"，继续单击 "下一步" 按钮，直至 FTP 服务安装完成。

第 9 章　IPv6 应用过渡

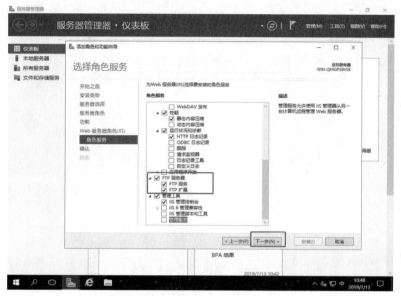

图 9-38　安装 FTP 服务

STEP 2　在 Winserver-Ftp 服务器的 C 盘目录下建立 Ftproot 文件夹，在 Ftproot 文件夹中再建一个 test 文件夹。在 Winserver-Ftp 服务器上，单击"服务器管理器"的菜单"工具"→"Internet Information Services（IIS）管理器"，打开"Internet Information Services（IIS）管理器"窗口，右键单击"网站"→"添加 FTP 站点"，如图 9-39 所示。

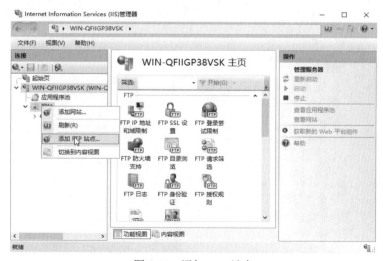

图 9-39　添加 FTP 站点

在打开的"添加 FTP 站点"向导的"FTP 站点名称"中输入 Ftptest，"内容目录"中的"物理路径"选择"C:\Ftproot"，单击"下一步"按钮，如图 9-40 所示。

391

图 9-40　添加 FTP 站点信息

"添加 FTP 站点"向导打开如图 9-41 所示的"绑定和 SSL 设置"对话框,从"IP 地址"下拉列表中选择服务器的 IPv4 地址或"全部未分配"(下拉列表中没有出现服务器的 IPv6 地址,Windows Server 2016 还有待进一步完善。若是仅使用某个 IPv6 地址,这里就需要手动输入,比如[2001:da8:1005:1000::172],这里需要用中括号把 IPv6 地址括起来)。"全部未分配"指的是服务器所有的 IPv4 和 IPv6 地址,只要没有被分配给其他 FTP 站点使用,本站点都可以使用。这里保持默认的"全部未分配"。除"SSL"选项中选择"无 SSL"外,其他都保持默认设置,单击"下一步"按钮。

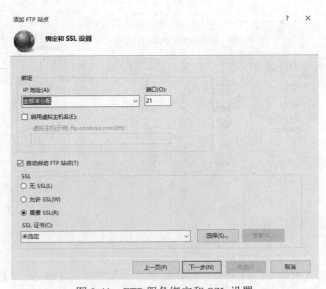

图 9-41　FTP 服务绑定和 SSL 设置

第 9 章　IPv6 应用过渡

在"添加 FTP 站点"向导的"身份验证和授权信息"对话框中，按照如图 9-42 所示进行设置。"身份验证"选择"匿名"，"授权"选择"匿名用户"，"权限"中选择"读取"。最后单击"完成"按钮，完成 FTP 站点的添加。

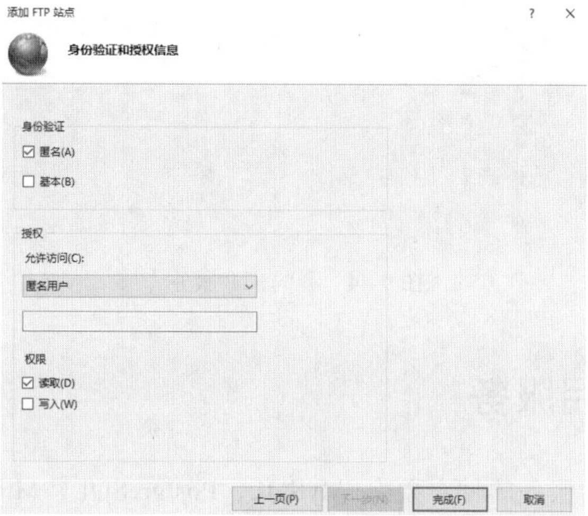

图 9-42　FTP 身份验证和授权信息

STEP ③　配置防火墙。在 Winserver-Ftp 防火墙开启的情况下，需要专门开放 FTP 服务。单击"服务器管理器"的菜单"工具"→"高级安全 Windows 防火墙"，打开"高级安全 Windows 防火墙"窗口。可以参照实验 7-1 新建一条"入站规则"，"规则类型"中选择"协议和端口"。"协议和端口"中的设置如图 9-43 所示：选择 TCP，"特定本地端口"中输入 21。"操作"中选择"允许连接"。"配置文件"中保持默认的"选中所有网络类型"。"名称"栏中随便输入一个直观的名字，比如 ftpservice。

图 9-43　防火墙配置 FTP 端口

STEP 4 测试。在 Win10 的资源管理器地址栏中输入 ftp://[2001:da8:1005:1000::172]，然后按回车键，结果如图 9-44 所示。

图 9-44 测试 FTP 服务

9.4 数据库应用服务

目前主流的数据库服务软件主要有 MySQL、PostgreSQL、Microsoft SQL Server 和 Oracle 等。

1. MySQL

MySQL 是一个源码开放的关系数据库管理系统，原开发者为瑞典的 MySQL AB 公司，该公司于 2008 年被 Sun 公司收购。2009 年，Oracle 公司收购 Sun 公司，MySQL 成为 Oracle 旗下产品。

MySQL 由于性能高、成本低、可靠性好等优点，已经成为最流行的开源数据库，被广泛应用在 Internet 上的中小型网站中。随着 MySQL 的不断成熟，它也逐渐被用于更多大规模的网站和应用中。

2. PostgreSQL

PostgreSQL 可以说是目前功能最强大、特性最丰富和结构最复杂的开源数据库管理系统，其中有些特性甚至连商业数据库都不具备。这个起源于加州大学伯克利分校的数据库，现已成为一项国际开发项目，在海外拥有广泛的用户群，目前国内用户也越来越多。

3. Microsoft SQL Server

SQL Server 是 Microsoft 开发的一个关系数据库管理系统（RDBMS）。由于微软系统的用户较多，它也是世界上最为常用的数据库。

4. Oracle

Oracle 数据库系统是美国 Oracle 公司提供的以分布式数据库为核心的一组软件产品，是目前最流行的客户端/服务器（Client/Server，C/S）或浏览器/服务器（Browser/Server，B/S）体系结构的数据库之一。

Oracle 数据库是目前世界上使用最为广泛的数据库管理系统，作为一个通用的数据库系统，它具有完整的数据管理功能；作为一个关系数据库，它是一个关系完备的产品；作为一个分布式数据库，它实现了分布式处理功能。

MySQL 数据库 IPv6 配置

MySQL 服务器在单个网络套接字上侦听 TCP/IP 连接。该套接字绑定到单个地址，但地址可能映射到多个网络接口。要指定地址，请在 MySQL 服务器启动时使用下述选项：

--bind-address = IP 地址

其中，IP 地址可以是 IPv4 地址、IPv6 地址或主机名。如果是主机名，则服务器将主机名解析为 IP 地址并绑定到该地址。

服务器可以处理不同类型的地址。

- 如果地址是*，则服务器接受所有服务器主机 IPv6 和 IPv4 接口上的 TCP/IP 连接；该值是默认值。
- 如果地址是 0.0.0.0，则服务器接受所有服务器主机 IPv4 接口上的 TCP/IP 连接。
- 如果地址是::，则服务器接受所有服务器主机 IPv4 和 IPv6 接口上的 TCP/IP 连接。
- 如果地址是内嵌 IPv4 的 IPv6 映射地址，则服务器接受 IPv4 或 IPv6 格式的该地址的 TCP/IP 连接。例如，如果服务器绑定::ffff:192.168.1.2，客户端可以使用--host=192.168.1.2 或连接--host=::ffff:192.168.1.2。
- 如果地址是"常规"IPv4 或 IPv6 地址（如 192.168.1.2 或 2001:da8:1005:1000::2），则服务器仅接受该 IPv4 或 IPv6 地址的 TCP/IP 连接。

可以将服务器绑定到特定地址，但要确保 MySQL.user 授权表中包含一个可连接到该地址且具有管理权限的账户，否则将无法关闭服务器。比如，假如绑定了服务器*，则可以使用所有账户连接到该服务器；假如绑定了服务器 2001:da8:1005:1000::2，则只接受该地址上的连接。

实验 9-10　在 CentOS 7 下安装配置 MySQL 数据库双栈服务

在 EVE-NG 中打开"Chapter 09"文件夹中的"9-4 MySQL"网络拓扑，如图 9-45 所示。读者也可以在自己的 Linux CentOS 7 服务器或者虚拟机上完成。通过本实验，读者不仅能知道如何在 Linux 上安装配置 MySQL 服务，还能了解 CentOS 7 如何针对数据库服务进行防火墙配置，以及一些常用的数据库命令。本实验主要完成了以下功能：

- 在 Linux CentOS 7 系统下安装配置 MySQL 数据库软件；
- 系统防火墙对 MySQL 的配置；
- 配置 MySQL 的 IPv6 连接；
- 远程测试。

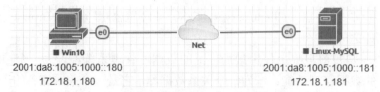

图 9-45　MySQL 数据库双栈配置拓扑图

安装配置和测试步骤如下。

STEP 1　开启图 9-45 中的 Win10 和 Linux-MySQL 虚拟机。为便于后面测试，修改/etc/sysconfig/network-scripts/ifcfg-ens33 配置文件，为 Linux-MySQL 虚拟机配置静态的 IPv4 和 IPv6 地址 172.18.1.181 和 2001:da8:1005:1000::181，然后通过 systemctl restart network 命令重新启动网络服务（修改网卡方法参考实验 5-1）。将 Win10 的 IPv4 和 IPv6 地址配置为 172.18.1.180 和 2001:da8:1005:1000::180。

STEP 2　安装 MySQL 数据库。由于在 CentOS 7 中，默认的数据库已更新为了 MariaDB，而非 MySQL，所以执行 yum install mysql 命令只是更新 MariaDB 数据库，并不会安装 MySQL，因此需要先卸载 MariaDB 数据库：

查看已安装的 MariaDB 数据库的版本：

```
[root@localhost ~]# rpm -qa|grep -i mariadb
mariadb-libs-5.5.52-1.el7.x86_64
```

卸载已经安装的 MariaDB 数据库软件：

```
[root@localhost ~]# rpm -e --nodeps mariadb-libs-5.5.52-1.el7.x86_64
[root@localhost ~]# rpm -qa|grep -i mariadb        查看卸载是否完成
```

因为系统镜像是最小化安装的，没有 wget 工具，需要先通过 yum 连接外网安装 wget 工具：

```
[root@localhost ~]# yum -y install wget      先安装 wget 工具
oaded plugins: fastestmirror
……
Installed:
  wget.x86_64 0:1.14-18.el7_6.1
Complete!
```

下载 MySQL 的 repo 源文件，安装 mysql-community-release-el7-5.noarch.rpm 包：

```
[root@localhost ~]# wget http://repo.mysql.com/mysql-community-release-el7-5.noarch.rpm
[root@localhost ~]# rpm -ivh mysql-community-release-el7-5.noarch.rpm
Preparing...                          ################################# [100%]
Updating / installing...
   1:mysql-community-release-el7-5    ################################# [100%]
```

安装后就可以通过 yum 方式联网安装 mysql-server 及相关联的软件包，在终端下输入命令 yum -y install mysql-server 并按回车键，这个命令会让系统通过 yum 方式连接到外网的应用服务器来安装 mysql-server 所有相关的软件。"-y" 表示当安装过程提示选择时全部为 "yes"。确保本机系统能够连接和访问外网，运行后屏幕会显示大量的安装信息，软件安装成功后会出现

"Complete!"字样：

```
[root@localhost ~]# yum install mysql-server
Loaded plugins: fastestmirror
… …
Complete!
```

STEP 3 启动 MySQL 数据库服务。通过 root 用户应该可以登录，默认密码为空：

```
[root@localhost ~]# systemctl enable mysqld          将服务设为自动启动
[root@localhost ~]# systemctl daemon-reload          重载系统服务
[root@localhost ~]# systemctl start mysqld
[root@localhost ~]# mysql -u root
Welcome to the MySQL monitor.   Commands end with ; or \g.
Your MySQL connection id is 2
Server version: 5.6.44 MySQL Community Server (GPL)
Copyright (c) 2000, 2019, Oracle and/or its affiliates. All rights reserved.
Oracle is a registered trademark of Oracle Corporation and/or its
affiliates. Other names may be trademarks of their respective
owners.
Type 'help;' or '\h' for help. Type '\c' to clear the current input statement.

mysql>quit              在命令行后输入 quit 退出数据库
Bye
```

修改/etc/my.cnf 配置文件，在第 4 行的[mysqld]选项下增加 bind-address = ::配置，把 bind-address 配置成::可以保证同时支持 IPv4 和 IPv6 的 TCP/IP 连接：

```
[root@localhost ~]# vi /etc/my.cnf
[mysqld]
bind-address=::
```

保存后重新启动 MySQL 数据库服务：

```
[root@localhost ~]# systemctl restart mysqld
```

查看端口的监听情况：

```
[root@localhost ~]# netstat -an | grep 3306
tcp6       0      0 :::3306                   :::*                    LISTEN
```

STEP 4 为数据库创建可以远程连接的 IPv6 用户，通过 mysql -u root 命令登录到 MySQL 数据库中，执行命令 "CREATE USER 'ipv6test'@'%' IDENTIFIED BY '123456';"，并给 ipv6test 用户增加执行权限，执行命令 "GRANT ALL PRIVILEGES ON *.* TO 'ipv6test'@'%' IDENTIFIED BY '123456' WITH GRANT OPTION;"。

```
[root@localhost ~]# mysql -u root
Welcome to the MySQL monitor.   Commands end with ; or \g.
Your MySQL connection id is 2
Server version: 5.6.44 MySQL Community Server (GPL)
```

```
Copyright (c) 2000, 2019, Oracle and/or its affiliates. All rights reserved.
Oracle is a registered trademark of Oracle Corporation and/or its
affiliates. Other names may be trademarks of their respectiveowners.
Type 'help;' or '\h' for help. Type '\c' to clear the current input statement.

mysql> CREATE USER 'ipv6test'@'%' IDENTIFIED BY '123456';
Query OK, 0 rows affected (0.01 sec)
mysql> GRANT ALL PRIVILEGES ON *.* TO 'ipv6test'@'%' IDENTIFIED BY '123456' WITH GRANT OPTION;
Query OK, 0 rows affected (0.00 sec)
mysql>
```

开放数据库服务的防火墙，用于远程连接测试：

```
[root@localhost ~]# firewall-cmd --zone=public --add-port=3306/tcp --permanent
success
[root@localhost ~]# firewall-cmd --reload
success
```

STEP ⑤ 测试。在 Win10 中安装 Navicat for MySQL 数据库管理软件来测试 MySQL 数据库的双栈访问是否成功。可以从配置包 "09\navicat121_mysql_cs_x64.exe" 找到安装文件，安装后打开软件，单击"连接"→"MySQL"，如图 9-46 所示。

在弹出的"新建连接"对话框中（见图 9-47），在"连接名"中输入 test；在"主机"中填入 2001:da8:1005:1000::181；"端口"保持默认的 3306；在"用户名"和"密码"中输入前面建立的用户名 ipv6test 和密码 123456，然后单击"连接测试"按钮，就会提示连接成功的消息框，说明可以支持 IPv6 访问。

图 9-46　通过客户端软件 Navicat for MySQL 连接 MySQL 数据库

图 9-47　通过客户端测试 MySQL 数据库 IPv6 连接

在图 9-47 中，将"主机"地址改成 172.18.1.181，单击"连接测试"按钮，也会提示连接成功的消息框，说明 MySQL 数据库也可以支持 IPv4 访问。

9.5 反向代理技术

反向代理（Reverse Proxy）方式是指让代理服务器来接受 Internet 上的连接请求，然后将请求转发给内部网络上的服务器，并将从服务器上得到的结果返回给 Internet 上请求连接的客户端，此时代理服务器对外就表现为一个服务器。传统的代理服务器只用于代理内部网络对 Internet 外部网络的连接请求，而且客户端必须指定代理服务器地址，并将本来要直接发送到 Web 服务器上的 HTTP 请求发送到代理服务器；而且传统的代理服务器不支持外部网络对内部网络的连接请求，因为内部网络对外部网络是不可见的。

反向代理也可以用来为 Web 服务器进行加速或者实现内部服务器负载均衡的功能，它可以通过在繁忙的 Web 服务器和外部网络之间增加一个高速的 Web 缓冲服务器来降低真实 Web 服务器的负载，也可以将外部对同一台服务器的请求转发到内部不同的服务器来实现负载均衡，提高内部服务器的服务性能。反向代理服务器会强制让外部网络对要代理的服务器的访问经过它本身，这样反向代理服务器负责接收来向外部网络客户端的请求，然后从源服务器上获取内容，把内容返回给用户，并把内容保存到本地，以便日后再收到同样的信息请求时，可以把本地缓存里的内容直接发给用户，以减少后端 Web 服务器的压力，提高响应速度。

反向代理主要有以下几个用处。

1. 提高访问速度

可以在内部服务器前放置多台反向代理服务器，分别连接到教育网或者不同的运营商网络，这样从不同网络过来的用户就可以直接通过网内线路访问内网服务器，从而避开了不同网络之间拥挤的链路。

2. 充当防火墙的作用

由于来自外网的客户端请求都必须经反向代理服务器访问内部站点，外部网络用户只能看到反向代理服务器的 IP 地址和端口号，内部服务器对于外部网络来说是完全不可见。而且反向代理服务器上没有保存任何信息资源，所有的内容都保存在内部服务器上，针对反向代理服务器发起的攻击并不能使真正的信息系统受到破坏，这样就提高了内部服务器的安全性。

3. 节约有限的公网 IP 资源

在高校中，校园网内部服务器除使用教育网地址外，也会使用其他运营商的公网 IP 地址对外提供服务，但是运营商分配的 IP 地址数目是有限的，也不可能为每个服务器都分配一个公网地址，而通过反向代理技术很好地解决了 IP 地址不足的问题。

目前，我国在积极推进下一代互联网建设，为了降低 IPv6 过渡阶段 IPv4/IPv6 双栈 Web

服务的部署难度，加快向 IPv6 过渡的进程，可以通过在双栈环境下部署反向代理服务，同时分别监听 IPv4 和 IPv6 服务端口，并结合 DNS 域名配置，来实现支持 IPv4/IPv6 双栈的 Web 服务，使得纯 IPv4 和纯 IPv6 用户均可访问。与其他常用的双栈、网络翻译等过渡机制相比，采用基于双栈的反向代理方式对于 Web 应用的 IPv6 过渡有明显的优势，它无须对现有网络进行任何变更就可以快速部署，而且不需要公网双栈和无状态网络翻译机制所要求的公网地址，还在用户和服务之间增加了隔离屏障，提高了服务的安全性。

使 Nginx 做反向代理有如下优点。

- 工作在网络七层，可以针对 HTTP 应用做一些分流的策略，比如针对域名、目录结构，它的正则规则比 HAProxy 更为强大和灵活，这也是它目前广泛流行的主要原因之一。
- Nginx 对网络稳定性的依赖非常小，理论上只要能 ping 通就能进行负载功能，这也是它的优势之一。
- Nginx 的安装和配置比较简单，测试起来比较方便，它可以把错误用日志记录下来。
- 可以承担高负载且稳定性好。

实验 9-11　基于 Nginx 的 IPv6 反向代理

在 EVE-NG 中打开"Chapter 09"文件夹中的"9-2 Webserver"网络拓扑，在实验 9-6 和实验 9-7 完成后的基础上继续本实验。通过本实验，读者不仅能知道如何在 Linux 上配置 Ngxin 反向代理服务，还能了解 SSL 证书的配置和免费 SSL 的申请方法。本实验主要完成了以下功能：

- 在 Linux CentOS7 系统下配置 Nginx 软件；
- 配置反向代理；
- 配置 SSL 免费证书；
- 配置 IPv4 的被代理站点；
- 远程进行配置测试。

安装配置和测试步骤如下。

STEP 1　在拓扑中开启 Win10、Linux-Nginx 和 Winserver-IIS 虚拟机。

STEP 2　修改 Nginx 配置，主要是修改 Nginx 默认的配置文件/etc/nginx/nginx.conf，在其中加上反向代理的监听端口和跳转的 IP 地址。可以将原文件中的所有内容直接替换成下面的内容。

```
[root@localhost ~]#vim /etc/nginx/nginx.conf
worker_processes   4;

events {
    worker_connections    51200;
}
http {
```

```
            server_names_hash_bucket_size 256;
            client_header_buffer_size 256k;
            large_client_header_buffers 4 256k;
            #size limits
            client_max_body_size              50m;
            client_body_buffer_size           256k;
            client_header_timeout        3m;
            client_body_timeout 3m;
            send_timeout                 3m;
            sendfile on;
            tcp_nopush             on;
            keepalive_timeout 120;
            tcp_nodelay on;

    server {
        listen [::]:80;
        server_name www.proxy-test.com;
        index index.html;
        access_log /var/log/access_test.log;
        error_log /var/log/error_test.log;
        location / {
            proxy_set_header Host $host:$server_port;
            proxy_set_header X-Real-IP $remote_addr;
            proxy_set_header REMOTE-HOST $remote_addr;
            proxy_set_header X-Forwarded-For $proxy_add_x_forwarded_for;
            proxy_pass http://172.18.1.164:80/;
        }

    }
 }
```

其中粗体显示的 www.proxy-test.com 是客户端要访问的域名，http://172.18.1.164:80/是真正的服务器网址。这里也可以使用域名，前提是 Nginx 反向代理服务器要能识别出这个域名。

修改完成后，使用命令 systemctl restart nginx 命令重启 Nginx 服务，使更改生效。

STEP 3 修改 Winserver-IIS 服务器的网卡配置，取消静态配置的 IPv6 地址或禁用 "Internet 协议版本 6"。服务器不再提供 IPv6 网站服务。

在 Winserver-IIS 服务器的"Internet Information Services（IIS）管理器"中，停止所有已有的网站，重新添加一个测试站点，按照图 9-48 所示进行填写。

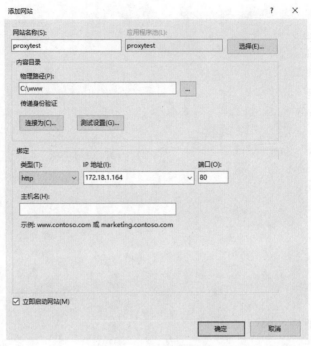

图 9-48 配置 Web 站点

STEP 4 测试。修改 Win10 的 hosts 文件，如图 9-49 所示。

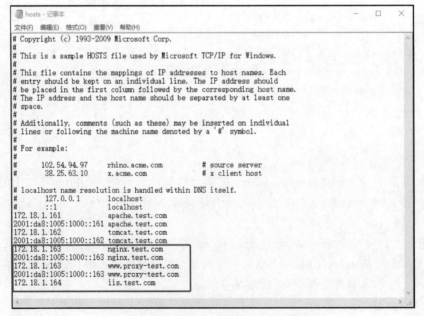

图 9-49 修改 Win10 的 hosts 文件

打开 360 安全浏览器，在地址栏输入 www.proxy-test.com，显示如图 9-50 所示。

图 9-50　测试反向代理服务器的访问效果

通过测试可以看出配置的 Nginx 能够支持 IPv6 反向代理功能。

另外，为了使反向代理能够支持 HTTPS 访问，可以申请使用 Let's Encrypt 的免费 SSL 证书。Let's Encrypt 从 2018 年开始支持泛域名证书，免费有效期 3 个月，目前仅支持以 acme 方式申请，暂不支持 certbot。

远程联网安装 acme.sh：

```
[root@localhost nginx]# curl https://get.acme.sh | sh
... ...
[Sat Jul 13 21:22:55 CST 2019] OK
[Sat Jul 13 21:22:55 CST 2019] Install success!
```

例如，为测试域名 proxy-test.com 申请一个泛域名 SSL 证书：

```
[root@localhost /]# cd /root
[root@localhost ~]# .acme.sh/acme.sh --issue -d *.proxy-test.com   -d proxy-test.com --dns --yes-I-know-dns-manual-mode-enough-go-ahead-please
[Sat Jul 13 21:31:44 CST 2019] Create account key ok.
[Sat Jul 13 21:31:44 CST 2019] Registering account
[Sat Jul 13 21:31:48 CST 2019] Registered
[Sat Jul 13 21:31:48 CST 2019] ACCOUNT_THUMBPRINT='sG8Cf5246FiHjm_l7TXYoO52Y1eDYsOzokMskZ77VpM'
[Sat Jul 13 21:31:48 CST 2019] Creating domain key
[Sat Jul 13 21:31:48 CST 2019] The domain key is here: /root/.acme.sh/*.proxy-test.com/*.proxy-test.com.key
[Sat Jul 13 21:31:48 CST 2019] Multi domain='DNS:*.proxy-test.com,DNS:proxy-test.com'
[Sat Jul 13 21:31:48 CST 2019] Getting domain auth token for each domain
[Sat Jul 13 21:31:53 CST 2019] Getting webroot for domain='*.proxy-test.com'
[Sat Jul 13 21:31:53 CST 2019] Getting webroot for domain='proxy-test.com'
[Sat Jul 13 21:31:53 CST 2019] Add the following TXT record:
[Sat Jul 13 21:31:53 CST 2019] Domain: '_acme-challenge.proxy-test.com'
```

```
[Sat Jul 13 21:31:53 CST 2019] TXT value: 'pAPoFLyayUjkkGoQKY4KJ64urlu03CcsFmJhEaNBnM4'
[Sat Jul 13 21:31:53 CST 2019] Please be aware that you prepend _acme-challenge. before your domain
[Sat Jul 13 21:31:53 CST 2019] so the resulting subdomain will be: _acme-challenge.proxy-test.com
[Sat Jul 13 21:31:53 CST 2019] Add the following TXT record:
[Sat Jul 13 21:31:53 CST 2019] Domain: '_acme-challenge.proxy-test.com'
[Sat Jul 13 21:31:53 CST 2019] TXT value: 'OC3RcbGnoD59xszzLWElgQqja2hAJyoEesT-rIAL_a0'
[Sat Jul 13 21:31:53 CST 2019] Please be aware that you prepend _acme-challenge. before your domain
[Sat Jul 13 21:31:53 CST 2019] so the resulting subdomain will be: _acme-challenge.proxy-test.com
[Sat Jul 13 21:31:53 CST 2019] Please add the TXT records to the domains, and re-run with --renew.
[Sat Jul 13 21:31:53 CST 2019] Please add '--debug' or '--log' to check more details.
[Sat Jul 13 21:31:53 CST 2019] See: https://github.com/Neilpang/acme.sh/wiki/How-to-debug-acme.sh
```

根据上面的输出，记录下 TXT 记录，并必须加在 DNS 域名服务器中，如 proxy-test.com 生成的 TXT 记录为：

_acme-challenge.proxy-test.com txt

pAPoFLyayUjkkGoQKY4KJ64urlu03CcsFmJhEaNBnM4

_acme-challenge.proxy-test.com txt

OC3RcbGnoD59xszzLWElgQqja2hAJyoEesT-rIAL_a0

加完后，再通过 acme.sh 来申请证书。Let's Encrypt 会自动验证域名所有权（由于 proxy-test.com 只是一个测试域名，实验只能做到这里，后面部分的内容仅供参考），然后再下发证书：

```
[root@localhost ~]# .acme.sh/acme.sh --renew -d *.proxy-test.com -d proxy-test.com --dns --yes-I-know-dns-manual-mode-enough-go-ahead-please
```

如果顺利，会在当前目录下生成以泛域名为名字的证书目录，然后配置 Nginx 以支持 SSL 访问。

```
/root/.acme.sh
 *.proxy-test.com /
   ├── ca.cer
   ├── fullchain.cer
   ├── *.proxy-test.cer
   ├── *.proxy-testconf
   ├── *.proxy-testcsr
   ├── *.proxy-test.conf
   └── *.proxy-test.key
```

默认生成的证书都放在安装目录 ~/.acme.sh/ 下，不要直接使用，要使用 --installcert 命令安装证书。

```
[root@localhost ~]#.acme.sh --installcert -d proxy-test.com --key-file /etc/nginx/ssl/proxy-test.com.key --fullchain-file /etc/nginx/ssl/fullchain.cer --reloadcmd "systemctl reload nginx.service"
```

然后修改/etc/nginx/nginx.conf 文件，如下：

```
worker_processes   4;

events {
    worker_connections   51200;
}
http {
            server_names_hash_bucket_size 256;
            client_header_buffer_size 256k;
            large_client_header_buffers 4 256k;

            #size limits
            client_max_body_size               50m;
            client_body_buffer_size            256k;
            client_header_timeout         3m;
            client_body_timeout 3m;
            send_timeout                  3m;
            sendfile on;
            tcp_nopush              on;
            keepalive_timeout 120;
            tcp_nodelay on;
server {
    listen [::]:80;
    listen [::]:443 ssl;
    server_name www.proxy-test.com;
    ssl on;
    ssl_certificate /etc/nginx/ssl/fullchain.cer;
    ssl_certificate_key /etc/nginx/ssl/proxy-test.com.key;
    ssl_session_timeout 5m;
    index index.html;
    access_log /var/log/access_test.log;
    error_log /var/log/error_test.log;
    location / {
        proxy_set_header Host $host:$server_port;
        proxy_set_header X-Real-IP $remote_addr;
        proxy_set_header REMOTE-HOST $remote_addr;
        proxy_set_header X-Forwarded-For $proxy_add_x_forwarded_for;
        proxy_pass http://172.18.1.164:80/;
    }
  }
}
```

保存配置，通过 systemctl restart nginx 命令重新启动 Nginx 服务，然后就可以通过 HTTPS 来访问反向代理的网站了。如果要一直免费使用，需通过 crontab 或者其他定时任务系统执行下述命令：

./acme.sh --renew -d *.proxy-test.com   -d proxy-test.com --dns --yes-I-know-dns-manual-mode-enough-go-ahead-please

9.6 网络管理系统

网络管理系统（Network Management System）是一种通过结合软件和硬件用来对网络状态进行配置调整的系统，以保障网络系统能够正常高效运行，使网络系统中的资源得到更好的利用。网络管理系统是在网络管理平台的基础上实现各种网络管理功能的集合，有时也简称为网管软件。

简单网络管理协议（SNMP）是目前 TCP/IP 网络中应用最广泛的网络管理协议，是网络管理事实上的标准。SNMP 是一种旨在用于管理网络节点的应用层协议，网络节点可以是计算机、服务器、交换机、路由器和防火墙等。根据对网络管理业务的细化，SNMP 协议的网络管理框架共出现了 SNMPv1、SNMPv2 和 SNMPv3 这 3 个版本，目前普遍使用的是 SNMPv2 版本。

在 IPv6 网络中，最显著的特点在于 128 位的 IPv6 地址，这样趋于无穷大的地址范围使得网络拓扑管理的难度加大，传统的网络管理工具不能很好地支持 IPv6，也无法对 IPv6 网络的服务器和设备进行有效管理。另外，由于 IPv6 无状态地址自动配置的技术和组播地址类型实现的变化，在网络管理配置上需要考虑 IPv6 独特的地址分配技术。而对于性能管理、流量管理和故障管理等，则基本依赖于 SNMP（简单网络管理协议），对于流统计工具（比如 NetFlow）和 ICMP 等协议和技术，都要求 IPv6 网络设备能提供支持，但是目前各个厂商的网络设备对这些协议支持的接口不统一，网络管理员需要对不同的设备开发或使用不同的网络管理软件。

在 IPv4 和 IPv6 共存的情况下，存在两种 IPv6 网络接入方式：双栈网络和纯 IPv6 网络。双栈网络的接入方式对网络改动较少，目前主流网络设备厂商都支持双栈接入，双栈也因此成为主要的接入方式。在大型 IPv6 实验网络中，也有部分区域是纯 IPv6 线路和设备，这对网络管理的要求就比较高。由于双栈使用 IPv4 的网络线路和设备，因此可以采用设备的 IPv4 网管协议进行管理；但是纯 IPv6 网络是未来的发展趋势，IPv6 网络管理协议的研究和管理系统的开发也势在必行。

目前，在互联网上应用较多的主流开源网管软件主要有 OpenNMS、Pandora FMS、NetXMS、SugarNMS 和 Zabbix。通过测试发现，NetXMS 对 IPv6 的支持较好，能够很好地监控 IPv6 网络中的服务器和交换机等设备。

NetXMS 介绍

NetXMS 是一款可以在 Windows 和 Linux 上运行的网络监视和管理系统，它在 GPLv2 许可下发布，可用于监测从支持 SNMP 的硬件（如交换机和路由器）到各类服务器系统或者应用程序在内的整个 IT 基础设施，可以支持 Windows 2003 以上、Linux、Solaris、AIX、HP-UX 以及 FreeBSD 等多种系统。

NetXMS 的最大特色就是能以原生方式支持大量主流平台，而无须借助外部插件。NetXMS 能够使用 SNMP 以及本地"高性能"代理，从而收集数据并将结果提交并保存至数据库中，能通过自动或者手动方式实现二层与三层网络基础设施的识别。NetXMS 收集到的数据会被保存在监控服务器中，并允许管理员通过多种方式进行访问。

NetXMS 还支持 Android，它既可以对 Android 设备进行管理，又可以作为设备监控的代理机制。除了在屏幕上显示通知及报警信息，NetXMS 还允许管理员通过配置发送报警短信及电子邮件。具体事件也可被转发至另一台 NetXMS 服务器或其他外部系统。NetXMS 目前支持 MySQL、PostgreSQL、Microsoft SQL Server、Oracle 等数据库，支持对 IPv4 和 IPv6 设备或服务器进行监控管理。

实验 9-12　开源网管软件 NetXMS 的部署应用

在 EVE-NG 中打开"Chapter 09"文件夹中的"9-5NetXMS"网络拓扑，如图 9-51 所示。读者也可以在自己的 Linux CentOS 7 服务器或者虚拟机上完成。通过本实验，读者不仅能知道如何在 Linux 上安装配置开源网管软件 NetXMS，还能了解 CentOS 7 如何针对 Windows 服务器配置监控及如何使用 NetXMS 网管平台进行系统管理。本实验主要完成了以下功能：

- 在 Linux CentOS 7 系统下安装 NetXMS 软件；
- NetXMS 软件及系统防火墙的配置；
- 被监控客户端的代理配置；
- 网络管理监控系统功能测试。

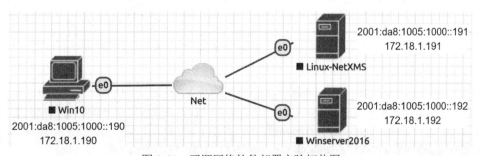

图 9-51　开源网络软件部署实验拓扑图

安装配置步骤如下。

STEP 1 开启拓扑图中的 Win10、Linux-NetXMS 和 Winserver2016 虚拟机。修改 /etc/sysconfig/network-scripts/ifcfg-ens33 配置文件，为 Linux-NetXMS 虚拟机配置静态的 IPv4 地址 172.18.1.191 和 IPv6 地址 2001:da8:1005:1000::191，然后通过 systemctl restart network 命令重新启动网络服务（修改网卡方法参考实验 5-1）。将 Win10 的 IPv4 和 IPv6 地址配置为 172.18.1.190 和 2001:da8:1005:1000::190。将 Winserver2016 的 IPv4 和 IPv6 地址配置为 172.18.1.192 和 2001:da8:1005:1000::192。

STEP 2 由于 CentOS 自带的源 rpm 软件太少，为了减少软件下载的麻烦，需要安装一个名为 epel-release 的软件包。这个软件包会自动配置 yum 的软件仓库。EPEL（Extra Packages for Enterprise Linux）是基于 Fedora 的一个项目，为"红帽系"的操作系统提供额外的软件包，适用于 RHEL、CentOS 和 Scientific Linux。

```
[root@localhost ~]# yum install -y epel-release
Loaded plugins: fastestmirror
Loading mirror speeds from cached hostfile
... ...
Installed:
    epel-release.noarch 0:7-11
Complete!
```

安装上述软件包后就可以通过 yum 方式联网安装 wget 工具及相关联的软件包。在终端下输入 yum -y install wget 命令并按回车键。这个命令会让系统通过 yum 方式连接到外网的应用服务器来安装 wget 所有相关的软件，"-y"表示当安装过程提示选择的全部为"yes"。请确保本机系统能够连接和访问外网，运行后屏幕会显示大量的安装信息，软件安装成功后会出现"Complete!"字样。

```
[root@localhost ~]# yum -y install wget          先安装 Wget 工具
oaded plugins: fastestmirror
... ...
Installed:
    wget.x86_64 0:1.14-18.el7_6.1
Complete!
```

安装 wget 工具后就可以通过 wget 方式联网下载最新的 NetXMS 软件包（经测试发现，通过教育科研网连接 NetXMS 的官网时，网速非常快）：

```
[root@localhost ~]# wget https://www.netxms.org/download/releases/2.2/2.2.16/netxms-2.2.16.tar.gz
--2019-07-14 21:17:21--  https://www.netxms.org/download/releases/2.2/2.2.16/netxms-2.2.16.tar.gz
Resolving www.netxms.org (www.netxms.org)... 5.9.112.213
Connecting to www.netxms.org (www.netxms.org)|5.9.112.213|:443... connected.
```

通过 yum 联网安装 NetXMS 软件需要的一些支持软件：

[root@localhost ~]#yum install   –y gcc* libcurl openssl openssl-devel libcurl-devel libssh libssh-devel mysql-devel mosquitto-devel

……

Install   67 Packages (+60 Dependent packages)

Upgrade   2 Packages (+27 Dependent packages)

Total download size: 518 M

Is this ok [y/d/N]:y   执行该命令后，系统会提示共有518MB的文件需要下载安装，输入y按回车键确认安装

Downloading packages:

Delta RPMs disabled because /usr/bin/applydeltarpm not installed.

……

Retrieving key from file:///etc/pki/rpm-gpg/RPM-GPG-KEY-EPEL-7

Importing GPG key 0x352C64E5:

  Userid   : "Fedora EPEL (7) <epel@fedoraproject.org>"

  Fingerprint: 91e9 7d7c 4a5e 96f1 7f3e 888f 6a2f aea2 352c 64e5

  Package   : epel-release-7-11.noarch (@extras)

  From   : /etc/pki/rpm-gpg/RPM-GPG-KEY-EPEL-7

Is this ok [y/N]:y   安装提示，按y键继续安装

Running transaction check

Running transaction test

Transaction test succeeded

Running transaction

……

Complete!

将前面下载的 netxms-2.2.16.tar.gz 文件解压到/usr/local/src/目录：

[root@localhost ~]# tar -xf netxms-2.2.16.tar.gz -C /usr/local/src/

[root@localhost ~]# cd /usr/local/src/

[root@localhost src]# ls -a

.   ..   netxms-2.2.16

[root@localhost src]# cd netxms-2.2.16/

用下述命令编译安装 NetXMS：

[root@localhost netxms-2.2.16]#./configure --prefix=/usr/local/netxms --with-server --with-mysql --with-agent --with-snmp && make -j 4 && make install

//执行命令后，系统会有大量的信息提示，且运行时间较长，具体等待时间和机器硬件配置有关。等全部运行结束且没有报错时就表示安装成功了。安装后会生成/usr/local/netxms目录：

[root@localhost netxms-2.2.16]#ls /usr/local/netxms/

bin　lib　share　var

STEP ③ 编辑NetXMS配置文件,修改前先复制默认的配置文件,然后再编辑/etc/netxmsd.conf文件,删除第14、22、30、38、46、55和65行最前面的#,然后保存:

[root@localhost netxms-2.2.16]# cp contrib/netxmsd.conf-dist /etc/netxmsd.conf

[root@localhost netxms-2.2.16]# cp contrib/nxagentd.conf-dist /etc/nxagentd.conf

[root@localhost netxms-2.2.16]# vi /etc/netxmsd.conf

//显示文件行号,便于定位修改

:set number

DBDriver = mysql.ddr

DBServer = localhost

DBName = netxms_db

DBLogin = netxms

DBPassword = passsword

LogFailedSQLQueries = yes

LogFile = /var/log/netxms

通过命令 vi /etc/nxagentd.conf 修改监控代理配置文件,将里面的42行"# MasterServers = 10.0.0.1"改成"MasterServers =2001:da8:1005:1000::191"后保存。

STEP ④ 安装MariaDB数据库。MariaDB数据库管理系统是MySQL的一个分支,主要由开源社区在维护。采用GPL授权许可MariaDB的目的是让其完全兼容MySQL(包括API和命令行),使之能轻松成为MySQL的代替品。

[root@localhost netxms-2.2.16]# yum install -y mariadb mariadb-server

Loaded plugins: fastestmirror

Loading mirror speeds from cached hostfile

……

Complete!

将MariaDB数据库服务加入到系统自动启动项中,启动数据库服务:

[root@localhost netxms-2.2.16]# systemctl enable mariadb

Created symlink from /etc/systemd/system/multi-user.target.wants/mariadb.service to /usr/lib/systemd/system/mariadb.service.

[root@localhost netxms-2.2.16]# systemctl start mariadb

为网管系统NetXMS建立后台数据库netxms_db:

[root@localhost netxms-2.2.16]#mysql -e 'CREATE DATABASE netxms_db';

为数据库netxms_db建立用户netxms,并设定访问密码password:

[root@localhost netxms-2.2.16]#mysql -e " GRANT ALL ON netxms_db.* TO netxms@localhost IDENTIFIED BY 'password';"

刷新系统数据库权限:

[root@localhost netxms-2.2.16]# mysql -e 'flush privileges;'

初始化系统数据：

[root@localhost netxms-2.2.16]# /usr/local/netxms/bin/nxdbmgr init /usr/local/netxms/share/netxms/sql/dbinit_mysql.sql

NetXMS Database Manager Version 2.2.16 Build 9524 (2.2.16) (UNICODE)

Initializing database...
Database initialized successfully

先启动客户端，然后启动服务端：

[root@localhost netxms-2.2.16]# /usr/local/netxms/bin/nxagentd -d
[root@localhost netxms-2.2.16]# /usr/local/netxms/bin/netxmsd -d

服务器每次重启后，都需要运行执行上面的两条命令，这太麻烦了。接下来把这两条命令加到/etc/rc.d/rc.local 文件的最后：

[root@localhost netxms-2.2.16]#vim /etc/rc.d/rc.local
/usr/local/netxms/bin/nxagentd -d &   最后添加这两行内容，& 表示在后台执行
/usr/local/netxms/bin/netxmsd -d &

再对/etc/rc.d/rc.local 文件添加执行授权：

[root@localhost netxms-2.2.16]#chmod +x /etc/rc.d/rc.local

至此，服务器端搭建好了。可以重启 NetXMS 服务器，以确保所有的服务都安装成功，并可以正常运行。

STEP 5 搭建 Web 前端。通过 yum 方式联网安装安装 Java 和 Tomcat，安装的同时会下载安装相关联的几十个软件包，共 165MB。

[root@localhost netxms-2.2.16]# yum install -y java-1.8.0-openjdk-devel.x86_64   tomcat
Loaded plugins: fastestmirror
Loading mirror speeds from cached hostfile
… …
Install   2 Packages (+37 Dependent packages)
Total download size: 56 M
Installed size: 165 M
… …
Complete!   如果没有报错就说明成功

查看 Java 的版本信息：

[root@localhost netxms-2.2.16]# java -version
openjdk version "1.8.0_212"
OpenJDK Runtime Environment (build 1.8.0_212-b04)
OpenJDK 64-Bit Server VM (build 25.212-b04, mixed mode)

查看 Tomcat 的版本信息：

[root@localhost netxms-2.2.16]# tomcat version

```
Server version: Apache Tomcat/7.0.76
Server built:    Mar 12 2019 10:11:36 UTC
Server number:   7.0.76.0
OS Name:         Linux
OS Version:      3.10.0-514.10.2.el7.x86_64
Architecture:    amd64
JVM Version:     1.8.0_212-b04
JVM Vendor:      Oracle Corporation
```

下载 Web 前端管理文件：

```
[root@localhost netxms-2.2.16]# wget https://www.netxms.org/download/releases/2.2/2.2.16/nxmc-2.2.16.war
```

下载完成后将 war 文件放到 Tomcat 主文件夹/usr/share/tomcat 的 webapps 文件夹中：

```
[root@localhost netxms-2.2.16]# cp nxmc-2.2.16.war /usr/share/tomcat/webapps/
```

配置系统防火墙 firewalld，开启服务 http、snmp 和端口 8443、8009、8080：

```
[root@localhost ~]# firewall-cmd --add-service=http --permanent
success
[root@localhost ~]# firewall-cmd --add-service=snmp --permanent
success
[root@localhost ~]# firewall-cmd --add-port=8449/tcp --permanent
success
[root@localhost ~]# firewall-cmd --add-port=8080/tcp --permanent
success
[root@localhost ~]# firewall-cmd --add-port=8009/tcp --permanent
success
[root@localhost ~]# firewall-cmd --reload
success
```

将 Tomcat 服务加入到系统自动启动项中：

```
[root@localhost ~]# systemctl enable tomcat
Created symlink from /etc/systemd/system/multi-user.target.wants/tomcat.service to /usr/lib/systemd/system/tomcat.service.
```

启动 Tomcat Web 服务：

```
[root@localhost ~]#systemctl start tomcat
```

查看 Tomcat 服务状态：

```
[root@localhost ~]#systemctl status tomcat
```

在 Win10 中打开 360 浏览器，在地址栏中输入 http://172.18.1.191:8080/nxmc-2.2.16/nxmc 或 http://[2001:da8:1005:1000::191]:8080/nxmc-2.2.16/nxmc，打开 NetXMS 登录页面，如图 9-52 所示。需要将浏览器切换为极速模式，否则会出现乱码。初始的用户名是 admin，密码是 netxms，输入初始密码后，系统会提示修改密码。否则会出现可以将密码改为 eve@123。

第 9 章　IPv6 应用过渡

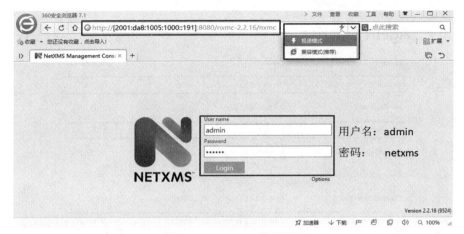

图 9-52　NetXMS 登录界面

输完之后进入后台界面，到这一步系统已经安装完成。后台管理界面如图 9-53 所示。

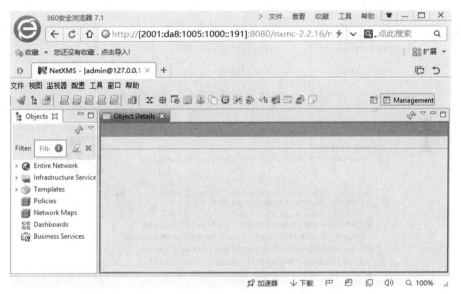

图 9-53　NetXMS 后台管理界面

STEP 6　从 NetXMS 官网下载客户端监控代理，根据服务器的版本下载相对应的监控代理程序，如图 9-54 所示。配置包 "09\nxagent-2.2.16-x64.exe" 是 Windows 64 位版本的监控代理安装文件。

下载 Windows 64 位版本的安装文件后，在实验环境中的 Win10 和 Winserver2016 上分别安装。在图 9-55 中接受许可。单击 Next 按钮继续。在系统询问安装路径时保持默认的安装路径。

Agent Binaries

Platform	Package	Signature
Generic UNIX (source)	nxagent-2.2.16.apkg	MD5,GPG
Windows (x86)	nxagent-2.2.16.exe	MD5,GPG
Windows (x64)	nxagent-2.2.16-x64.exe	MD5,GPG
Generic Linux (x86)	nxagent-2.2.16-linux-x86.apkg	MD5,GPG
Generic Linux (x86)	nxagent-2.2.16-linux-x86.tar.gz	MD5,GPG
Generic Linux (x64)	nxagent-2.2.16-linux-x86_64.apkg	MD5,GPG
Generic Linux (x64)	nxagent-2.2.16-linux-x86_64.tar.gz	MD5,GPG
Generic Linux (static, x86)	nxagent-2.2.16-linux-x86-static.tar.gz	MD5,GPG
Generic Linux (static, x64)	nxagent-2.2.16-linux-x86_64-static.tar.gz	MD5,GPG
AIX (6.1 and higher)	nxagent-2.2.16-aix6.1-ppc64.apkg	MD5,GPG
AIX (6.1 and higher)	nxagent-2.2.16-aix6.1-ppc64.tar.gz	MD5,GPG
HP-UX 11.31 (Itanium)	nxagent-2.2.16-hpux-ia64.depot.gz	MD5,GPG
HP-UX 11.31 (Itanium)	nxagent-2.2.16-hpux-ia64.apkg	MD5,GPG

图 9-54　NetXMS 官网提供的客户端代理软件

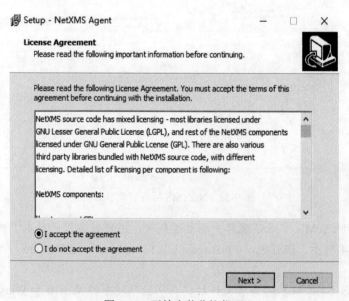

图 9-55　开始安装监控代理

在图 9-56 中，选择 Install session agent，单击 Next 按钮。

第 9 章　IPv6 应用过渡

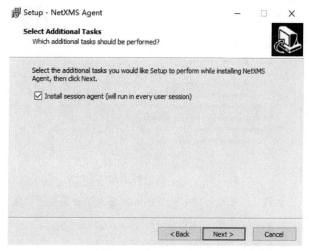

图 9-56　在实验环境中的 Windows 系统中安装监控代理

在图 9-57 中，需输入 NetXMS 服务器的 IP 地址，这里输入服务器的 IPv6 地址：2001:da8:1005:1000::191，单击 Next 按钮。

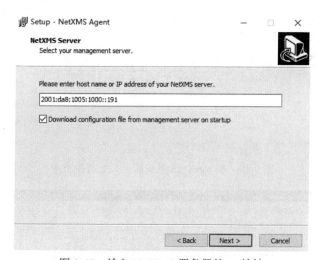

图 9-57　输入 NetXMS 服务器的 IP 地址

在图 9-58 中选择 Windows 平台代理选项（具体选项见图），单击 Next 按钮。选择 Install 按钮开始安装，最后单击 Finished 按钮完成安装。

STEP 7　在 Win10 的 360 安全浏览器中打开 NetXMS 服务器管理地址，单击 Infrastructure Services→Create→Node，添加需要监控的服务器节点，如图 9-59 所示。

在弹出的对话框中输入服务器名字和服务器地址，如图 9-60 所示，然后单击 OK 按钮完成添加。

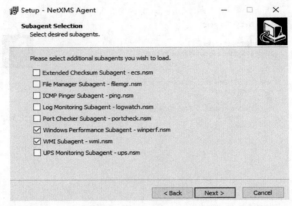

图 9-58　在实验环境中的 Windows 系统中安装监控代理

图 9-59　在 NetXMS 系统后台添加监控节点

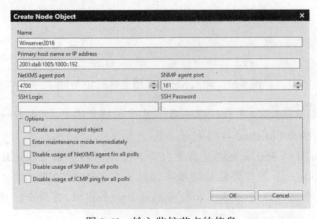

图 9-60　输入监控节点的信息

稍后就能在管理平台上看到监控数据了，如图 9-61 所示。

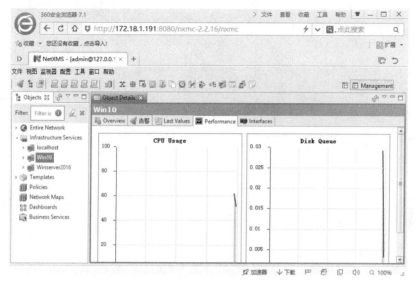

图 9-61　配置 Windows Server 2016 的 IPv4 测试站点

这样，基于 IPv6 网络环境的开源网管软件 NetXMS 就搭建成功了。它不仅支持在服务器上通过安装监控代理的方式来实现对服务器的监控和报警，还支持以 SNMP 方式来发现和管理设备。有关 NetXMS 的具体使用和配置，可以请自行查阅相关文档。